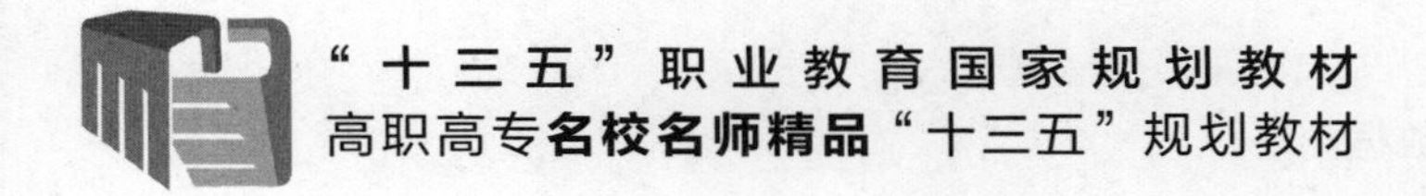

Database Management and Development of SQL Server 2016

SQL Server 2016 数据库管理与开发项目教程

第2版 | 微课版

高玉珍 杨云 王建侠 石秀芳 ◉ 编著

人民邮电出版社
北京

图书在版编目（CIP）数据

SQL Server 2016数据库管理与开发项目教程 ：微课版 / 高玉珍等编著. -- 2版. -- 北京 ：人民邮电出版社，2020.6（2022.12重印）
高职高专名校名师精品“十三五”规划教材
ISBN 978-7-115-53479-8

Ⅰ. ①S… Ⅱ. ①高… Ⅲ. ①关系数据库系统－高等职业教育－教材 Ⅳ. ①TP311.132.3

中国版本图书馆CIP数据核字(2020)第079587号

内 容 提 要

本书以 SQL Server 2016 为平台，从数据库管理和开发的角度出发，介绍数据库应用开发技术，内容涵盖开发数据库应用系统所需的基本知识和技术。本书将一个贯穿全书的数据库应用系统开发实例“学生信息管理系统”融入各项目，再把每个项目分解成若干任务，使学生逐步学会创建、管理、开发数据库，以及使用 T-SQL 进行程序设计的编程思想和技术。

本书内容由浅入深，由实践到理论，再从理论到实践，通过任务驱动，将理论与实践密切结合，体现了高职和应用型本科教育的特点，也符合初学者认知和掌握计算机技术的规律。

本书可作为高职高专院校、应用型本科院校数据库技术与应用课程的教材，也可作为其他类学校和自学者的参考用书。

◆ 编　　著　高玉珍　杨　云　王建侠　石秀芳
　责任编辑　马小霞
　责任印制　王　郁　马振武
◆ 人民邮电出版社出版发行　　北京市丰台区成寿寺路 11 号
　邮编　100164　　电子邮件　315@ptpress.com.cn
　网址　https://www.ptpress.com.cn
　山东百润本色印刷有限公司印刷
◆ 开本：787×1092　1/16
　印张：18.75　　　　　　2020 年 6 月第 2 版
　字数：540 千字　　　　　2022 年 12 月山东第 8 次印刷

定价：59.80 元

读者服务热线：(010) 81055256　印装质量热线：(010) 81055316
反盗版热线：(010) 81055315
广告经营许可证：京东市监广登字 20170147 号

前言 PREFACE

SQL Server 是微软公司推出的一个性能优越的关系型数据库管理系统，也是一个典型的网络数据库管理系统，支持多种操作系统平台，易于使用，是电子商务等应用领域中较好的数据库产品之一。目前，许多行业都在使用 SQL Server 数据库技术，因此学生掌握这门技术非常必要。学生毕业后可作为 SQL Server 系统管理员或者数据库管理员，或从事基于 C/S、B/S 结构的数据库应用系统的开发工作。本书以 SQL Server 2016 为平台，介绍 SQL Server 数据库应用开发技术。

本书致力于打造“SQL Server 2016 操作系统管理与开发”的一站式课程整体解决方案，包括纸质教材和教学资源包。

一、教材组成

（1）纸质教材主要由 5 个部分构成，包括 4 个单元和附录。

第 1 单元　走进 SQL Server 2016 数据库　该部分由项目 1～项目 6 组成，主要介绍安装配置 SQL Server 2016 软件、设计数据库、创建与管理数据库、创建与管理数据表、使用 T-SQL 查询维护表中数据、维护用户表数据。经过这部分学习，学生能顺利掌握对数据库的基本操作，如设计数据库，理解服务器、数据库、表之间的关系，能够查询、修改、添加、删除数据表中的数据。

第 2 单元　管理数据库及数据库对象　该部分由项目 7～项目 10 组成，主要介绍创建视图和索引，实现数据完整性，使用 T-SQL 编程，创建、使用存储过程和触发器。

第 3 单元　安全管理与日常维护　该部分由项目 11、项目 12 组成，主要介绍数据库安全性管理，包括用户管理、角色管理以及权限管理等，还介绍了维护与管理数据库。

第 4 单元　数据库应用开发训练　该部分为项目 13，主要介绍 ASP.NET/SQL Server 2016 开发，Java/SQL Server 2016 开发和 JSP/SQL Server 2016 开发关键技术以及学生管理系统开发实例。

附录包括附录 A　学生数据库（xs）表结构及数据样本，附录 B　连接查询用例表结构及数据样本。

（2）教学资源包包括授课计划、教学大纲（课程标准）、电子课件、电子教案、试题库、习题及答案、项目源代码、实训电子课件、实训视频、扩展阅读等内容。

扩展阅读包括常用的 T-SQL 语句和函数，以备学生需要时进行查阅。

二、建议教学方法

在教学过程中，宏观设计始终以学生信息管理系统为驱动；在微观上，教学单元采用“项目教学，任务驱动”的教学方法。首先提出项目，让学生明确自己需要完成的项目目标，然后通过一个个任务完成项目。完成任务的过程就是学习数据库应用技术的过程。

三、实验教学环境

Windows Server 2008、Windows Server 2012 或 64 位 Windows 10 操作系统；SQL Server 2016；ASP.NET；Visual Studio 2012。

四、本书特点

本书的编写以理论必需、够用及强化实用、应用为原则，总结一线骨干教师的教学、工程实践经验，以能够开发完整数据库应用系统开发实例为目标，按照数据库系统开发过程，把数据库开发的相关知识由浅入深地设置成项目，以项目为载体，达到掌握数据库开发的技术和相关知识的目标。书中所有例题都已调试通过，每个项目的习题和实训都经过精心编排，实用性强，可以帮助学生更好地掌握相应的数据库技术和知识。

本书由高玉珍、杨云、王建侠、石秀芳编著。由于作者水平有限，书中难免存在疏漏之处，敬请广大读者批评指正。

订购教材后可向作者索要学生信息管理系统源码、授课计划、电子教案、课程标准、考试试卷及答案、例题库、任务书等配套教学资源。

E-mail：yangyun90@163.com

QQ：68433059

网络、Windows & Linux 教师交流群：414901724

作　者

2020 年 1 月

目录 CONTENTS

第 1 单元　走进 SQL Server 2016 数据库

项目 1

项目 2

项目 3

项目 4

项目 5

项目 6

第 2 单元 管理数据库及数据库对象

项目 7

项目 8

项目 9

项目 10

第 3 单元　安全管理与日常维护

项目 11

项目 12

第 4 单元　数据库应用开发训练

项目 13

附录 A

附录 B

第1单元 走进SQL Server 2016数据库

项目1 安装配置SQL Server 2016软件

01

【能力目标】

- 会安装 SQL Server 2016
- 能熟练操作 SQL Server 2016 的常用管理工具
- 能处理 SQL Server 2016 的基本配置

【项目描述】

安装 SQL Server 2016 软件，配置管理 SQL Server 2016 软件。

【项目分析】

帮助读者了解 SQL Server 2016 的基础知识，指导读者进行 SQL Server 2016 的安装、管理工具的使用、服务器配置，为在 SQL Server 2016 下实现和管理数据库打下基础。

【任务设置】

任务 1　认知 SQL Server 2016

任务 2　安装 SQL Server 2016

任务 3　使用 SQL Server 2016 的常用工具

实训 1　安装配置 SQL Server 2016

【项目定位】

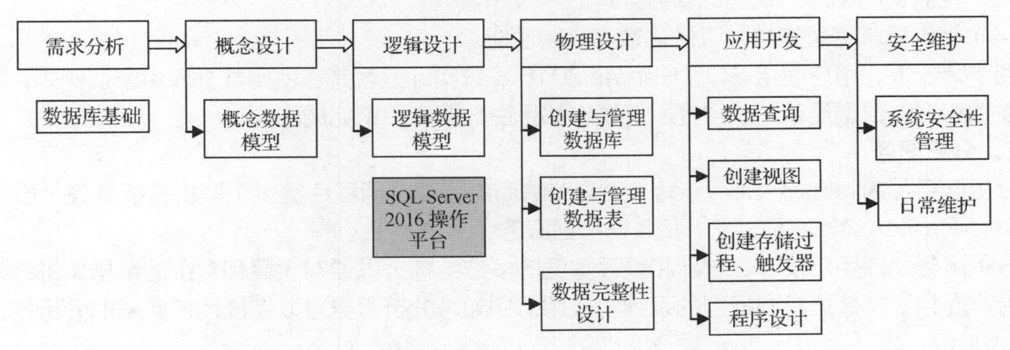

任务1 认知 SQL Server 2016

【任务目标】

- 了解 SQL Server 2016 的产品组件
- 了解 SQL Server 2016 的新功能
- 理解 SQL Server 2016 的体系结构
- 认知 SQL Server 2016 的管理工具

【任务描述】

熟悉 SQL Server 2016 的组件、功能，了解其体系结构。

【任务分析】

初步了解 SQL Server 2016 的基础知识，熟悉 SQL Server 2016 各组件、管理工具的名称，为今后配置使用打下基础。

任务 1-1 认知 SQL Server 2016 的产品组件

SQL Server 2016 在 Microsoft 的数据平台上发布，可以组织管理任何数据，可以将结构化、半结构化和非结构化文档的数据直接存储到数据库中，可以对数据进行查询、搜索、同步、报告和分析之类的操作。数据可以存储在各种设备上，从数据中心最大的服务器到桌面计算机和移动设备，都可以控制数据而不用管数据存储在哪里。

SQL Server 2016 允许在使用 Microsoft.NET 和 Visual Studio 开发的自定义应用程序中使用数据，允许在面向服务的架构（Service-Oriented Architec，SOA）和通过 Microsoft BizTalk Server 进行的业务流程中使用数据。信息工作人员可以通过日常使用的工具直接访问数据。

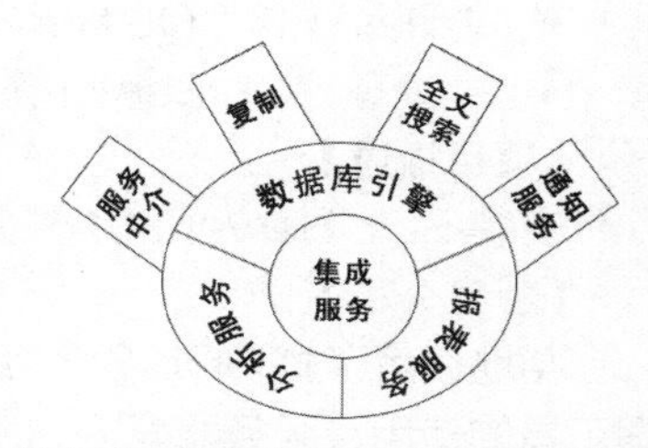

图 1-1 SQL Server 2016 产品组件

SQL Server 2016 的产品组件是指 SQL Server 2016 的组成部分，以及这些组成部分之间的关系。SQL Server 2016 系统由 8 个常用产品组件构成，如图 1-1 所示。

1. 数据库引擎

数据库引擎（Database Engine）负责完成数据的存储、处理和安全性管理，是 SQL Server 2016 的核心组件。数据库引擎提供以下服务。

（1）设计并创建数据库，以保存结构化（关系模型）数据和非结构化（XML 文档）数据。

（2）实现应用程序，以访问和更改数据库中存储的数据。

（3）控制访问和进行快速的事务处理。

（4）提供日常管理支持，以优化数据库的性能。

通常情况下，用户使用 SQL Server 2016 系统实际上就是在使用数据库引擎。例如，数据定义、数据查询、数据更新、安全控制等操作都是由数据库引擎完成的。

2. 分析服务

分析服务（Analysis Services）为企业的商业智能应用程序提供了联机分析处理（On-Line Analysis Processing，OLAP）和数据挖掘服务。

分析服务允许用户设计、创建和管理数据的多维结构，以便对大量和复杂的数据集进行快速高级分析，而且支持数据挖掘模型的设计和应用。例如，分析服务可以完成用户数据的分析挖掘，以便发现更有价值的信息。

3. 报表服务

报表服务（Reporting Services）是一种基于服务器的解决方案，用于生成从多种关系数据源和多维数据源提取内容的企业报表，发布能以各种格式查看的报表，以及集中管理安全性和订阅。

报表服务生成的报表既可以通过基于 Web 的连接查看，也可以作为 Microsoft Windows 应用程序的一部分查看。作为 Microsoft 商务智能框架的一部分，报表服务将 SQL Server 2016、Microsoft Windows Server 的数据管理功能与强大的 Microsoft Office System 应用系统相结合，实现信息的实时传递，以支持日常运作和推动决策制定。例如，报表服务可以将数据库中的数据生成 Word、Excel 等格式的报表。

4. 集成服务

集成服务（Integration Services）是一种数据转换和数据集成解决方案，主要用于数据仓库和企业范围内的数据提取、转换和加载（Extraction Transformation Loading，ETL）功能。

集成服务代替了 SQL Server 2016 中的数据转换服务（Data Transformation Services，DTS）。例如，集成服务可以完成各种数据源（SQL Server、XML 文档、Excel 等）的数据导入和导出。

5. 通知服务

通知服务（Notification Services）是一个开发及部署通知应用系统的平台，它基于数据库引擎和分析服务。通知服务不但可以为用户生成并发送个性化的通告信息，而且可以向各种设备传递即时信息。

6. 全文搜索

全文搜索（Full-Text Search）可以对 SQL Server 表中的纯字符数据进行全文查询，是一种数据库引擎技术。全文搜索用于提供企业级搜索功能，可以快速、灵活地为文本数据的基于关键字的查询创建全文索引。

7. 复制

复制（Replication）可以实现数据分发，是数据库引擎中的一种技术。复制是将一个数据库服务器上的数据库对象和数据，通过网络传输到一个或多个不同地理位置的数据库服务器上，并且使各个数据库同步，以保持数据一致性。复制不仅适用于同构系统的数据集成，如 SQL Server 系统之间，还适用于异构系统的数据集成，如 SQL Server 系统与 Oracle 系统之间。

8. 服务中介

服务中介（Service Broker）是一种生成数据库应用程序的技术，是数据库引擎中的一种技术。服务中介提供一个基于消息的通信平台，使独立的应用程序组件可以作为一个整体来运行。服务中介包含用于异步编程的基础结构，可用于单个数据库或单个实例中的应用程序，也可用于分布式应用程序。

数据库引擎、分析服务、报表服务和集成服务称为 SQL Server 2016 的基本产品组件：通知服务、全文搜索、复制和服务中介称为 SQL Server 2016 的扩展产品组件。4 种基本产品组件构建了 SQL Server 2016 的主要服务功能，因此，又被称为 4 种服务器类型，如图 1-2 所示。

任务 1-2 认知 SQL Server 2016 的新增特性

SQL Server 2016 在基于 SQL Server 2012 的强大功能之上，扩展了 SQL Server 2012 的性

能及可信任性、高效性和智能性。可信任性——使得公司可以以很高的安全性、可靠性和可扩展性来运行其最关键任务的应用程序。高效性——使得公司可以降低开发和管理其数据基础设施的时间和成本。智能性——提供了一个全面的平台，可以在用户需要时给他发送观察和信息。SQL Server 2016包含了多项新增特性，在企业数据管理、开发人员生产效率和商业智能3个方面得到了显著增强。

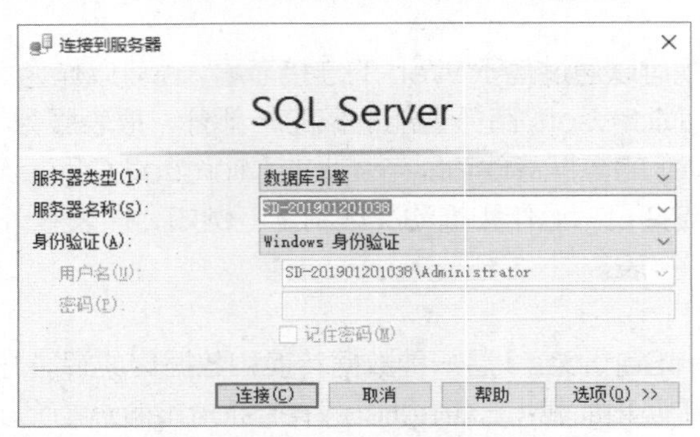

图1-2 SQL Server 2016的服务器类型

1. 企业数据管理

SQL Server 2016针对行业和分析应用程序提供了一种更安全、更可靠和更高效的数据平台。企业数据管理的新增特性如表1-1所示。

表1-1 企业数据管理的新增特性

技术	特性
高可用性	SQL Server 2016的失败转移集群和数据库镜像技术，确保企业向员工、客户和合作伙伴提交高度可靠和可用的应用系统
管理工具	SQL Server 2016引进了一套集成的管理工具和管理应用编程接口（APIs），以提供易用性、可管理性及对大型SQL Server配置的支持
安全性	SQL Server 2016旨在通过数据库加密、更加安全的默认设置、加强的密码政策和细化许可控制、加强的安全模型等特性，为企业数据提供最高级别的安全性
可伸缩性	SQL Server 2016可伸缩性包括表格分区、复制能力的增强和64位支持

2. 开发人员生产效率

SQL Server 2016提供了一种端对端的开发环境，其中涵盖了多种新技术，可帮助开发人员大幅度提高生产效率。开发人员生产效率的新增特性如表1-2所示。

表1-2 开发人员生产效率的新增特性

技术	特性
Common Language Runtime（CLR）集成	SQL Server 2016引入了使用Microsoft.NET Framework公共编程语言来开发数据库目标的性能
深入的XML集成	SQL Server 2016提供一种新的XML数据类型，使在SQL Server数据库中存储XML片段或文件成为可能
Transact-SQL（T-SQL）增强	新的查询类型和交易过程中使用错误处理的功能，为开发人员在SQL Server查询开发方面提供了更高的灵活性和控制力
SQL服务代理	可以按照计划运行作业，也可以在响应特定事件时运行作业，还可以根据需要运行作业

3. 商业智能

SQL Server 2016的综合分析、集成和数据迁移功能，使各个企业无论采用何种基础平台，都可以扩展其现有应用程序的价值。构建于SQL Server 2016的商业智能解决方案使所有员工可以及时获得关键信息，从而在更短的时间内制定更好的决策。商业智能的新增特性如表 1-3 所示。

表 1-3　商业智能的新增特性

技术	特性
分析服务	分析服务为数据仓库、商务智能和 Line-of-Business 解决方案的可伸缩性、可管理性、可靠性、可用性和可规划性提供扩展
DTS	对 DTS 结构和工具的全部重新设计为开发人员和数据库管理员（Database Administrator，DBA）提供了增强的灵活性和可管理性
报表服务	报表服务是一种新的报表服务器和工具箱，用于创建、管理和配置企业报告
数据挖掘	数据挖掘的功能得以增强，提供了 4 种新的运算法则、改进的数据模型和处理工具

任务 1-3　认知 SQL Server 2016 的体系结构

SQL Server 2016 是安装于 Windows 操作系统上的、运行于网络环境下的、客户端/服务器模式的关系型数据库管理系统。

客户端/服务器（Client/Server，C/S）模式又称 C/S 结构，是软件系统体系结构的一种。C/S 模式简单地讲就是基于企业内部网络的应用系统。客户端负责执行前台功能，实现各自的用户界面和业务逻辑处理；而服务器端运行数据库管理系统（Database Management System，DBMS）。这种应用系统基本运行关系体现为“请求/响应”模式，客户通过结构化查询语言（Structured Query Language，SQL）提出数据访问请求，服务器接受请求并响应，并把执行结果返回给客户。C/S 模式的应用系统最大的好处是不依赖企业外网环境，即无论企业是否能够上网，都不影响应用，如图 1-3 所示。

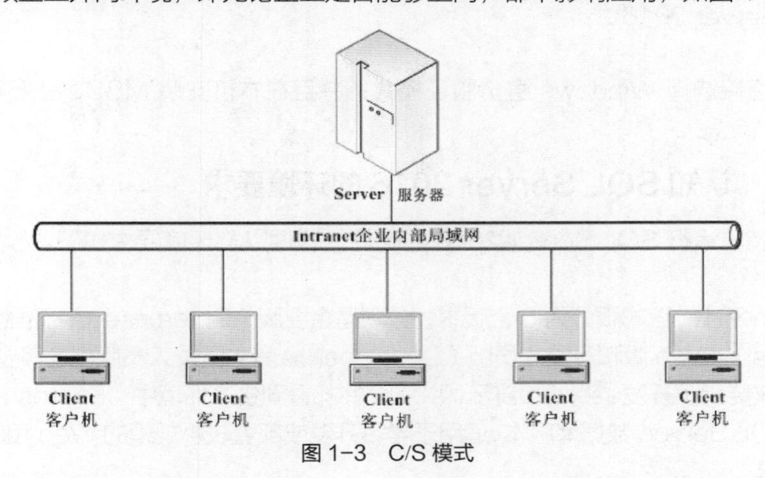

图 1-3　C/S 模式

任务 1-4　认知 SQL Server 2016 的管理工具

SQL Server 2016 的管理工具，需要单独安装，具体组成如表 1-4 所示。

表 1-4　管理工具

管理工具	说明
SQL Server 集成管理器（SQL Server Management Studio，SSMS）	SSMS 是一个集成环境，用于访问、配置、管理和开发 SQL Server 的组件。SSMS 使各种技术水平的开发人员和管理员都能使用 SQL Server。SSMS 的安装需要 Internet Explorer 8 SP1 或更高版本

续表

管理工具	说明
SQL Server 配置管理器（SQL Server Configuration Manager）	SQL Server 配置管理器为 SQL Server 服务、服务器协议、客户端协议和客户端别名提供基本配置管理
SQL Server 事件探查器（SQL Server Profiler）	SQL Server 事件探查器提供了一个图形用户界面，用于监视数据库引擎实例或分析服务实例
数据库引擎优化顾问（Database Engine Tuning Advisor）	数据库引擎优化顾问可以协助创建索引、索引视图和分区的最佳组合
商业智能开发平台（Business Intelligence Development Studio，BIDS）	BIDS 是分析服务、报表服务和集成服务解决方案的集式开发环境（Integrated Development Environment，IDE），其安装需要 Internet Explorer 6 SP1 或更高版本
连接组件（Connecting Component）	安装用于客户端和服务器之间通信的组件，以及用于 DB-Library、ODBC 和 OLE DB 的网络库

任务2　安装 SQL Server 2016

SQL Server 2016 的安装与配置

【任务目标】

- 学会安装 SQL Server 2016
- 能熟练设置一些常用安装选项

【任务描述】

安装 SQL Server 2016。

【任务分析】

建议安装时直接选择 Windows 身份验证模式。并且在本机安装 MSSQLSERVER 默认命名实例。

任务2-1　认知 SQL Server 2016 的环境要求

不同版本安装、运行 SQL Server 2016 的硬件、软件以及环境要求如下。

1. 版本

SQL Server 2016 正式版分为 5 个版本，分别是企业版（Enterprise）、标准版（Standard）、速成版（Express）、Web 版和开发人员版（Developer）。其中开发人员版包含了企业版全部的完整功能，但该版本仅能用于开发、测试和演示，并不允许部署到生产环境中。Express 速成版则是完全免费的入门级 SQL Server 数据库版本，适用于学习开发或部署较小规模的 Web 和应用程序服务器。

2. 硬件要求

硬件需求主要包括对内存、处理器和硬盘的需求。

表 1-5 列出了不同版本的 SQL Server 2016 对内存、处理器和硬盘的需求。

表1-5　SQL Server 2016 对内存、处理器和硬盘的需求

组件	要求
内存	最小值： Express 版本：512 MB 所有其他版本：1 GB 建议： Express 版本：1 GB 所有其他版本：至少 4 GB 并且应该随着数据库大小的增加而增加，以确保较佳的性能

续表

组件	要求
处理器速度	最小值： x86 处理器：1.0 GHz x64 处理器：1.4 GHz 建议：4.0 GHz 或更快
处理器类型	x64 处理器：AMD Opteron、AMD Athlon 64、支持 Intel EM64T 的 Intel Xeon、支持 EM64T 的 Intel Pentium IV x86 处理器：Pentium III 兼容处理器或更快
硬盘	SQL Server 2016 要求最少 6 GB 的可用硬盘空间

3. 软件需求

32 位版本和 64 位版本的 SQL Server 2016 的软件需求相同，都需要对网络协议、.NET Framework、虚拟化和 Internet 软件等网络组件做出限制，如表 1-6 所示。

表 1-6　SQL Server 2016 的软件需求

网络组件	要求
网络协议	SQL Server 2016 支持的操作系统具有内置网络软件。独立安装的命名实例和默认实例支持以下网络协议：共享内存、命名管道、TCP/IP 和 VIA
.NET Framework	在选择数据库引擎、报表服务、主数据服务（Master Data Services）、数据质量服务（Data Quality Services）、复制或 SQL Server Management Studio 时，.NET 3.5 SP1 是 SQL Server 2016 必需的，但不再由 SQL Server 安装程序安装
虚拟化	有关不同 SQL Server 2016 版本的计算能力限制，以及在具有超线程处理器的物理和虚拟化环境中计算能力限制有何不同的详细信息，请参阅按 SQL Server 版本划分的计算能力限制
Internet 软件	Microsoft 管理控制台（Microsoft Management Console，MMC）、SQL Server 数据工具（SQL Server Data Tools，SSDT）、报表服务的报表设计器组件和 HTML 帮助都需要 Internet Explorer 8 或更高版本

任务 2-2　安装 SQL Server 2016

SQL Server 2016 安装程序支持在同一个服务器上安装 SQL Server 2016 的多个实例，也支持在已安装 SQL Server 早期版本的服务器上升级到 SQL Server 2016，或安装全新的 SQL Server 2016。本节以初次安装 SQL Server 2016 版为例，安装步骤如下。

注意　安装过程需要计算机连接网络，中途不能断网。

说明　如果要安装 SQL 全部功能，就需要先安装 JDK；如果只需要安装数据库功能，就可以不安装 JDK。

（1）在安装微软最新数据库 SQL Server 2016 之前，先确定安装环境（编者以 64 位的 Windows 10 操作系统进行讲解）。

（2）从官网下载 SQL Server 2016 软件。

（3）本步骤选择普通下载，下载后如图 1-4 所示。在 Windows10 中可以直接双击打开，出现图 1-5 所示内容。打开该文件夹，并双击 setup.exe，开始安装 SQL Server 2016，如图 1-6 所示。

说明　步骤（2）、步骤（3）可选择不同的方式进行。

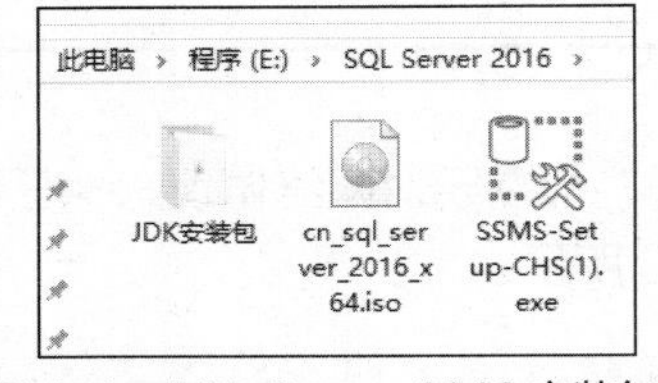

图 1-4　SQL Server 2016 安装包

图 1-5　SQL Server 2016 软件窗口

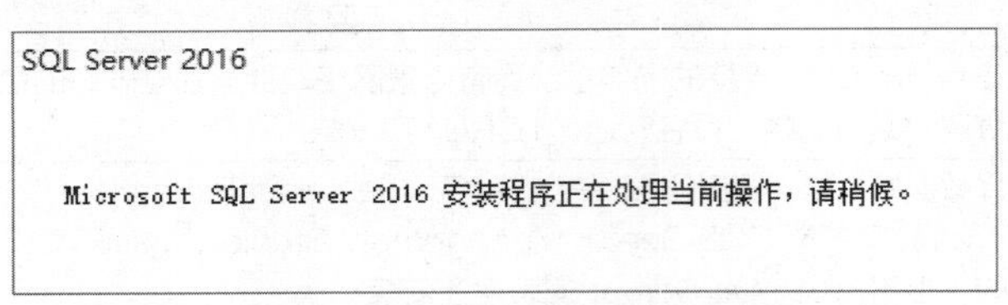

图 1-6　SQL Server 2016 软件安装窗口

（4）如果系统可以打开【SQL Server 安装中心】，就说明可以开始正常安装 SQL Server 2016 了。可以通过【计划】、【安装】、【维护】、【工具】、【资源】、【高级】、【选项】7 个不同选项进行系统安装、信息查看以及系统设置，如图 1-7 所示。

（5）选中图 1-8 所示【安装】右侧的第一项【全新 SQL Server 独立安装或向现有安装添加功能】，通过向导一步步安装 SQL Server 2016，如图 1-8 所示。

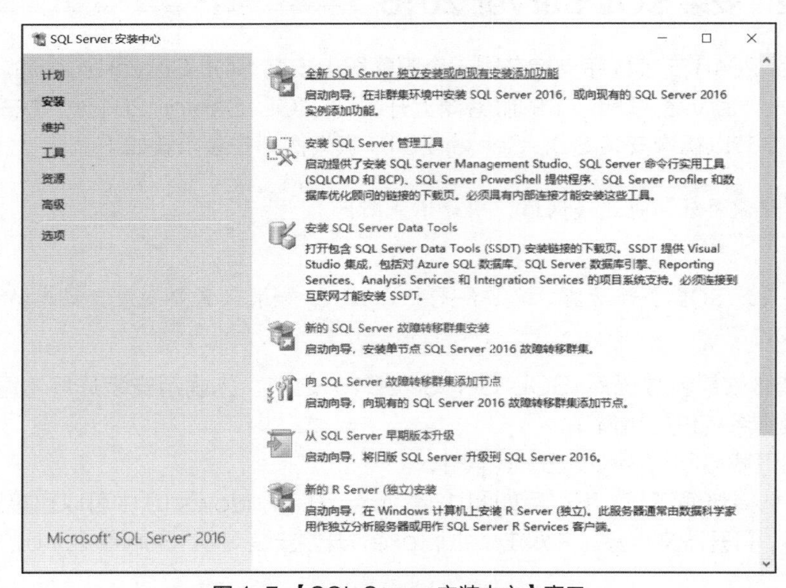

图 1-7 【SQL Server 安装中心】窗口

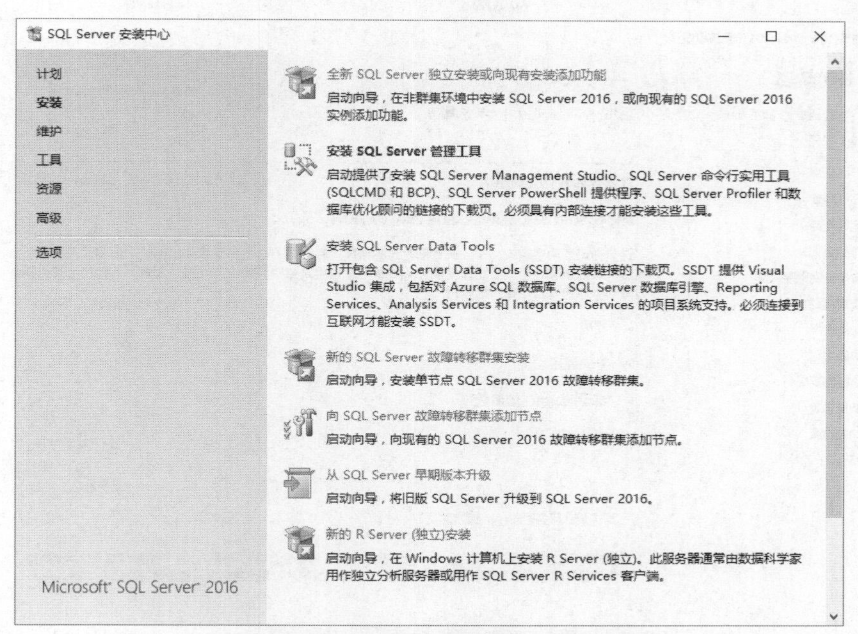

图 1-8 【SQL Server 安装中心-安装】窗口

（6）安装图解如下。选择【指定可用版本】选项，然后在下拉列表框中选择所需的版本，输入产品密钥，如图 1-9 所示。打开【许可条款】窗口，如图 1-10 所示，选中接受许可条款，单击【下一步】按钮，显示安装规则，如图 1-11 所示。

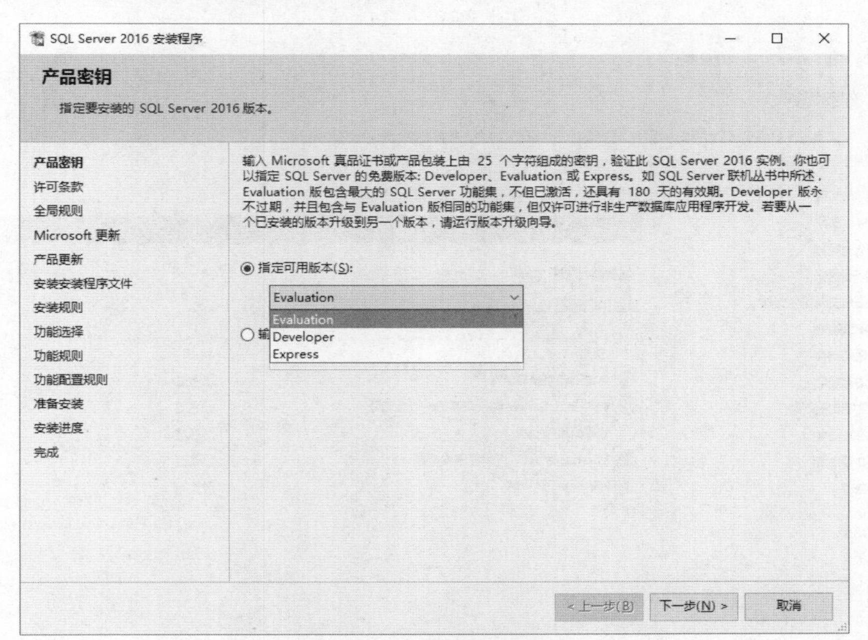

图 1-9 【产品密钥】窗口

（7）单击【下一步】按钮，向导会自动进行安装规则检测，本步骤会出现“Windows 防火墙”选项的“警告”提示，可以打开端口或者暂时关闭防火墙，还可以忽略，如图 1-11 所示。

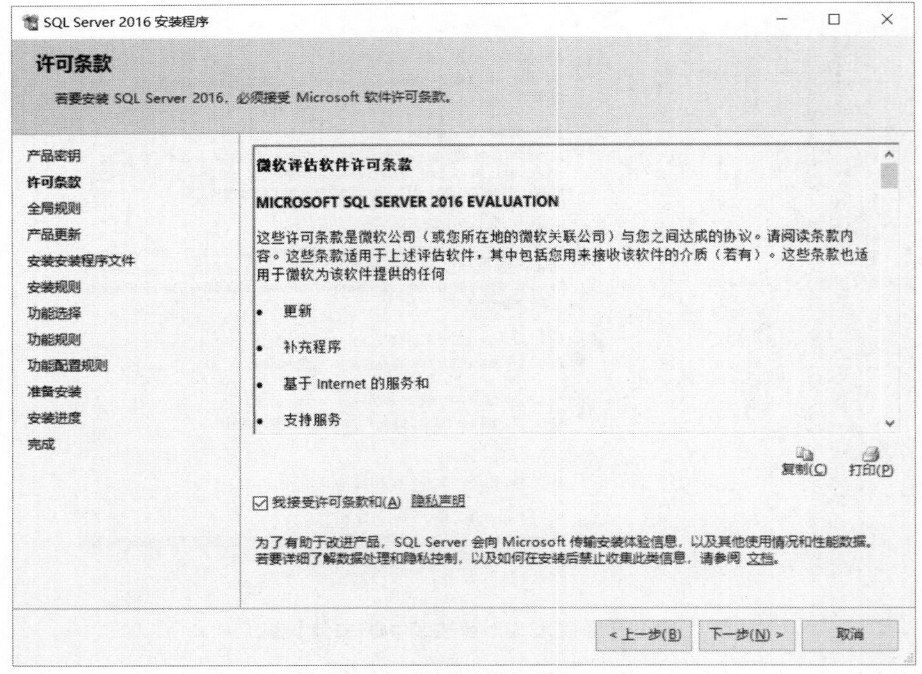

图 1-10 【许可条款】窗口

（8）功能选择。选择需要安装的实例功能，也可以全选，如图 1-12 所示，单击【下一步】按钮。

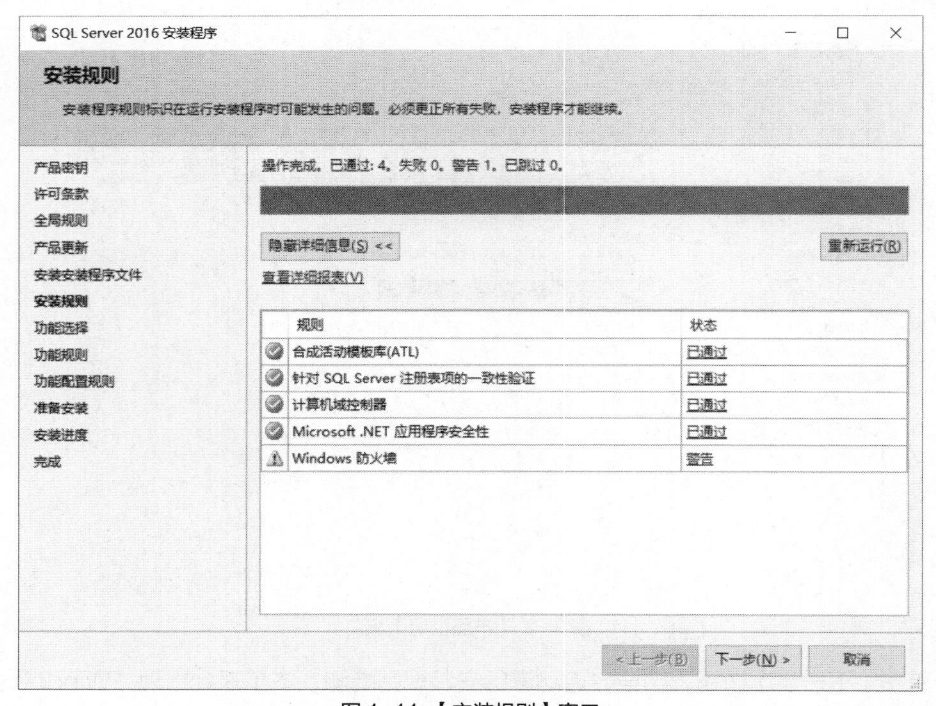

图 1-11 【安装规则】窗口

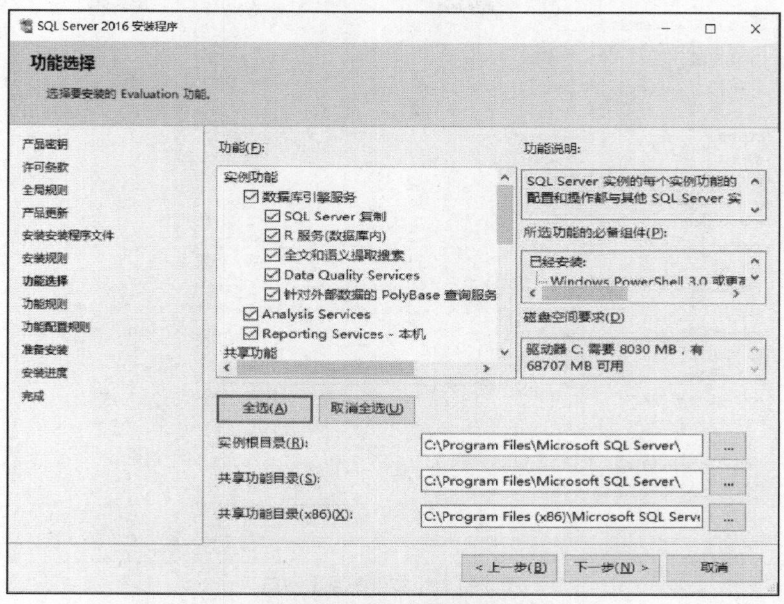

图 1-12 【功能选择】窗口

（9）功能规则。在这里又要扫描一次本机，扫描的内容与上一次不同，如图 1-13 所示。

说明 Polybase 要求安装 Oracle JRE 7 更新 51（64 位）或更高版本，显示“失败”原因是未正确安装或配置 Java 运行环境。正确安装配置后单击【下一步】按钮。

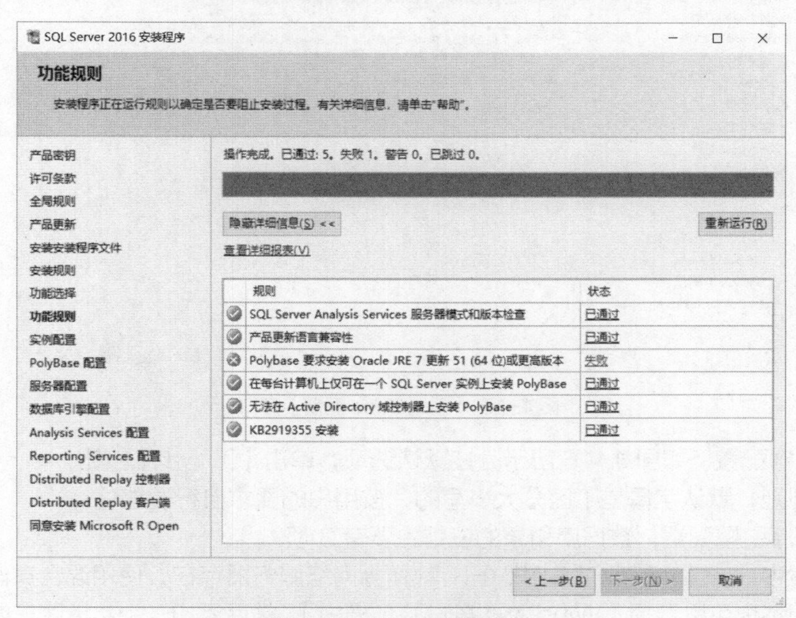

图 1-13 【功能规则】窗口

（10）实例配置。如果这里安装一个默认实例，则系统自动将这个实例命名为 MSSQLSERVER，如图 1-14 所示。然后单击【下一步】按钮。

（11）PolyBase 配置，如图 1-15 所示。保持默认选择，单击【下一步】按钮。

SQL Server 2016 安装程序

实例配置

指定 SQL Server 实例的名称和实例 ID。实例 ID 将成为安装路径的一部分。

产品密钥
许可条款
全局规则
Microsoft 更新
安装安装程序文件
安装规则
功能选择
功能规则
实例配置
PolyBase 配置
服务器配置
数据库引擎配置
Analysis Services 配置
Reporting Services 配置
Distributed Replay 控制器
Distributed Replay 客户端
同意安装 Microsoft R Open

默认实例(D)
命名实例(A): MSSQLSERVER
实例 ID(I): MSSQLSERVER
SQL Server 目录: C:\Program Files\Microsoft SQL Server\MSSQL13.MSSQLSERVER
Analysis Services 目录: C:\Program Files\Microsoft SQL Server\MSAS13.MSSQLSERVER
Reporting Services 目录: C:\Program Files\Microsoft SQL Server\MSRS13.MSSQLSERVER
已安装的实例(L):

实例名称	实例 ID	功能	版本类别	版本

< 上一步(B) 下一步(N) > 取消

图 1-14 【实例配置】窗口

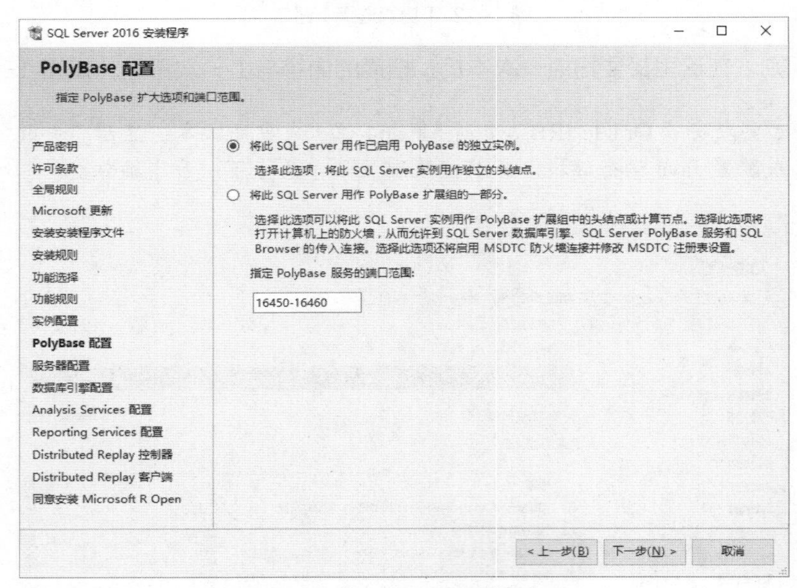

图 1-15 【PolyBase 配置】窗口

（12）服务器配置。如图 1-16 所示，按默认选项，单击【下一步】按钮。

设置排序规则，默认字母是不区分大小写的，按用户的要求自行调整。

（13）数据库引擎配置。数据库引擎的设置主要有 3 项。

在账户设置中，一般 MSSQLSERVER 都作为网络服务器存在，使用混合身份验证设置自己的用户密码。当然也可以选择【Windows 身份验证模式】，然后添加一个本地账户方便管理，指定 SQL Server 管理员，选择添加当前用户，如图 1-17 所示。在【Analysis Services 配置】中选择添加当前用户，如图 1-18 所示。在【Reporting Services 配置】窗口使用默认设置，如图 1-19 所示，单击【下一步】按钮。

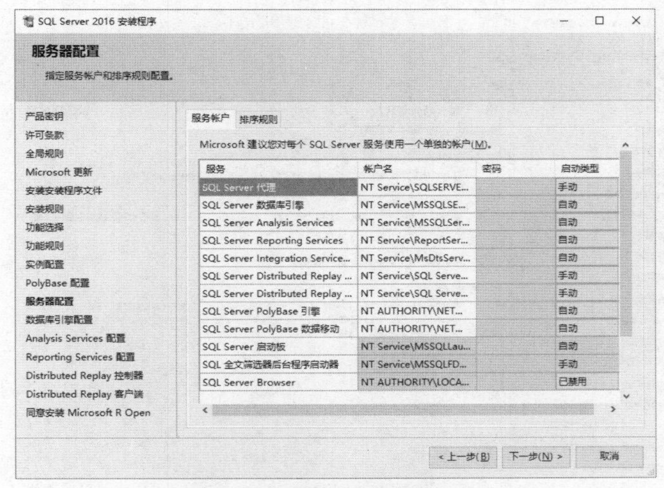

图 1-16 【服务器配置】窗口

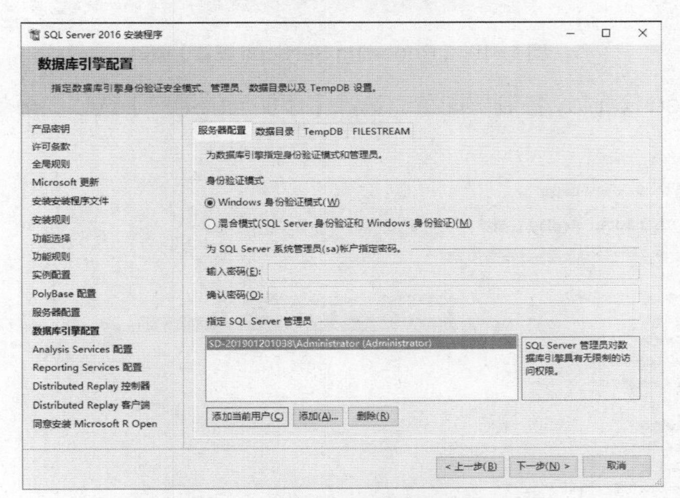

图 1-17 【数据库引擎配置】窗口

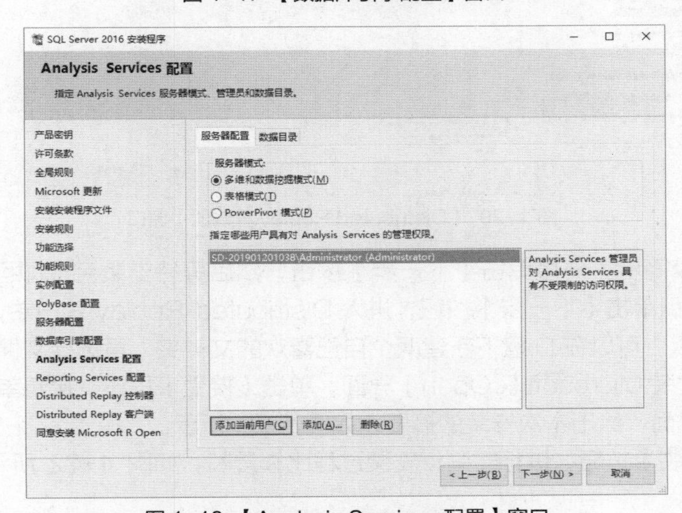

图 1-18 【Analysis Services 配置】窗口

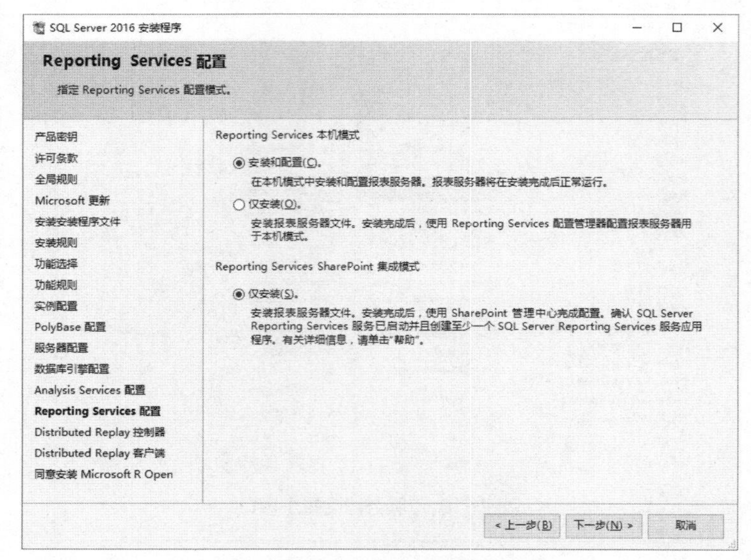

图 1-19 【Reporting Services 配置】窗口

（14）Distributed Replay 控制器配置。选择【添加当前用户】选项，再单击【下一步】按钮，如图 1-20 所示。

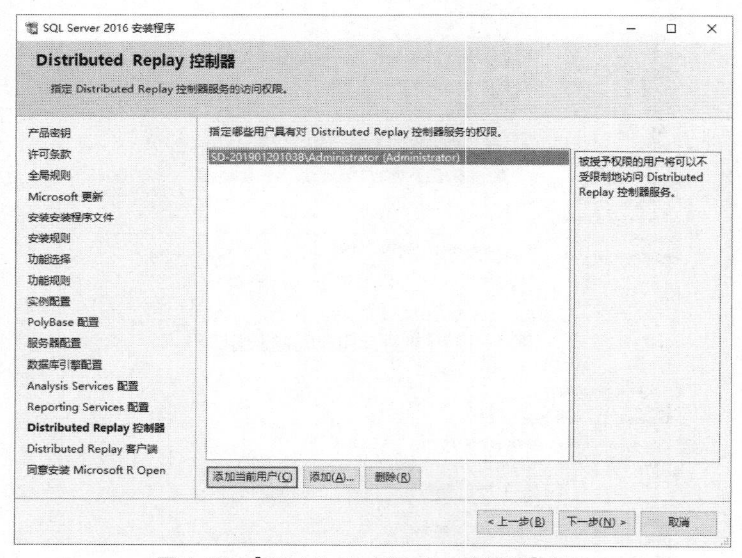

图 1-20 【Distributed Replay 控制器】窗口

后面的过程比较简单，一直单击【下一步】按钮，然后等待安装完成即可。在【Distributed Replay 控制器】窗口单击【下一步】按钮，进入 Distributed Replay 客户端，建议把工作目录和结果目录安装到 D 盘，可以在 D 盘下新建两个自己喜欢的文件夹，再选择文件夹。单击【下一步】按钮，进入【同意安装 Microsoft R Open】界面，单击【接受】按钮，接着单击【下一步】按钮。进入【准备安装】界面，给出本次安装的摘要，如图 1-21 所示。

（15）单击【安装】按钮，进行安装，安装过程比较漫长，如图 1-22 所示，直到安装成功，如图 1-23 所示。

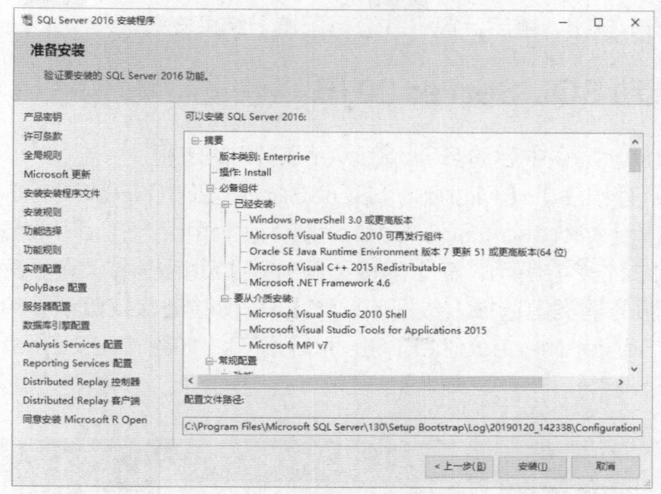

图 1-21 【准备安装】窗口

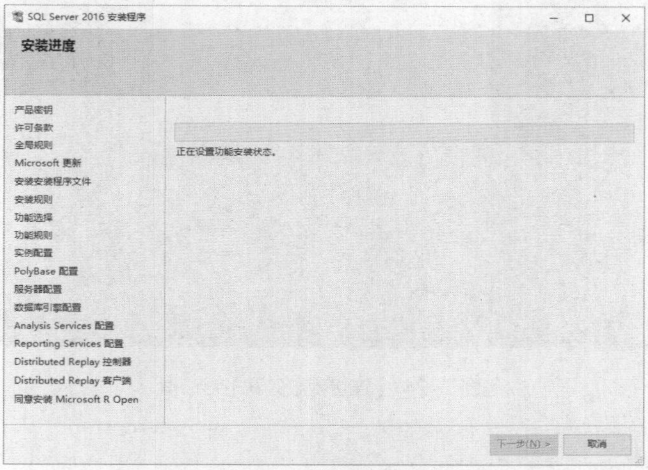

图 1-22 【安装进度】窗口

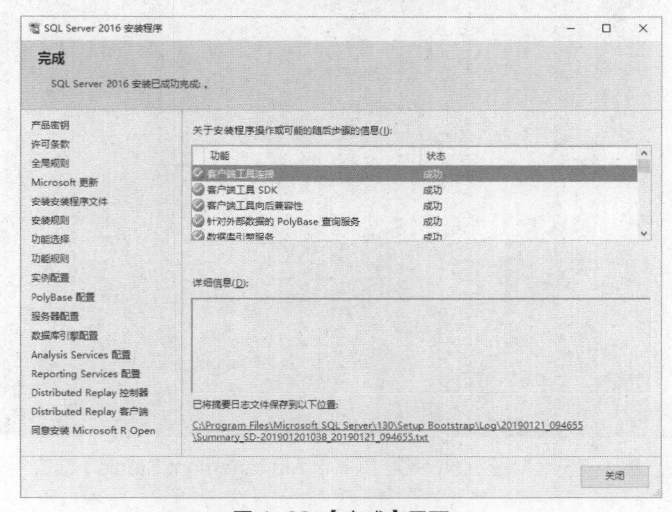

图 1-23 【完成】界面

（16）单击【关闭】按钮，重启计算机并进行配置，结束安装。

任务 2-3　启动 SQL Server 2016

下面介绍在 Windows 10 中启动 SQL Server 2016 的过程。

运行【开始】→【所有程序】→【Microsoft SQL Server 2016】→【SQL Server Management Studio】菜单项，打开【Microsoft SQL Server Management Studio】窗口，并弹出【连接到服务器】对话框，如图 1-24 所示。在【连接到服务器】对话框中，需要设定服务器类型、服务器名称、身份验证。服务器类型选择【数据库引擎】，身份验证保持默认，单击【连接】按钮，进入【Microsoft SQL Server Management Studio】窗口，如图 1-25 所示。

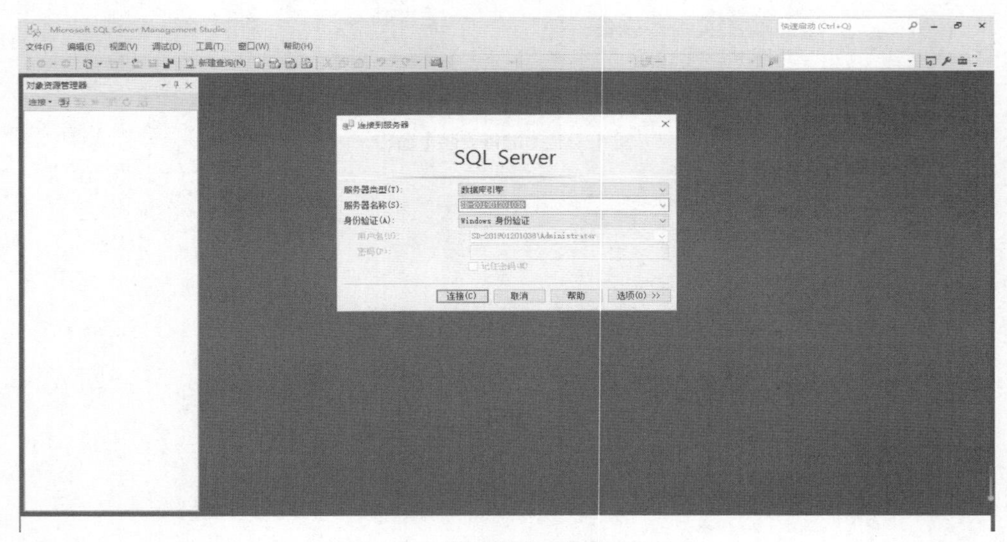

图 1-24 【连接到服务器】对话框

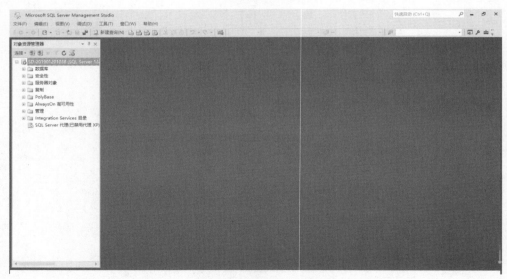

图 1-25 【Microsoft SQL Server Management Studio】窗口

任务3 使用 SQL Server 2016 的常用工具

【任务目标】

- 学会注册服务器并启动 SQL Server 服务
- 能在 SQL Server 2016 中编辑并执行 T-SQL 程序
- 会使用模板创建数据库
- 能根据需求设置 SSMS 界面

【任务描述】

设置好服务器后，使用查询编辑器查询表。

1. 注册服务器

新建服务器组 servergroup。

（1）在新服务器组中注册服务器。

（2）使用 SSMS、Windows 管理工具、SQL Server 配置管理器、命令 4 种方法启动本地服务器的 SQL Server 服务。

> **注意** *在新服务器组中，用户可以注册本地服务器或网络中的其他服务器。*

2. 使用查询编辑器

（1）使用查询编辑器新建查询。

（2）使用模板资源管理器新建一个 T-SQL 模板。

（3）创建并查看数据库对象的脚本。

> **注意** *用户可以使用示例数据库的数据库对象及数据熟悉查询编辑器。*

【任务分析】

SQL Server 2016 的常用工具有 SSMS（SQL Server Management Studio）和 SQL Server 配置管理器等。

（1）SSMS 是最常用的工具，用于访问、配置和管理所有的 SQL Server 组件，本书会用到已注册服务器、对象资源管理器、模板资源管理器、查询编辑器等组件。

（2）配置管理器用于启动、暂停、恢复和停止 SQL Server 相关服务，本书会练习配置网络协议和网络配置。

任务 3-1 SQL Server 配置管理器

1. 管理 SQL Server 2016 服务

SQL Server 配置管理器是一种配置管理工具，用于管理与 SQL Server 相关的服务，配置 SQL Server 使用的网络协议，以及管理 SQL Server 客户端的网络连接配置。

SQL Server 配置管理器集成了以前 SQL Server 版本中的服务器网络实用工具、客户端网络实用工具和服务管理器的功能。

在 Windows 10 中运行【开始】→【所有程序】→【Microsoft SQL Server 2016】→【SQL Server 配置管理器】菜单项，打开 SQL Server 2016 的管理工具集，如图 1-26 所示。选择【SQL Server 2016 配置管理器】选项，打开图 1-27 所示的配置管理器。

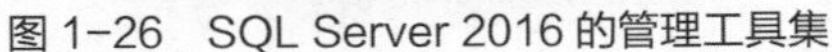

图1-26　SQL Server 2016的管理工具集

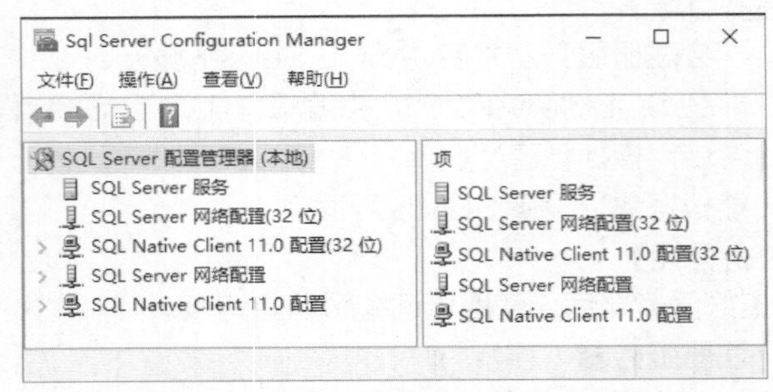

图1-27　SQL Server 2016配置管理器

在SQL Server配置管理器中展开【SQL Server服务】，在右侧详细信息窗格中用鼠标右键单击【SQL Server（MSSQLSERVER）】，在弹出的快捷菜单中单击【启动】命令，SQL Server服务图标从红色变为绿色，说明启用成功。

选择服务后，也可以从【操作】菜单栏或工具栏上启动服务、停止服务、暂停服务和重新启动服务。

在SQL Server配置管理器中，可以设置服务为【自动】启动类型，选中右侧的【SQL Server（MSSQLSERVER）】，单击鼠标右键，在弹出的快捷菜单中选择【属性】命令，如图1-28所示，打开【SQL Server（MSSQLSERVER）属性】对话框。单击【服务】选项卡，将【启动模式】设置为【自动】，表示该服务在计算机启动时，自动启动、运行。

2．更改登录身份

在SQL Server配置管理器中，选中SQL Server服务并单击鼠标右键，在弹出的快捷菜单中选择【属性】命令，打开【SQL Server（MSSQLSERVER）属性】对话框，单击【登录】选项卡，如图1-29所示，即可更改登录身份。

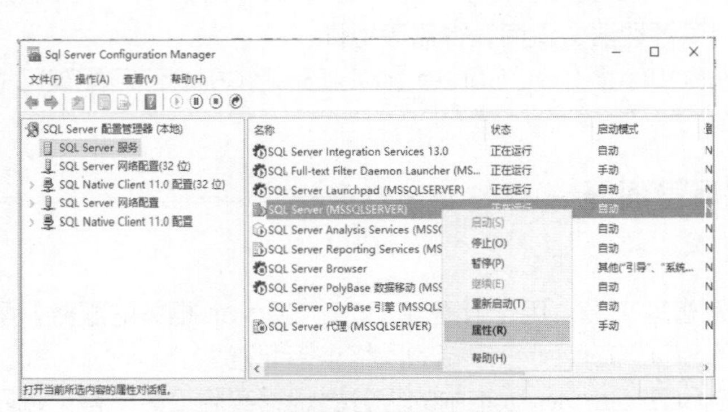

图1-28　设置自动启动服务界面

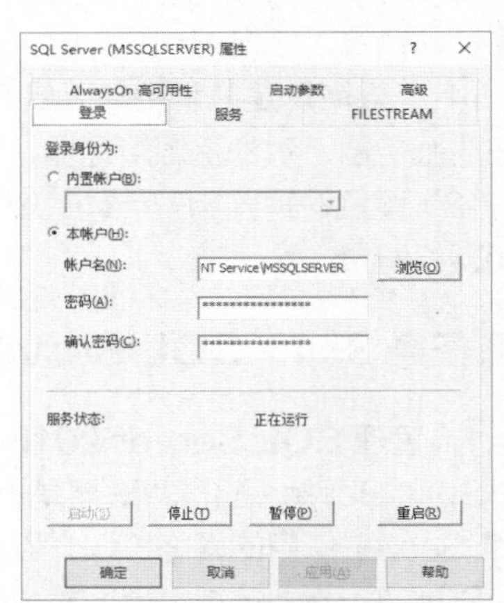

图1-29　更改登录身份界面

3．配置服务器端网络协议

在SQL Server配置管理器中，展开【SQL Server网络配置】，选择【MSSQLSERVER的协议】，在右侧详细信息窗格中显示协议名称及其状态，可以启用和禁用相关的协议，如图1-30所示。

4. 配置客户端网络协议

在 SQL Server 配置管理器中，展开【SQL Native Client 11.0 配置】，选择【客户端协议】，在右侧详细信息窗格显示客户端协议名称，可以启用和禁用相关的协议，如图 1-31 所示。

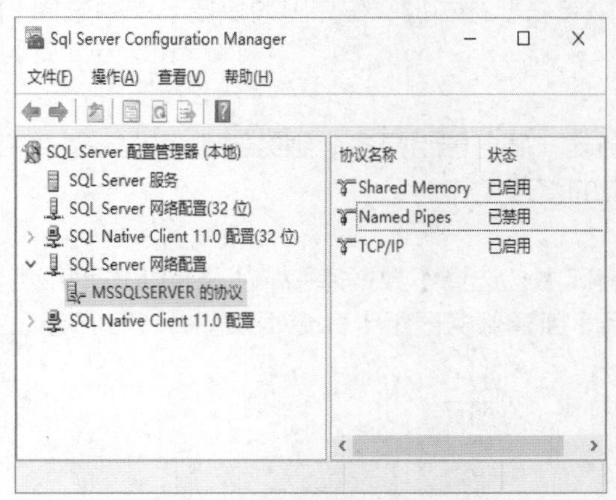

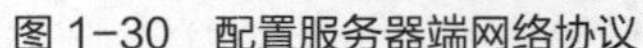

图 1-30　配置服务器端网络协议

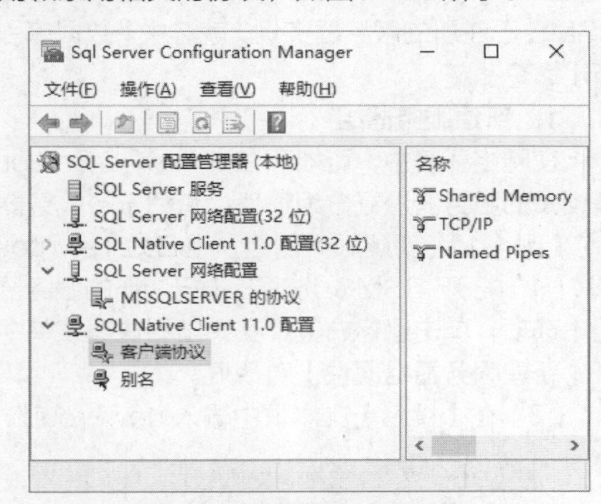

图 1-31　配置客户端网络协议

任务 3-2　SSMS 的已注册的服务器组件

SSMS 是为数据库开发人员和数据库管理员提供的功能强大且应用灵活的管理工具。它是一个组合了大量图形工具和丰富的脚本编辑器的集成环境，用于访问、配置和管理 SQL Server 的产品组件。

SSMS 将以前版本的 SQL Server 中包括的企业管理器和查询分析器的各种功能组合到一个单一的环境中。SSMS 的常用工具组件包括已注册的服务器、对象资源管理器、解决方案资源管理器、模板资源管理器和书签窗口。如果要显示某个工具，就在【视图】菜单上单击该工具的名称，如图 1-32 所示。

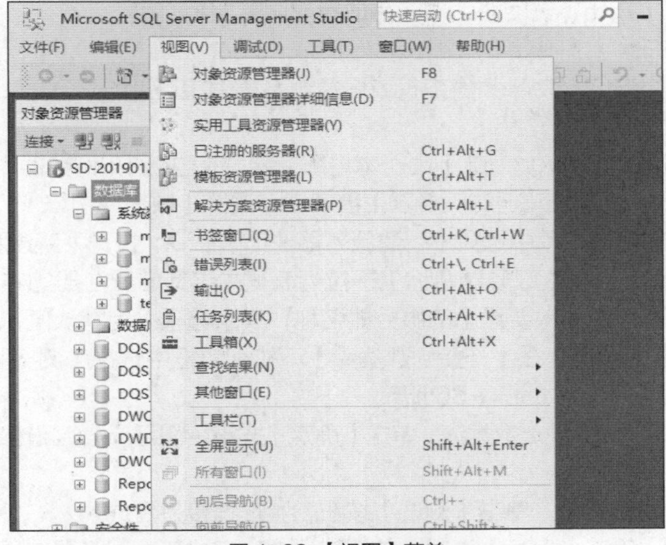

图 1-32 【视图】菜单

已注册的服务器是 SSMS 的一个组件，具有注册服务器、将服务器组合成逻辑组的功能。在【已注册的服务器】窗口中，如果计算机曾经安装过 SQL Server 早期版本，就【数据库引擎】列表将显示 SQL Server 早期版本企业管理器注册的服务器实例；如果【数据库引擎】列表未显示 SSMS 已注册的服务器实例，就选中【数据库引擎】，单击鼠标右键，在弹出的快捷菜单中选择【刷新】命令。

1. 新建服务器组

在网络环境中，可能存在多个 SQL Server 服务器。服务器组是多个服务器的逻辑集合，将许多相关的服务器进行分组管理，有利于多服务器环境的管理工作。

【例 1-1】 新建服务器组，组名为 newgroupl。

（1）打开 SSMS 选项在【已注册的服务器】窗口中，选择【数据库引擎】下的【本地服务器组】选项，单击鼠标右键，在弹出的快捷菜单中选择【新建服务器组】命令，如图 1-33 所示，打开【新建服务器组属性】对话框。

（2）在【组名】文本框中输入 newgroupl，如图 1-34 所示。

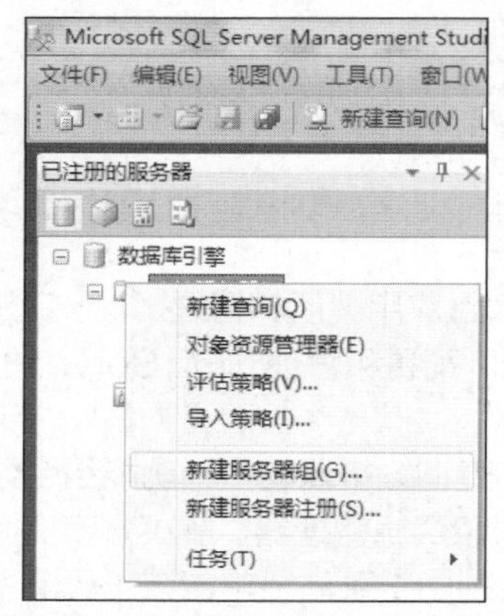

图 1-33 选择【新建服务器组】选项

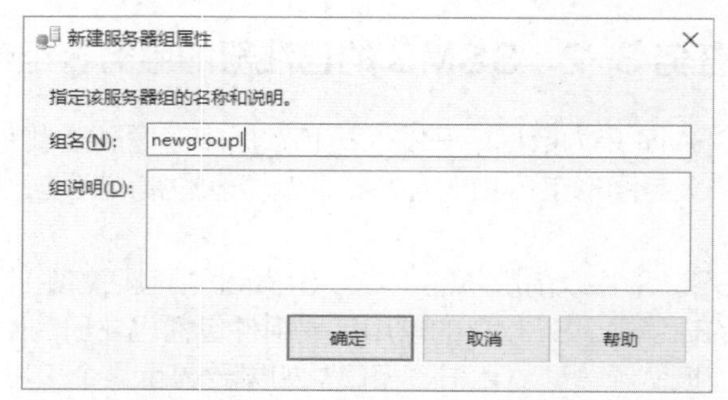

图 1-34 设置新建服务器组属性

（3）单击【确定】按钮，关闭对话框，完成新建服务器组。

2. 新建服务器注册

注册服务器是指为 SQL Server 客户机或服务器系统确定连接的 SQL Server 实例，同时允许指定连接的数据库。

【例 1-2】 在服务器组 newgroupl 下注册本地服务器，并连接到实例数据库 AdventureWorks。

（1）打开 SSMS，在【已注册的服务器】窗口中，展开【数据库引擎】，选择 newgroupl，单击鼠标右键，在弹出的快捷菜单中选择【新建服务器注册】命令，打开【新建服务器注册】对话框。

（2）【常规】选项卡：在【服务器名称】下拉列表框中选择希望注册的本地服务器，在【已注册的服务器名称】文本框中输入要显示的服务器名称，其余选项采用默认值，如图 1-35 所示。

（3）【连接属性】选项卡：在【连接到数据库】下拉列表框中选择【浏览服务器】，打开【查找服务器上的数据库】对话框，如图 1-36 所示。

（4）选中 AdventureWorks 数据库，单击【确定】按钮，返回【连接属性】选项卡，如图 1-37 所示。

（5）其余选项采用默认值。单击【测试】按钮，验证连接是否成功。

（6）连接成功后，单击【保存】按钮，关闭对话框，完成新建服务器注册。

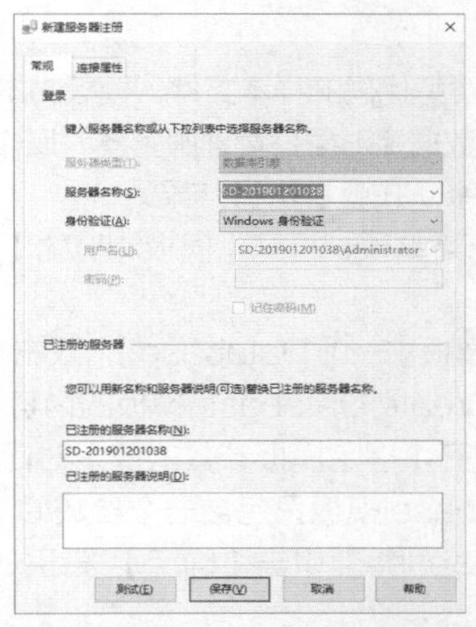

图 1-35 【新建服务器注册】对话框中的【常规】选项卡

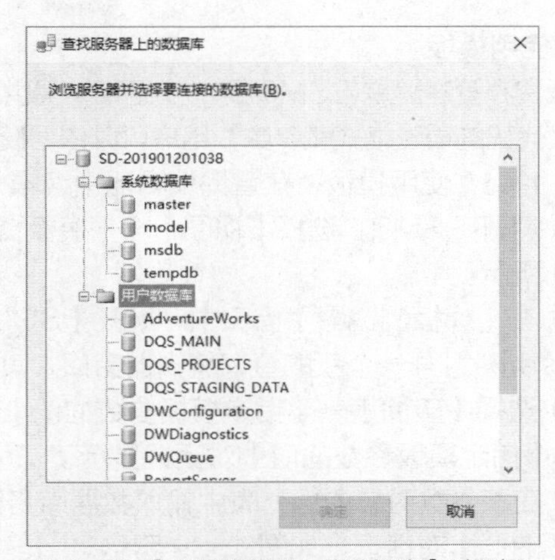

图 1-36 【查找服务器上的数据库】对话框

3. 启动服务

用户在使用服务器进行日常数据管理之前，必须启动 SQL Server（MSSQLServer）服务。

默认情况下，服务器注册成功，SQL Server 服务自动启动。如果 SQL Server 服务暂停或停止，数据库管理员应该手动启动该服务。启动、暂停和停止 SQL Server 的方法如下。

（1）使用 SSMS。在已注册的服务器和对象资源管理器中，通过快捷菜单均可以启动、暂停和停止 SQL Server 服务。

（2）使用 SQL Server 配置管理器。

（3）使用 Windows 操作系统的管理工具。

（4）使用命令。

① 启动 SQL Server 服务的命令：net start mssqlserver。

② 停止 SQL Server 服务的命令：net stop mssqlserver。

图 1-37 【连接属性】选项卡

任务 3-3 使用 SSMS 的查询编辑器组件

查询编辑器是一个集成的代码编辑器，用于编辑 T-SQL、MDX、DMX、XMLA 和 SQL Server 2016 Mobile Edition 查询。SSMS 提供多种方法来使用查询编辑器，包括新建查询、使用模板和编写脚本等。

1. 新建查询

【例 1-3】 新建查询，在查询编辑器中输入 T-SQL 程序，并查看执行结果。

（1）打开 SSMS，选择【文件】→【新建】→【使用当前连接查询】（或工具栏上对应的【新建查询】按钮），在【文档】窗口打开一个新的查询编辑器窗口。

（2）在新的查询编辑器窗口中输入 T-SQL 程序。

（3）选择【查询】→【分析】菜单项（或单击工具栏上的【分析】按钮✓），对程序进行语法分析。

（4）选择【查询】→【执行】菜单项（或单击工具栏上的【执行】按钮 ! 执行(X)），执行程序并显示程序的执行结果。

2. 使用模板

模板资源管理器是 SSMS 的一个组件，提供了执行各种类型代码的样本文件。模板脚本包含了用户自定义代码的语法格式和参数，用户可以依据模板编写创建数据库对象、管理服务器等操作的代码。

【例 1-4】 使用模板，在查询编辑器中编辑 T-SQL 程序，并查看执行结果。

（1）打开 SSMS，选择【视图】→【模板资源管理器】菜单项，打开【模板浏览器】窗口，如图 1-38 所示。

（2）在【模板浏览器】窗口中，展开【SQL Server 模板】→【Database】，双击【Create Database】，打开一个新的查询编辑器窗口，其中显示了 Create Database 模板的内容。

（3）选择【查询】→【指定模板参数的值】菜单项，打开【指定模板参数的值】对话框。

（4）【指定模板参数的值】对话框显示了 Create Database 模板只包含一个参数 Database_Name，在该参数对应的值列表中输入数据库名称 TestDatabase，单击【确定】按钮关闭【指定模板参数的值】对话框，如图 1-39 所示。

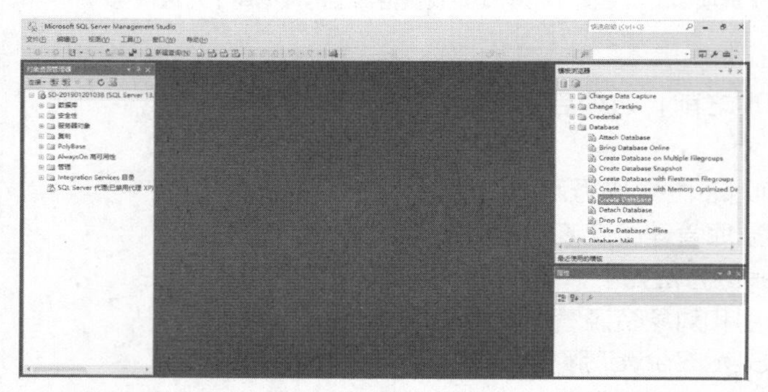

图 1-38 新建查询编辑并执行 T-SQL 程序

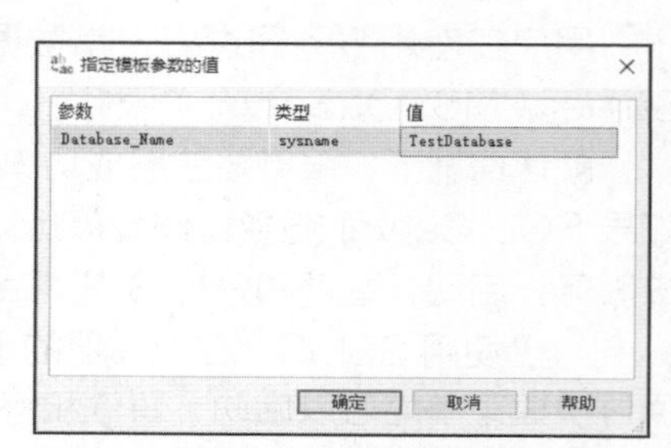

图 1-39 【指定模板参数的值】对话框

（5）参数值 TestDatabase 已经插入查询编辑器窗口的模板中，单击工具栏中的【执行】按钮，运行脚本程序并显示程序的执行结果，如图 1-40 所示。

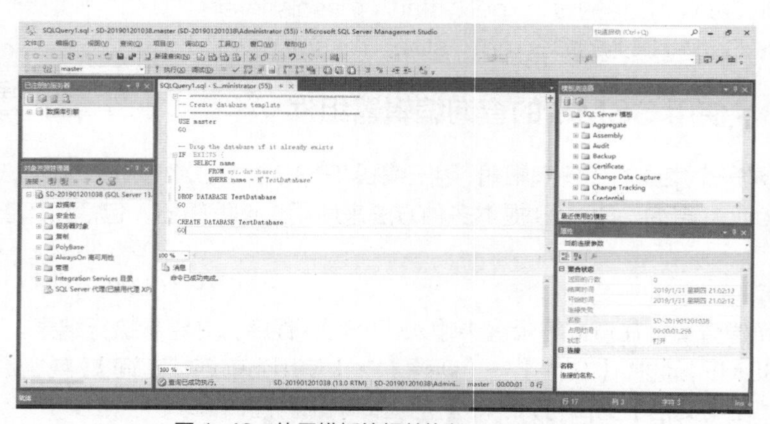

图 1-40 使用模板编辑并执行 T-SQL 程序

任务 3-4 使用 SSMS 的其他组件

1. 对象资源管理器

对象资源管理器是 SSMS 的一个组件，提供了服务器中所有对象的树形视图，并具有可用于管理这些对象的用户界面。对象资源管理器的功能根据连接的服务器的类型不同稍有不同，但一般都包括数据库开发功能和管理服务器类型的功能。

对象资源管理器的功能对应于以前 SQL Server 版本中企业管理器左侧树形目录结构具有的功能。

2. 文档窗口

文档窗口是 SSMS 的最大组成部分，以选项卡的形式容纳查询编辑器、浏览器和摘要组件。默认情况下，文档窗口显示当前服务器类型的摘要组件。

实训 1 安装配置 SQL Server 2016

（1）安装 SQL Server 2016 的一个命名实例，实例名为 NICE。

（2）使用 SQL Server 配置管理器工具完成服务器的启动、暂停、恢复、停止等操作，练习服务器的属性设置。

（3）使用模板创建数据库 ABC。

（4）卸载 NICE 命名实例。

小结

本项目主要介绍了 SQL Server 2016 的安装、SQL Server 2016 的管理工具、服务器的配置，需要掌握的主要内容如下。

（1）SQL Server 2016 是微软公司开发的适用于大型企业数据管理和商业智能应用的关系型数据库管理系统和分析软件系统。SQL Server 2016 常用产品组件有 8 个，其中，数据库引擎是用于存储、处理和保护数据的核心组件。

（2）SQL Server 2016 提供了 4 个安装版本，每个版本都具有不同的功能、特征以及不同的系统环境需求。在安装 SQL Server 2016 过程中有几个问题需要注意：定义实例、设置服务账号和选择身份验证模式。

（3）SQL Server 2016 提供了丰富的管理工具集，其中，SSMS 是最重要的管理工具。它集图形工具和脚本编辑器于一体，用于访问、配置和管理 SQL Server 的产品组件。

（4）配置管理器用于启动、暂停、恢复和停止 SQL Server 相关服务，还可以配置网络协议和网络配置。

（5）SQL Server 2016 的初步配置操作包括连接服务器、注册服务器和使用查询编辑器操作。连接的 4 种服务器构建了 SQL Server 2016 的主要服务功能。

习题

一、选择题

1. SQL Server 2016 常用产品组件有 8 个，（　　）是一个数据集成平台，负责完成数据的提取、转换和加载等操作。

A. 数据库引擎　　B. 集成服务　　C. 报表服务　　D. 通知服务

2.（　　）是用于存储、处理和保护数据的核心组件。

A. 数据库引擎　B. 集成服务　C. 报表服务　D. 通知服务

3. 一个服务器上可以安装（　　）个 SQL Server 默认实例。

A. 0　B. 1　C. 2　D. 多

4.（　　）是一个具有访问网络资源权限的 Windows 操作系统账户。

A. 本地系统账户　B. 网络服务账户　C. 本地服务账户　D. 域用户账户

5.（　　）是默认的身份验证模式，它提供了最高级别的安全性。

A. Windows 身份验证模式　B. Internet 身份验证模式

C. SQL Server 身份验证模式　D. 混合身份验证模式

6.（　　）管理工具是 SQL Server 2016 提供的集成环境，它能访问、配置和管理 SQL Server 的所有任务。

A. SSMS　B. SQL Server 事件探查器

C. SQL Server 配置管理器　D. 数据库引擎优化顾问

7.（　　）是 SSMS 的一个组件，显示并管理服务器的所有对象。

A. 已注册的服务器　B. 对象资源管理器　C. 查询编辑器　D. 模板资源管理器

8. 下列不能启动 SQL Server（MSSQLServer）服务的方法是（　　）。

A. 使用 SQL Server 配置管理器　B. 使用 Windows 操作系统的管理工具

C. 使用 net start mssqlserver 命令　D. 在查询编辑器中编写 T-SQL 程序

9. 下列不能编辑并执行 T-SQL 程序的方法是（　　）。

A. 在查询编辑器中新建查询　B. 使用模板资源管理器的模板

C. 使用对象资源管理器新建数据库　D. 编写对象脚本

二、简答题

1. 如何理解 SQL Server 2016 的体系结构?
2. SQL Server 2016 提供了哪些管理工具? 它们的主要作用是什么?
3. 什么是注册服务器? 如何注册一个服务器?
4. 使用查询编辑器编写并执行 T-SQL 程序，有什么方法?

项目 2 设计数据库

02

【能力目标】

- 学会将现实世界的事物和特性抽象为信息世界的实体与关系
- 会使用实体联系（Entity Relationship，E-R）图描述实体、属性和实体间的关系
- 会将 E-R 图转化为关系模型
- 能根据开发需求，将关系模型规范化到一定程度
- 对数据完整性有清晰的认识

【项目描述】

设计学生管理系统的数据库，绘制 E-R 图，转换成关系模型，指出各表的关键字。

【项目分析】

设计数据库是一个把现实世界抽象化，把信息世界数据化的过程，本项目以学生管理系统的 xs 数据库设计过程为例，介绍必要的数据库基础知识和数据库应用开发技术，达到能够设计开发数据库应用系统的目的。xs 数据库贯穿全书，要求读者熟悉数据库中的 3 个表 XSDA、XSCJ、KCXX 及它们的关系，初步了解数据库。

【任务设置】

任务 1　附加与分离数据库——认知数据库结构

任务 2　现实世界数据化

任务 3　将 E-R 图转换成关系模型

任务 4　认知关键字和数据完整性

实训 2　设计数据库练习

【项目定位】

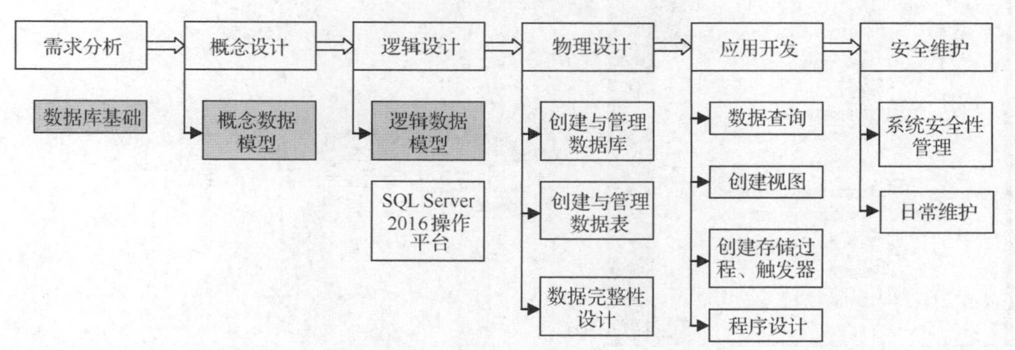

任务 1　附加与分离数据库——认知数据库结构

【任务目标】

- 熟练操作附加数据库的数据转移方法
- 熟练操作分离数据库的数据转移方法
- 理解 SQL Server 2016 数据库结构
- 熟悉本书示例数据库 xs 数据

分离和附加数据库

【任务描述】

附加 xs 数据库，熟悉数据库数据，理解数据库结构。

【任务分析】

现有 xs 数据库，如何将其加载到 SQL Server 2016 中呢？只要附加数据库就可以了。本任务就介绍如何附加已有的数据库，并熟悉本书示例数据库 xs。

任务 1-1　附加数据库

在使用 SQL Server 2016 的过程中，用户可能会遇到两个问题：一个是将数据库从一个 SQL Server 服务器移到另一个 SQL Server 服务器上，另一个是数据库文件所在的磁盘空间用完。

第一个问题一般的处理方法是创建一个新数据库，然后通过备份和还原移动数据库；第二个问题的解决办法是在另一个磁盘上增加一个辅助数据文件。显然这两种办法都比较复杂，SQL Server 2016 提供了一种非常简单的办法——分离和附加数据库。SQL Server 2016 允许分离数据库的数据和事务日志文件，然后将其重新附加到另一台服务器，甚至同一台服务器上。

在 SQL Server 2016 中，除了 master、model、tempdb 3 个系统数据库外，其余的数据库都可以从服务器中分离出来，脱离当前服务器的管理。

1. 使用 SSMS 附加数据库

【例 2-1】使用 SSMS 将 E:\databeifen 文件夹中的数据库附加到当前的 SQL Server 实例上。

（1）启动 SSMS，在【对象资源管理器】中用鼠标右键单击【数据库】，选择【附加】命令，如图 2-1 所示。

（2）打开【附加数据库】窗口，进行相关设置，如图 2-2 所示。

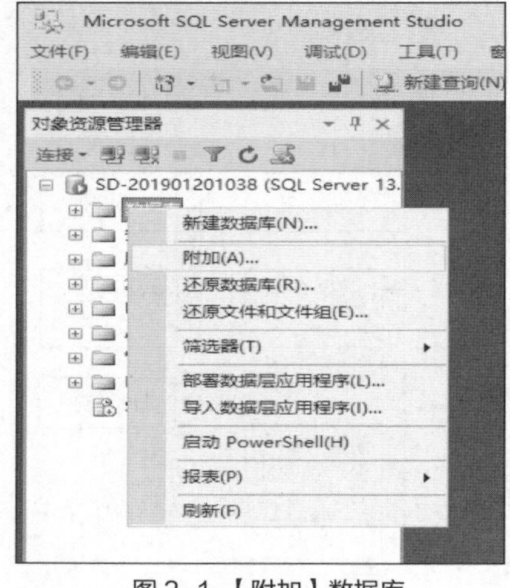

图 2-1 【附加】数据库

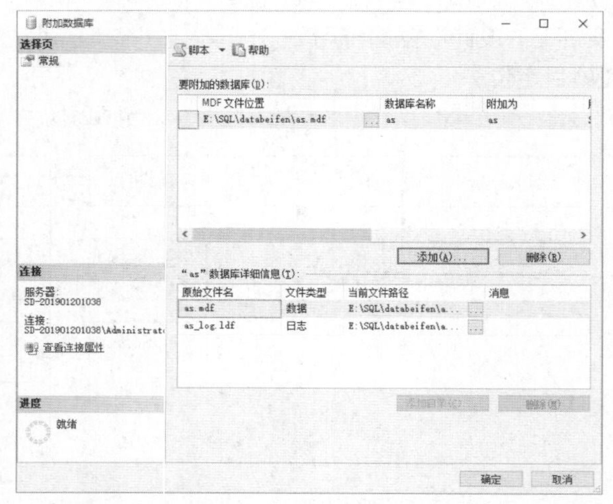

图 2-2 【附加数据库】窗口

（3）单击【添加】按钮，打开【定位数据库文件】对话框，选择要附加的主要数据文件。数据库附加成功后，在【数据库】节点中将会出现 as 数据库节点。

2. 使用 T-SQL 附加数据库

在 SQL Server 2016 中，使用存储过程 EXEC sp_attach_db 可以附加数据库。

语法格式：

```
sp_attach_db 数据库名,@FILENAME=文件名[,…16]
```

【例 2-2】 使用 T-SQL 语句将 E:\SQL\databeifen 文件夹中的数据库附加到当前的 SQL Server 实例上。

```
EXEC  sp_attach_db  xs,'E:\SQL\databeifen\as_data.mdf','E:\SQL\databeifen\as_log.ldf'
```

任务 1-2 认识系统数据库结构

xs 数据库由选课系统所需的数据库信息组成，如图 2-3 所示。

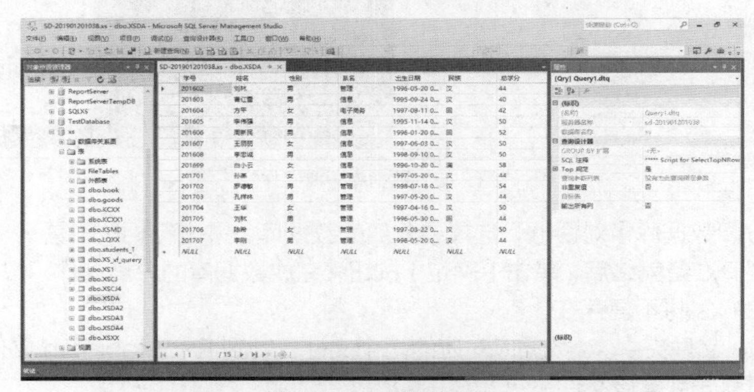

图 2-3 xs 数据库结构

服务器上的数据库结构如图 2-4 所示。

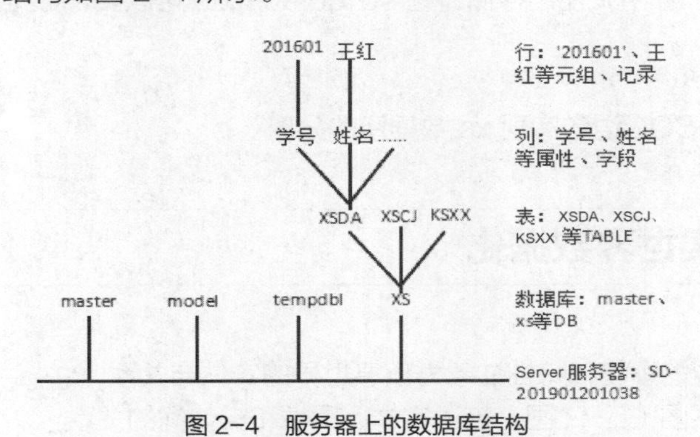

图 2-4 服务器上的数据库结构

任务 1-3 分离数据库

1. 使用 SSMS 分离数据库

【例 2-3】 使用 SSMS 分离 xs 数据库，并将数据库对应的文件复制到 E:\databeifen 中。

（1）启动 SSMS，在【对象资源管理器】中展开【数据库】节点。

（2）用鼠标右键单击 xs，选择【任务】→【分离】命令，如图 2-5 所示。

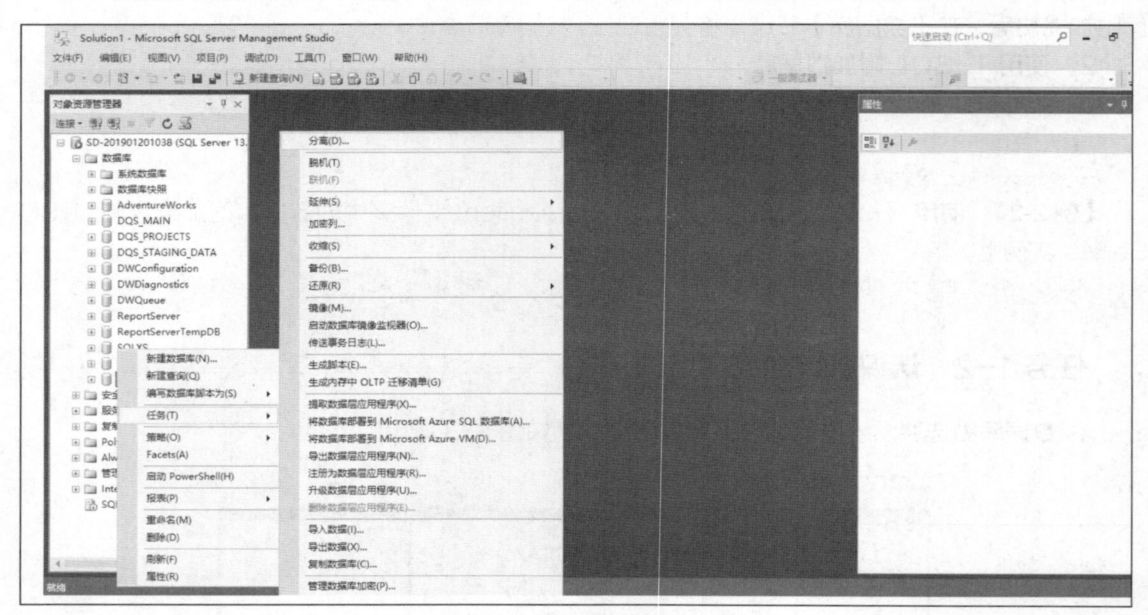

图 2-5 数据库分离操作

（3）打开【分离数据库】对话框，选择要分离的数据库，并进行相关设置。

（4）分离数据库准备就绪后，单击【确定】按钮，完成数据库的分离操作。数据库分离成功后，【数据库】节点中的 xs 将不复存在。

（5）将 E:\data 文件夹中 xs 数据库对应的两个文件复制到 E:\databeifen 文件夹中（如果该文件夹不存在，就请首先创建该文件夹）。

2. 使用 T-SQL 分离数据库

在 SQL Server 2016 中，使用存储过程 sp_detach_db 可以实现数据库的分离。

语法格式：

```
sp_detach_db 数据库名
```

【例 2-4】 使用 T-SQL 语句实现 xs 数据库的分离。

```
EXEC  sp_detach_db  xs
```

任务 2 现实世界数据化

【任务目标】

- 学会将现实世界的事物和特性抽象为信息世界的实体与关系
- 会使用实体联系图（E-R 图）描述实体、属性和实体间的关系

【任务描述】

把学生选修课程抽象出来，绘制出 E-R 图。

【任务分析】

不能将现实世界中存在的客观事物直接输入计算机中进行处理，必须将它们进行数据化后才能在计算机中处理。本任务以学生选课为具体应用，介绍将现实世界的客观事物进行数据化的过程。

任务 2-1　现实世界数据化过程

1. 数据

数据（Data）是描述事物的符号记录，用类型和数值来表示。随着计算机技术的发展，数据的含义更加广泛了，不仅包括数字，还包含文字、图像、声音和视频等多种数据。在数据库技术中，数据是数据库中存储的基本对象。例如，学生的档案管理记录、货物的运输情况等都是数据。

信息不同于数据。数据是信息的载体；信息是数据的含义。信息是一种已经被加工为特定形式的数据。这种数据形式对接受者来说是有意义的，即只有有价值的数据才是信息。根据这个定义，那些能表达某种含义的信号、密码、情报、消息都可概括为信息。例如，一个“会议通知”，可以用文字（字符）写成，也可用广播方式（声音）传送，还可用闭路电视（图像）来通知，不管用哪种形式，含义都是通知，它们表达的信息都是“会议通知”，所以“会议通知”就是信息。

数据和信息二者密不可分，因为信息是客观事物性质或特征在人脑中的反映，信息只有通过数据形式表示出来才能被人理解和接受，所以对信息的记载和描述产生了数据；反之，对众多相关数据加以分析和处理又将产生新的信息。

人们从客观世界中提取所需数据，根据客观需要对数据处理得出相应信息，该信息将对现实世界的行为和决策产生影响，它使决策者增加知识，具有现实的或潜在的价值，信息是经过加工处理以后的数据，从数据到信息的转换过程如图 2-6 所示。

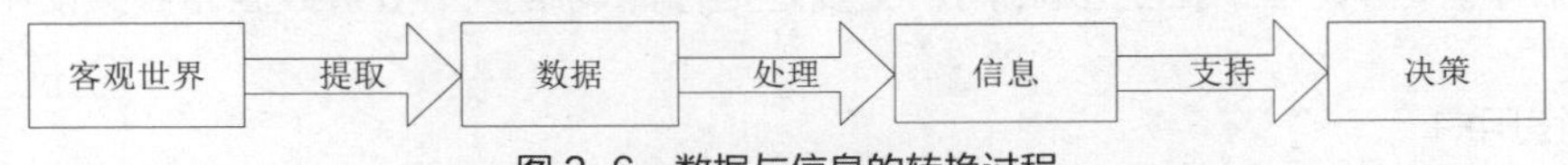

图 2-6　数据与信息的转换过程

2. 数据处理

数据处理是指将数据转换成信息的过程。它是由人、计算机等组成的能进行信息的收集、传递、存储、加工、维护、分析、计划、控制、决策和使用的系统。经过处理，信息被加工成特定形式的数据。

在数据处理过程中，数据计算相对简单，但是处理的数据量大，并且数据之间存在着复杂的联系，因此，数据处理的关键是数据管理。

数据管理是指对数据收集、整理、组织、存储和检索等操作。这部分操作是数据处理业务的基本环节，是任何数据处理业务中必不可少的共有部分。因此读者必须学习和掌握数据管理的技术，对数据处理提供有利的支持。有效的数据管理可以提高数据的使用效率，减轻程序开发人员的负担。数据库技术就是针对数据管理的计算机软件技术。

3. 数据库

数据库（Database，DB）是指长期存储在计算机内，按一定数据模型组织存储、可共享的数据集合。它可以供各种用户共享，具有最小冗余度和较高的数据独立性。

4. 数据库管理系统

数据库管理系统是用户和操作系统之间的数据管理软件。它使用户方便地定义数据和处理数据，并能够保证数据的安全性、完整性，以及多用户对数据的并发使用及发生故障后的数据回复。其功能如下。

（1）数据定义功能

数据库管理系统具有专门的数据定义语言（Data Description Language，DDL），用户可以方便地创建、修改、删除数据库及数据库对象。

（2）数据处理功能

数据库管理系统提供数据处理语言（Data Manipulation Language，DML），可以实现对数据库中数据的检索、插入、删除和修改等操作。

（3）数据库运行管理功能

数据库运行过程是由数据库管理系统统一控制管理的，以保证数据的安全性、完整性，当多个用户同时访问相同数据时，由数据库管理系统进行并发控制，以保证每个用户的运行结果都是正确的。

（4）数据库的维护功能

它包括数据库初始数据的输入、转换功能，数据库的转储、恢复功能，数据库的重组织功能和性能监测、分析功能等。这些功能通常由一些实用程序完成。

总之，数据库管理系统是用户和数据库之间的交互界面，在各种计算机软件中，数据库管理系统软件占有极其重要的位置。用户只需通过它就可以实现对数据库的各种操作与管理。数据库管理系统在计算机层次结构中的地位如图 2-7 所示。

目前，广泛应用的大型网络数据库管理系统有 SQL Server、DB2、Oracle、Sybase 等。常用的桌面数据库管理系统有 Access 等。

5. 数据库系统

数据库系统（Database System，DBS）是指在计算机系统中引入数据库后的系统，一般由数据库、数据库管理系统及其开发工具、应用系统、数据库管理员、应用程序员（Application Programmer，AP）和用户构成。数据库系统可用图 2-8 表示。

其中数据库管理员、应用程序员和用户主要是指存储、维护和检索数据的各类使用者，主要有3类。

（1）最终用户

最终用户（End User，EU）是应用程序的使用者，通过应用程序与数据库进行交互。

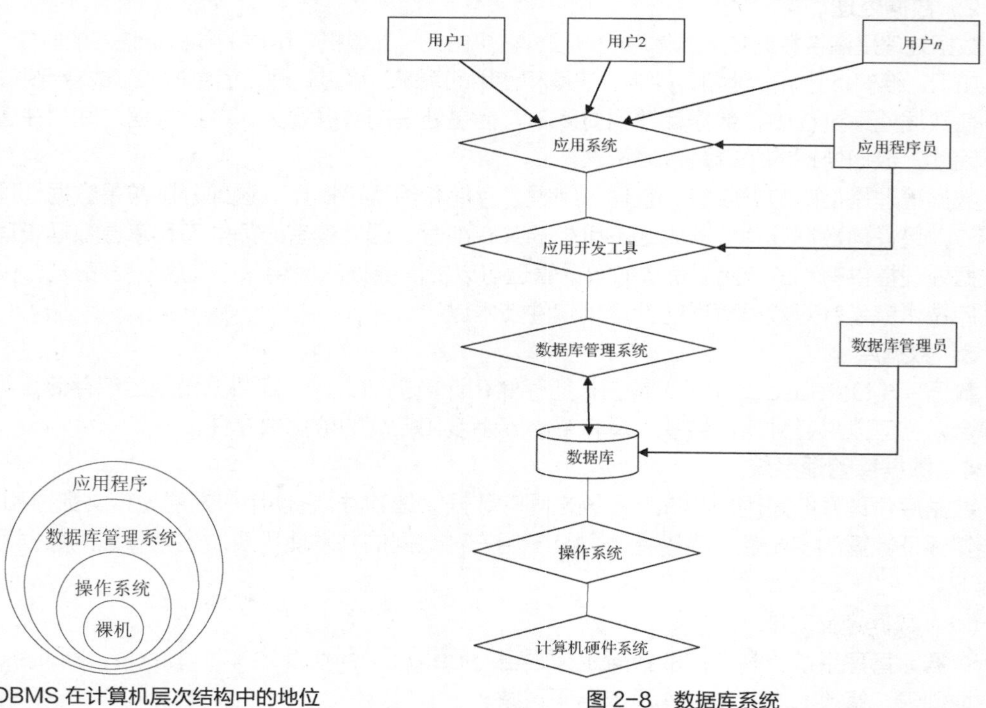

图 2-7　DBMS 在计算机层次结构中的地位

图 2-8　数据库系统

（2）应用程序员

应用程序员是在开发周期内进行数据库结构设计、完成应用程序开发的人员，通常多于 1 人，并保证程序在运行周期中功能和性能正确无误。

（3）数据库管理员

数据库管理员对数据库进行日常的管理，负责全面管理和控制数据库系统，是数据库系统中最重要的人员，其职责包括：设计与定义数据库系统，帮助最终用户使用数据库系统；监督与控制数据库系统的使用和运行；改进和重组数据库系统，优化数据库系统的性能；备份与恢复数据库；当用户的应用需求增加或改变时，对数据库进行较大的改造，即重构数据库。

6. 现实世界数据化过程

将现实世界存在的客观事物进行数据化，要经历从现实世界到信息世界，再从信息世界到数据世界 3 个阶段。现实世界、信息世界和数据世界三者之间的关系如下。

现实世界（事物、事物性质）
↓ 抽象化
信息世界（实体、实体属性）→ 概念数据模型描述 → 用 E-R 图表示
↓ 数据化
数据世界（行、列）→ 数据模型描述 → 表现为二维表

首先将现实世界中客观存在的事物及它们具有的特性抽象为信息世界的实体和属性，其次使用 E-R 图表示实体、属性、实体之间的联系（即概念数据模型），最后将 E-R 图转化为数据世界中的关系。

任务 2-2 数据模型的概念

数据库是某个企业、组织或部门涉及的数据的综合，它不仅要反映数据本身的内容，而且要反映数据间的联系。由于计算机不可能直接处理现实世界中的具体事物，所以人们必须把具体事物转换成计算机能够处理的数据，在数据库中用数据模型这个工具来抽象、表示和处理现实世界中的数据和信息。通俗地讲，数据模型就是现实世界的模拟。现有的数据库系统均是基于某种数据模型的。

数据库管理系统是按照一定的数据模型组织数据的。所谓的数据模型，是指数据结构、数据操作和完整性约束 3 方面，这 3 方面称为数据模型的三要素。

1. 数据结构

数据结构是一组规定的用以构造数据库的基本数据结构类型。这是数据模型中最基本的部分，它规定如何把基本数据项组织成更大的数据单位，并通过这种结构来表达数据项之间的关系。由于数据模型是现实世界与机器世界的中介，因此，它的基本数据结构类型应是简单且易于理解的。同时，这种基本数据结构类型还应有很强的表达能力，可以有效地表达数据之间各种复杂的关系。

2. 数据操作

数据操作能实现对上述数据结构按任意方式组合起来所得数据库的任何部分进行检索、推导和修改等。实际上，上述中的结构只规定了数据的静态结构，而数据操作的定义则说明了数据的动态特性。同样的静态结构，由于定义在其上的操作不同，因此可以形成不同的数据模型。

3. 完整性约束

完整性约束用于给出不破坏数据库完整性、数据相容性等数据关系的限定。为了避免对数据执行某些操作时破坏数据的正常关系，常将那些有普遍性的问题归纳起来，形成一组通用的约束规则，只允许在满足该组规则的条件下对数据库进行插入、删除和更新等操作。

综上所述，一个数据模型实际上给出了一个通用的在计算机上可实现的现实世界的信息结构，并且可以动态地模拟这种结构的变化。因此，它是一种抽象方法，为在计算机上实现这种方法，研究者开发和研制了相应的软件——数据库管理系统。DBMS 是数据库系统的主要组成部分。

数据模型大体上分为两种类型：一种是独立于计算机系统的数据模型，即概念模型；另一种则是涉及计算机系统和数据库管理系统的数据模型。

任务 2-3 概念模型

信息是对客观事物及其相互关系的表征，同时数据是信息的具体化、形象化，是表示信息的物理符号。在管理信息系统中，要对大量的数据进行处理，首先要弄清楚现实世界中事物及事物间的联系是怎样的，然后逐步分析、变换，得到系统可以处理的形式。因此对客观世界的认识、描述是一个逐步的过程，有层次之分，可将它们分成 3 个层次。

1. 现实世界

现实世界是客观存在的事物及其相互联系，客观存在的事物分为“对象”和“性质”两个方面，同时事物之间有广泛的联系。

2. 信息世界

信息世界是客观存在的现实世界在人们头脑中的反映。人们对客观世界经过一定的认识过程，进入信息世界形成关于客观事物及其相互联系的信息模型。在信息模型中，客观对象用实体表示，而客观对象的性质用属性表示。

3. 数据世界（或机器世界）

信息世界中的有关信息经过加工、编码、格式化等具体处理后，便进入了数据世界。数据世界中的数据既能代表和体现信息模型，又向机器世界前进了一步，便于用机器进行处理。在这里，每一个实体用记录表示，相应于实体的属性用数据项（或称字段）表示，现实世界中的事物及其联系就用数据模型来表示。

3 个领域间的关系如图 2-9 所示。

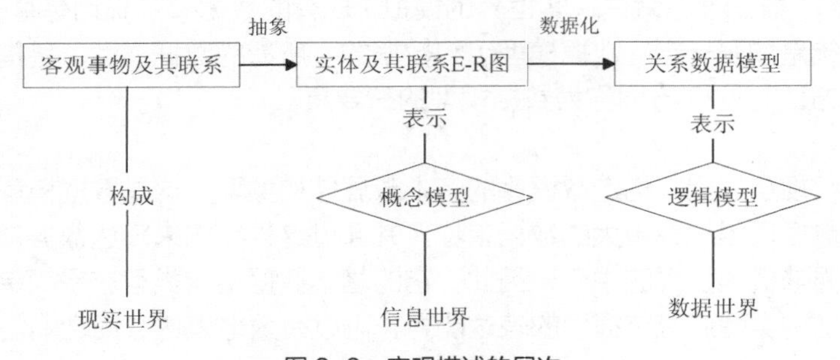

图 2-9 客观描述的层次

由此可以看出，客观事物及其联系是信息之源，是组织和管理数据的出发点，同时也是使用数据库的归宿。为了把现实世界中的具体事物进行抽象，人们常常首先把现实世界抽象成为信息世界，再把信息世界转化为数据世界。把现实世界抽象为信息世界，实际上是抽象出现实系统中有应用价值的元素及其联系，这时形成的信息结构是概念模型。抽象出概念模型后，再把概念模型转换为计算机上某一 DBMS 所支持的数据模型。概念模型是现实世界到真实机器的一个中间层次，是按照用户的观点对数据和信息建模，是数据库设计人员与用户之间进行交流的语言。

目前，描述概念模型最常用的方法是 E-R 方法。这种方法简单、实用，它所使用的工具称为 E-R 图。E-R 图中包括实体、属性和联系 3 种图素。实体用矩形框表示，属性用椭圆形框表示，联系用菱形框表示，框内填入相应的名称，实体与属性或者实体与联系之间用无向直线连接，多值属性用双椭圆形框表示，派生属性用椭圆形框表示。

E-R 模型中使用的基本符号如图 2-10 所示。

图 2-10　E-R 图基本符号表示

1. 实体

客观存在并且可以相互区别的事物称为实体。实体可以是具体的事物，也可以是抽象的事件。例如，学生、图书等属于实际具体事物，订货、借阅图书等活动是抽象的事件。

2. 实体集

同一类实体的集合称为实体集。由于实体集中的个体成千上万，人们不可能也没有必要一一指出每一个属性，因此引入实体型。

3. 实体型

实体型是对同类实体的共有特征的抽象定义，用实体名及其属性名称集合来抽象和描述。例如，学生（学号，姓名，年龄，性别，成绩）是一个实体型。

4. 属性

描述实体的特性称为属性。例如，学生实体用学号、姓名、性别、年龄等属性来描述。不同的实体用不同的属性区分。

5. 联系

实体之间的相互关系称为联系，它反映现实世界事物之间的相互关联。实体之间的联系可以归纳为 3 种类型。

（1）一对一联系（1：1）。设 A、B 为两个实体集，如果 A 中的每个实体至多和 B 中的一个实体有联系，反过来，B 中的每个实体至多和 A 中的一个实体有联系，就称 A 对 B 或者 B 对 A 是一对一联系。例如，班级和班长这两个实体之间就是一对一的联系，如图 2-11（a）所示。

（2）一对多联系（1：*N*）。设 A、B 为两个实体集，如果 A 中的每个实体可以和 B 中的多个实体有联系，而 B 中的每个实体至多和 A 中的一个实体有联系，就称 A 对 B 是一对多联系。例如，班级和学生这两个实体之间就是一对多联系，如图 2-11（b）所示。

（3）多对多联系（*M*：*N*）。设 A、B 为两个实体集，如果 A 中的每个实体可以和 B 中的多个实体有联系，而 B 中的每个实体也可以和 A 中的多个实体有联系，就称 A 对 B 或 B 对 A 是多对多联系。例如，课程和学生这两个实体之间就是多对多联系，如图 2-11（c）所示。

值得注意的是，联系也可以有属性，例如，学生选修课程，则“选修”这个联系就有“成绩”属性，如图 2-12 所示。

实体集中的个体成千上万，人们不可能也没有必要一一指出个体间的对应关系，只需指出实体型间的联系，注明联系方式，这样既简单，又能表达清楚概念。具体画法：把有联系的实体（矩形框）通过联系（菱形框）连接起来，注明联系方式，再把实体的属性（椭圆形框）连到相应实体上。

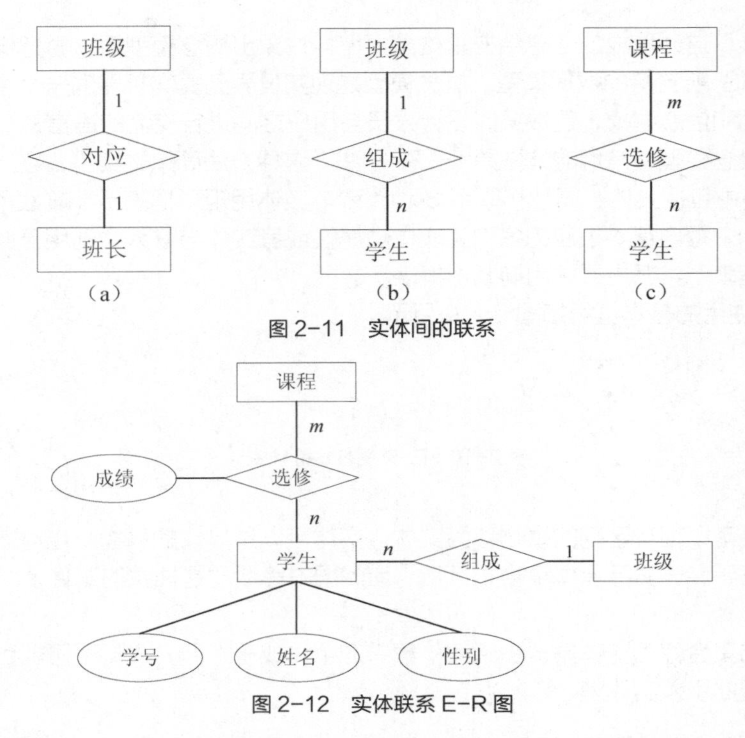

图 2-11　实体间的联系

图 2-12　实体联系 E-R 图

一般为了简洁起见，在 E-R 图中可略去属性，着重表示实体联系情况，属性可单独以表格形式列出。

任务 2-4　绘制学生选修 E-R 图

1. 需求分析

设计数据库首先必须准确了解与分析用户需求（包括数据与处理）。需求分析是整个设计过程的基础，是最困难、最耗费时间的一步，需求分析的结果是否准确地反映了用户的实际要求，将直接影响后续各个设计阶段，最终将影响到设计结果是否合理和实用。它的目的是分析系统的需求。该过程的主要任务是从数据库的所有用户那里收集对数据的需求和对数据处理的要求，主要涉及应用环境分析、数据流程分析、数据需求的收集与分析等，并把这些需求写成用户和设计人员都能接受的说明书。

本书以“学生信息管理系统”的开发为例，简单描述数据库的开发流程，以某校学生处及教务处的学生管理流程为基准收集到其所需的基本需求包括：学生档案管理、教学课程管理、学生成绩管理、系统管理等。在学生档案管理中能够查询、修改、添加学生的基本档案信息；在教学课程管理中能针对开设的每门课程进行修改，添加新开设课程，删除淘汰的课程；在学生成绩管理中能针对学生每门课程的学习情况，记录其成绩并提供查询和修改功能；在系统管理中可以提供用户登录、用户修改密码等功能。

2. 概念结构设计形成 E-R 图

针对“学生信息管理系统”的需求，抽取出各实体及其所需属性并形成局部 E-R 图。学生实体 E-R 图如图 2-13 所示。

课程实体 E-R 图如图 2-14 所示。

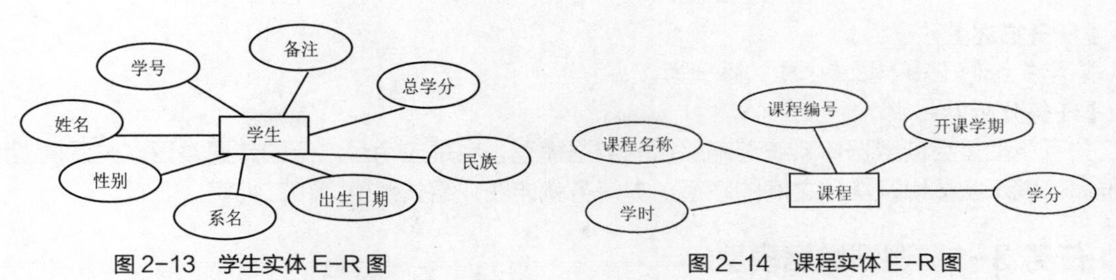

图 2-13　学生实体 E-R 图　　　　图 2-14　课程实体 E-R 图

学生实体与课程实体之间的关系用成绩 E-R 图表示，如图 2-15 所示。

用户实体 E-R 图如图 2-16 所示。

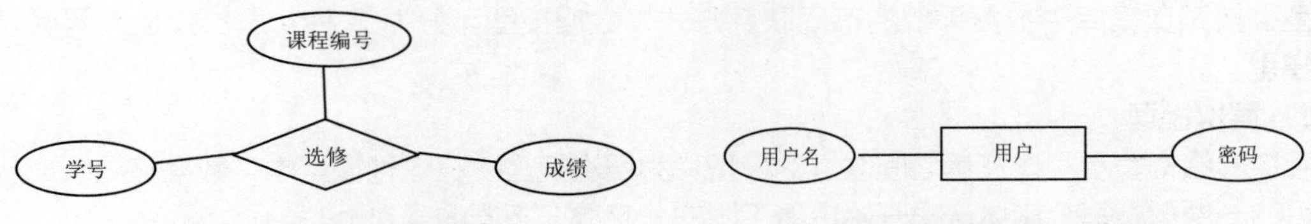

图 2-15　实体联系成绩 E-R 图　　　　图 2-16　实体用户 E-R 图

对局部 E-R 图综合整理后，得到全局 E-R 图，如图 2-17 所示。

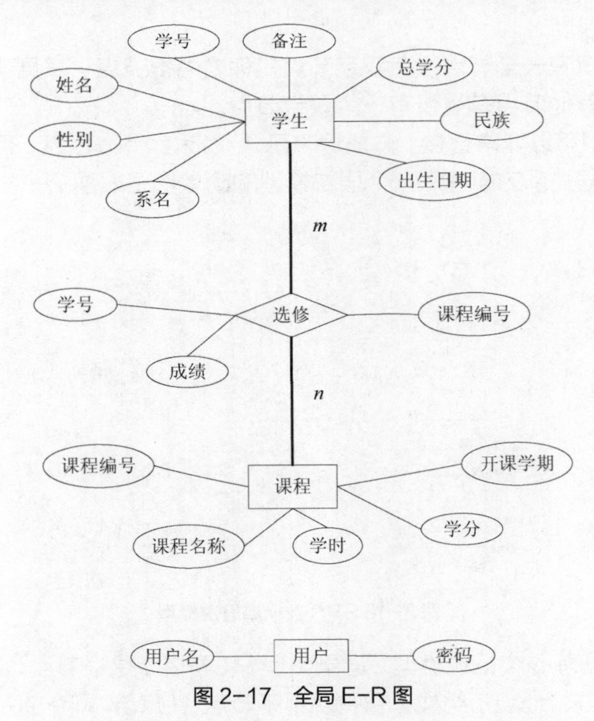

图 2-17　全局 E-R 图

任务 3　将 E-R 图转换成关系模型

【任务目标】

- 会将 E-R 图转换成关系模型
- 能根据开发需求，将关系模型规范化到一定程度

【任务描述】

将学生选修 E-R 图转化成关系模型。

【任务分析】

关系模型是目前数据库系统普遍采用的数据模型，也是应用最广泛的数据类型。关系模型通过二维表来表示实体以及实体之间的联系。本任务就详细介绍关系模型和二维表。

任务 3-1　逻辑数据模型

逻辑数据模型是指数据库中数据的组织形式和联系方式，简称数据模型。数据库中的数据是按照一定的逻辑结构存储的，这种结构用数据模型来表示。现有的数据库管理系统都基于某种数据模型。按照数据库中数据采取的不同联系方式，数据模型可分为 3 种：层次模型、网状模型和关系模型。

1. 层次模型

用树形结构表示实体及其之间联系的模型称为层次模型。在这种模型中，数据被组织成从根开始倒置的一棵树，每个实体从根开始沿着不同的分支放在不同的层次上。

层次模型的优点是结构简单、层次清晰、易于实现，适合描述类似家族关系、行政编制及目录结构等信息载体的数据结构。

其基本结构有两个限制。

（1）此模型中有且仅有一个节点没有双亲节点，称之为根节点，其层次最高。

（2）根节点以外的其他节点有且仅有一个双亲节点。

所以，使用层次模型可以非常直接、方便地表示 1 : 1 和 1 : n 联系，但不能直接表示 m : n 联系，难以实现对复杂数据关系的描述。一个层次模型的简单例子如图 2-18 所示。

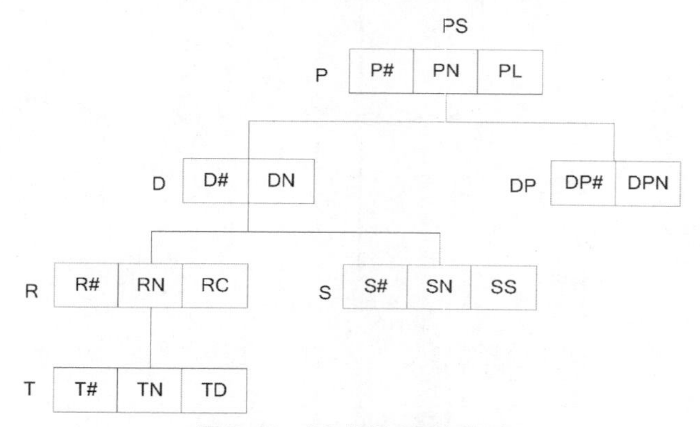

图 2-18　PS 数据库层次模型

该层次数据库 PS 具有 6 个记录类型。记录类型 P（学院）是根节点，由字段 P#（学院编号）、PN（学院名称）、PL（办公地点）组成。它有两个子节点：D（系）和 DP（部）。记录类型 R（教研室）和 S（学生）是记录类型 D 的两个子节点。T（教师）是 R 的子节点。其中，记录类型 D 由字段 D#（系编号）和 DN（系别）组成，记录类型 DP 由字段 DP#（部门编号）和 DPN（部门名称）组成，记录类型 R 由 R#（教研室编号）、RN（教研室名称）和 RC（教研室人数）组成，记录类型 S 由 S#（学号）、SN（学生姓名）和 SS（学生成绩）组成。记录类型 T 由 T#（教师编号）、TN（教师姓名）和 TD（研究方向）组成。

在该层次结构中，DP、S、T 是叶子节点，它们没有子节点。由 P 到 D、P 到 DP、D 到 R、

D 到 S、R 到 T 均是一对多的联系。

2. 网状模型

网状模型是一种比层次模型更具有普遍性的结构，它去掉了层次模型的两个限制，允许多个节点没有双亲节点，允许节点有多个双亲节点，此外它还允许两个节点之间有多种联系。因此，网状模型可以更直接地描述现实世界。而层次模型实际上是网状模型的一个特例。

网状模型的主要优点是在表示数据之间的多对多联系时具有很大的灵活性，但是这种灵活性是以数据结构的复杂化为代价的。

网状结构可以有很多种，如图 2-19 所示。其中，图 2-19（a）是一个简单的网状结构，其记录类型之间都是 1：*n* 的联系。图 2-19（b）是一个复杂的网状结构，学生与课程之间是 *m*：*n* 的联系，一个学生可以选修多门课程，一门课程可以被多个学生选修。图 2-19（c）是一个简单环形网状结构，每个父亲可以有多个已为人父的儿子，而这些已为人父的儿子却只有一个父亲。图 2-19（d）是一个复杂环形网状结构，每个子女都可以有多个子女，而这多个子女中的每一个都可以再有多个子女（*m*：*n*）。图 2-19（e）中人和树的联系有多种。图 2-19（f）中既有父母到子女的联系，又有子女到父母的联系。

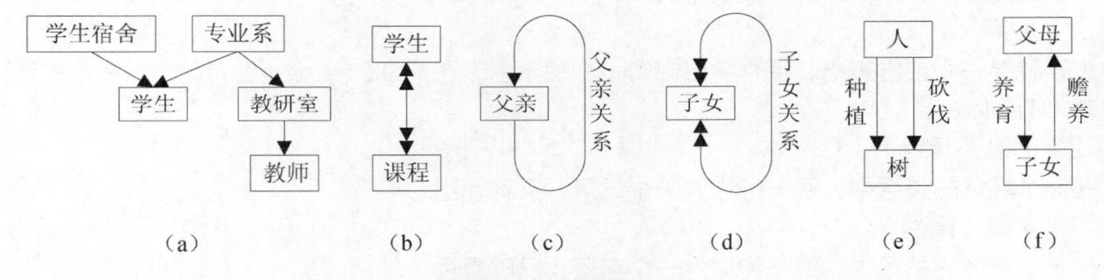

图 2-19 网状模型

3. 关系模型

关系模型是目前最重要的一种模型。美国 IBM 公司的研究员埃德加·弗兰克·科德（E.F.Codd）于 1970 年发表题为《大型共享系统的关系型数据库的关系模型》的论文，文中首次提出了数据库系统的关系模型。20 世纪 80 年代以来，计算机厂商推出的数据库管理系统几乎都支持关系模型。

关系模型与层次和网状模型的理论和风格截然不同，如果说层次和网状模型是用“图”表示实体及其联系，那么关系模型是用“二维表”来表示的。从现实世界中抽象出的实体及其联系都使用关系模型这种二维表表示。而关系模型就是用若干个二维表来表示实体及其联系的，这是关系模型的本质。关系模型如图 2-20 所示。

学生登记表

学号	姓名	性别	系别	年龄	籍贯
95001	李勇	男	计算机科学	20	江苏
95002	刘晨	女	信息	19	山东
95003	王名	女	数学	18	北京
95004	张立	男	计算机科学	19	北京
……	……	……	……	……	……
95700	杨晓冬	男	物理	20	山西

图 2-20 关系模型

由于关系型数据库采用了人们习惯使用的表格形式作为存储结构，易学易用，因而成为使用最广泛的数据库模型。

任务 3-2 认知关系模型的基本概念

二维表并不一定是关系模型，只有具有下面特点的二维表才是关系模型。

（1）表格中的每一列都是不可再分的数据单元。

（2）每列的名称不同，数据类型相同或者兼容。

（3）行的顺序无关紧要。

（4）列的顺序无关紧要。

（5）关系中不能存在完全相同的两行。

通常将关系模型称为关系或者表，将关系中的行称为元组或记录，将关系中的列称为属性或字段。

1. 关系术语

关系型数据库有几个常见的关系术语。

（1）关系

关系就是一个二维表格，每个关系都有一个关系名，在 SQL Server 2016 中，一个关系称为一个表（Table）。

（2）记录（元组）

在一个具体的关系中，每一行称为一个记录，又称元组。

（3）字段（属性）

在一个具体的关系中，每一列称为一个字段，又称属性。

（4）域

域就是属性的取值范围，即不同记录对同一个属性的取值予以限定的范围。例如，“成绩”属性的域是 0～100，“性别”属性的域为“男”“女”。

（5）关键字

在一个关系中有一个或几个这样的字段（属性），其值可以唯一地标识一个记录，称为关键字。例如，学生表中的“学号”字段就可以作为一个关键字，而“姓名”字段因其值不唯一而不能作为关键字。

（6）关系模式

对关系的描述称为关系模式。一个关系模式对应一个关系，是命名的属性集合。其格式为：

```
关系名(属性名1,属性名2,…,属性名n)
```

例如：

```
学生(学号,姓名,年龄,性别)
课程(课程号,课程名,学分,学时)
选修(学号,课程号,成绩)
```

一个具体的关系模型则是若干个相联系的关系模式的集合。以上 3 个关系模式就组成了关系模型。

2. 关系的约束

关系表现为二维表，但不是所有的二维表都是关系。成为关系的二维表有如下约束。

（1）不允许“表中套表”，即表中每个属性必须是不可分割的数据单元，或者说每个字段不能再分为若干个字段，即表中不能再包含表。

（2）在同一个关系中不能出现相同的属性名。

（3）列的次序可以任意交换，不改变关系的实际意义。

（4）表中的行又称为元组，代表一个实体，因此表中不允许出现相同的两行。

（5）行的次序可以任意交换，不会改变关系的意义。

注意 上述各种名词在实际的 DBMS 中往往叫法不一样，如在 SQL Server 大型数据库中把关系称为“数据库文件”或“表”，把属性称为“字段”，把元组称为“记录”。

任务 3-3 转换学生选修 E-R 图为关系模型

关系模型的逻辑结构是一组关系模式的集合，而 E-R 图则是由实体、实体的属性和实体之间的联系 3 个要素组成的，所以将 E-R 图转换为关系模型实际上就是要将实体、实体的属性和实体之间的联系转化为关系模式，这种转换一般遵循如下原则。

（1）一个实体转化为一个关系模式，实体的属性即为关系的属性，实体的关键字就是关系的关键字。

（2）如果是一个 1:1 的联系，就可在联系两端的实体关系中的任意一个关系的属性中加入另一个关系的关键字。

（3）如果是一个 1:*n* 的联系，就可在 *n* 端实体转换成的关系中加入一端实体关系中的关键字。

（4）如果是一个 *n*:*m* 的联系，就可转化为一个关系。联系两端各实体关系的关键字组合构成该关系的关键字，组成关系的属性中除关键字外，还有联系自有的属性。

（5）3 个或 3 个以上实体间的一个多元联系转换为一个关系模式。

（6）实体集的实体间的联系，即自联系，也可按上述 1:1、1:*n*、*m*:*n* 3 种情况分别处理。

（7）具有相同关键字的关系可以合并。

按照上述转换原则，将图 2-17 所示的学生信息管理系统全局 E-R 图转换为如下的关系模型。

学生档案（学号，姓名，性别，系名，出生日期，民族，总学分，备注）

课程信息（课程编号，课程名称，开课学期，学时，学分）

学生成绩（学号，课程编号，成绩）

用户信息（用户名，密码）

【例 2-5】 分析表 2-1 是否是关系模型，为什么？

表 2-1 不是关系模型，因为授课情况还可以再细分为开课学期、学时、学分 3 列。

表 2-1 课程一览表

课程编号	课程名称	授课情况		
		开课学期	学时	学分
104	计算机文化基础	1	60	3
108	C 语言程序设计	2	96	5
202	数据结构	3	72	4

【例 2-6】 将表 2-1 规范为关系模型。

将表 2-1 的授课情况再细分为开课学期、学时、学分 3 列，如表 2-2 所示，它是关系模型。

表 2-2 课程信息表

课程编号	课程名称	开课学期	学时	学分
104	计算机文化基础	1	60	3
108	C 语言程序设计	2	96	5
202	数据结构	3	72	4

任务 3-4　关系规范化

关系规范化的目的是消除存储异常、减少数据冗余（重复），以保证数据完整性（即数据的正确性、一致性）和存储效率，一般将关系规范到Ⅲ范式即可。

表 2-2～表 2-4 都满足关系模型的 5 个特点，它们都是关系，但还存在以下几个问题。

表 2-3　学生档案表

学号	姓名	性别	系编号	系名	出生日期	民族	总学分	备注
201601	王红	女	01	信息	1996-02-14	汉	60	NULL
201602	刘林	男	01	信息	1996-05-20	汉	54	NULL
201603	曹红雷	男	01	信息	1995-09-24	汉	50	NULL

表 2-4　学生成绩表

学号	姓名	课程编号	成绩
201601	王红	104	81
201602	刘林	108	77
201603	曹红雷	202	89

（1）数据冗余

姓名在 2 个表中重复出现，数据冗余（重复）。

（2）数据可能会不一致

课程名称、姓名重复出现，容易出现数据不一致的情况，如输入的课程名称不规范，有时候输入全称，有时候输入简称；另外，在修改数据时，可能会出现遗漏的情况，造成数据不一致。

（3）数据维护困难

数据在多个表中重复出现造成对数据库的维护困难。例如，某个学生因故更改姓名，则需要在学生表和学生选课表中更改两次，才能保证数据的一致性，数据维护工作量大。

关系型数据库中的关系要满足一定的规范化要求，对于不同的规范化程度，可以使用“范式”进行衡量，记作 NF。满足最低要求的为Ⅰ范式，简称 1NF。在Ⅰ范式的基础上，进一步满足一些要求的为Ⅱ范式，简称 2NF。同理，还可以进一步规范为Ⅲ范式。

1. Ⅰ范式

一个关系的每个属性都是不可再分的数据单元，则该关系是Ⅰ范式。

【例 2-7】 分析表 2-2、表 2-3 是否满足Ⅰ范式。

因为表 2-2、表 2-3 均满足Ⅰ范式的条件，所以它们是Ⅰ范式。Ⅰ范式是关系必须达到的最低要求，不满足该条件的关系模型称为非规范化关系。因为Ⅰ范式存在数据冗余、数据不一致和维护困难等缺点，所以要对Ⅰ范式进一步规范。

2. Ⅱ范式

Ⅱ范式首先是Ⅰ范式，而且关系中的每一个非主属性完全函数依赖于主关键字（Primary Key，或称主键、主码），则该关系是Ⅱ范式。

单个属性作为主键的情况比较简单，因为主键的作用就是能唯一标识表中的每一行，关系中的非主属性完全函数都能依赖于主键，所以这样的关系是Ⅱ范式。

对于组合属性作为主键的那些关系，通常要判断每一个非主属性是完全函数依赖还是部分函数依赖于主键。

【例 2-8】 分析表 2-3、表 2-4 是否满足Ⅱ范式。

因为表 2-3 的主键是学号，该表的其他非主属性都完全函数依赖于主键课程编号属性，所以表 2-3 是Ⅱ范式。

因为表 2-4 的主键为（学号，课程编号），在该表中成绩属性完全函数依赖于主键，姓名只依赖于主键中的学号属性，它与主键中的课程编号属性无关，即姓名属性部分函数依赖于主键，所以表 2-4 不是Ⅱ范式。

将非Ⅱ范式规范为Ⅱ范式的方法是，将部分函数依赖关系中的主属性（决定方）和非主属性从关系中提取出来，单独构成一个关系；将关系中余下的其他属性加上主键，构成关系。

【例 2-9】 将表 2-4 规范为Ⅱ范式。

表 2-4 中的姓名属性只与主键（学号，课程编号）中的学号有关，规范时只需要将学号属性、姓名属性分离出来组成一个关系。由于分离出来的学号、姓名属性在表 2-3 中已存在，因此可以由分离的属性组成一个关系。剩余的其他属性即成绩加上主键（学号，课程编号）构成关系，如表 2-5 所示，它符合Ⅱ范式的条件，所以满足Ⅱ范式。

表 2-5　学生成绩表

学号	课程编号	成绩
201601	104	81
201602	108	77
201603	202	89

Ⅱ范式的关系模式依然存在数据冗余、数据不一致的问题，需要进一步将其规范为Ⅲ范式。

3. Ⅲ范式

Ⅲ范式首先是Ⅱ范式，且关系中的每一个非主属性都不完全函数传递依赖于主键，则此关系是Ⅲ范式。

在关系中，首先需要找出关系中的主键，然后判断任何一个非主属性和主键之间是否存在函数传递依赖关系，如果存在，则需要消除函数传递依赖关系。

【例 2-10】 分析表 2-2、表 2-3 是否满足Ⅲ范式。

因为表 2-2 课程信息表满足Ⅱ范式，并且任何一个非主属性都不完全函数传递依赖于主键，所以它满足Ⅲ范式。

表 2-3 学生档案表满足Ⅱ范式，但不满足Ⅲ范式。它的主键为学号，系编号和系别之间存在通过系编号进行函数依赖传递的关系。要清除这种函数传递依赖关系，可将系编号属性、系别属性分离出来组成一个关系。删除重复行后构成表 2-6，该表主键为系编号，它满足Ⅲ范式。在表 2-3 中删除系别属性后，剩余属性组成表 2-7 所示的学生表，它满足Ⅲ范式。

表 2-6　系部表

系编号	系别
01	信息
02	计算机
03	人文

表 2-7　学生表

学号	姓名	性别	系编号	出生日期	民族	总学分	备注
201601	王红	女	01	1996-02-14	汉	60	NULL
201602	刘林	男	01	1996-05-20	汉	54	NULL
201603	曹红雷	男	01	1995-09-24	汉	50	NULL

当然有些比较简单的数据库也可以删除系编号属性，满足Ⅲ范式的条件，如表 2-8 所示。

表 2-8　学生信息表

学号	姓名	性别	系名	出生日期	民族	总学分	备注
201601	王红	女	信息	1996-02-14	汉	60	NULL
201602	刘林	男	信息	1996-05-20	汉	54	NULL
201603	曹红雷	男	信息	1995-09-24	汉	50	NULL

Ⅲ范式的表数据基本独立，表和表之间通过公共关键字（Common Key）进行联系（如表 2-6 和表 2-7 的公共关键字为系编号），它从根本上消除了数据冗余、数据不一致的问题。

任务 3-5　关系运算

数学中的算术运算是大家熟悉的，例如，2+3 是一个数学运算，该运算的运算对象是数值 2 和 3，运算法则是加法，运算结果是数值 5。与此类似，关系运算的运算对象是关系（二维表），关系运算的法则包括选择、投影、连接，关系运算结果也是关系（二维表）。下面分别介绍这 3 种关系运算法则。

1. 选择

选择（Selection）运算是在一个关系中找出满足给定条件的记录。选择是从行的角度对二维表的内容进行筛选，形成新的关系。例如，学生表如表 2-9 所示。

表 2-9　学生表

学号	姓名	性别	系名	出生日期	民族	总学分	备注
201601	王红	女	信息	1996-02-14	汉	60	无
201602	刘林	男	信息	1996-05-20	汉	54	无
201603	曹红雷	男	信息	1995-09-24	汉	50	无
201604	方平	女	信息	1997-08-11	回	52	三好学生
201605	李伟强	男	信息	1995-11-14	汉	60	一门课不及格

【例 2-11】 从表 2-9 中选择男同学，其结果如表 2-10 所示，SQL 语句如下。

```
SELECT  *
FROM  学生
WHERE  性别='男'
```

表 2-10　选择运算结果

学号	姓名	性别	系名	出生日期	民族	总学分	备注
201602	刘林	男	信息	1996-05-20	汉	54	无
201603	曹红雷	男	信息	1995-09-24	汉	50	无
201605	李伟强	男	信息	1995-11-14	汉	60	一门课不及格

通俗地说，选择运算是将满足条件的元组提取出来，组成一个新的关系。

2. 投影

投影（Projection）是从一个关系中找出符合条件的属性列组成新的关系。投影是从列的角度对二维表的内容进行筛选或重组，形成新的关系。

【例 2-12】 从表 2-9 所示的学生表中筛选需要的列：姓名和出生日期，结果如表 2-11 所示，

SQL 语句如下。

```
SELECT 姓名,出生日期
FROM   学生
```

表 2-11 投影运算结果

姓名	出生日期
王红	1996-02-14
刘林	1996-05-20
曹红雷	1995-09-24
方平	1997-08-11
李伟强	1995-11-14

从【例 2-11】和【例 2-12】中得知：选择是从行的角度进行运算的，与此相反，投影则是从列的角度进行运算的。

注意 如果投影后出现完全相同的元组（行），就取消重复的元组（行）。

【例 2-13】 从表 2-9 中筛选性别列，结果如表 2-12 所示，SQL 语句如下。

```
SELECT 性别
FROM   学生
```

表 2-12 投影运算结果

性别
女
男

3. 连接

连接（Join）是从两个关系的笛卡儿积中选取属性之间满足一定条件的元组形成的新关系。在此不给出笛卡儿积的定义，仅仅通过一个例子希望读者初步了解笛卡儿积。对于笛卡儿积的定义，请大家参考离散数学中相关内容。

设关系 R 和关系 S 分别如表 2-13 和表 2-14 所示。

表 2-13 关系 R

A	B	C
a1	b1	c1
a2	b2	c2
a3	b3	c3

表 2-14 关系 S

A	D
a1	c4
a3	c5

说明 关系 R 中的属性 A 和关系 S 中的属性 A 取自相同的域。

对关系 R 和关系 S 进行笛卡儿积运算的结果如表 2-15 所示。

表 2-15　R 和 S 的笛卡儿积

R.A	B	C	S.A	D
a1	b1	c1	a1	c4
a1	b1	c1	a3	c5
a2	b2	c2	a1	c4
a2	b2	c2	a3	c5
a3	b3	c3	a1	c4
a3	b3	c3	a3	c5

连接运算中有两种常用的连接：等值连接（Equijoin）和自然连接（Natural Join）。

等值连接是选取 R 与 S 的笛卡儿积的属性值相等的那些元组。

自然连接要求两个关系中进行比较的分量必须是相同属性组，且要在结果中把重复的属性去掉。

【例 2-14】 关系 R 与关系 S 按照属性 A 的值进行等值连接的结果如表 2-16 所示。

表 2-16　等值连接后的结果

R.A	B	C	S.A	D
a1	b1	c1	a1	c4
a3	b3	c3	a3	c5

自然连接 R∞S 的结果如表 2-17 所示。

表 2-17　自然连接后的结果

R.A	B	C	D
a1	b1	c1	c4
a3	b3	c3	c5

从表中可看出两点：第一点是，一般的连接操作是从行的角度进行运算的；第二点是，自然连接与等值连接的主要区别是自然连接中没有相同的列。

总之，在对关系型数据库的查询中，利用关系的投影、选择和连接运算可以很方便地分解或构造新的关系。

任务 3-6　关系型数据库

基于关系模型建立的数据库称为关系型数据库，它具有通用的数据管理功能，数据表示能力较强，易于理解，使用方便。20 世纪 80 年代以来，关系型数据库理论日益完善，并在数据库系统中得到了广泛的应用，是各类数据库中使用最为重要、最为广泛、最为流行的数据库。

关系型数据库是一些相关的表和其他数据库对象的集合。这里有 3 层含义。

（1）在关系型数据库中，数据存储在二维表结构的数据表中，一个表是一个关系，又称为实体集。

① 一个表包含若干行，每一行称为一条记录，表示一个实体。

② 每一行数据由多列组成，每一列称为一个字段，反映了该实体某一方面的属性。

③ 在实体的属性中，能唯一标识实体集中每个实体的某个或某几个属性称为实体的关键字。在关系型数据库中，关键字被称为主键。

（2）数据库包含的表之间是有联系的，联系由表的主键和外关键字（Foreign Key，或称外键、外码）所体现的参照关系实现。

① 关系表现为表。关系型数据库一般由多个关系（表）组成。

② 表之间由某些字段的相关性而产生联系。在关系型数据库中，表既能反映实体，又能表示实体之间的联系。

③ 用表的主键和外键反映实体间的联系。在关系型数据库中，外键是指表中含有的与另一个表的主键相对应的字段，它用来与其他表建立联系。

（3）数据库不仅包含表，还包含其他的数据库对象，如视图、存储过程和索引等。

数据库是存储数据的容器，数据主要保存在数据库的表中，所以，数据表是数据库的基本对象。除此之外，在数据库中还有其他对象，常用的如下。

① 视图：是一个虚拟表，可用于从实际表中检索数据，并按指定的结构形式浏览。

② 存储过程：是一个预编译的语句和指令的集合，可执行查询或者数据维护工作。

③ 触发器：是特殊的存储过程，可设计在对数据进行插入、修改或删除时自动调用。

④ 索引：用于快速检索访问数据表中的数据，以及增强数据完整性。

⑤ 规则：通过绑定操作，可用于限定数据表中数据的有效值或数据类型。

目前使用的数据库系统大都是关系型数据库。现在关系型数据库以其完备的理论基础、简单的模型和使用的便捷性等优点获得了广泛的应用。本书中的数据库模型都是关系型模型。

任务 4 认知关键字和数据完整性

【任务目标】

- 对数据完整性有清晰的认识
- 对关键字有清晰的认识

【任务描述】

指出各表的关键字，举例说明如何保证学生成绩表的数据完整性。

【任务分析】

数据完整性是数据库设计日常维护的关键技术，本任务就介绍关键字和数据完整性。

任务 4-1 认知关键字

1. 关键字

关键字是用来唯一标识表中每一行的属性或属性的组合，通常也被称为关键码。

【例 2-15】 分析表 2-2、表 2-5、表 2-8 的关键字。

表 2-2 课程信息表中的课程编号、课程名称两个属性都可以作为关键字，因为这两个属性的值在一门课程里都是唯一的。

表 2-5 学生成绩表中的学号和课程编号是复合关键字。

表 2-8 学生信息表中的学号、姓名是关键字。其他属性的值都不唯一。

2. 候选关键字与主键

候选关键字（Candidate Key）是那些可以用来作为关键字的属性或属性的组合。将选中的那个关键字称为主键。在一个表中能指定一个主键，它的值必须是唯一的，并且不允许为空（NULL值，未输入值的未知值）。

【例 2-16】 分析表 2-2 是否有候选关键字，选哪个（些）属性作为主键比较合适?

表 2-2 课程信息表中的课程编号、课程名称两个属性都可以作为关键字，因为这两个属性的值在一门课程里都是唯一的，所以课程编号、课程名称两个属性都是候选关键字。

因为通常情况下，选择属性值短的那个属性作为主键，所以选择课程编号为主键。

3. 公共关键字

公共关键字就是连接两个表的公共属性。

【例 2-17】 指出表 2-2、表 2-5、表 2-8 的公共关键字。

表 2-2 课程信息表和表 2-5 学生成绩表之间通过课程编号进行联系，所以，课程编号关键字是两个表的公共关键字，称课程编号为表 2-2 课程信息表和表 2-5 学生成绩表的公共关键字。

因为表 2-5 学生成绩表和表 2-8 学生信息表之间通过学号进行联系，所以，学号关键字是两个表的公共关键字，称学号为表 2-5 和表 2-8 的公共关键字。

4. 外键

外键由一个表中的一个属性或多个属性组成，是另一个表的主键。实际上，外键本身只是主键的副本，它的值允许为空。外键是一个公共关键字。使用主键和外键建立起表和表之间的联系。

【例 2-18】 指出表 2-2、表 2-5、表 2-8 的外键。

由例【2-17】知道，课程编号为表 2-2 课程信息表和表 2-5 学生成绩表的公共关键字，在表 2-2 中它是主键，在表 2-5 中它是外键，因为表 2-5 学生成绩表中的课程编号必须参照表 2-2 课程信息表。

同理，学号为表 2-5 学生成绩表和表 2-8 学生信息表的公共关键字，在表 2-8 中它是主键，在表 2-5 中它是外键，因为表 2-5 学生成绩表中的学号必须参照表 2-8 学生信息表。

5. 主表与从表

将主键所在的表称为主表（父表），将外键所在的表称为从表（子表）。

【例 2-19】 指出表 2-2 课程信息表、表 2-5 学生成绩表哪个是主表、哪个是从表。

因为表 2-2 课程信息表的课程编号为主键，所以它所在的表为主表（父表）。表 2-5 学生成绩表的课程编号为外键，所以学生成绩表为从表（子表）。

任务 4-2　认知数据完整性

数据的完整性就是数据的正确性和一致性，它反映了现实世界中实体的本来面貌。例如，一个人身高为 15m、年龄为 300 岁等就是完整性受到破坏的例子，因为这样的数据是无意义的，也是不正确的数据。

数据的完整性分为列完整性、表完整性和参照完整性。

1. 列完整性

列完整性也可称为域完整性或用户定义完整性。列完整性是指表中任一列的数据类型必须符合用户的定义，或数据必须在规则的有效范围之内。

例如，表 2-8 学生信息表的学号，已定义长度为 6，数据类型为字符型。如果输入“0000001”（长度为 7），该数据不符合对学号属性的定义，就说学号列完整性遭到了破坏。

再如，表 2-5 学生成绩表中的成绩属性，已定义数据的有效范围为 0～100，如果输入“124”，就破坏了成绩属性的列完整性。

2. 表完整性

表完整性也可称为实体完整性。所谓表完整性，是指表中必须有一个主键，且主键值不能为空。

例如，表 2-8 学生信息表的学号为主键，它的值不允许为空并且要唯一，从而保证学生信息表的完整性。

表 2-5 学生成绩表以（学号，课程编号）为主键，它的值不允许为空，这意味着学号、课程编

号的值都不能为空，并且主键的值要唯一，才能保证学生成绩表的完整性。

3. 参照完整性

参照完整性也称为引用完整性，对外键值进行插入或修改时，一定要参照主键的值并确定其是否存在。对主键进行修改或删除时，也必须参照外键的值并确定其是否存在。这样才能使得通过公共关键字连接的两个表保证参照完整性，也才能说两个表的主键、外键是一致的。

例如，表 2-2 课程信息表的课程编号为主键，表 2-5 学生成绩表的课程编号为外键。学生成绩表的课程编号属性值一定要在主表（课程信息表）中存在，如果它在主表中不存在，或者在课程信息表中删除了一个在学生成绩表中存在的课程编号，就破坏了参照完整性。

SQL Server 2016 提供了一系列的技术来保证数据的完整性。例如，定义数据类型、CHECK 约束、DEFAULT 约束、唯一标识、规则、默认值保证了列数据完整性，唯一索引、主键等保证了表数据完整性，主键与外键、触发器可以保证表与表之间的参照完整性。

实训 2 设计数据库练习

（1）绘制 sale 销售数据库 E-R 图，要求包括客户表、产品表、入库表、销售表，具体操作可参看实训 4。

（2）指出 sale 数据库中各表的主键、公共关键字、外键、数据完整性关系。

小结

本项目主要介绍了数据库的基本概念、数据库设计方法、E-R 图绘制方法、常见的数据模型、关系型数据库中的基本术语、关系运算、数据库设计的基本步骤等知识。本项目内容是本书的基础，有助于理解和掌握以后章节的内容。

数据库是指长期存储在计算机内的、按一定数据模型组织的、可共享的数据集合。它可以供各种用户共享，具有最小冗余度和较高的数据独立性。

数据库系统是指在计算机系统中引入数据库后的系统，一般由数据库、数据库管理系统及其开发工具、数据库管理人员、应用程序员和用户构成。数据库管理系统是整个数据库系统的核心。数据库系统的主要特点包括数据结构化、数据共享、数据独立性以及统一的数据控制功能。

数据库管理系统是按照一定的数据模型组织数据的。所谓的数据模型，是指数据结构、数据操作和完整性约束 3 方面，这 3 方面成为数据模型的 3 要素。数据模型大体上分为两种类型：一种是独立于计算机系统的数据模型，即概念模型；另一种则是涉及计算机系统和数据库管理系统的数据模型，现有的数据库管理系统都是基于某种数据模型的。按照数据库中数据采取的不同联系方式，数据模型可分为 3 种：层次模型、网状模型和关系模型。关系型数据库主要支持 3 种关系运算：选择、投影和连接。从数据库应用系统开发的全过程来考虑，将数据库的设计归纳为六大步骤：需求分析、概念结构设计、逻辑结构设计、物理结构设计、数据库实施和数据库运行与维护。

习题

一、选择题

1. 长期存储在计算机内的、按一定数据模型组织的、可共享的数据集合称为（　　）。
   A. 数据库　　B. 数据库管理系统　　C. 数据结构　　D. 数据库系统

2. 下列叙述不符合数据库系统特点的是（　　）。

A. 操作结构化　　B. 数据独立性强　　C. 数据共享性强　　D. 数据面向应用程序

3. 数据库系统的核心是（　　）。

A. 数据库　　B. 数据库管理系统　　C. 操作系统　　D. 文件

4. 用二维表结构表示实体以及实体间联系的数据模型为（　　）。

A. 网状模型　　B. 层次模型　　C. 关系模型　　D. 面向对象模型

5. 如果一个班只有一个班长，且一个班长不能同时担任其他班的班长，班和班长两个实体之间的联系属于（　　）。

A. 一对一联系　　B. 一对二联系　　C. 多对多联系　　D. 一对多联系

6. 分离与附加数据库的T-SQL语句是（　　）。

A. sp_detach_db与sp_attach_db

B. sp_detach_db与sp_shrinkdatabase

C. sp_attach_db与sp_shrinkdatabase

D. sp_shrinkdatabase与DBCC shrinkdatabase

二、填空题

1. 常用的数据模型有________、________和________3种。

2. 关系型数据库主要支持________、________和________3种关系运算。

3. 描述实体的特性称为________。

4. 数据是信息的________，信息是数据的________。

三、简答题

1. 试问数据管理技术主要经历了哪些阶段？

2. 何为数据库管理系统？简述数据库管理系统的功能。

3. E-R图包括哪些基本图素？具体如何表示？

4. 简述关系必须具备的特点。

5. 简述数据库设计的一般过程。

项目 3 创建与管理数据库

03

【能力目标】

- 学会使用 T-SQL 语句根据需要创建、删除数据库和事物日志
- 会使用系统存储过程显示数据的信息
- 会对数据库进行配置和管理

【项目描述】

本项目要求在 SQL Server 2016 中实现创建学生数据库 xs 和 XK，并配置管理这两个数据库。

【项目分析】

本项目将会使用到数据库的创建、查看、修改、删除等操作。

【任务设置】

任务 1　认知 SQL Server 2016 数据库结构

任务 2　创建数据库

任务 3　管理数据库

实训 3　创建数据库训练

【项目定位】

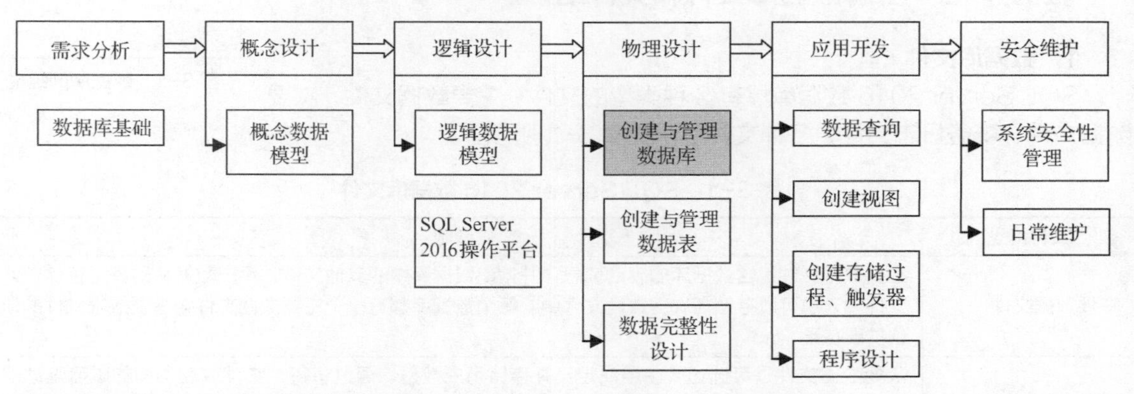

任务 1　认知 SQL Server 2016 数据库结构

【任务目标】

- 了解 SQL Server 2016 数据库的组成
- 认知数据库对象

- 认知系统数据库和示例数据库

【任务描述】

熟悉 SQL Server 2016 数据库，了解其结构，回答下面的问题。

（1）SQL Server 2016 数据库包含哪些数据库对象？

（2）数据库中包含哪些文件，其扩展名分别是什么？xs 数据库包含哪些文件？

（3）SQL Server 2016 数据库包含哪些系统数据库，其功能是什么？

【任务分析】

附加 xs 数据库，找到数据库中的数据库对象、文件和系统数据信息，回答【任务描述】中的问题。

任务 1-1　了解数据库的组成

SQL Server 2016 数据库相当于一个容器，容器中有表等数据库对象，在数据库中有数据库关系图，以及使用 T-SQL 或.NET Framework 编程代码创建的视图、存储过程和函数等对象。

表（Table）用于存储一组特定的结构化数据。表由行（也称记录或元组）和列（也称字段或属性）组成。行用于存储实体的实例，每一行就是一个实例；列用于存储属性的具体取值。

如图 3-1 所示，在表中还包含其他数据对象，如列、键、约束、触发器和索引等。键、约束用于保证数据的完整性，索引用于快速搜索需要的信息。

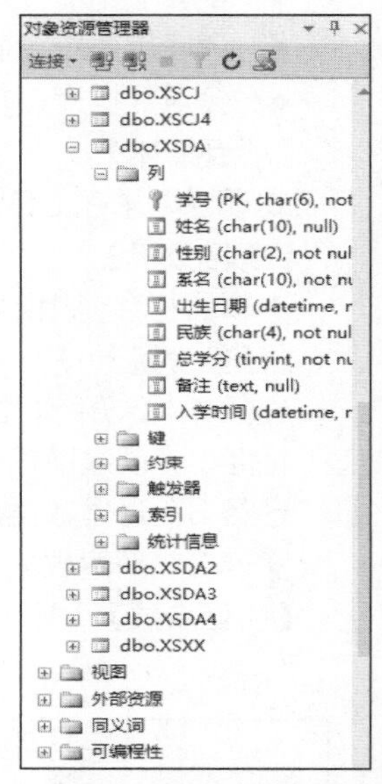

图 3-1　数据库的组成

存储在数据库中的数据通常与具体的应用有关。例如，本书示例数据库 xs 由包含选课系统所需的数据库信息组成。

一个 SQL Server 实例可以支持多个数据库。

任务 1-2　了解数据库文件和文件组

1. 数据库文件

SQL Server 2016 数据库具有 3 种类型的文件：主要数据文件、次要数据文件、事务日志文件，各种文件说明如表 3-1 所示。

表 3-1　SQL Server 2016 数据库文件

文件类型	说明
主要数据文件	主要数据文件包含数据库的启动信息，并指向数据库中的其他文件。用户数据和对象可存储在此文件中，也可以存储在次要数据文件中。每个数据库都有一个主要数据文件。主要数据文件的建议扩展名是 .mdf
次要数据文件	次要数据文件是可选的，由用户定义并存储用户数据。通过将每个文件放在不同的磁盘驱动器上，次要数据文件可将数据分散到多个磁盘上。另外，如果数据库超过了单个 Windows 文件的最大大小，就可以使用次要数据文件，这样数据库就能继续增长。次要数据文件的建议扩展名是.ndf
事务日志文件	事务日志文件保存用于恢复数据库的日志信息。每个数据库必须至少有一个事务日志文件。事务日志文件的建议扩展名是 .ldf

> **说明** 数据库至少包含 2 个文件，主要数据文件（*.mdf）和事务日志文件（*.ldf）。一个数据库有且仅有一个主要数据文件，至少有一个事务日志文件，也可以有多个。一个数据库可以有 0 个或多个次要数据文件（*.ndf）。

2. 文件组

每个数据库都有一个主要文件组。此文件组包含主要数据文件和未放入其他文件组的所有次要数据文件。可以创建用户定义的文件组，将数据文件集合起来，以便于管理、分配和放置数据。

表 3-2 列出了存储在文件组中的所有组文件。

表 3-2 SQL Server 2016 中的文件组

文件组	说明
主要文件组	包含主要文件的文件组。所有系统表都被分配到主要文件组中
用户定义文件组	用户首次创建数据库或以后修改数据库时明确创建的任何文件组

任务 1-3 认知系统数据库和用户数据库

SQL Server 2016 的数据库包含两种类型：系统数据库和用户数据库。系统数据库是由 SQL Server 2016 系统自动创建的，是用于存储系统信息及用户数据库信息的数据库。SQL Server 2016 使用系统数据库来管理数据库系统；用户数据库是由用户个人创建的，是用于存储个人需求与特定功能的数据库。

1. 系统数据库

SQL Server 2016 包含 5 个系统数据库，在系统安装时会自动建立，不需要用户创建，这 5 个系统数据库分别是 master、model、msdb、resource 和 tempdb。

（1）master 数据库

master 数据库是记录了 SQL Server 2016 系统的所有系统级信息的数据库。这包括实例范围的元数据（如登录账户）、端点、链接服务器和系统配置设置。master 数据库还记录所有其他数据库是否存在以及这些数据库文件的位置。

（2）model 数据库

model 数据库是所有用户数据库和 tempdb 数据库的模板数据库。创建数据库时，系统将 model 数据库的内容复制到新建的数据库中作为新建数据库的基础。因此，新建的数据库都与 model 数据库的内容基本相同。

（3）msdb 数据库

msdb 数据库由 SQL Server 代理服务来计划警报和作业。系统使用 msdb 数据库来存储警报信息以及计划信息、备份和恢复相关信息。

（4）resource 数据库

resource 数据库是只读数据库，它包含了 SQL Server 2016 中的所有系统对象。SQL Server 2016 系统对象（如 sys.objects）在物理上持续存在于 resource 数据库中，但在逻辑上，它们出现在每个数据库的 sys 架构中。

（5）tempdb 数据库

tempdb 数据库是连接到 SQL Server 实例的所有用户都可用的全局资源，它保存所有临时表和临时存储过程。另外，它还用来满足所有其他临时存储要求，如存储 SQL Server 生成的工作表。

每次启动 SQL Server 2016 时，都要重新创建 tempdb 数据库，以便系统启动时，该数据库总是空的。在 SQL Server 2016 断开连接时会自动删除临时表和存储过程，并且在系统关闭后没有活动连接。

2. 用户数据库

用户数据库包括系统提供的示例数据库和用户自定义数据库。SQL Server 2016 系统提供了示例数据库 pubs、northwind 和 AdventureWorks，它们在默认情况下没有安装，读者可以从微软网站下载这些数据库文件后附加到数据库服务器上。用户自定义数据库将在后面项目中介绍。

任务 1-4 认知数据库对象

SQL Server 2016 数据库包括表、数据库关系图、视图、可编程性和安全性。

（1）表（Table）：是数据库系统中最基本和最重要的对象，由行和列组成，用于存储数据。

（2）数据库关系图：关系图用于表示数据表之间的联系，可以使用数据库设计器创建数据库的可视化关系图，形象地展现表之间的数据联系。

（3）视图（View）：视图是一种常用的数据库对象，它为用户提供了一种查看数据库中数据的方式。视图是一个虚表，其内容由查询需求定义。

（4）可编程性：可编程性对象中包含了存储过程、函数、数据库触发器、规则、默认值等对象。

（5）安全性：为确保只有授权的用户才能对选定的数据集进行读或写操作，并阻止未经授权的用户恶意泄露敏感数据库中的数据，SQL Server 2016 提供用户、角色、架构等访问机制。

任务 2 创建数据库

【任务目标】

- 学会使用 SSMS 创建数据库
- 学会使用 T-SQL 语句创建数据库
- 会重命名数据库

创建数据库

【任务描述】

在 SQL Server 2016 中分别创建两个数据库。

（1）使用 SSMS 创建 XK 数据库。

（2）使用 T-SQL 语句创建名为 xs 的数据库。

【任务分析】

要创建数据库，必须确定数据库的名称、所有者、大小以及存储该数据库的文件和文件组。

在 SQL Server 2016 中创建数据库主要有两种方式：一种方式是在 SSMS 中使用【对象资源管理器】创建数据库，另一种方式是在查询窗口中执行 T-SQL 语句创建数据库。

使用对象资源管理器创建 XK 数据库是没有限定主文件的初始大小和最大容量的，默认主数据创建数据库时，必须确定数据库的名称、所有者、大小以及存储该数据库的文件和文件组。

任务 2-1 使用 SSMS 创建数据库

使用 SSMS 创建数据库，具体操作如下。

（1）启动 SSMS，在【对象资源管理器】中用鼠标右键单击【数据库】节点，选择【新建数据库】命令，如图 3-2 所示。

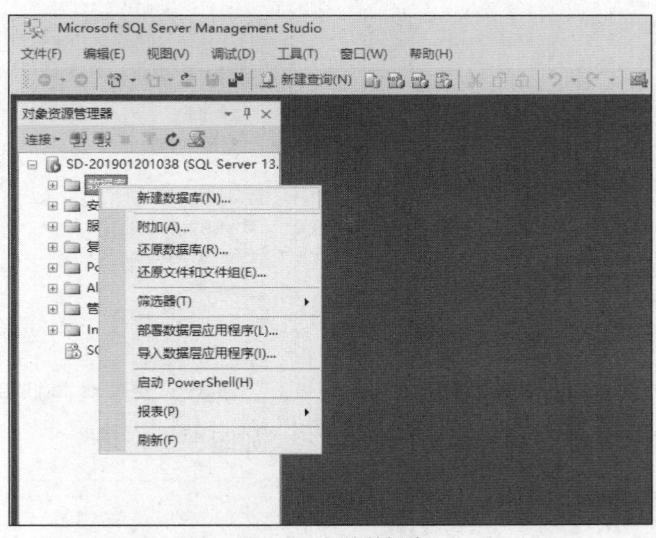

图 3-2　新建数据库

（2）打开【新建数据库】窗口，在【数据库名称】文本框中输入新数据库的名称 xs，如图 3-3 所示。

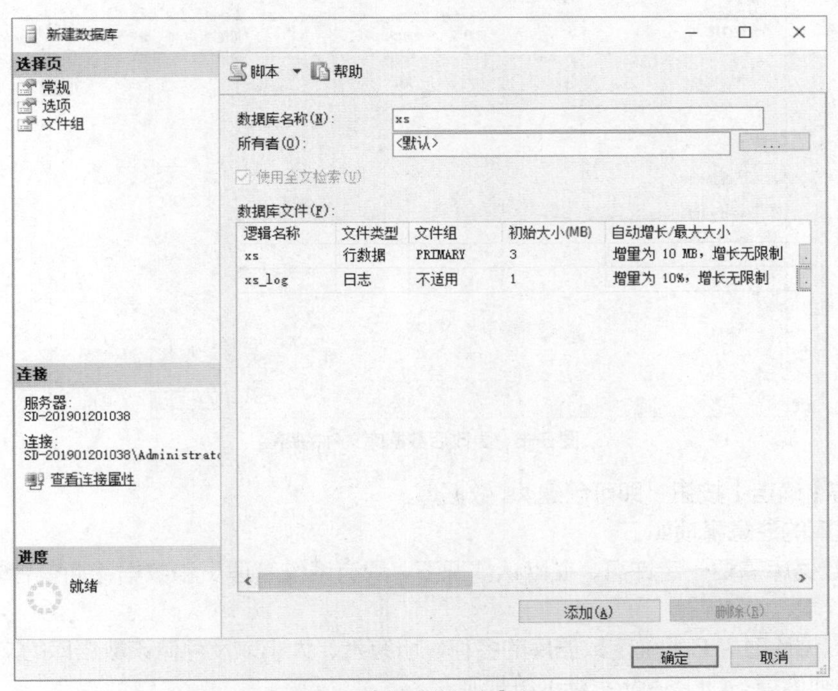

图 3-3 【新建数据库】窗口

（3）添加或删除数据文件和事务日志文件；指定数据库的逻辑名称，系统默认用数据库名作为前缀创建主要数据库和事务日志文件，如主要数据库文件名为 xs，事务日志文件名为 xs_log，如图 3-3 所示。

（4）可以更改数据库的自动增长方式，文件的增长方式有多种，数据文件的默认增长方式是“按 MB”，事务日志文件的默认增长方式是“按百分比”，如图 3-4 和图 3-5 所示。

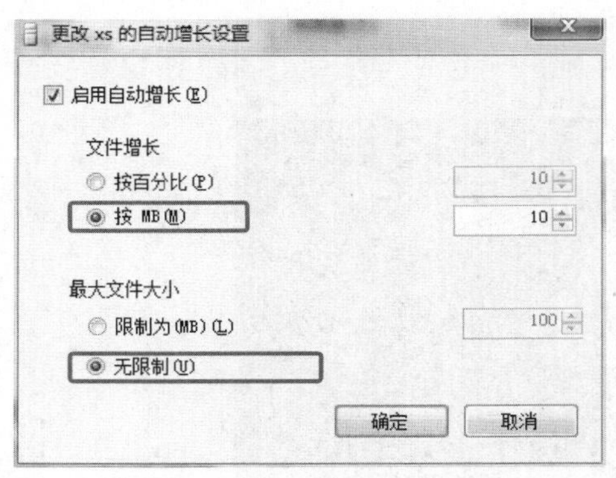

图 3-4　更改 xs 的自动增长设置

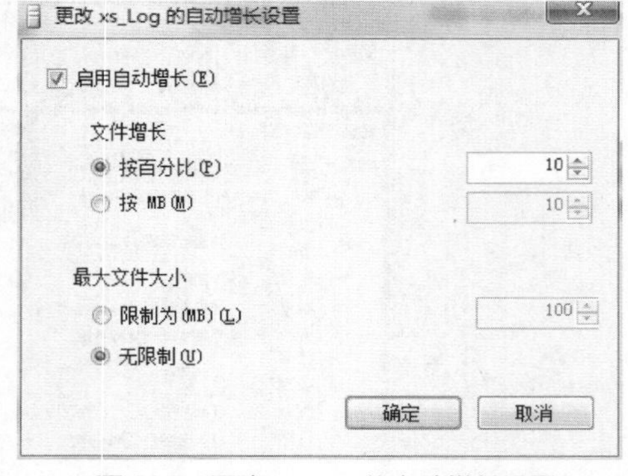

图 3-5　更改 xs_log 的自动增长设置

(5)可以更改数据库对应的操作系统文件的路径，如图 3-6 所示。

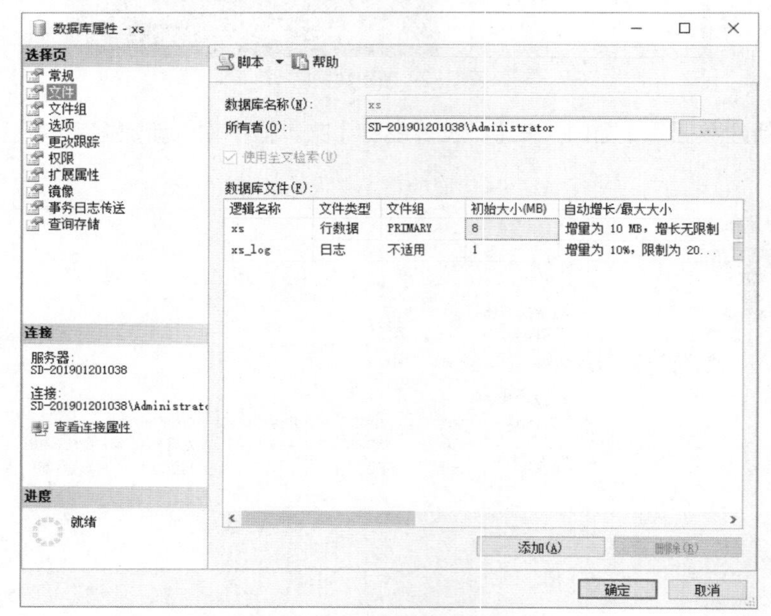

图 3-6　更改后数据库文件的路径

(6)单击【确定】按钮，即可创建 xs 数据库。

创建数据库的注意事项如下。

① 创建数据库需要一定许可，在默认情况下，只有系统管理员和数据库拥有者才可以创建数据库。

② 创建数据库时，必须确定数据库的名称、所有者、大小以及存储该数据库的文件和文件组，数据库名称必须遵循 SQL Server 标识符规则。

③ 所有的新数据库都是系统 model 数据库的副本。

④ 单个数据库可以存储在单个文件上，也可以跨越多个文件存储。

⑤ 一个 SQL Server 实例，最多可以创建 32 767 个数据库。

⑥ 在创建数据库时最好指定文件的最大允许增长的大小，这样做可以防止文件在添加数据时无限制增大，以至用尽整个磁盘空间。

任务 2-2 使用 T-SQL 语句创建数据库

使用 T-SQL 语句创建数据库。

T-SQL 提供了数据库创建语句 CREATE DATABASE。

语法格式:

```
CREATE DATABASE database_NAME
【ON
【PRIMARY】【 <filespec>【 ,...n】 】
【 , <filegroup>【 ,...n】 】
】
【LOG ON { <filespec>【 ,...n】 } 】
 【COLLATE collation_NAME】
```

进一步把<filespec>定义为:

```
<filespec> ::=
{
(
      NAME = logical_file_NAME ,
      FILENAME = 'os_file_NAME'
      【 , SIZE = SIZE  】 】
      【 , MAXSIZE = { max_SIZE| UNLIMITED } 】
      【 , FILEGROWTH = growth_increment  】
) 【 ,...n】
}
```

把<filegroup>定义为:

```
<filegroup> ::=
{
FILEGROUP filegroup_NAME【DEFAULT】<filespec>【 ,...n】
}
```

语法中的符号及参数说明如下。

(1)【 】: 表示可选语法项，省略时各参数取默认值。

(2)【 ,...n 】: 表示前面的内容可以重复多次。

(3) { }: 表示必选项，有相应参数时，{ }中的内容是必选的。

(4) < >: 表示在实际的语句中要用相应的内容替代。

(5) 文字大写: 说明该文字是 T-SQL 的关键字。

(6) 文字小写: 说明该文字是用户提供的 T-SQL 语法的参数。

(7) database_name: 是用户所要创建的数据库的名称，最长不能超过 128 个字符，在一个 SQL Server 实例中，数据库名称是唯一的。

(8) ON: 指定存放数据库的数据文件信息，说明数据库是根据后面的参数创建的。

(9) LOG ON: 指定事务日志文件的明确定义，如果没有它，系统就会自动创建一个为所有数据文件总和的 1/4 大小或 512KB 大小的事务日志文件。

(10) COLLATE collation_name: 指定数据库默认排序规则，规则名称可以是 Windows 排序规则的名称，也可以是 SQL 排序规则名称。

(11) <filespec>: 指定文件的属性。

(12) NAME = logical_file_name: 定义数据文件的逻辑名称，此名称在数据库中必须唯一。

（13）FILENAME = 'os_file_name'：定义数据文件的物理名称，包括物理文件使用的路径名和文件名。

（14）SIZE=size：文件属性中定义文件的初始值，指定为整数。

（15）MAXSIZE=max_size：文件属性中定义文件可以增长到的最大值，可以使用 KB、MB、GB 或 TB 后缀，默认值是 MB，指定为整数，如果没有指定或写为 UNLIMITED，那么文件将增长到磁盘满为止。

（16）FILEGROWTH = growth_increment：定义文件的自动增长，growth_increment 定义每次增长的大小。

（17）filegroup：定义对文件组的控制。

注意事项如下。

（1）创建用户数据库后，要备份 master 数据库。

（2）所有数据库都至少包含一个主要文件组，所有系统表都分配在主要文件组中，数据库还可以包含用户定义的文件组。

（3）每个数据库都有一个所有者，可在数据库中执行某些特殊的活动。数据库所有者是创建数据库的用户，也可以使用 sp_changedbowner 更改数据库所有者。

（4）创建数据库的权限默认地授予 sysadmin 和 dbcreator 固定服务器角色的成员。

任务 2-3 完成综合任务

（1）在 D:盘新建 SQL 文件夹。

（2）重命名 xs 数据库为 sqlxs。

用鼠标右键单击【xs 数据库】，在弹出的快捷菜单中选择【重命名】命令，输入 sqlxs，单击任意其他地方。

（3）使用对象管理器创建 XK 数据库。

参看“本项目的任务 2-1 使用 SSMS 创建数据库”创建 XK 数据库，这里不再赘述。

（4）使用 T-SQL 语句创建名为 xs 的数据库。其中，主要数据文件的逻辑名称为 xs_dat，物理文件名称为 xs_dat.mdf，初始大小为 10MB，最大为 50MB，每次增长 1MB；事务日志文件的逻辑名称为 xs_log，物理文件的名称为 xs_log.ldf，初始大小为 1MB，最大容量不受限制，文件每次增长 10%。

新建查询，打开查询分析器，在分析器中输入 T-SQL 语句。

```
CREATE DATABASE xs
ON
(NAME=xs_dat,
FILENAME='D:\SQL\xs_dat.mdf',
SIZE=10,
MAXSIZE=50,
FILEGROWTH=1
)
LOG ON
(NAME=xs_log,
FILENAME='D:\SQL\xs_log.ldf',
SIZE=1,
MAXSIZE=UNLIMITED,
FILEGROWTH=10%
)
GO
```

单击 ! 执行(X) 按钮，或按 F5 键，执行创建的数据库。

任务 3 管理数据库

【任务目标】

- 学会使用 SSMS 查看、修改、缩小、重命名、删除数据库
- 学会使用 T-SQL 语句查看、修改、缩小、重命名、删除数据库
- 会配置数据库只读或可写状态

管理数据库

【任务描述】

按要求使用 SSMS 和 T-SQL 配置管理任务 2 中创建的 XK 和 xs 数据库。

【任务分析】

本任务是对数据库进行配置和管理，给定的数据库已被更名为 sqlxs。所以，新建的 XK、xs 数据库均可以自由操作。

本任务需要对数据库进行增加文件、扩大数据文件、缩小数据文件、缩小数据库、重命名数据库、删除数据库等管理数据的基本操作。

任务 3-1 使用 SSMS 查看与修改数据库

在 SSMS 中，用鼠标右键单击数据库名，在弹出的快捷菜单中选择【属性】命令，出现图 3-7 所示的【数据库属性】窗口。该窗口显示了 xs 数据库上次备份日期、数据库日志上次备份日期、名称、状态、所有者、创建日期、大小、可用空间、用户数和排序规则等信息。

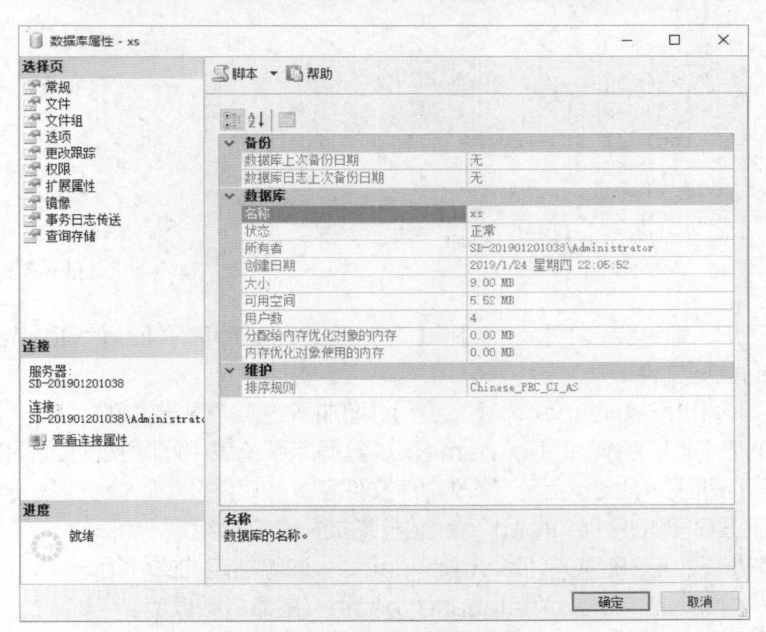

图 3-7 【数据库属性】窗口

在【数据库属性】窗口中，选【文件】、【文件组】、【选项】、【权限】、【扩展属性】、【镜像】和【事务日志传送】选项，可以查看数据库文件、文件组、数据库选项、权限、扩展属性、数据库镜像和事务日志传送等属性。

在【数据库属性】窗口，既可以查看数据库的属性，同时也可以修改相应的属性设置。

任务 3-2　使用 T-SQL 语句查看数据库

使用系统存储过程 sp_helpdb 可以查看数据库信息。

语法格式：

```
【EXEC】 sp_helpdb【数据库名】
```

说明　在执行该存储过程时，如果给定了数据库名作为参数，就会显示该数据库的相关信息。如果省略“数据库名”参数，就会显示服务器中所有数据库的信息。

```
EXEC sp_helpdb xs
GO
EXEC sp_helpdb
GO
```

任务 3-3　使用 T-SQL 语句修改数据库

使用 T-SQL 语句修改数据库主要包括增加数据库文件容量、添加或删除数据库文件、添加或删除文件组等。

使用 ALTER DATABASE 语句可以修改数据库。

语法格式：

```
ALTER DATABASE database_NAME
{
  ADD FILE <filespec>【 ,...n】
       【TO FILEGROUP  filegroup_NAME】
  | ADD LOG FILE <filespec>【 ,...n】
  | REMOVE FILE logical_file_NAME
  | MODIFY FILE <filespec>
  | ADD FILEGROUP filegroup_NAME
  | REMOVE FILEGROUP filegroup_NAME
  | MODIFY NAME = new_database_NAME
}
```

参数说明如下。

（1）ADD FILE <filespec>【 ,...n】【TO FILEGROUP　filegroup_name】：向指定的文件组中添加新的数据文件。

（2）ADD LOG FILE <filespec>【 ,...n】：增加新的事务日志文件。

（3）REMOVE FILE logical_file_name：从数据库系统表中删除文件描述和物理文件。

（4）MODIFY FILE <filespec>：修改物理文件名。

（5）ADD FILEGROUP filegroup_name：增加一个文件组。

（6）REMOVE FILEGROUP filegroup_name：删除指定的文件组。

（7）MODIFY NAME = new_database_name：重命名数据库。

【例 3-1】 为数据库 xs 增加一个数据库文件。

```
ALTER DATABASE xs
ADD FILE
(
NAME=xs_dat2,
FILENAME='D:\SQL\xs_dat2.ndf',
SIZE=6MB,
MAXSIZE=101MB,
FILEGROWTH=6MB
```

```
)
```

【例 3-2】 扩充数据库或事务日志文件容量。

```
ALTER DATABASE xs
MODIFY FILE (NAME=xs_dat2,SIZE=7MB)
GO
ALTER DATABASE xs
MODIFY FILE (NAME=xs_log,SIZE=2MB)
GO
```

【例 3-3】 增加一个 5MB 容量的事务日志文件 xs_log2。

```
ALTER DATABASE xs
ADD log FILE
(NAME=xs_log2,
FILENAME='D:\SQL\xs_log2.ldf',
SIZE=5MB,
MAXSIZE=10MB,
FILEGROWTH=1MB)
GO
```

【例 3-4】 创建一个名为 MyGroup 的文件组。

```
ALTER DATABASE xs
ADD  FILEGROUP MyGroup
GO
```

显示所有组的信息，输入并执行如下语句。

```
sp_helpfilegroup
GO
```

【例 3-5】 删除指定的数据库文件。

```
ALTER DATABASE xs
REMOVE FILE xs_dat2
```

任务 3-4 配置数据库只读

1. 使用 SSMS 设置数据库只读

在 SSMS 中，用鼠标右键单击数据库名，在弹出的快捷菜单中选择【属性】命令，出现图 3-7 所示的窗口。单击【选项】，将【数据库为只读】的属性设为 True，如图 3-8 所示。

单击【确定】按钮，关闭【数据库属性】窗口。系统要求确认所完成的配置，显示“……是否确实要更改属性并关闭所有其他连接？”。如果保存其配置，则单击【是】按钮，如图 3-9 所示，完成操作。

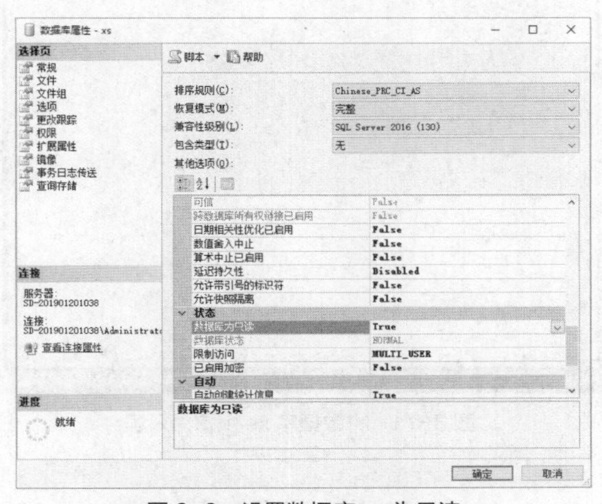

图 3-8 设置数据库 xs 为只读

配置完成后，xs 数据库显示为只读，如图 3-10 所示。

图 3-9　需要确认更改数据库属性

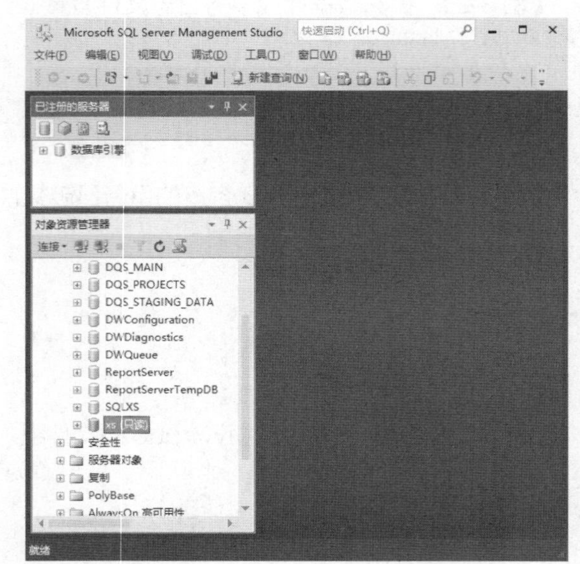

图 3-10　将数据库 xs 改为只读

同样方法可修改其他数据库为可写。

2. 使用 T-SQL 语句设置数据库为只读

切换到 xs 数据库，将 read only 的值修改为 TRUE。

【例 3-6】 设置数据库文件只读。

在查询窗口中执行如下 SQL 语句。

```
ALTER DATABASE xs SET READ_ONLY
GO
```

结果如图 3-11 所示。

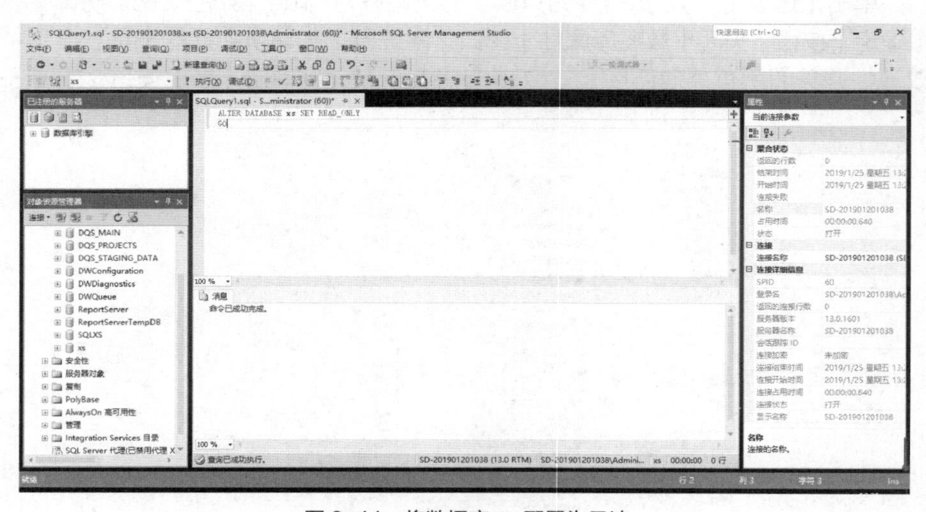

图 3-11　将数据库 xs 配置为只读

注意事项如下。

（1）使用 T-SQL 配置数据库后，不能直接看到数据库变化。刷新 xs 数据库，可见图 3-10

所示的只读状态。

（2）使用 SSMS 设置数据库只读，只能使用同样的方法改为可写。使用 T-SQL 语句设置数据库只读，则可以使用 SSMS 和 T-SQL 语句修改为可写。

【例 3-7】 设置数据库文件为可写。

在查询窗口中执行如下 SQL 语句。

```
USE xs
GO
ALTER DATABASE xs SET READ_WRITE
GO
```

任务 3-5　缩小数据库和数据文件

当为数据库分配的存储空间过大时，可以使用 DBCC SHRINKFILE 命令收缩数据库文件或事务日志文件。不能将数据库缩小为小于 model 数据库的容量。

1. 使用 T-SQL 语句收缩数据文件

【例 3-8】 将 xs 数据库的 6MB 数据文件 xs_dat2 收缩为 4MB。

在查询窗口中执行如下 SQL 语句。

```
USE xs
GO
DBCC SHRINKFILE(xs,4)
GO
```

然后执行 sp_helpdb xs 命令，从图 3-12 可以看出，数据文件 xs 已由原来的 6MB 缩小到 4MB。整个数据库也相应缩小。

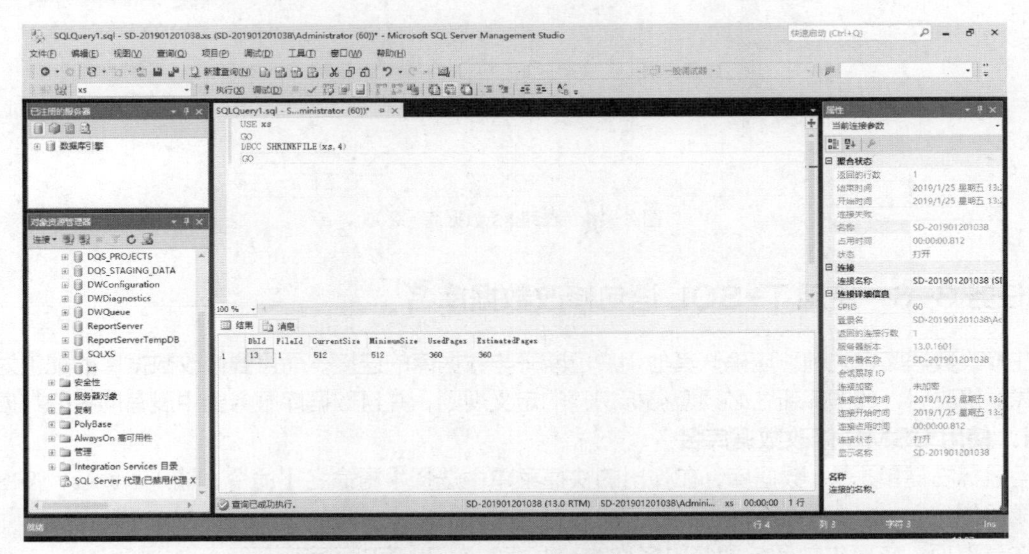

图 3-12　数据文件 xs_dat2 已由原来的 6MB 缩小为 4MB

2. 使用 SSMS 收缩数据库

在【对象资源管理器】中展开【数据库】，选择 xs，然后单击鼠标右键，在弹出的快捷菜单中选择【任务】→【收缩】→【数据库】命令，如图 3-13 所示。

显示 xs 数据库当前分配的空间和可用空间，系统会自动收缩数据库到合适的大小，如图 3-14 所示。单击【确定】按钮完成操作。

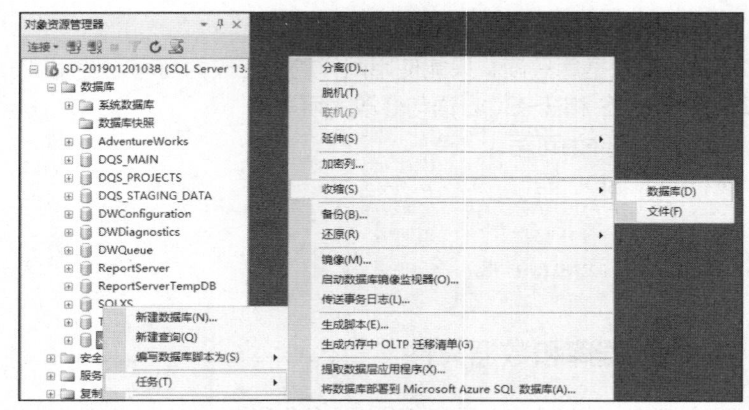

图 3-13　收缩 xs 数据库（1）

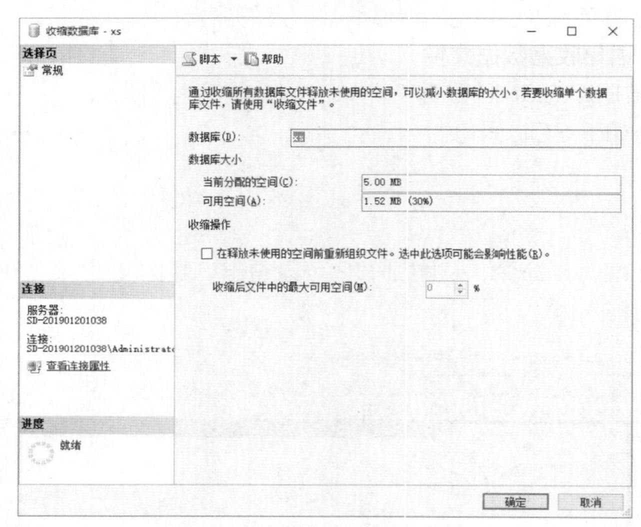

图 3-14　收缩 xs 数据库（2）

任务 3-6　使用 T-SQL 语句修改数据库名

在修改数据库名之前，应确认其他用户已断开与数据库的连接，而且要修改数据库的配置为单用户模式。修改后，数据库新名必须遵循标识符的定义规则，并且数据库服务器中没有同名的数据库。

1．使用 SSMS 修改数据库名

用鼠标右键单击 xs 数据库，在弹出的快捷菜单中选择【重命名】命令，输入 myxs，按 Enter 键完成操作。

注意事项：应事先关闭与要修改名称的数据库的连接，包括查询窗口。

2．使用 T-SQL 语句修改数据库名

【例 3-9】 使用 sp_renamedb 命令将 myxs 数据库重命名为 xs。

该题用系统存储过程完成数据库名的修改，其语法格式如下。

```
sp_renamedb 原数据库名，新数据库名
```

在查询窗口中执行如下 SQL 语句。

```
sp_renamedb 'myxs' ,'xs'
GO
```

任务 3-7 删除数据库

如果数据库不再需要了，就可以将其删除。删除数据库时，可以从 master 数据库中执行 sp_helpdb 以查看数据库列表，用户只能根据自己的权限删除用户数据库，不能删除当前正在使用的数据库，更无法删除系统数据库。删除数据库意味着将删除数据库中的所有对象，包括表、视图和索引等。如果数据库没有备份，就不能恢复。

1. 使用 SSMS 删除数据库

在 SSMS 中，用鼠标右键单击要删除的数据库，从弹出的快捷菜单中选择【删除】命令，弹出【删除对象】窗口，如图 3-15 所示。选择要删除的数据库，单击【确定】按钮，系统会弹出确认是否要删除数据库的对话框，单击【确定】按钮则删除该数据库。

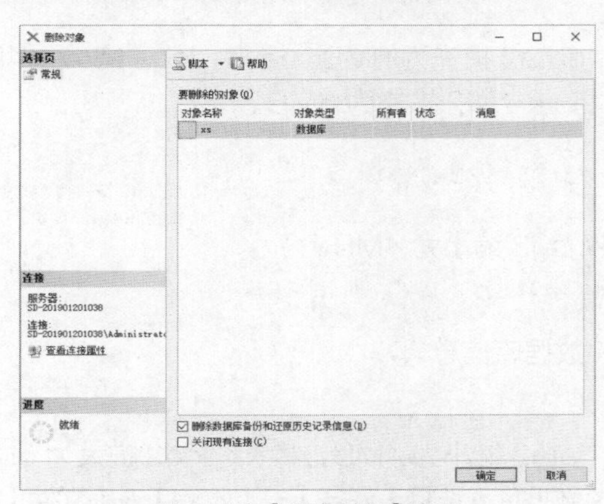

图 3-15 【删除对象】窗口

2. 使用 T-SQL 语句删除数据库

使用 DROP DATABASE 语句可以删除数据库。

语法格式：

```
DROP DATABASE  database_NAME  【 ,...n】
```

【例 3-10】 删除已经创建的数据库 xs。

```
DROP DATABASE xs
GO
```

任务 3-8 完成综合任务

1. 为 XK 数据库添加一个初始大小为 4MB 的次要数据文件，该文件的逻辑名称为 xk_data2，物理文件名称为 xk_data2.ndf。

在 SSMS 集成开发环境中，用鼠标右键单击 XK 数据库，在弹出的快捷菜单中选择【属性】→【文件】命令，单击【添加】按钮。

2. 为 XK 数据库添加一个初始大小为 5MB 最大大小为 10MB 的日志文件 xk_log2，其物理文件名称为 xk_log2.ldf。

```
ALTER DATABASE XK
ADD LOG FILE
(NAME=xk_log2,
FILENAME='D:\SQL\xk_log2.ldf',
SIZE=5MB,
MAXSIZE=10MB)
GO
```

3. 用SSMS查看XK数据库信息。

用鼠标右键单击XK数据库，选择【属性】→【文件】命令，则可以查看数据库信息。

4. 为XK数据库创建一个名称为MyGroup的文件组。

```
ALTER DATABASE XK
ADD  FILEGROUP MyGroup
GO
```

5. 用T-SQL查看XK数据库信息。

（1）显示XK数据库信息，输入并执行如下语句。

```
EXEC sp_helpdb XK
GO
```

（2）显示所有组的信息，输入并执行如下语句。

```
sp_helpfileGroup
GO
```

6. 使用T-SQL将xk_data2扩充为6MB，将xk_log2缩小为4MB。

（1）使用T-SQL语句将xk_dat2扩充为6MB。

```
ALTER DATABASE XK
MODIFY FILE (NAME=xk_dat2,SIZE=6MB)。
GO
```

（2）使用T-SQL将xk_log2缩小为4MB。

```
DBCC SHRINKFILE(xk_log2,4)
GO
```

7. 用T-SQL查看XK数据库信息。

```
sp_helpdb XK
GO
```

8. 使用SSMS将xk_data2缩小为4MB，将xk_log2扩大为6MB，并查看。

（1）用鼠标右键单击XK数据库，选择【任务】→【收缩】→【文件】命令，选择文件xk_data2，将当前分配空间修改为4MB，单击【确定】按钮。

（2）用鼠标右键单击XK数据库，选择【属性】→【文件】命令，选择文件xk_log2，将初始大小修改为6MB，单击【确定】按钮。

9. 使用T-SQL语言将XK数据库重名为myxk数据库，使用SSMS改为xk。

（1）在查询窗口中执行如下SQL语句。

```
sp_renamedb 'XK' , 'MYXK'
GO
```

（2）用鼠标右键单击MYXK数据库，选择【重命名】命令，输入XK，按Enter键。

10. 删除XK数据库

```
DROP DATABASE XK
GO
```

11. 使用T-SQL语言将xs改为只读，使用SSMS恢复为可写状态。

（1）在查询窗口中执行如下SQL语句。

```
sp_dboption 'xs','read only','TRUE'
GO
```

（2）用鼠标右键单击【xs】，选择【属性】→【选项】命令，将“数据库为只读”的值设为“False”。

实训3 创建数据库训练

（1）在SQL Server 2016下创建销售数据库sale，该数据库有一个名为sale.mdf的主要数据文件和名为 sale_Log.ldf 的事务日志文件。主要数据文件容量为 4MB，事务日志文件容量为

2MB，数据文件和事物日志文件的最大容量为 10MB，文件增长量为 1MB。

（2）显示 sale 数据库的信息。

（3）使用 SSMS 将 sale 数据库名修改为 sale1。

（4）使用 T-SQL 语句将 sale1 数据库重命名为 sale。

（5）配置 sale 数据库为只读。

小结

本项目首先介绍了数据库的类型，SQL Server 2016 包括两种类型的数据库：系统数据库和用户数据库。系统数据库是由系统创建的用于存储系统信息及用户数据库信息的数据库。用户数据库是由用户创建的用于完成特定功能的数据库。

接下来介绍了 SQL Server 2016 的数据库的创建与管理的方法、步骤。数据库的创建与管理主要使用 SSMS 和 T-SQL 语句，其中使用 SSMS 创建与管理数据库是数据库管理系统的基本操作，方法简单。使用 T-SQL 语句创建与管理数据库需要重点掌握。

最后介绍了 SQL Server 2016 中数据库的备份与还原、分离与附加的操作。

本项目的重点是掌握使用SSMS创建与管理数据库的方法和使用T-SQL语句创建与管理数据库的基本语法结构。管理用户数据库的 T-SQL 语句如下。

（1）创建数据库：CREATE DATABASE。

（2）修改数据库：ALTER DATABASE。

（3）删除数据库：DROP DATABASE。

习题

一、选择题

1. 下列（　　）数据库不属于 SQL Server 2016 在安装时创建的系统数据库。

A. master　　B. msdb　　C. userdb　　D. tempdb

2. 下列（　　）对象不属于数据库对象。

A. 表　　B. 视图　　C. 数据库关系图　　D. T-SQL 程序

3. 删除数据库的命令是（　　）。

A. DROP DATABASE　　B. DELETE DATABASE

C. ALTER DATABASE　　D. REMOVE DATABASE

二、填空题

1. SQL Server 2016 中，打开数据库的命令是________，删除数据库的命令是________。

2. SQL Server 2016 中，SQL Server Management Studio 的英文简称为________。

三、简答题

1. SQL Server 2016 的数据库中系统数据库有哪些？

2. SQL Server 2016 的数据库对象有哪些？

四、设计题

用 T-SQL 语句创建商品销售数据库 Sales，数据库文件初始大小为 5MB，最大大小为 10MB，数据库按 10%的比例增长；事务日志文件的初始大小为 2MB，最大大小为 5MB，按 1MB 增长；其余参数自定。

项目 4 创建与管理数据表

04

【能力目标】

- 理解数据类型和表的基本概念
- 学会使用 SSMS 创建表、修改表和删除表
- 学会使用 T-SQL 语句创建表
- 能显示表结构、修改表和删除表
- 插入表数据、删除表数据

【项目描述】

在项目 3 中创建的 xs 数据库中创建 3 个表，学生档案（XSDA）表、课程信息（KCXX）表、学生成绩（XSCJ）表，并按照附录 A 录入表中的数据。

【项目分析】

在 xs 数据库建立起来以后，数据库系统还是无法实现具体数据的录入、查询等操作，原因是数据库中还没有建立用户自定义的数据表。只有建立了数据表，才能实现上述的操作。所以接下来就要按照项目 2 的设计，在 xs 数据库中建立 XSDA 表、KCXX 表、XSCJ 表。该项目主要介绍如何在数据库中实现对数据表的各种操作。

【任务设置】

任务 1　创建表

任务 2　管理表

任务 3　插入、删除表数据

实训 4　创建数据库表并录入表数据

【项目定位】

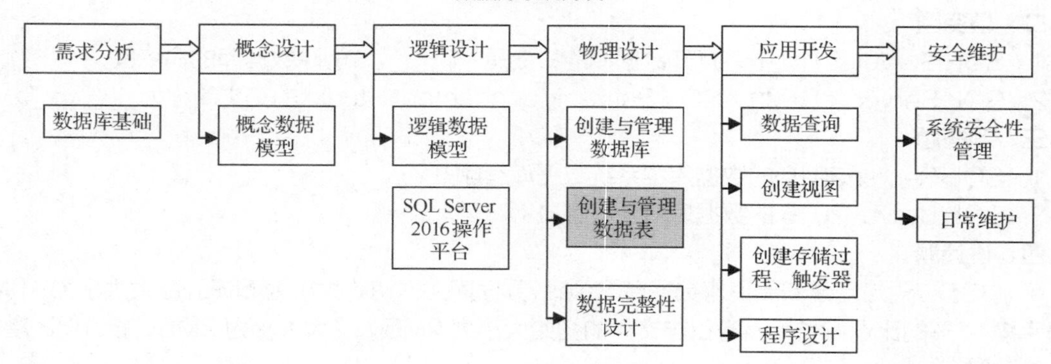

任务 1　创建表

【任务目标】

- 理解表的概念
- 灵活运用常用数据类型
- 学会使用 SSMS 创建表
- 学会使用 T-SQL 语句创建表

【任务描述】

根据提供的表 4-1～表 4-3 的表结构，在数据库 xs 中分别使用 SSMS 和 T-SQL 语句建立这些表。

表 4-1　学生档案（XSDA）表结构

字段名	类型	长度	是否允许为空	说明
学号	char	6	Not null	主键
姓名	char	8	Not null	
性别	char	2	Not null	男，女
系别	char	10	Not null	
出生日期	smalldatetime	4	Not null	
民族	char	4	Not null	
总学分	tinyint	1	Not null	
备注	Text	16		

表 4-2　课程信息（KCXX）表结构

字段名	类型	长度	是否允许为空	说明
课程编号	char	3	Not null	主键
课程名称	char	20	Not null	
开课学期	tinyint	1	Not null	只能为 1～6
学时	tinyint	1	Not null	
学分	tinyint	1	Not null	

表 4-3　学生成绩（XSCJ）表结构

字段名	类型	长度	是否允许为空	说明
学号	char	6	Not null	主键
课程编号	char	3	Not null	主键
成绩	tinyint	1		

【任务分析】

该任务要求用两种方法创建 3 个表，实际上是创建了 6 个表。因为表不能重名，所以只能选择一种方法创建 XSDA、KCXX、XSCJ 表，而另外一种方法创建这 3 个表必须用新表名，或者创建后删除表，再用新方法重新创建。因此，使用 SSMS 创建的 3 个表分别是 XSDA_1、KCXX_1、XSCJ_1 表，使用 T-SQL 语句建立的表分别是 XSDA、KCXX、XSCJ 表。

任务 1-1　数据表的概念

数据表是数据库的基本单位，它是一个二维表，表由行和列组成，如表 4-4 所示。每行代表唯一的一条记录，是组织数据的单位，通常称为表数据。每一行代表一名学生，各列分别表示学生的详细资料，如学号、姓名、性别、系别、出生日期、民族等。每列代表记录中的一个域，用来描述数据的属性，通常称为表结构，如姓名等，每个字段可以理解为字段变量，可以定义数据类型、大小等信息。

表 4-4　学生信息表

学号	姓名	性别	系别	出生日期	民族
201601	王红	女	信息	1996-02-14	汉
201602	刘林	男	信息	1996-05-20	汉
201603	曹红雷	男	信息	1995-09-24	汉
201604	方平	女	信息	1997-08-11	回
201605	李伟强	男	信息	1995-11-14	汉

SQL Server 是一个关系型数据库，它使用上述的由行和列组成的二维表来表示实体及其联系。SQL Server 中的每个表都有一个名字，以标识该表。例如，表 4-4 的名称是学生信息表。下面说明一些与表有关的名词。

（1）表结构。每个数据库包含了若干个表。每个表都具有一定的结构，称之为“表型”。所谓表型，是指组成表的名称及数据类型，也就是日常表格的“栏目信息”。

（2）记录。每个表包含了若干行数据，它们是表的“值”，表中的一行称为一个记录，因此，表是记录的有限集合。

（3）字段。每个记录由若干个数据项构成，将构成记录的每个数据项称为字段。

（4）关键字。在学生信息表中，要是不加以限制，那么每个记录的姓名、性别、系别、出生日期和民族这 5 个字段的值都有可能相同，但是学号字段的值对表中所有记录来说一定不同，学号是关键字，也就是说，通过“学号”字段可以将表中的不同记录区分开来。

任务 1-2　数据类型

在设计数据库时，除了要确定它包括哪些表外，还要确定每个表中包含哪些列以及每列的数据类型等。数据类型就是定义每个列所能存放的数据值和存储格式。例如，如果某一列只能用于存放姓名，就可以定义该列的数据类型为字符型。同理，如果某列要存储数字，就可以定义该列的数据类型为数字型。

列的数据类型可以是 SQL Server 2016 提供的系统数据类型，也可以是用户自定义的数据类型。

1. 系统数据类型

SQL Server 2016 的系统数据类型如表 4-5 所示。

表 4-5　SQL Server 2016 的系统数据类型

数据类型	范围	存储
	精确数字	
bigint	-2^{63} (-9 223 372 036 854 775 808)～2^{63}-1 (9 223 372 036 854 775 807)	8 字节
int	-2^{31} (-2 147 483 648)～2^{31}-1 (2 147 483 647)	4 字节
smallint	-2^{15} (-32 768)～2^{15}-1 (32 767)	2 字节
tinyint	0～255	1 字节
bit	1、0 或 NULL	不定
decimal	-10^{38} +1～10^{38} -1	5～17 字节
numeric		

续表

数据类型	范围	存储
money	-922 337 203 685 477.580 8～922 337 203 685 477.580 7	8 字节
smallmoney	-214 748.364 8～214 748.364 7	4 字节
	近似数字	
float	-1.79E + 308～-2.23E - 308、0 以及 2.23E - 308～1.79E + 308	4～8 字节
real	-3.40E + 38～-1.18E - 38、0 以及 1.18E - 38～3.40E + 38	4 字节
日期和时间		
datetime	1753 年 1 月 1 日到 9999 年 12 月 31 日（精确到 3.33ms）	8 字节
smalldatetime	1900 年 1 月 1 日到 2079 年 6 月 6 日（精确到 1min）	4 字节
	字符串	
char	固定长度，非 Unicode 字符数据，长度为 *n* 字节，*n* 的取值范围为 1～8 000	*n* 字节
varchar	可变长度，非 Unicode 字符数据，*n* 的取值范围为 1～8 000	输入数据的实际长度加 2 字节
text	服务器代码页中长度可变的非 Unicode 数据，最大长度为 $2^{31}-1$ （2 147 483 647）个字符	≤ 2 147 483 647 字节
	Unicode 字符串	
nchar	固定长度的 Unicode 字符数据，*n* 值必须为 1～4 000（含）	2×*n* 字节
nvarchar	可变长度 Unicode 字符数据，*n* 值为 1～4 000（含）	输入字符个数的两倍 + 2 字节
ntext	长度可变的 Unicode 数据，最大长度为 $2^{30}-1$ (1 073 741 823) 个字符	输入字符个数的两倍
	二进制字符串	
binary	长度为 *n* 字节的固定长度二进制数据，其中 *n* 是 1～8 000 的值	*n* 字节
varbinary	可变长度二进制数据，*n* 可以取 1～8 000 的值	所输入数据的实际长度 + 2 字节
image	长度可变的二进制数据，0～$2^{31}-1$（2 147 483 647）字节	不定
	其他数据类型	
cursor	游标的引用	
sql_variant	用于存储 SQL Server 2016 支持的各种不包括 text、ntext、image、timestamp 和 sql_variant 值的数据类型	
Table	一种特殊的数据类型，存储数据处理的结果集	
Timestamp	数据库范围的唯一数字，每次更新行时也进行更新	
uniqueidentifier	全局唯一标识符（Globally Unique Identifier，GUID）	
xml	存储 XML 数据的数据类型，可以在列中或者 xml 类型的变量中存储 xml 实例	

常用数据类型如下。

（1）bit 类型。如果表中的列为 8 bit 或更少，这些列就作为 1 字节存储。如果列为 9～16 bit，这些列就作为 2 字节存储，以此类推。

（2）char 与 varchar 类型。如果列数据项的大小一致，就使用 char。如果列数据项的大小差异相当大，就使用 varchar。如果列数据项大小相差很大，而且大小可能超过 8 000 字节，就使用 varchar(max)。

（3）binary 与 varbinary 类型。如果列数据项的大小一致，就使用 binary。如果列数据项的大小差异相当大，就使用 varbinary。当列数据条目超出 8 000 字节时，使用 varbinary(max)。

（4）二进制数据类型。二进制数据由十六进制数表示（例如，十进制数 245 等于十六进制数 F5）。

（5）image 类型。image 数据列可以用来存储超过 8KB 的可变长度的二进制数据，如

Microsoft Word 文档、Microsoft Excel 电子表格、包含位图的图像、图形交换格式（GIF）文件和联合图像专家组（JPEG）文件。

（6）text 类型。text 数据类型的列可用于存储大于 8KB 的 ASCII 字符。例如，由于 HTML 文档均由 ASCII 字符组成且一般大于 8KB，因此这些文档可以以 text 数据类型存储在 SQL Server 中。

（7）nchar、nvarchar 和 ntext 类型。这 3 种数据类型均为 unicode。当一个列使用 unicode 类型时，该列可以存储多个字符集中的字符，此时数据以 nchar、nvarchar 和 ntext 数据类型存储。在 unicode 标准中，包括了以各种字符集定义的全部字符，如中文、日文字符集等。使用 unicode 数据类型，占用的存储空间是使用非 unicode 数据类型所占用存储空间的两倍。

当一个列的长度可能变化时，应该使用 nvarchar 字符类型，这时最多可以存储 4 000 个字符。当列的长度固定不变时，应该使用 nchar 字符类型，同样，这时最多可以存储 4 000 个字符。当使用 ntext 数据类型时，该列可以存储多于 4 000 个字符。

例如，字符型数据“abcdABCD 我们学习”作为 unicode 型数据共 12 个字符，占 24 字节。如果存储为 nchar(10)，就仅可保存“abcdABCD 我们”；如果存储为 nchar(20)，就保存了“abcdABCD 我们学习”，占 40 字节；如果存储为 nvarchar(20)，就保存了“abcdABCD 我们学习”，占 24 字节。

（8）decimal 和 numeric 类型。它们是用于定义精确数据的数据类型。这种类型数据所占的存储空间根据该数据的小数点后面的位数来确定。

（9）float 和 real 类型。它们是用于定义近似小数数据的数据类型。

SQL Server 2016 对数据类型的设置与早期版本相比有所改变。

（1）用 varchar(max)代替 text。varchar(n)的最大长度为 8 000，但是 varchar(max)可以存储多达 2GB 的数据，其作用相当于 SQL Server 2000 中的 text。

（2）用 nvarchar(max)代替 text，用 binary(max)代替 image。

（3）为 XML 数据选择 xml 类型。SQL Server 2016 为 XML 数据添加了相应的数据类型，显然存储 XML 数据的列不需要用 varchar(max)或 nvarchar(max)，而应当用 xml 数据类型，以便利用 T-SQL 中专门针对 xml 数据类型列的新命令，以及针对 xml 列的索引。

（4）新增 variant 数据类型。该类型能够保存除了 text、ntext、image 和 timestamp 以外的任何 SQL Server 数据类型的数据。因此，使用 variant 数据类型，可以在一个单独的字段、参数或变量中存储不同数据类型的数据值。

2. 用户定义数据类型

用户定义数据类型基于 Microsoft SQL Server 提供的数据类型。当在几个表中存储同一种数据类型的数据，并且为保证这些列有相同的数据类型、长度和为空时，可以使用用户定义的数据类型。

创建用户定义数据类型时必须提供以下 3 个参数：数据类型名称、新数据类型依据的系统数据类型、为空（要是为空未定义，那么系统将依据数据库或连接的 ANSI NULL 默认设置进行指派）。

在 SQL Server 2016 中，创建用户定义数据类型有两种方法：一是使用 SSMS，二是使用 T-SQL 语句。下面分别介绍。

（1）创建用户定义数据类型

【例 4-1】 在 xs 数据库中，创建用户定义数据类型 student_num，其基于系统数据类型 char。

方法一：使用 SSMS 创建用户定义数据类型。

① 打开 SSMS 展开 xs 数据库→【可编程性】→【类型】，选中【用户定义数据类型】，单击鼠标右键，选择【新建用户定义数据类型】命令，如图 4-1 所示。

② 在弹出的【新建用户定义数据类型】对话框中，填写名称为 student_num，数据类型选择 char，如图 4-2 所示。单击【确定】按钮，即可创建用户定义数据类型 student_num。

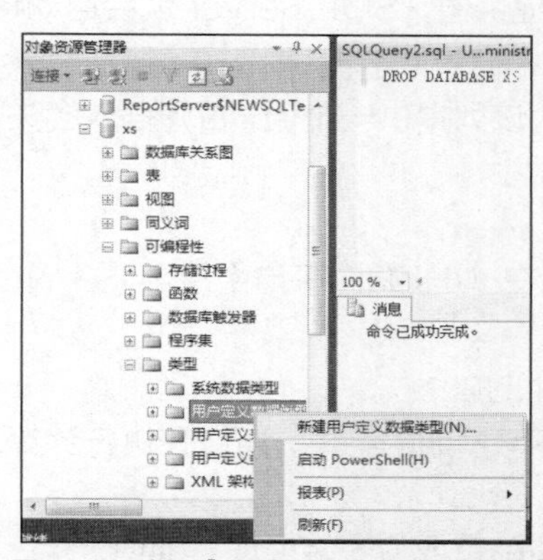

图 4-1 选择【新建用户定义数据类型】

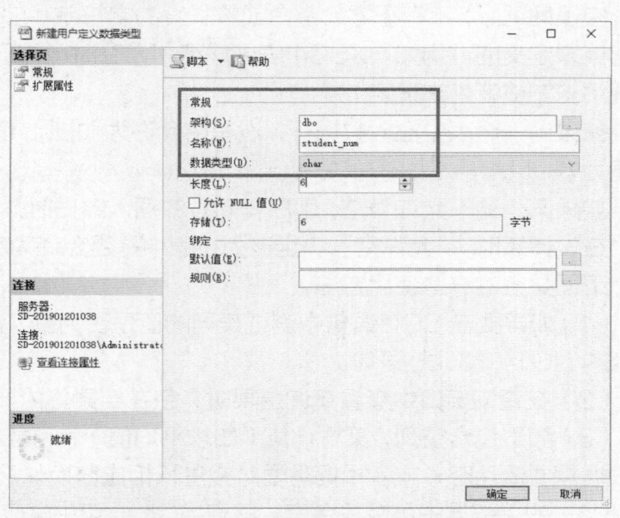

图 4-2 【新建用户定义数据类型】对话框

方法二：使用 T-SQL 语句创建用户定义数据类型。

使用 T-SQL 语句的 sp_addtype 可以创建用户定义数据类型。

语法格式：

```
sp_addtype [ @typename = ] type,
    [ @phystype = ] system_data_type
    [ , [ @nulltype = ] 'null_type' ] ;
```

使用 T-SQL 语句实现【例 4-1】的语句如下。

```
USE xs
GO
EXEC sp_addtype student_num,'char(6)','not null'
GO
```

（2）删除用户自定义数据类型

【例 4-2】 在 xs 数据库中，删除用户定义数据类型 student_num。

方法一：使用 SSMS 删除用户定义数据类型。

① 打开 SSMS，展开 xs 数据库，选择【可编程性】→【类型】→【用户定义数据类型】命令，选择要删除的用户定义数据类型 student_num。

② 单击鼠标右键，选择【删除】命令，在弹出的【删除对象】对话框中单击【确定】按钮，即可删除用户定义数据类型 student_num。

方法二：使用 T-SQL 语句删除用户定义数据类型。

使用 T-SQL 语句的 sp_droptype 可以删除用户定义数据类型。

语法格式：

```
sp_droptype [@typename=] 'type'
```

删除 student_num 的 T-SQL 语句如下。

```
USE xs
GO
```

```
EXEC sp_droptype 'student_num'
GO
```

任务 1-3 空

空（NULL）不等于零、空白或零长度的字符串。NULL 值意味着没有输入，通常表明值是未知的或未定义的。例如，XSCJ 表中成绩列为空时，并不表示该课程没有成绩或者成绩为 0，而是指成绩未知或者尚未设定。

如果向一个表中插入数据行，没有给允许为 NULL 值的列提供值，SQL Server 就会自动将其赋值为 NULL。

如果某一列不允许为空，用户在向表中插入数据时就必须为该列提供一个值，否则插入会失败。

在设计表时，“允许空”决定该列在表中是否允许为空。

下面是空的一些使用方法。

（1）如果要在 SQL 语句中测试某列的值是否为空，就可以在 WHERE 子句中使用 IS NULL 或 IS NOT NULL 语句。

（2）在查询窗口中查看查询结果时，空在结果集内显示为 NULL。

（3）如果包含空列，某些计算（如求平均值）就可能得到不可预期的结果，所以在执行计算时，要根据需要清除空，或者根据需要对空进行相应替换。

（4）如果数据中可能包含空，就在 SQL 语句中就应尽量清除空或将空转换成其他值。

（5）任何两个空均不相等。比如两个空或将空与任何其他数据相比较均返回未知。但如果数据库的 ANSI_NULLS 选项配置为关，空之间的比较（如 NULL=NULL）就等于 TRUE。空与任何其他数据类型之间的比较都等于 FALSE。

建议：由于空会导致查询和更新变得复杂，因此为了减少 SQL 语句的复杂性，建议尽量不要允许使用空。例如，学生成绩表（表名 XSCJ）中的成绩列可以设置不允许为空，为其创建一个默认值（关于默认值，后面将详细介绍）为-1，这样对于没有确定的成绩就会取值-1，而不是空。

任务 1-4 创建数据表

创建表的实质就是定义表结构及约束等属性，本任务主要介绍表结构的定义，而约束等属性将在后面专门介绍。在创建表之前，先要设计表，即确定表的名字、所包含的各列、列的数据类型和长度、是否为空、是否使用约束等。这些属性构成表结构。

在 SQL Server 2016 中可以使用 SSMS 和 T-SQL 语句两种方式创建表。

1. 使用 SSMS 创建数据表

下面以创建 xs 数据库中的 XSDA 表为例介绍使用 SSMS 创建表的过程。

创建表前应该先确定表的名字和结构，表名为 XSDA，表结构如表 4-6 所示。

表 4-6 XSDA 表结构

字段名	类型	长度	是否允许为空	说明
学号	char	6	Not null	主键
姓名	char	8	Not null	
性别	char	2	Not null	
系别	char	10	Not null	
出生日期	smalldatetime	4	Not null	

续表

字段名	类型	长度	是否允许为空	说明
民族	Char	4	Not null	
总学分	tinyint	1	Not null	
备注	text	16		

然后就可以使用 SSMS 创建 XSDA 表了，操作步骤如下。

（1）打开 SSMS，在【对象资源管理器】中选择要创建表的 xs 数据库。

（2）展开 xs 节点，用鼠标右键单击【表】节点，在弹出的快捷菜单中选择【新建表】命令，如图 4-3 所示。

（3）在出现的表设计器窗口中定义表结构，即逐个定义表中的列（字段），确定各字段的名称（列名）、数据类型、长度以及是否允许取空等，如图 4-4 所示。

（4）单击工具栏上的【保存】按钮，保存新建的数据表。

（5）在出现的【选择名称】对话框中，输入数据表的名称，如 XSDA，单击【确定】按钮，如图 4-5 所示。这时，可在右侧的【对象资源管理器】窗口中看到新建的 XSDA 数据表。

图 4-3　在快捷菜单中选择【新建表】命令

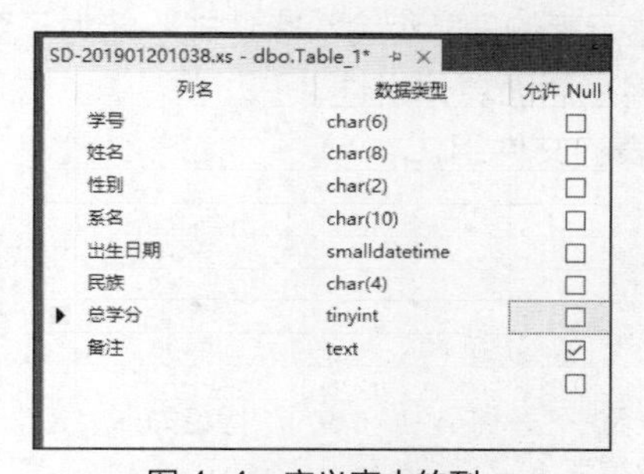

图 4-4　定义表中的列

图 4-5　【选择名称】对话框

2. 用 T-SQL 语句创建数据表

使用 T-SQL 语句的 CREATE TABLE 可以创建表。

语法格式：

```
CREATE TABLE  table_NAME
({column_NAME data_type|IDENTITY(seed,increment)|NOT NULL|NULL})
```

参数说明如下。

（1）table_name，新创建表的名称。表名必须符合标识符规则。

（2）column_name，是表中的列名。列名必须符合标识符规则，并且在表内唯一。

（3）data_type，指定列的数据类型，可以是系统数据类型或用户定义数据类型。

（4）IDENTITY(seed,increment)。指出该列为标识列。必须同时指定种子和增量，或者二者都不指定。如果二者都未指定，就取默认值 (1,1)。

（5）NOT NULL|NULL。指出该列是否允许空。

CREATE TABLE 语句的完整语法格式如下。

```
CREATE TABLE
 【database_NAME.【owner】 .| owner.】table_NAME
```

```
  ( { < column_definition >
        | column_NAME AS computed_column_expression
        | < table_constraint > ::= 【CONSTRAINT constraint_NAME】 }
          | 【 { PRIMARY KEY | UNIQUE } 【 ,...n】
  )
【ON { filegroup | DEFAULT } 】
【TEXTIMAGE_ON { filegroup | DEFAULT } 】
```

（6）database_name。要在其中创建表的数据库名称。owner 表示表的所有者，默认所有者为 dbo；database_name 必须是现有数据库的名称。如果不指定数据库，database_name 就默认为当前数据库。数据库中的 owner.table_name 组合必须唯一。

（7）column_definition。列的定义，其构成如下。

```
< column_definition > ::= { column_NAME data_type }
 【COLLATE < collation_NAME > 】
 【 【DEFAULT constant_expression】
| 【IDENTITY【 ( seed , increment ) 【NOT FOR REPLICATION】 】 】
】
【ROWGUIDCOL】
【 < column_constraint > 】 【 ...n】
```

（8）computed_column_expression。定义计算列值的表达式。计算列是物理上并不存储在表中的虚拟列。计算列由同一表中的其他列通过表达式计算得到。表达式可以是非计算列的列名、常量、函数、变量，也可以是用一个或多个运算符连接的上述元素的任意组合。表达式不能为子查询。

（9）table_constraint。为表定义的各种约束，将在后面具体讲述。

（10）ON { filegroup | DEFAULT }。指定存储表的文件组。

【例 4-3】 创建名为 jobs 的表。

```
USE xs
GO
CREATE TABLE jobs
(
工号 smallint IDENTITY(10000,1)      --指定列为标识列，种子为 10000，增量为 1
PRIMARY KEY,                          --指定主键约束
姓名 char(8) NOT NULL,
工种 char(12) NULL
)
GO
```

【例 4-4】 创建名为 students_T 的表。

```
CREATE  TABLE  students_T
(number  int        not null,
name   varchar(10) not null,
sex    char(2)   null,
birthday datetime    null,
hometown  varchar(30)  null,
telephone_no  varchar(12)  null,
address     varchar(30)    null,
others      varchar(50)    null)
GO
```

任务 1-5　T-SQL 设置联合主键

主键是数据库表的一个重要属性，建立主键可以避免表中存在完全相同的记录，也就是说，主

键在一张表中的记录值是唯一的。

建立主键有两种方法：一种在数据库提供的 GUI 环境中建立，另一种通过 SQL 语句建立，下面分别介绍。

（1）在数据库对象资源管理器中建立。输入表信息后，按住 Ctrl 键的同时选中多行，然后点主键按钮即可。

（2）通过 SQL 语句建立又分两种，一种是在建表语句中直接编写，另一种是建表之后更改表结构。

在建表语句中直接编写：

```
CREATE TABLE 表名 (字段名 1 Int Not Null,
                字段名 2 nvarchar(13) Not Null Primary Key (字段名 1, 字段名 2),
                字段名 3………
                字段名 N……… )
```

建表之后更改表结构：

```
CREATE TABLE 表名 (字段名 1 Int Not Null,
                字段名 2 nvarchar(13) Not Null,
                字段名 3………
                字段名 N………)
 GO
 ALTER TABLE 表名 WITH NOCHECK ADD
 CONSTRAINT【PK_表名】PRIMARY KEY  NONCLUSTERED
  (
     【字段名 1】,
     【字段名 2】
  )
 GO
```

任务 1-6　完成综合任务

1. 使用 SSMS 创建 XSDA_1 表

打开 SSMS，在【对象资源管理器】中选择要创建表的 xs 数据库。

展开 xs 节点，右键单击【表】，选择【新建表】命令，输入各字段的名称（列名）、数据类型、长度以及是否允许空，单击【保存】按钮，选择名称，输入 XSDA_1，单击【确定】按钮。

可在左侧的【对象资源管理器】窗口中看到新建的 XSDA_1 数据表。

2. 使用 SSMS 创建 KCXX_1、XSCJ_1 表

其创建方法与创建 XSDA_1 类似，不再赘述。

3. 使用 T-SQL 语句创建 XSDA 表，性别的默认值为“男”

```
USE xs
GO
CREATE TABLE XSDA (
    学号 char(6)  NOT NULL PRIMARY KEY,
    姓名 char(8)  NOT NULL ,
    性别 char(2)  NOT NULL DEFAULT('男'),
    系别 char(10)  NOT NULL ,
    出生日期 smalldatetime NOT NULL ,
    民族 char(4)  NOT NULL ,
    总学分 tinyint NOT NULL ,
```

```
    备注 text  NULL
)
GO
```

4. 使用T-SQL语句创建KCXX表

```
CREATE TABLE KCXX (
    课程编号 char(3)  NOT NULL PRIMARY KEY,
    课程名称 char(20)  NOT NULL ,
    开学日期 tinyint NOT NULL ,
    学时 tinyint NOT NULL ,
    学分 tinyint NOT NULL
)
GO
```

5. 使用T-SQL语句创建XSCJ表

```
USE xs
GO
CREATE TABLE XSCJ (
    学号 char(6)  NOT NULL ,
    课程编号 char(3)  NOT NULL PRIMARY KEY(学号,课程编号),
    成绩 tinyint NOT NULL
)
GO
```

运行结果如图4-6所示。

```
SQLQuery2.sql -...7KL9JPQ\abc (53))*
USE xs
GO
CREATE TABLE XSCJ (
    学号 char(6)  NOT NULL ,
    课程编号 char(3)  NOT NULL PRIMARY KEY(学号,课程编号),
    成绩 tinyint NOT NULL
)
GO

消息
命令已成功完成。

查询已成功执行。 LAPTOP-M7KL9JPQ (11.0 RTM) LAPTOP-M7KL9JPQ\abc (53) xs 00:00:00 0行
```

图4-6 设置联合主键

任务2 管理表

【任务目标】

- 学会在SSMS显示表结构
- 学会使用T-SQL语句显示表结构
- 灵活修改表结构
- 学会重命名表
- 学会删除没用的表

管理数据表

【任务描述】

按照项目任务要求修改、查看表结构。

【任务分析】

该任务需要对表结构完成显示字段、增加字段、修改字段属性等操作。

任务 2-1　显示表结构

1. 使用 SSMS 显示表结构

展开数据库，用鼠标右键单击要打开表结构的表，选择【设计】，如图 4-7 所示。

2. 使用 T-SQL 语句显示表结构

使用 sp_help 表名可以显示创建表的时间、表的所有者以及表中各列的定义等信息。

查看表结构：

```
EXEC sp_help XSDA
GO
```

查看所有数据库对象：

```
EXEC sp_help
GO
```

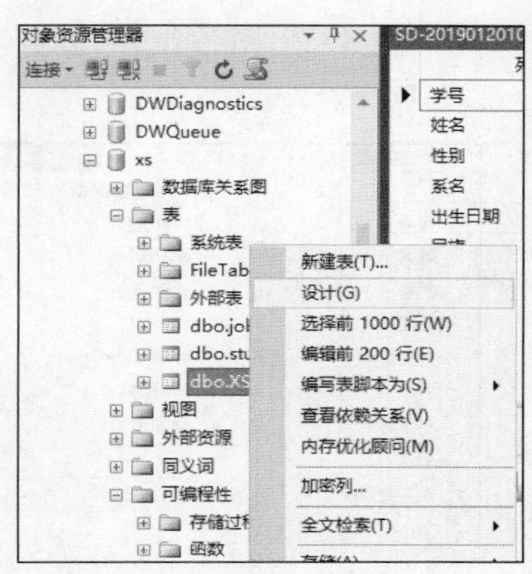

图 4-7　打开表结构

任务 2-2　使用 SSMS 修改数据表

数据表创建以后，在使用过程中可能需要对原先定义的表的结构、约束等属性进行修改。表的修改与表的创建一样，可以通过 SSMS 和 T-SQL 语句两种方法来实现。

对一个已存在的表可以进行如下修改操作。

（1）更改表名。

（2）增加列。

（3）删除列。

（4）修改已有列的属性（列名、数据类型、是否允许空）。

1. 增加列

当原来创建的表中需要增加项目时，就要向表中增加列。

【例 4-5】 在 XSDA 表中增加“奖学金等级”一列。

操作步骤如下。

（1）在 SSMS 中展开需进行操作的表，在 XSDA 表上单击鼠标右键，在弹出的快捷菜单中选择【设计】命令，如图 4-7 所示。

（2）在打开的表设计器最后一行（也就是空白行）输入列名“奖学金等级”，选择数据类型 tinyint，并选中【允许 Null】，如图 4-8 所示。

（3）用此方法可向表中添加多个列，需添加的列都已输入完毕时，单击工具栏上的【保存】按钮，保存更改数据。

2. 删除列

在 SQL Server 中被删除的列是不可恢复的，因此在删除列之前要慎重考虑，并且在删除一个列之前，必须保证基于该列的所有索引和约束都已被删除。

【例 4-6】 删除 XSDA 表中的“奖学金等级”列。

操作步骤如下。

（1）参照【例 4-5】中的操作方式，打开表设计器。

（2）在表设计器中选择要删除的“奖学金等级”列，单击鼠标右键，选择快捷菜单中的【删除列】，如图 4-9 所示。

SD-201901201038.xs - dbo.XSDA　SQLQuery2.sql - S...minis

列名	数据类型	允许 Null 值
学号	char(6)	☐
姓名	char(8)	☐
性别	char(2)	☐
系名	char(10)	☐
出生日期	smalldatetime	☐
民族	char(4)	☐
总学分	tinyint	☐
备注	text	☑
奖学金等级	tinyint	☑
		☐

列属性

图 4-8　添加新列

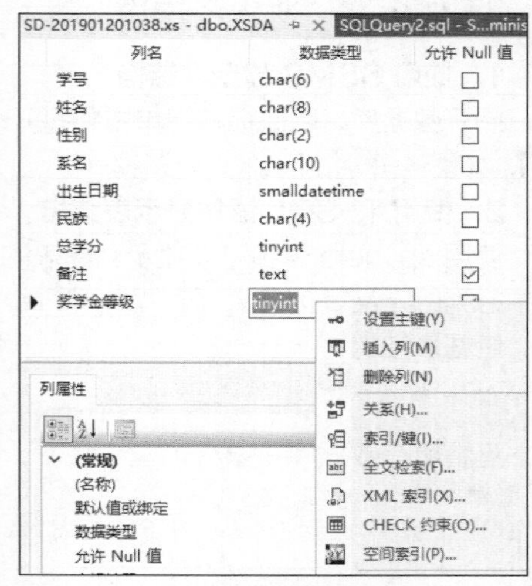

图 4-9　删除列操作

（3）用此方法可删除表中的多列，删除列的操作完毕，单击工具栏上的【保存】按钮，保存更改数据。

3. 修改已有列的属性

在 SQL Server 中可以修改表结构，如更改列名，列的数据类型、长度和是否允许空等属性。建议当表中有记录后，不要轻易修改表的结构，特别是修改列的数据类型，以免产生错误。其操作过程是在 SSMS 中展开需进行操作的表，在 XSDA 表上单击鼠标右键，在弹出的快捷菜单中选择【设计】命令，如图 4-7 所示，然后选择要修改的列，就可以修改列的属性了。

任务 2-3　使用 T-SQL 语句修改数据表

使用 T-SQL 语句的 ALTER TABLE 子句可以完成对表的修改。

语法格式：

```
ALTER TABLE table_NAME
{ 【ALTER COLUMN column_NAME
{ new_data_type【 ( precision【 , scale】 ) 】
  【NULL | NOT NULL】
】}
| ADD{【 < column_definition > 】}【 ,...n】
| DROP{【CONSTRAINT】constraint_NAME | COLUMN column_NAME } 【 ,...n】
}
```

参数说明如下。

（1）ALTER COLUMN 用于说明修改表中指定列的属性，要修改的列由 column_name 给出。

（2）new_data_type 指出要更改的列的新数据类型。

（3）precision 指定数据类型的精度。scale 指定数据类型的小数位数。

（4）ADD 指定要添加一个或多个列定义、计算列定义或者表约束。

（5）DROP 指定从表中删除约束或列。constraint_name 指定被删除的约束名。COLUMN column_name 参数中指定的是被删除的列。

【例 4-7】 在 XSCJ 表中增加一个新列——学分。

```
USE xs
GO
ALTER TABLE XSCJ
ADD
  学分 tinyint NULL
GO
```

【例 4-8】 在 XSCJ 表中删除名为"学分"的列。

```
USE xs
GO
ALTER TABLE XSCJ
DROP
  COLUMN 学分
GO
```

【例 4-9】 将 XSDA 表中"姓名"列的长度由原来的 8 改为 10。

```
USE xs
GO
ALTER TABLE XSDA
    ALTER COLUMN 姓名 char(10)
GO
```

【例 4-10】 将 XSDA 表中名为"出生日期"的列的数据类型由原来的 smalldatetime 改为 datetime。

```
USE xs
GO
ALTER TABLE XSDA
  ALTER COLUMN 出生日期  datetime
GO
```

【例 4-11】 将 XSDA 表中名为"出生日期"的列的名称改为 birthday。

这个操作比较特殊，需要使用系统存储过程 sp_rename。

在查询窗口中执行如下 SQL 语句。

```
USE xs
GO
sp_rename 'XSDA.出生日期','birthday','COLUMN'
GO
```

任务 2-4　使用 SSMS 删除数据表

当数据库中的某些表失去作用时，可以删除这些表，以释放数据库空间，节省存储介质。删除表时，表的结构定义、表中所有的数据以及表的索引、触发器、约束等均被永久地从数据库中删除。如果要删除通过创建约束（FOREIGN KEY 约束）和唯一约束（UNIQUE 约束）或主键约束（PRIMARY KEY 约束）的相关的表，就必须首先删除具有 FOREIGN KEY 约束的表。

可以使用 SSMS 和 T-SQL 语句两种方式删除表。

【例 4-12】 删除数据库 xs 中的 XSDA 表。

使用 SSMS 删除数据表的操作步骤如下。

（1）展开数据库 xs，再展开表，在 XSDA 表上单击鼠标右键，弹出快捷菜单，选择【删除】

命令，如图4-10所示。

（2）在弹出的图4-11所示的【删除对象】窗口中，单击【确定】按钮，删除选择的表。

图4-10　删除表

图4-11　删除对象

任务2-5　使用T-SQL语句删除数据表

使用T-SQL语句中的DROP TABLE可以删除表。

语法格式：

```
DROP TABLE table_NAME
```

table_name为要删除的表。

【例4-13】 删除数据库xs中的KCXX表。

```
USE xs
DROP TABLE KCXX
GO
```

任务2-6　使用T-SQL语句重命名数据表

【例4-14】 把XSDA表更名为“学生档案”。

在查询窗口中执行如下SQL语句。

```
USE xs
EXEC sp_rename 'XSDA','学生档案'
GO
```

任务2-7　完成综合任务

（1）使用SSMS显示KCXX表结构。

展开数据库选项，用鼠标右键单击KCXX表，选择【设计】命令。

（2）用T-SQL语句在课程信息（KCXX）表中增加字段授课教师，数据类型为char(10)；考试时间，数据类型为datetime。

```
ALTER TABLE KCXX
ADD
```

```
  授课教师 char(10) NULL,考试时间 datetime NULL
GO
```

（3）用 T-SQL 语句将 KCXX 表的新增字段授课教师的字段名修改为 teacher，数据类型为 char(20)。

```
sp_rename 'KCXX.授课教师','teacher','COLUMN'
GO
ALTER TABLE KCXX
    ALTER COLUMN teacher char(20)
GO
```

（4）用 T-SQL 语句删除课程信息表的 teacher 字段。

```
ALTER TABLE XSCJ
DROP
  COLUMN teacher
GO
```

（5）用 T-SQL 语句显示课 KCXX 表的表结构。

```
sp_help KCXX
GO
```

（6）用 SSMS 将任务 2-3 中对 XSDA 表所做的修改恢复到修改前的状态。

展开数据库选项，用鼠标右键单击 KCXX，选择【设计】命令，做相应修改。

任务 3　插入、删除表数据

【任务目标】

- 学会使用 SSMS 插入、删除、修改表数据
- 学会使用 T-SQL 语句插入表数据
- 学会使用 T-SQL 语句删除表数据

【任务描述】

为 xs 数据库 3 个表录入表数据。

【任务分析】

对于初学者来说，使用 T-SQL 语句插入数据很容易出现各种错误，所以一定要按照要求——正确插入样表数据，在排错过程中将更深刻地理解表数据和表结构。

任务 3-1　使用 SSMS 插入、删除、更新表数据

创建表后，下一步就是在表中进行数据操作，操作表数据包括表记录的插入、修改和删除。可以通过 SSMS 和 T-SQL 语句两种方式操作表数据。

向表中插入数据就是将新记录添加到表尾，可以向表中插入多条记录。

1．使用 SSMS 向表中插入数据

操作方法如下。

（1）展开数据库 xs→【表】，在 XSDA 表上单击鼠标右键，在弹出的快捷菜单中选择【编辑前 200 行】命令，如图 4-12 所示。

（2）进入打开的 XSDA 表数据窗口，输入数据，每输完一列的值，按 Tab 键，光标会自动跳到下一列。如果输完最后一列数据，按回车键，光标就跳至下一行的第一列，直到输入完成，单击【关闭窗口】按钮，如图 4-13 所示。

2. 使用 SSMS 修改表中数据

使用 SSMS 改 XSDA 表中数据的操作步骤如下。

（1）展开数据库 xs→【表】，在 XSDA 表上单击鼠标右键，在弹出的快捷菜单中选择【编辑前 200 行】命令，如图 4-12 所示。

（2）在弹出的查询窗口中，单击要修改的单元格后可以修改此处的数据，修改完成单击【关闭窗口】按钮即可。

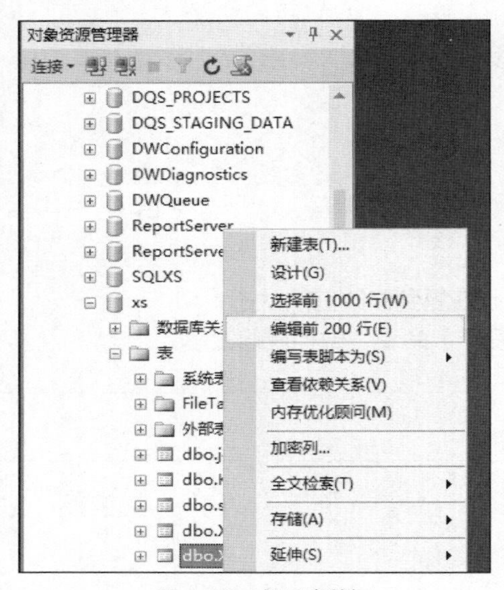

图 4-12　打开表数据

SD-201901201038.xs - dbo.XSDA

学号	姓名	性别	系名	出生日期	民族	总学分	备注
201601	王红	女	信息	1996-02-14 0...	汉	60	NULL
201602	刘林	男	信息	1996-05-20 0...	汉	54	NULL
201603	曹红雷	男	信息	1995-09-24 0...	汉	50	NULL
201604	方平	女	信息	1997-08-11 0...	回	52	NULL
201605	李伟强	男	信息	1995-11-14 0...	汉	60	NULL
201606	周新民	男	信息	1996-01-20 0...	回	62	NULL
201607	王丽丽	女	信息	1997-06-03 0...	汉	60	NULL
201701	孙燕	女	管理	1997-05-20 0...	汉	54	NULL
201702	罗德敏	男	管理	1998-07-18 0...	汉	64	NULL
201703	孔祥林	男	管理	1997-05-20 0...	汉	54	NULL
201704	王华	女	管理	1997-04-16 0...	汉	60	NULL
201705	刘林	男	管理	1996-05-30 0...	回	54	NULL
201706	陈希	女	管理	1997-03-22 0...	汉	60	NULL
201707	李刚	男	管理	1998-05-20 0...	汉	54	NULL
NULL	NULL	NULL	NULL	NULL	NULL	NULL	NULL

图 4-13　向 XSDA 表输入数据

3. 使用 SSMS 删除表中数据

展开表，用鼠标右键单击要修改的表，在弹出的快捷菜单中选择【编辑前 200 行】命令，在操作表窗口中定位要删除的数据行（可辅助 Ctrl 键或 Shift 键选中多行），单击鼠标右键，在弹出的快捷菜单中选择【删除】命令，如图 4-14 所示。在确认窗口单击【是】按钮，即可删除选择的数据行。

SD-201901201038.xs - dbo.XSDA

学号	姓名	性别	系名	出生日期
201601	王红	女	信息	1996-02-14 0...
201602	刘林	男	信息	1996-05-20 0...
201603	曹红雷	男	信息	1995-09-24 0...
201604	方平	女	信息	1997-08-11 0...
201605	李伟强	男	信息	1995-11-14 0...
201606	周新民	男	信息	1996-01-20 0...
201607	王丽丽	女	信息	1997-06-03 0...
201701			管理	1997-05-20 0...
201702			管理	1998-07-18 0...
201703			管理	1997-05-20 0...
201704			管理	1997-04-16 0...
201705			管理	1996-05-30 0...
201706			管理	1997-03-22 0...
201707			管理	1998-05-20 0...
NULL			NULL	NULL

执行 SQL(X)　Ctrl+R
剪切(T)　Ctrl+X
复制(Y)　Ctrl+C
粘贴(P)　Ctrl+V
删除(D)　Del
窗格(N)
清除结果(L)
属性(R)　Alt+Enter

图 4-14　选择、删除表中数据

任务 3-2 使用 T-SQL 语句向表中插入数据

使用 T-SQL 语句的 INSERT 可以向表中插入数据，INSERT 语句常用的格式有 3 种。

语法格式一：

```
INSERT table_NAME
VALUES(constant1,constant2,…)
```

该语句的功能是向 table_name 指定的表中插入由 VALUES 指定的各列值的行。

注意 使用此方式向表中插入数据时，VALUES 中给出的数据顺序和数据类型必须与表中列的数据顺序和数据类型一致，而且不可以省略部分列。

【例 4-15】 在 xs 数据库的 XSDA 表中插入如下行。

201608 李忠诚 男 信息 1998-09-10 汉 60 null

可以使用如下 T-SQL 语句。

```
USE xs
INSERT XSDA
VALUES('201608','李忠诚', '男','信息','1998-09-10','汉',60,null)
GO
```

执行查询后，读者会发现其中多了学号为 201608 的一行。

读者再尝试选择一些有默认值或者可以为空的列，在插入数据时省略这些列，也就是说采用默认值或者给允许为空的列赋空值。看下面的例子。

【例 4-16】 查看 xs 数据库的 XSDA 表的表结构，可知性别可以使用默认值“男”，民族可以使用默认值“汉”，备注列可以为空。如果将【例 4-15】中的 T-SQL 语句改成下面这样：

```
USE xs
INSERT XSDA
VALUES('200618','李忠诚','信息','1998-09-10',60)
GO
```

就无法实现预期的效果，并且在结果显示窗格中会出现出错提示信息，如图 4-15 所示。

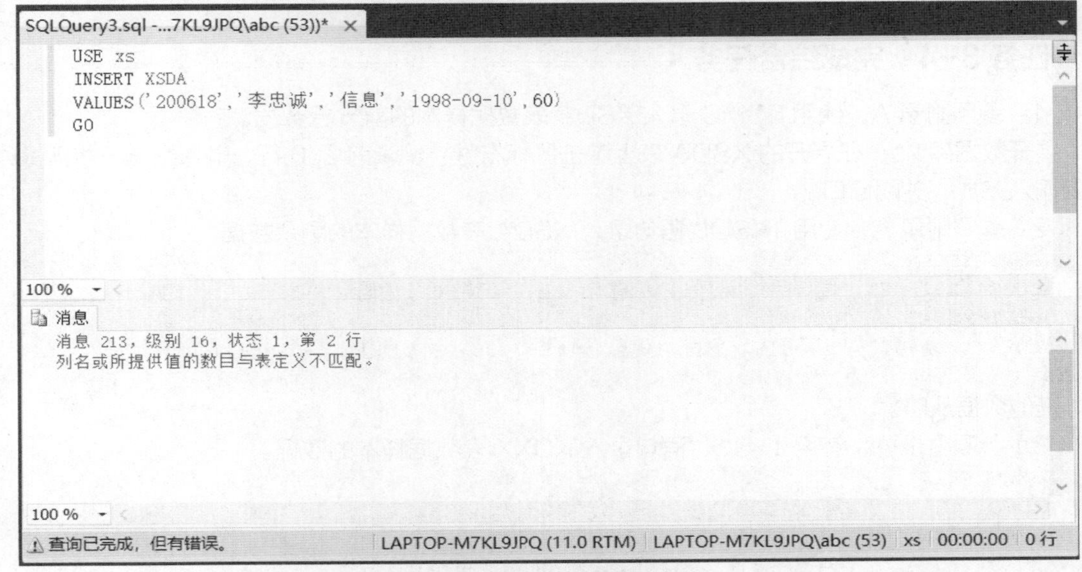

图 4-15 结果窗格中的错误提示

如果想在 INSERT 语句中只给出部分列值，就需要用到 INSERT 语句的另一种格式了，这部分将在后面的项目中讲解。

任务 3-3　使用 T-SQL 语句删除表记录

当表中某些数据不再需要时，要将其删除。有时录入数据出现错误，使用 SSMS 无法删除数据，也可以使用 T-SQL 语句删除表中的记录。

语法格式：

```
DELETE【FROM】
{table_NAME|view_NAME}
【WHERE <search_condition>】
```

参数说明如下。

（1）table_name|view_name。要从其中删除行的表或视图的名称。其中，通过 view_name 引用的视图必须可更新且正确引用一个基表。

（2）WHERE <search_condition>。指定用于限制删除行数的条件。如果没有提供 WHERE 子句，就删除（DELETE）表中的所有行。

【例 4-17】 将 XSDA 表中总学分小于 54 的行删除。

```
USE xs
DELETE FROM XSDA
WHERE 总学分<54
GO
```

【例 4-18】 将 XSDA 表中备注为空的行删除。

```
USE xs
DELETE FROM XSDA
WHERE 备注 IS NULL
GO
```

【例 4-19】 删除 XSDA 表中的所有行数据。

```
USE xs
DELETE FROM XSDA
GO
```

任务 3-4　完成综合任务

（1）参照附录 A，使用 SSMS 录入 XSDA 表数据样本的前 5 行数据。

展开数据库 xs，在展开的 XSDA 表上单击鼠标右键，编辑前 200 行，输入数据，按 Tab 键，直到输入完成，关闭窗口。

（2）参照附录 A，使用 T-SQL 语句录入 XSDA 表数据样本的剩余数据。

```
INSERT XSDA
VALUES('201606','周新民', '男','信息','1996-01-20','回族',62,null)
INSERT XSDA
VALUES('201607','王丽丽', '女','信息','1997-06-03','汉族',60,null)
GO
```

其他数据从略。

（3）参照附录 A，使用 T-SQL 语句录入 KCXX 表数据样本的数据。

```
INSERT KCXX
VALUES('104','计算机文化基础', 1,60,3)
INSERT XSDA
VALUES('108','C 语言程序设计', 1,96,5,'1997-06-03')
GO
```

其他数据从略。

（4）参照附录 A，使用 T-SQL 语句录入 XSCJ 表数据样本的前 5 行数据。

```
INSERT XSCJ
VALUES('201601','104',81)
INSERT XSDA
VALUES('201601','108', 77)
GO
```

其他数据从略。

（5）删除 XSCJ 表中学号为 201601 的数据。

```
USE xs
DELETE FROM XSDA
WHERE 学号='201601'
GO
```

（6）删除 KCXX 表中的全部数据。

```
DELETE FROM KCXX
GO
```

实训 4 创建数据库表并录入表数据

本书实训都是围绕 sale 数据库展开的，进销存系统通常包括客户资料、产品信息、进货记录、销售记录等。所以针对 sale 数据库，设计了表 4-7～表 4-10，并将在后续项目逐步完善。在 sale 数据库下创建表并输入数据。

表 4-7 Customer（客户）表

CusNo（客户编号） nvarchar(3) not null	CusName（客户姓名） nvarchar(10) not null	Address（地址） nvarchar(20)	Tel（联系电话） nvarchar(3)
001	杨婷	深圳	0755-22221111
002	陈萍	深圳	0755-22223333
003	李东	深圳	0755-22225555
004	叶合	广州	020-22227777
005	谭欣	广州	020-22229999

表 4-8 Product（产品）表

ProNo（产品编号） nvarchar(5) not null	ProName（产品名） nvarchar(20) not null	Price（单价） Decimal(8,2) not null	Stocoks（库存数量） Decimal(8,0) not null
00001	电视	3000.00	800
00002	空调	2000.00	500
00003	床	1000.00	300
00004	餐桌	1500.00	200
00005	音响	5000.00	600
00006	沙发	6000.00	100

表 4-9　ProIn（入库）表

InputDate（入库日期） DateTime not null	ProNo（产品编号） nvarchar(5) not null	Quantity（入库数量） Decimal(6,0) not null
2016-1-1	00001	10
2016-1-1	00002	5
2016-1-2	00001	5
2016-1-2	00003	10
2016-1-3	00001	10
2016-2-1	00003	20
2016-2-2	00001	10
2016-2-3	00004	30
2016-3-3	00003	20

表 4-10　ProOut（销售）表

SaleDate（销售日期） DateTime not null	CusNo（客户编号） nvarchar(3) not null	ProNo（产品编号） nvarchar(5) not null	Quantity（入库数量） Decimal(6,0) not null
2016-1-1	001	00001	10
2016-1-2	001	00002	5
2016-1-3	002	00001	5
2016-2-1	002	00003	10
2016-2-2	001	00001	10
2016-2-3	001	00003	20
2016-3-2	003	00001	10
2016-3-2	003	00004	30
2016-3-3	002	00003	20

小结

本项目首先介绍了表的概念，接着介绍 SQL Server 2016 系统数据类型，最后使用重点介绍了 SSMS 和 T-SQL 语句创建、修改和删除表数据的操作方法及语句格式，需要掌握的主要内容如下。

（1）数据表的概念。表是包含数据库中所有数据的数据库对象。与表有关的名词有表结构、记录、字段和关键字。

（2）创建表时指定列的数据类型。可以是 SQL Server 2016 提供的系统数据类型，也可以是用户定义数据类型。

（3）创建表就是定义表的结构，即确定表的名字、所包含的各列名、列的数据类型和长度、是否为空等，并使用 SSMS 或 T-SQL 语句实现。数据表创建以后，在使用过程中可能需要修改原先定义的表的结构属性。当数据库中的某些表失去作用时，可以删除表，以释放数据库空间，节省存储介质。创建表后，可以对表中的数据进行操作，如表记录的插入、修改和删除。

习题

一、选择题

SQL 中删除表中数据的命令是（　　）。

A. DELETE　　B. DROP　　C. CLEAR　　D. REMOVE

二、填空题

数据表中查询、插入、修改和删除数据的语句分别是 select、________、________和________。

三、设计题

假设要建立“学生选课”数据库，库中包括学生、课程和选课 3 个表，其表结构如下。

学生（学号，姓名，性别，年龄，所在系）

课程（课程号，课程名，选修课）

选课（学号，课程号，成绩）

用 T-SQL 语句完成下列操作（选项中有数据类型，或者是空，视情况而定）。

1. 建立“学生选课”数据库。
2. 建立学生表、课程表和选课表。

项目 5 使用T-SQL查询维护表中数据

05

【能力目标】

- 学会使用 SELECT 语句
- 能使用 SELECT 语句进行简单查询
- 能使用 SELECT 语句进行分组筛选和汇总计算
- 能使用 SELECT 语句进行连接查询
- 能使用 SELECT 语句进行子查询

【项目描述】

按照需求对 xs 数据库中各表进行查询、统计和维护。

【项目分析】

将学生数据库 xs 的数据表建立好后，就可以进行数据库的各种操作了。在数据库应用中，最常用的操作是查询，它是数据库的其他操作（统计、插入、修改、删除）的基础。在 SQL Server 2016 中，使用 SELECT 语句实现数据查询。SELECT 语句功能强大，使用灵活。用户通过 SELECT 语句可以从数据库中查找需要的数据，也可以进行数据的统计汇总并将结果返回给用户。本项目主要介绍利用 SELECT 语句对数据库进行各种查询的方法。

【任务设置】

任务 1　简单查询

任务 2　分类汇总

任务 3　连接查询

任务 4　子查询和保存结果集

实训 5　查询维护 sale 数据库

【项目定位】

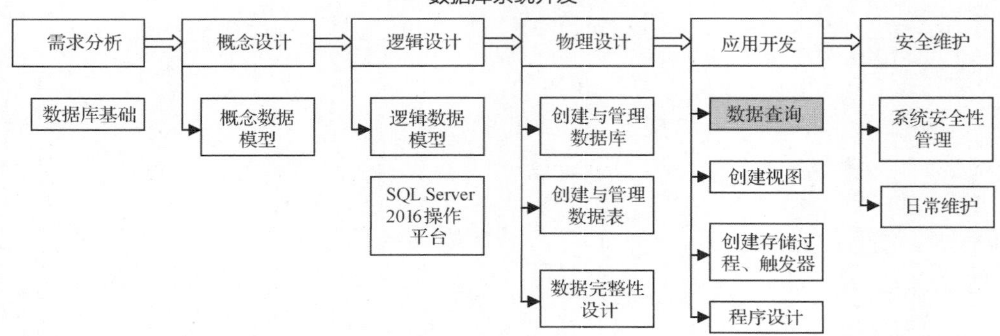

任务 1 简单查询

【任务目标】

- 学会利用 SELECT 语句选取字段
- 能进行条件查询
- 学会对查询结果进行排序

简单查询-SELECT 语句

【任务描述】

按需求查询 xs 数据库中各表的数据。

【任务分析】

简单查询包括查询指定列、所有列，设置字段别名，消除重复行和返回表中若干条记录。条件查询要使用比较运算符，而且要进行字符匹配，用于模糊查询。

任务 1-1 SELECT 语句的执行方式

1. 执行第一个 SELECT 语句

SELECT 子句主要用于查询数据，也可以用来向局部变量赋值或者用来调用一个函数。常用的 SELECT 子句的语法格式如下。

```
SELECT 选择列表          /*要查询的那些列名，列名之间用逗号隔开*/
FROM 表的列表            /*要查询的那些列名来自哪些表，表名之间用逗号隔开*/
WHERE 查询的条件         /*查询要满足的条件或多表之间的连接条件*/
```

选择列表可以包括多个列名或者表达式，列名与列名之间用逗号间隔，用来给出应该返回哪些数据。表达式可以是列名、函数或常数列表。

表的列表可以包括多个表名或者视图名，它们之间用逗号隔开。

每个 SELECT 子句必须有一个 FROM 子句，FROM 子句包含提供数据的表或视图名称。

WHERE 子句用来给出查询的条件或者多个表之间的连接条件。

【例 5-1】 查询 KCXX 表中第 2 学期的所有字段，包括课程编号、课程名称、开课学期、学时、学分。

在查询分析器中输入以下 SQL 语句，并执行。

```
USE xs
GO
SELECT    TOP (200) 课程编号，课程名称，开课学期，学时，学分
FROM      KCXX
WHERE     开课学期 = 2
```

执行结果如图 5-1 所示。

使用 SELECT 语句进行数据查询，SQL Server 2016 提供了两种执行工具：SSMS 和查询编辑器。而在实际应用中，大部分是将 SELECT 语句嵌入前台编程语言中来执行的。

2. 使用查询编辑器执行

使用查询编辑器执行 SELECT 语句进行数据查询，方法如下。

（1）单击系统工具栏上的【新建查询】按钮或“数据库引擎查询”按钮；或者选择主菜单【文件】→【新建】→【数据库引擎查询】命令；或者单击工具栏上的【新建查询】按钮，均可打开【查询编辑器】，如图 5-2 所示。

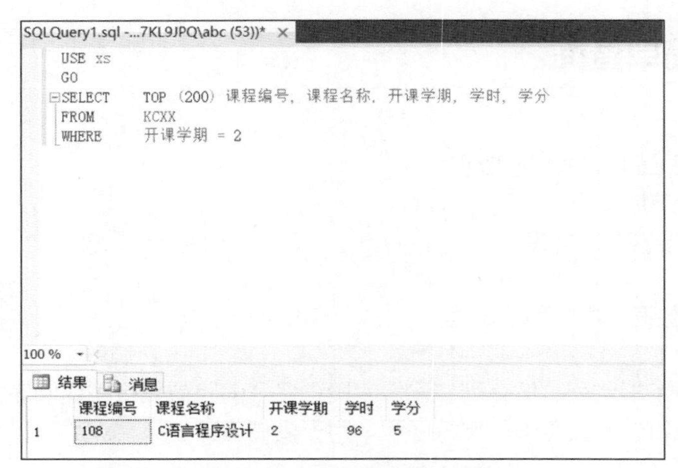

图5-1 执行SELECT语句界面

（2）或在【对象资源管理器】窗口，用鼠标右键单击当前数据库中的工作表，选前1 000行，如图5-2所示。

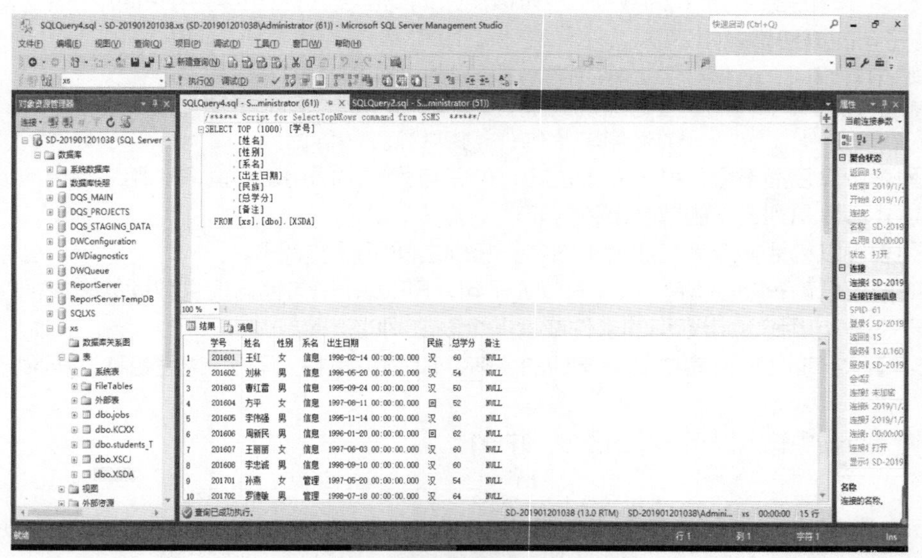

图5-2 使用查询编辑器设计、执行查询

（3）展开【数据库】，选择当前数据库，在编辑器区中输入、编辑SELECT语句。

（4）单击工具栏上的✓按钮，可以检查所选SQL语句的语法格式，如果没有选择语句，则检查编辑区中所有语句的语法。

（5）单击工具栏中的!按钮，或在菜单栏中选择【查询】→【执行】命令，可以执行查询语句，并在查询结果栏中显示出查询的执行结果，如图5-2所示。

3. 使用SSMS执行

使用SSMS执行SELECT语句查询数据，方法如下。

（1）启动SSMS，在左边窗口选中要查询的表，单击鼠标右键，从弹出的快捷菜单中选择【编辑前200行】命令，单击鼠标右键，弹出的快捷菜单中的【窗格】子菜单中有4个窗格，分别是关系图、条件、SQL、结果，如图5-3所示。

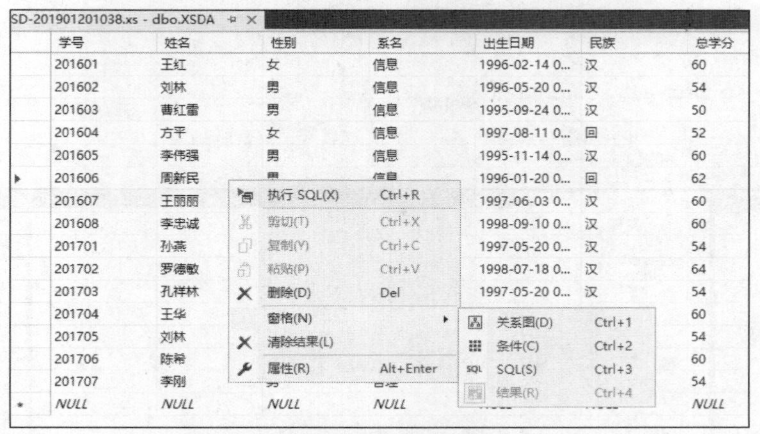

图 5-3 【编辑前 200 行】界面

（2）在【关系图】窗格中，可以将已经设置关联的表显示出来。在【条件】窗格中选择要查询的列、是否排序以及查询条件等。在【SQL】窗格中自动生成 SELECT 语句，并可进行编辑。单击工具栏中的!按钮，执行查询，在【结果】窗格中显示查询结果，如图 5-4 所示。

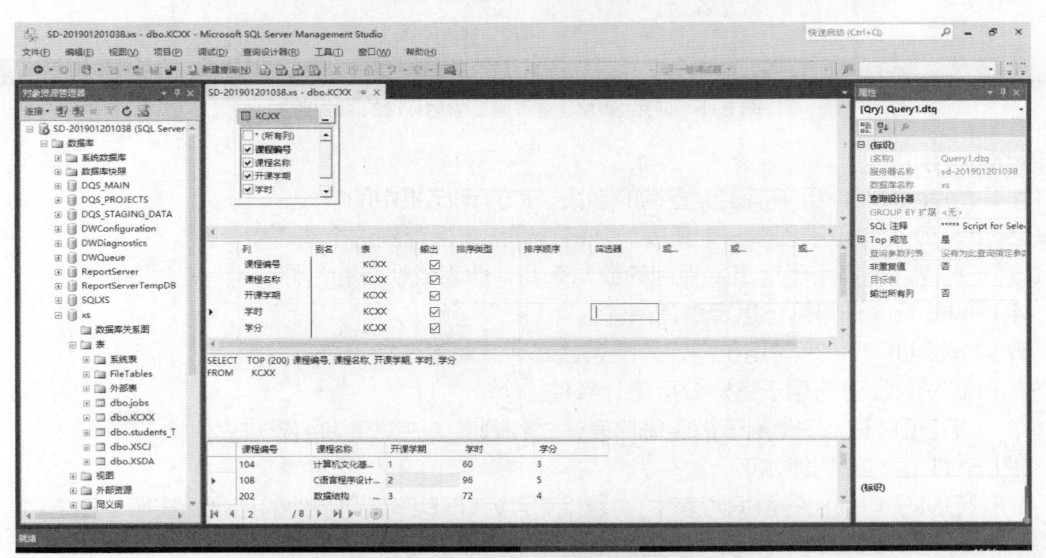

图 5-4 使用 SSMS 查询所有课程信息

（3）单击工具栏中的【显示结果窗格】按钮，可关闭窗格和打开窗格。

（4）在【结果】窗格中的“开课学期”的【筛选器】选项中输入 2，单击空白处，查询出第 2 学期开设的所有课程，SQL 语句显示在【SQL】窗格中，如图 5-5 所示。

任务 1-2 认知 SELECT 语句的语法

SELECT 语句的基本语法格式如下。

```
SELECT <select_list>
 【INTO <new_table>】
FROM <table_source>
 【WHERE <search_condition>】
```

```
【GROUP BY <group_by_expression>】
【HAVING <search_condition>】
【ORDER BY <order_expression>【ASC|DESC】】
```

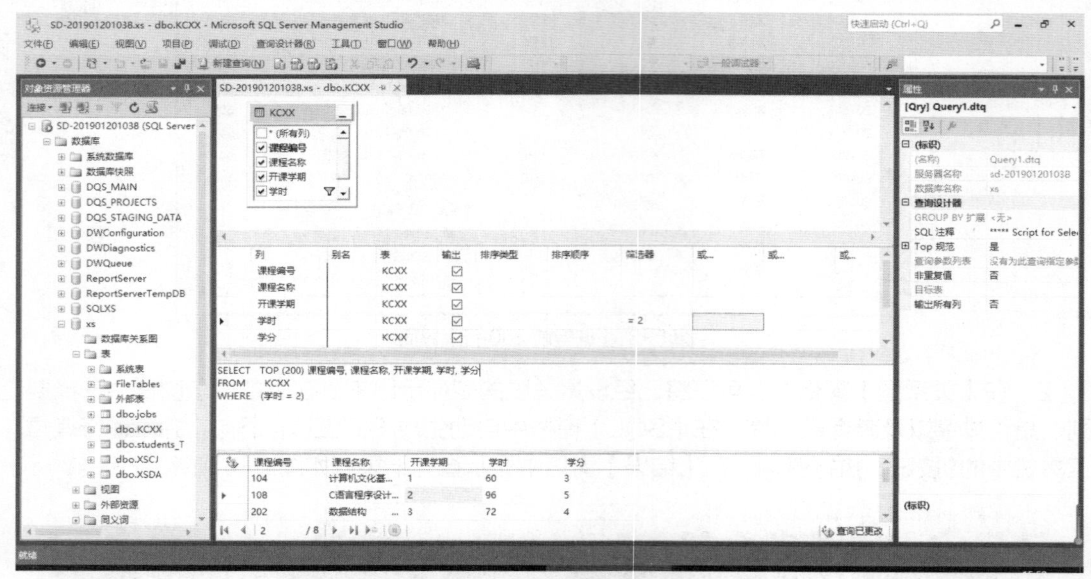

图 5-5 使用 SSMS 查询第 2 学期开设的课程信息

参数说明如下。

（1）<select_list>用于指定要查询的字段，即查询结果中的字段名。

（2）INTO 子句用于创建一个新表，并将查询结果保存到这个新表中。

（3）FROM 子句用于指出要查询的数据来源，即表或视图的名称。

（4）WHERE 子句用于指定查询条件。

（5）GROUP BY 子句用于指定分组表达式，并对查询结果进行分组。

（6）HAVING 子句用于指定分组统计条件。

（7）ORDER BY 子句用于指定排序表达式和顺序，并对查询结果排序。

SELECT 语句的功能如下。

从 FROM 子句列出的数据源表中，找出满足 WHERE 查询条件的记录，按照 SELECT 子句指定的字段列表输出查询结果表，在查询结果表中可以进行分组和排序。

在 SELECT 语句中，SELECT 子句与 FROM 子句是必不可少的，其余的子句是可选的。

任务 1-3 使用 SELECT 子句实现列查询

SELECT 子句是对表中的列进行选择查询，也是 SELECT 语句最基本的使用，其基本形式如下。

```
SELECT 列名1【，…列名n】
```

在上述基本形式的基础上，加上不同的选项，可以实现多种形式的列选择查询，下面分别予以介绍。

1. 选取表中指定的列

使用SELECT语句选择一个表中的某些列进行查询，需要在SELECT后写出要查询的字段名，并用逗号分隔，查询结果将按照 SELECT 语句中指定的列的顺序来显示这些列。

【例 5-2】 查询 xs 数据库的 XSDA 表中所有学生的学号、姓名、总学分。

```
USE xs
SELECT 学号,姓名,总学分
FROM XSDA
GO
```

执行结果如图 5-6 所示。

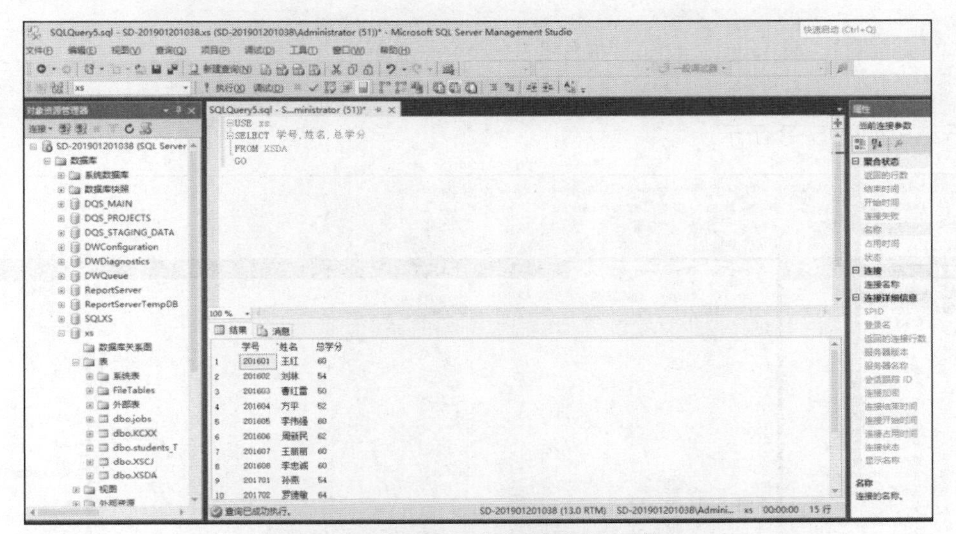

图 5-6 在 XSDA 表中选择指定列查询

如果需要选择表中的所有列进行查询显示，就在 SELECT 后用“*”号表示所有字段，查询结果将会按照用户创建表时指定的列的顺序来显示所有列。

【例 5-3】 查询 XSDA 表中所有学生的所有列的信息。

```
USE xs
SELECT *
FROM XSDA
GO
```

执行结果如图 5-7 所示。

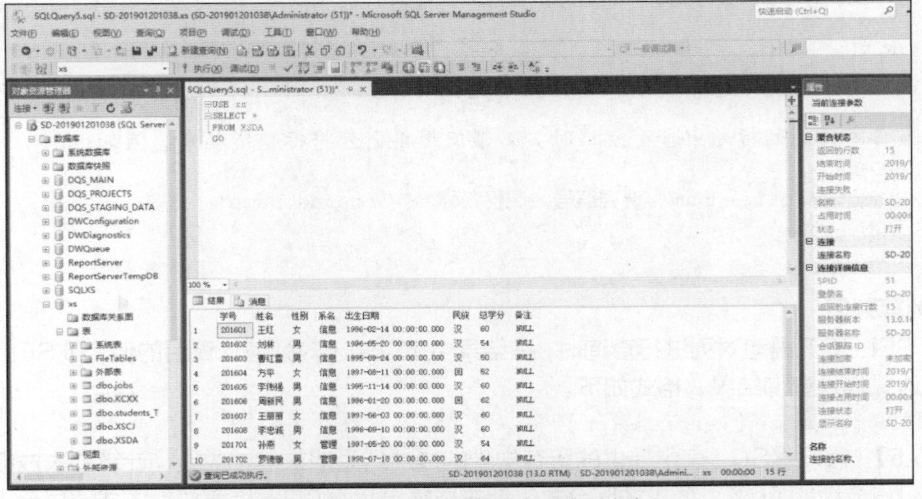

图 5-7 在 XSDA 表中选择所有列查询

2. 修改查询结果中的列标题

当希望查询结果中的某些列不显示表结构中规定的列标题，而使用用户自己另外选择的列标题时，可以在列名之后使用 AS 子句来更改查询结果中的列标题名。

【例 5-4】 查询 KCXX 表中所有课程的课程编号、课程名称，查询结果中要求各列的标题分别指定为 course_num 和 course_name。

```
USE xs
SELECT 课程编号 AS course_num,课程名称 AS course_name
FROM KCXX
GO
```

执行结果如图 5-8 所示。

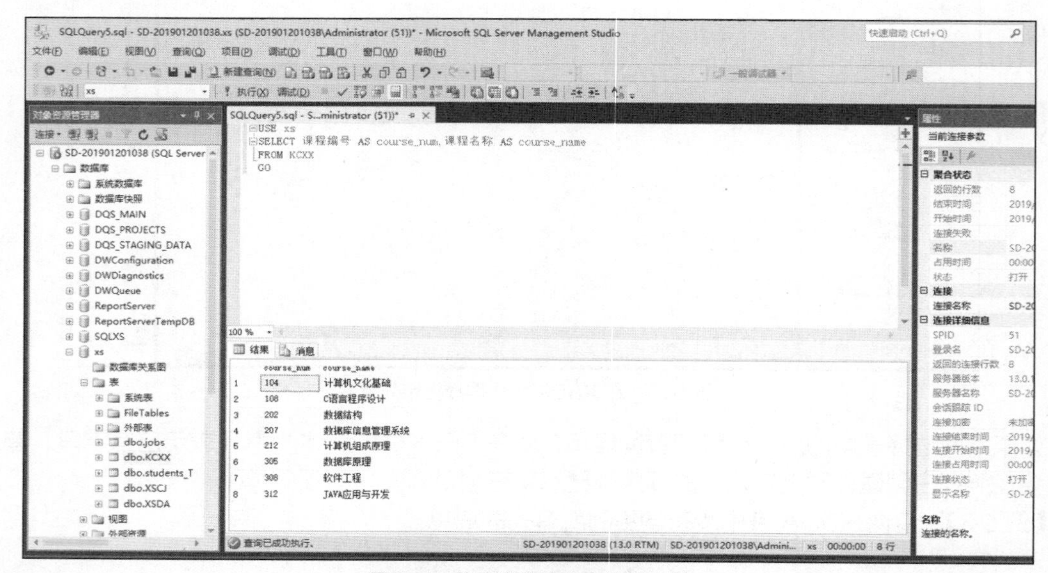

图 5-8 修改查询结果中的列标题

修改查询结果中的列标题也可以使用以下形式。例如：

```
USE xs
SELECT course_num=课程编号, course_name=课程名称
FROM KCXX
GO
```

上述语句的执行结果与【例 5-4】完全相同。

注意 当自定义的列标题中含有空格时，必须使用单引号将标题括起来。例如：

```
USE xs
SELECT 'course num'=课程编号, 课程名称 AS 'course name'
FROM KCXX
GO
```

3. 计算列值

使用 SELECT 语句对列进行查询时，在结果中可以输出对列值计算后的值，即 SELECT 子句可使用表达式作为查询结果。格式如下。

```
SELECT expression［,expression］
```

【例 5-5】 假设 XSCJ 表中提供的所有学生的成绩均为期末考试成绩，计算期末成绩时，期末考试成绩只占成绩的 80%，要求按照公式（期末成绩=成绩*0.8）换算成期末成绩显示出来。

```
USE xs
SELECT 学号,课程编号,期末成绩=成绩*0.8
FROM XSCJ
GO
```

执行结果如图 5-9 所示。

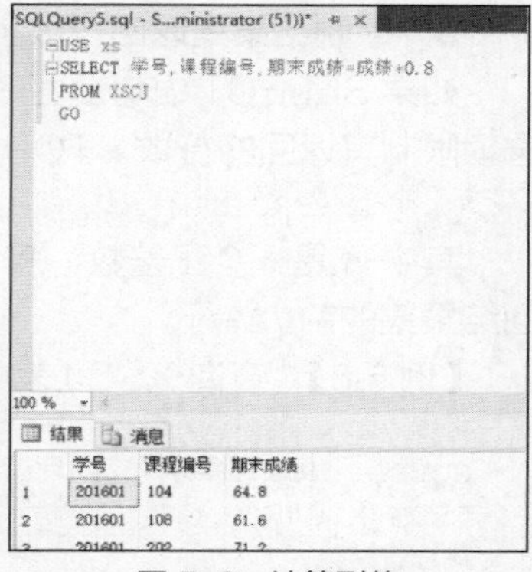

图 5-9　计算列值

4. 消除结果集中的重复行

只选择表的某些列时，可能会出现重复行，例如，如果对 XSDA 表只选择系名，就会出现多行重复的情况。可以使用 DISTINCT 关键字消除结果集中的重复行。

语法格式：

```
SELECT DISTINCT column_NAME【,column_NAME…】
```

说明　DISTINCT 关键字的含义是对结果集中的重复行只选择一个，保证行的唯一性。

【例 5-6】 查询 XSDA 表中所有学生的系名，消除结果集中的重复行。

```
USE xs
SELECT DISTINCT 系名
FROM XSDA
GO
```

执行结果如图 5-10 所示。

注意以下格式的使用。

```
SELECT ALL column_NAME【,column_NAME…】
```

与 DISTINCT 相反，使用 ALL 关键字时，将保留结果集中的所有行。当 SELECT 语句中省略 ALL 与 DISTINCT 时，默认值为 ALL。

【例 5-7】 查询 XSDA 表中所有学生的系名。

```
USE xs
SELECT ALL 系名
FROM XSDA
GO
或
USE xs
SELECT 系名
FROM XSDA
GO
```

执行结果如图 5-11 所示。

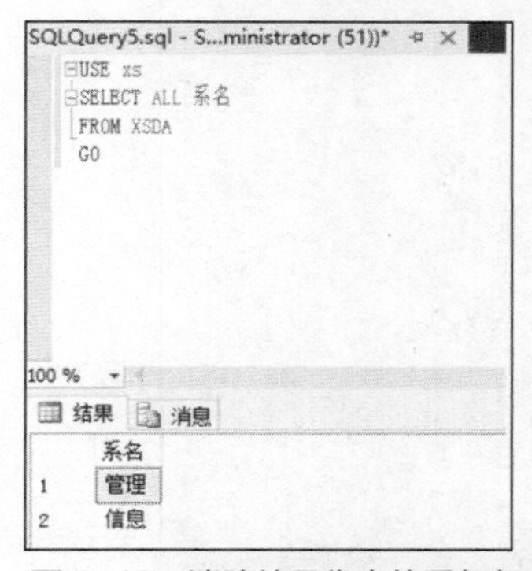

图 5-10　消除结果集中的重复行

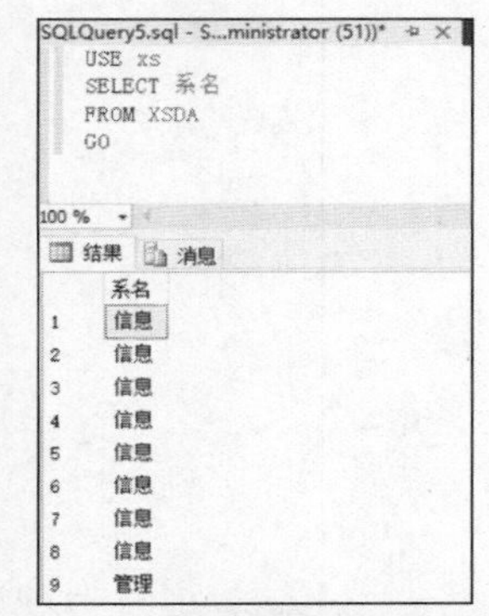

图 5-11　保留结果集中的重复行

5. 限制结果集返回行数

如果SELECT语句返回的结果集中的行数特别多，不利于信息的整理和统计，就可以使用TOP选项限制其返回的行数。TOP选项的基本格式如下。

```
TOP n【PERCENT】
```

其中 *n* 是一个正整数，表示返回查询结果集的前 *n* 行。如果有PERCENT关键字，就表示返回结果集的前 *n*%行。

【例5-8】 查询XSCJ表中所有学生的学号、课程编号和成绩，只返回结果集的前10行。

```
USE xs
SELECT TOP 10 学号,课程编号,成绩
FROM XSCJ
GO
```

执行结果如图5-12所示。

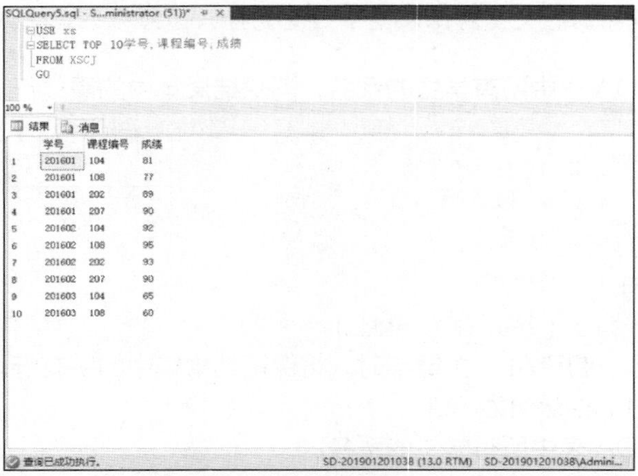

图5-12 返回结果集的前10行

【例5-9】 查询XSCJ表中所有学生的学号、课程编号和成绩，只返回结果集的前10%行。

```
USE xs
SELECT TOP 10 PERCENT 学号,课程编号,成绩
FROM XSCJ
GO
```

执行结果如图5-13所示。

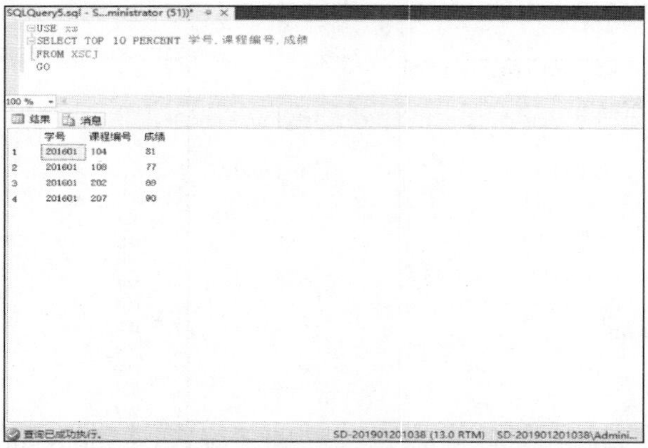

图5-13 返回结果集的前10%行

任务 1-4　使用 WHERE 子句实现条件查询

简单查询-WHERE 语句

WHERE 子句是对表中的行进行选择查询，即在 SELECT 语句中使用 WHERE 子句可以从数据表中过滤出符合 WHERE 子句指定的选择条件的记录，从而实现行的查询。WHERE 子句必须紧跟在 FROM 子句之后，其基本格式如下。

```
WHERE <search_condition>
```

其中 search_condition 为查询条件，查询条件是一个逻辑表达式，其中可以包含的运算符如表 5-1 所示。

表 5-1　查询条件中常用的运算符

运算符	用途
=，<>，>，>=，<，<=，!=，!<，!>	比较大小
AND，OR，NOT	设置多重条件
BETWEEN　AND	确定范围
IN，NOT IN，ANY | SOME，ALL	确定集合或表示子查询
LIKE	字符匹配，用于模糊查询
IS【NOT】NULL	测试空值

下面介绍各种查询条件的使用情况。

1．比较表达式作为查询条件

使用比较表达式作为查询条件的一般格式如下。

```
expression 比较运算符 expression
```

说明　expression 是除 text、ntext、image 类型之外的表达式。比较运算符用于比较两个表达式的值，共 9 个，分别是=（等于）、<（小于）、<=（小于等于）、>（大于）、>=（大于等于）、<>（不等于）、!=（不等于）、!<（不小于）、!>（不大于）。

当两个表达式的值均不为空值（NULL）时，比较运算符返回逻辑值 TRUE 或 FALSE；而当两个表达式值中有一个为空值或都为空值时，比较运算符将返回 UNKNOWN。

【例 5-10】 查询 XSDA 表中总学分大于 60 分的学生。

```
USE xs
SELECT *
FROM XSDA
WHERE 总学分>60
GO
```

2．逻辑表达式作为查询条件

使用逻辑表达式作为查询条件的一般格式如下。

```
expression AND expression 或 expression OR expression 或 NOT expression
```

【例 5-11】 查询 XSDA 表中 1996 年以前（不含 1996 年）出生的男生的学号、姓名、性别、出生日期。

```
USE xs
SELECT 学号,姓名,性别,出生日期
FROM XSDA
WHERE 出生日期<'1996-1-1' AND 性别='男'
GO
```

执行结果如图 5-14 所示。

3. 模式匹配

使用LIKE关键字进行模式匹配，LIKE用于指出一个字符串是否与指定的字符串相匹配，返回逻辑值TRUE或FALSE。

语法格式：

```
string_expression【NOT】LIKE string_expression
```

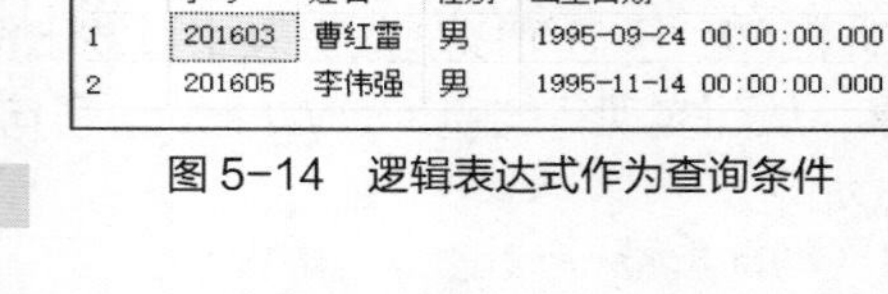

	学号	姓名	性别	出生日期
1	201603	曹红雷	男	1995-09-24 00:00:00.000
2	201605	李伟强	男	1995-11-14 00:00:00.000

图5-14 逻辑表达式作为查询条件

【例5-12】 查询XSDA表中汉族学生的情况。

```
USE xs
SELECT *
FROM XSDA
WHERE 民族 LIKE '汉'
GO
```

在实际应用中，用户不是总能够给出精确的查询条件。因此，经常需要根据一些不确切的线索来搜索信息，这就是模糊查询。使用LIKE进行模式匹配时，如果与通配符配合使用，就可进行模糊查询。SQL Server提供了4种通配符供用户灵活实现复杂的查询条件，如表5-2所示。

表5-2 通配符列表

通配符	说明
%（百分号）	表示0个或多个任意字符
_（下画线）	表示单个的任意字符
【 】（封闭方括号）	表示指定范围（如【a-f】、【1-6】）或集合（如【abcdef】）中的任意单个字符
【^】	表示不属于指定范围 （如【^a-f】、【^1-6】）或集合 （如【^abcdef】）中的任意单个字符

【例5-13】 查询XSDA表中姓“李”的学生的情况。

```
USE xs
SELECT *
FROM XSDA
WHERE 姓名 LIKE '李%'
GO
```

执行结果如图5-15所示。

【例5-14】 查询XSDA表中姓“王”或“李”并且单名的学生情况。

```
USE xs
SELECT *
FROM XSDA
WHERE 姓名 LIKE '[王李]_'
GO
```

执行结果如图5-16所示。

	学号	姓名	性别	系名	出生日期	民族	总学分	备注
1	201605	李伟强	男	信息	1995-11-14 00:00:00.000	汉	60	NULL
2	201608	李忠诚	男	信息	1998-09-10 00:00:00.000	汉	60	NULL
3	201707	李刚	男	管理	1998-05-20 00:00:00.000	汉	54	NULL

图5-15 模式匹配（含通配符%）

	学号	姓名	性别	系名	出生日期	民族	总学分	备注
1	201601	王红	女	信息	1996-02-14 00:00:00.000	汉	60	NULL
2	201704	王华	女	管理	1997-04-16 00:00:00.000	汉	60	NULL
3	201707	李刚	男	管理	1998-05-20 00:00:00.000	汉	54	NULL

图5-16 模式匹配（含通配符【 】和_）

4. 范围比较

用于范围比较的关键字有两个：BETWEEN和IN。

（1）BETWEEN关键字

使用BETWEEN关键字可以方便地限制查询数据的范围。

语法格式：

```
expression【NOT】BETWEEN expression1 AND expression2
```

说明 不使用 NOT 时，如果表达式 expression 的值在表达式 expression1 与 expression2 之间（包括这两个值），就返回 TRUE，否则返回 FALSE；使用 NOT 时，返回值刚好相反。

注意 expression1 的值不能大于 expression2 的值。

【例 5-15】 查询 XSDA 表中 1998 年出生的学生的姓名、出生日期、总学分。

```
USE xs
SELECT 姓名,出生日期,总学分
FROM XSDA
WHERE 出生日期 BETWEEN '1998-1-1' AND '1998-12-31'
GO
```

（2）IN 关键字

使用 IN 关键字可以指定一个值表，值表中列出所有可能的值，当与值表中的任何一个值匹配时，即返回 TRUE，否则返回 FALSE。使用 NOT 时，返回值刚好相反。

语法格式：

```
expression【NOT】IN (expression【,…n】)
```

【例 5-16】 查询 KCXX 表中第 2～4 学期开设的课程的情况。

```
USE xs
SELECT *
FROM KCXX
WHERE 开课学期 IN (2,3,4)
GO
```

【例 5-16】的语句与下列语句等价。

```
USE xs
SELECT *
FROM KCXX
WHERE 开课学期=2 OR 开课学期=3 OR 开课学期=4
GO
```

5. 空值比较

当需要判定一个表达式的值是否为空值时，使用 IS NULL 关键字，格式为：

```
expression IS【NOT】NULL
```

说明 当不使用 NOT 时，如果表达式 expression 的值为空值，就返回 TRUE，否则返回 FALSE；使用 NOT 时，结果刚好相反。

【例 5-17】 查询 XSDA 表中没有备注的学生的情况。

```
USE xs
SELECT *
FROM XSDA
WHERE 备注 IS NULL
GO
```

任务 1-5 ORDER BY 子句

在实际应用中经常要对查询的结果排序输出，例如将学生成绩由高到低排序输出。在 SELECT 语句中，使用 ORDER BY 子句对查询结果进行排序。

语法格式：

```
ORDER BY {order_by_expression【ASC|DESC】}【,…n】
```

说明 order_by_expression 是排序表达式，可以是列名、表达式或一个正整数，当 order_by_expression 是一个正整数时，表示按表中该位置上的列排序。当出现多个排序表达式时，各表达式在 ORDER BY 子句中的顺序决定了排序依据的优先级。

关键字 ASC 表示升序排列，DESC 表示降序排列，系统默认值为 ASC。

【例 5-18】 将 XSDA 表中所有信息系的学生按年龄从小到大排序输出。

```
USE xs
SELECT *
FROM XSDA
WHERE 系名='信息'
ORDER BY 出生日期 DESC
GO
```

执行结果如图 5-17 所示。

结果 消息

	学号	姓名	性别	系名	出生日期	民族	总学分	备注
1	201608	李忠诚	男	信息	1998-09-10 00:00:00.000	汉	60	NULL
2	201604	方平	女	信息	1997-08-11 00:00:00.000	回	52	NULL
3	201607	王丽丽	女	信息	1997-06-03 00:00:00.000	汉	60	NULL
4	201602	刘林	男	信息	1996-05-20 00:00:00.000	汉	54	NULL
5	201601	王红	女	信息	1996-02-14 00:00:00.000	汉	60	NULL
6	201606	周新民	男	信息	1996-01-20 00:00:00.000	回	62	NULL
7	201605	李伟强	男	信息	1995-11-14 00:00:00.000	汉	60	NULL
8	201603	曹红雷	男	信息	1995-09-24 00:00:00.000	汉	50	NULL

图 5-17 查询结果排序输出

任务 1-6 完成综合任务

按需求查询 xs 数据库中各表的信息。

（1）查询 XSDA 表中汉族学生的学号、姓名和出生日期。

```
USE xs
SELECT 学号,姓名,出生日期
FROM XSDA
WHERE 民族='汉'
GO
```

（2）查询 XSDA 表中信息系的学生的学号、姓名和总学分，结果中各列的标题分别指定为 number、name 和 mark。

```
USE xs
SELECT 学号 AS number,姓名 AS name,总学分 AS mark
FROM XSDA
GO
```

（3）查询 XSCJ 表中 108 号课程的成绩并去除重复行。

```
USE xs
SELECT DISTINCT 成绩
FROM XSCJ
WHERE 课程编号 ='108'
GO
```

（4）查询 XSCJ 表中的学号、课程编号和成绩，只返回结果集的前 10%。

```
USE xs
SELECT TOP 10 PERCENT 学号,课程编号,成绩
FROM XSCJ
GO
```

（5）查询 XSDA 表中总学分在 55 以上的女生的基本信息。

```
USE xs
SELECT *
FROM XSDA
WHERE 总学分>55 AND 性别='女'
GO
```

（6）查询 XSDA 表中名字中含有“林”字的学生的情况。

```
USE xs
SELECT *
FROM XSDA
WHERE 姓名 Like '%林%'
GO
```

（7）查询 XSDA 表中 1998 年上半年出生的学生的姓名、性别和出生日期。

```
USE xs
SELECT 姓名,性别,出生日期
FROM XSDA
WHERE 出生日期 BETWEEN '1998-1-1' AND '1998-6-30'
GO
```

（8）查询 KCXX 表中第 5 学期开设的课程的所有信息，结果按学分降序排序。

```
USE xs
SELECT *
FROM KCXX
WHERE 开课学期=5
ORDER BY 学分 DESC
DESC
GO
```

（9）查询 XSDA 表中年龄最大的 3 名学生的学号、姓名和出生日期。

```
USE xs
SELECT TOP 3 学号,姓名,出生日期
FROM XSDA
ORDER BY 出生日期 ASC
GO
```

任务 2 分类汇总

【任务目标】

- 学会使用聚合函数
- 能使用 SELECT 语句进行分组筛选和汇总计算

【任务描述】

按需求查询数据库 xs 的 XSDA、XSCJ、KCXX 表。

【任务分析】

对表数据进行检索时，经常需要对查询结果进行分类、汇总或计算。例如，在 xs 数据库中求某门课程的平均分，统计各分数段的人数等。使用聚合函数 SUM、AVG、MAX、MIN、COUNT

进行汇总查询。使用 GROUP BY 子句和 HAVING 子句进行分组筛选。

任务 2-1　使用常用聚合函数查询

聚合函数用于计算表中的数据，返回单个计算结果。常用的聚合函数如表 5-3 所示。

表 5-3　聚合函数

函数名	功能
SUM()	返回表达式中所有值的和
AVG()	返回表达式中所有值的平均值
MAX()	求最大值
MIN()	求最小值
COUNT()	用于统计组中满足条件的行数或总行数

下面详细介绍这 5 个函数的使用。

1. SUM 和 AVG

SUM 和 AVG 分别用于求表达式中所有值项的总和与平均值。

语法格式：

```
SUM/AVG （【ALL | DISTINCT】expression ）
```

说明　expression 可以是常量、列、函数和表达式，其数据类型只能是 int、smallint、tinyint、bigint、decimal、numeric、float、real、money、smallmoney。ALL 表示对所有值进行运算，DISTINCT 表示对去除重复值后的值进行运算，默认为 ALL。SUM/AVG 忽略 NULL 值。

【例 5-19】　求学号为 201602 的学生选修课程的平均成绩。

```
USE xs
SELECT AVG(成绩) AS '201602 号学生的平均分'
FROM XSCJ
WHERE 学号='201602'
GO
```

注意　使用聚合函数作为 SELECT 的选择列时，如果不为其指定列标题，那么系统将对该列输出标题“(无列名)”。

2. MAX 和 MIN

MAX 和 MIN 分别用于求表达式中所有值项的最大值与最小值。

语法格式：

```
MAX/MIN （【ALL | DISTINCT】expression ）
```

说明　expression 可以是常量、列、函数和表达式，其数据可以是数字、字符和日期时间类型。ALL 和 DISTINCT 的含义及默认值与 SUM/AVG 函数相同。MAX/MIN 忽略 NULL 值。

【例 5-20】　求学号为 201602 的学生选修课程的最高分和最低分。

```
USE xs
SELECT MAX(成绩)AS '201602 号学生的最高分',MIN(成绩) AS '201602 号学生的最低分'
FROM XSCJ
WHERE 学号='201602'
GO
```

执行结果如图 5-18 所示。

	201602号学生的最高分	201602号学生的最低分
1	95	90

图 5-18　MAX 和 MIN 函数的应用

3. COUNT

COUNT 用于统计组中满足条件的行数或总行数。

语法格式：

```
COUNT ({【ALL | DISTINCT】expression}|*)
```

说明　expression 是一个表达式，其数据类型是除 uniqueidentifier、text、image、ntext 之外的任何类型。ALL 和 DISTINCT 的含义及默认值与 SUM/AVG 函数相同。选择*时将统计总行数。COUNT 忽略 NULL 值。

【例 5-21】　求 XSDA 表中汉族学生的总人数。

```
USE xs
SELECT COUNT(*) AS '汉族学生总人数'
FROM XSDA
WHERE 民族='汉'
GO
```

【例 5-22】　求 XSCJ 表中选修了课程的学生的总人数。

```
USE xs
SELECT COUNT(DISTINCT 学号) AS '选修课程的学生总人数'
FROM XSCJ
GO
```

任务 2-2　分组筛选数据

分组是按照某一列数据的值或某个列组合的值将查询出的行分成若干组，每组在指定列或列组合上具有相同的值。分组可通过使用 GROUP BY 子句来实现。

语法格式：

```
【GROUP BY group_by_expression【,…n】 】
```

说明　group_by_expression 是用于分组的表达式，其中通常包含字段名。SELECT 子句的列表只能包含在 GROUP BY 中指出的列或在聚合函数中指定的列。

1. 简单分组

【例 5-23】　求 XSDA 表中男女生人数。

```
USE xs
SELECT 性别,COUNT(*) AS '人数'
FROM XSDA
GROUP BY 性别
GO
```

执行结果如图 5-19 所示。

【例 5-24】　求 XSDA 表中各系的男、女生的平均总学分。

```
USE xs
SELECT 系名,性别, AVG(总学分) AS '总学分的平均值'
FROM XSDA
GROUP BY 系名,性别
GO
```

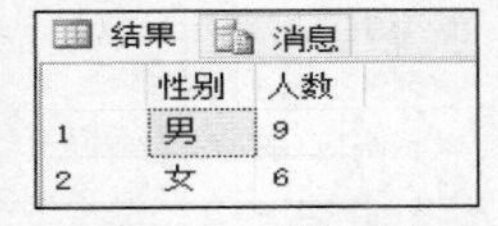

	性别	人数
1	男	9
2	女	6

图 5-19　简单分组

2. 使用 HAVING 筛选结果

使用 GROUP BY 子句和聚合函数对数据进行分组后，还可以使用 HAVING 子句对分组数据做进一步筛选。

语法格式：

```
【HAVING <search_condition>】
```

说明 search_condition为查询条件，与WHERE子句的查询条件类似，并且可以使用聚合函数。

【例5-25】 查找XSCJ表中平均成绩在90分及以上的学生的学号和平均分。

```
USE xs
SELECT 学号, AVG(成绩) AS '平均分'
FROM XSCJ
GROUP BY 学号
HAVING AVG(成绩)>=90
GO
```

注意 在SELECT语句中同时使用WHERE、GROUP BY与HAVING子句时，要注意它们的作用和执行顺序。WHERE用于筛选FROM指定的数据对象，即从FROM指定的基表或视图中检索满足条件的记录；GROUP BY用于对WHERE的筛选结果进行分组；HAVING则是对使用GROUP BY分组以后的数据进行过滤。

【例5-26】 查找选修课程超过3门，并且成绩都在90分及以上的学生的学号。

```
USE xs
SELECT 学号
FROM XSCJ
WHERE 成绩>=90
GROUP BY 学号
HAVING COUNT(*)>3
GO
```

分析：本查询首先将XSCJ表中成绩大于等于90分的记录筛选出来，然后按学号分组，再对每组记录统计个数，选出记录数大于3的各组的学号形成结果表。

任务2-3 完成综合任务

（1）查询108号课程的平均分、最高分、最低分。

```
USE xs
SELECT 课程编号,AVG(成绩) 平均分,MAX(成绩) 最高分 ,MIN(成绩) 最低分
FROM XSCJ
WHERE 课程编号='108'
GROUP BY 课程编号
GO
```

（2）查询选修108号课程的学生人数。

```
USE xs
SELECT 课程编号,COUNT(学号) 人数
FROM XSCJ
WHERE 课程编号='108'
GROUP BY 课程编号
GO
```

（3）查询XSDA表中所有男生的平均总学分。

```
USE xs
SELECT AVG(总学分)
FROM XSDA
```

```
WHERE 性别='男'
GROUP BY 性别
GO
```

（4）查询选修课程超过 3 门且成绩都在 90 分及以上的学生的学号。

```
USE xs
SELECT 学号
FROM XSCJ
WHERE 成绩>=90
GROUP BY 学号
HAVING COUNT(*)>3
GO
```

（5）查询平均成绩在 85 分以上的学生的学号和平均成绩。

```
USE xs
SELECT 学号,AVG(成绩)  平均成绩
FROM XSCJ
GROUP BY 学号
HAVING AVG(成绩)>85
GO
```

（6）统计各系男生、女生人数及男女生总人数。

```
USE xs
GO
SELECT 性别,COUNT(学号)
FROM XSDA
GROUP BY 性别
GO
SELECT COUNT(学号) 总人数
FROM XSDA
GO
```

（7）求各学期开设的课程的总学分。

```
USE xs
GO
SELECT 开课学期,SUM(学分) 总学分
FROM KCXX
GROUP BY 开课学期
GO
```

任务 3 连接查询

【任务目标】

学会使用连接查询实现多表查询

【任务描述】

在 xs 数据库创建 KSMD、LQXX 表。按需求查询 XSDA、XSCJ、KCXX、KSMD、LQXX 表。

连接查询

【任务分析】

前面介绍的所有查询都是针对一个表进行的，在实际应用中，查询的内容往往涉及多个表，这时就需要进行多个表之间的连接查询。

连接查询是关系型数据库中最主要的查询方式，连接查询的目的是通过加载连接字段条件将多

个表连接起来，以便从多个表中检索用户需要的数据。例如，在 xs 数据库中需要查找选修了“数据结构”课程的学生的姓名和成绩，就需要将 XSDA、KCXX、XSCJ 3 个表进行连接，才能查找到结果。

在 SQL Server 中，连接查询有两类表示形式，一类是符合 SQL 标准连接谓词的表示形式，在 WHERE 子句中使用比较运算符给出连接条件，对表进行连接，这是早期 SQL Server 连接的语法形式；另一类是 T-SQL 语句扩展的使用关键字 JOIN 指定连接的表示形式，在 FROM 子句中使用 JOIN　ON 关键字，连接条件写在 ON 之后，从而实现表的连接。SQL Server 2016 推荐使用 JOIN 形式的连接。

在 SQL Server 2016 中，连接查询分为内连接、外连接、交叉连接和自连接。

任务 3-1　内连接

内连接是将两个表中满足连接条件的行组合起来，返回满足条件的行。

语法格式：

```
FROM <table_source> 【INNER】JOIN <table_source> ON <search_condition>
```

参数说明如下。

（1）<table_source>为需要连接的表。

（2）ON 用于指定连接条件。

（3）<search_condition>为连接条件。

（4）INNER 表示内连接。

【例 5-27】 查找 xs 数据库中每个学生的情况以及选修课程的情况。

```
USE xs
SELECT *
FROM XSDA INNER JOIN XSCJ ON XSDA.学号=XSCJ.学号
GO
```

执行结果如图 5-20 所示（仅列出部分记录）。

注意 执行结果中包含 XSDA 表和 XSCJ 表的所有字段（含重复字段——学号）。

连接条件中的两个字段称为连接字段，它们必须是可比的。例如，【例 5-27】的连接条件中的两个字段分别是 XSDA 表和 XSCJ 表中的学号字段。

结果　消息

	学号	姓名	性别	系名	出生日期	民族	总学分	备注	学号	课程编号	成绩
1	201601	王红	女	信息	1996-02-14 00:00:00.000	汉	60	NULL	201601	104	81
2	201601	王红	女	信息	1996-02-14 00:00:00.000	汉	60	NULL	201601	108	77
3	201601	王红	女	信息	1996-02-14 00:00:00.000	汉	60	NULL	201601	202	89
4	201601	王红	女	信息	1996-02-14 00:00:00.000	汉	60	NULL	201601	207	90
5	201602	刘林	男	信息	1996-05-20 00:00:00.000	汉	54	NULL	201602	104	92
6	201602	刘林	男	信息	1996-05-20 00:00:00.000	汉	54	NULL	201602	108	95
7	201602	刘林	男	信息	1996-05-20 00:00:00.000	汉	54	NULL	201602	202	93
8	201602	刘林	男	信息	1996-05-20 00:00:00.000	汉	54	NULL	201602	207	90
9	201603	曹红雷	男	信息	1995-09-24 00:00:00.000	汉	50	NULL	201603	104	65
10	201603	曹红雷	男	信息	1995-09-24 00:00:00.000	汉	50	NULL	201603	108	60
11	201603	曹红雷	男	信息	1995-09-24 00:00:00.000	汉	50	NULL	201603	202	69
12	201603	曹红雷	男	信息	1995-09-24 00:00:00.000	汉	50	NULL	201603	207	73

图 5-20　等值连接的查询结果

连接条件中的比较运算符可以是<、<=、=、>、>=、!= 、<>、!<、!>，当比较运算符是“=”时，就是等值连接。如果在等值连接结果集的目标列中去除相同的字段名，就为自然连接。

【例 5-28】 对【例 5-27】进行自然连接查询。

```
USE xs
SELECT XSDA.*,XSCJ.课程编号,XSCJ.成绩
FROM XSDA INNER JOIN XSCJ ON XSDA.学号=XSCJ.学号
GO
```

执行结果如图 5-21 所示。

注意 【例 5-28】所得的结果表中去除了重复字段（学号）。

如果选择的字段名在各个表中是唯一的，就可以省略字段名前的表名。比如【例 5-28】中的 SELECT 子句也可写为：

```
USE xs
SELECT XSDA.*,课程编号,成绩
FROM XSDA INNER JOIN XSCJ ON XSDA.学号=XSCJ.学号
GO
```

内连接是系统默认的，可以省略 INNER 关键字。使用内连接后仍可以使用 WHERE 子句指定条件。

【例 5-29】 查找选修了 202 号课程并且成绩在 90 分及以上的学生的姓名及成绩。

```
USE xs
SELECT 姓名,成绩
FROM XSDA JOIN XSCJ ON XSDA.学号=XSCJ.学号
WHERE 课程编号='202' AND 成绩>=90
GO
```

执行结果如图 5-22 所示。

结果 消息

	学号	姓名	性别	系名	出生日期	民族	总学分	备注	课程编号	成绩
1	201601	王红	女	信息	1996-02-14 00:00:00.000	汉	60	NULL	104	81
2	201601	王红	女	信息	1996-02-14 00:00:00.000	汉	60	NULL	108	77
3	201601	王红	女	信息	1996-02-14 00:00:00.000	汉	60	NULL	202	89
4	201601	王红	女	信息	1996-02-14 00:00:00.000	汉	60	NULL	207	90
5	201602	刘林	男	信息	1996-05-20 00:00:00.000	汉	54	NULL	104	92
6	201602	刘林	男	信息	1996-05-20 00:00:00.000	汉	54	NULL	108	95
7	201602	刘林	男	信息	1996-05-20 00:00:00.000	汉	54	NULL	202	93
8	201602	刘林	男	信息	1996-05-20 00:00:00.000	汉	54	NULL	207	90
9	201603	曹红雷	男	信息	1995-09-24 00:00:00.000	汉	50	NULL	104	65
10	201603	曹红雷	男	信息	1995-09-24 00:00:00.000	汉	50	NULL	108	60
11	201603	曹红雷	男	信息	1995-09-24 00:00:00.000	汉	50	NULL	202	69
12	201603	曹红雷	男	信息	1995-09-24 00:00:00.000	汉	50	NULL	207	73

图 5-21 自然连接的查询结果

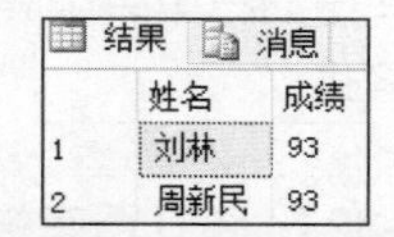

结果 消息

	姓名	成绩
1	刘林	93
2	周新民	93

图 5-22 带 WHERE 子句的内连接的查询结果

内连接还可以使用以下连接谓词的形式实现，执行结果相同。

```
USE xs
SELECT 姓名,成绩
FROM XSDA,XSCJ
WHERE XSDA.学号=XSCJ.学号 AND 课程编号='202' AND 成绩>=90
GO
```

有时用户需要检索的字段来自两个以上的表，这时就要对两个以上的表进行连接，这称之为多表连接。

【例 5-30】 查找选修了“计算机文化基础”课程并且成绩在 90 分及以上的学生的学号、姓名、课程名称及成绩。

```
USE xs
SELECT XSDA.学号,姓名,课程名称,成绩
FROM XSDA JOIN XSCJ JOIN KCXX ON XSCJ.课程编号=KCXX.课程编号 ON XSDA.学号=XSCJ.学号
WHERE 课程名称='计算机文化基础' AND 成绩>=90
```

```
GO
```

执行结果如图 5-23 所示。

注意 使用 JOIN 进行多表连接时，连接采用递归形式。比如【例 5-30】中的 3 个表连接过程如下：首先将 XSCJ 表和 KCXX 表按照 XSCJ.课程编号=KCXX.课程编号进行连接，假设形成结果表 1，然后再将 XSDA 表和刚才形成的结果表 1 按照 XSDA.学号=XSCJ.学号进行连接，形成最终的结果表。

为了更好地说明多表连接，在【例 5-31】中补充了“考生名单（KSMD）”和“录取学校（LQXX）”两个表，表结构和数据见附录 B。

【例 5-31】 查找所有被录取考生的录取情况。

```
USE xs
SELECT KSMD.*,LQXX.*
FROM KSMD JOIN LQXX ON KSMD.考号=LQXX.考号
GO
```

执行结果如图 5-24 所示。

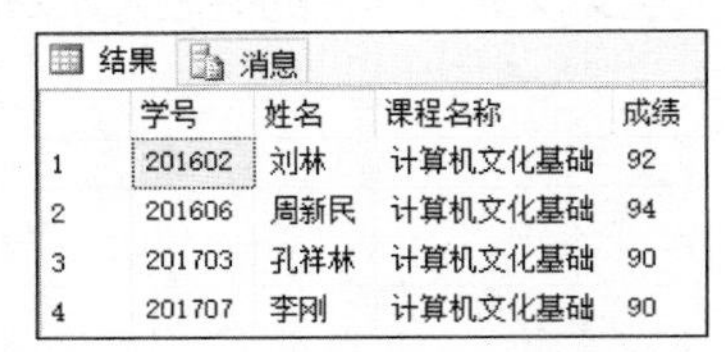

	学号	姓名	课程名称	成绩
1	201602	刘林	计算机文化基础	92
2	201606	周新民	计算机文化基础	94
3	201703	孔祥林	计算机文化基础	90
4	201707	李刚	计算机文化基础	90

图 5-23　多表连接的查询结果

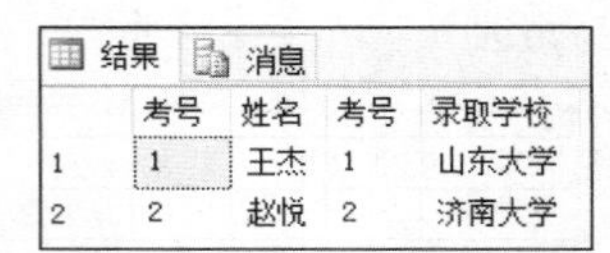

	考号	姓名	考号	录取学校
1	1	王杰	1	山东大学
2	2	赵悦	2	济南大学

图 5-24　内连接的查询结果

任务 3-2　外连接

外连接的结果表中不仅包含满足连接条件的行，还包括相应表中的所有行。外连接包括以下 3 种。

1. 左外连接

左外连接的结果表中除了包括满足连接条件的行外，还包括左表的所有行。

语法格式：

```
FROM <table_source> LEFT【OUTER】JOIN <table_source> ON <search_condition>
```

【例 5-32】 查找所有被录取考生的录取情况，所有未被录取的考生也要显示其考号和姓名，并在 LQXX 表的相应列中显示 NULL。

```
USE xs
SELECT KSMD.*,LQXX.*
FROM KSMD LEFT JOIN LQXX ON KSMD.考号=LQXX.考号
GO
```

执行结果如图 5-25 所示。

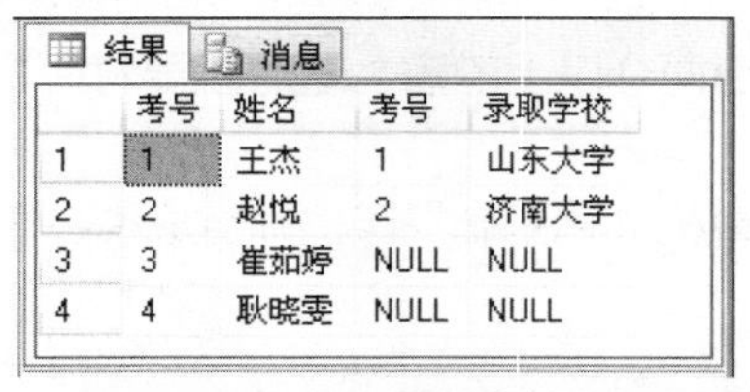

	考号	姓名	考号	录取学校
1	1	王杰	1	山东大学
2	2	赵悦	2	济南大学
3	3	崔茹婷	NULL	NULL
4	4	耿晓雯	NULL	NULL

图 5-25　KSMD 表与 LQXX 表左外连接的查询结果

【例 5-33】 查找 xs 数据库中所有学生的情况以及他们选修课程的课程编号和成绩，即使学生未选修任何课，也要包括其情况。

```
USE xs
SELECT XSDA.*,课程编号,成绩
FROM XSDA LEFT OUTER JOIN XSCJ ON XSDA.学号=XSCJ.学号
GO
```

注意 【例 5-33】执行时，要是有学生未选任何课程，那么结果表中相应行的课程编号字段和成绩字段的值均为 NULL。

2. 右外连接

右外连接的结果表中除了包括满足连接条件的行外，还包括右表的所有行。

语法格式：

```
FROM <table_source> RIGHT【OUTER】JOIN <table_source> ON <search_condition>
```

【例 5-34】 查找所有被录取考生的录取情况，所有没有录取考生的学校的信息也要显示，并在 KSMD 表的相应列中显示 NULL。

```
USE xs
SELECT KSMD.*,LQXX.*
FROM KSMD RIGHT JOIN LQXX ON KSMD.考号=LQXX.考号
GO
```

执行结果如图 5-26 所示。

【例 5-35】 查找 xs 数据库中被选修了的课程的选修情况和所有开设的课程名称。

```
USE xs
SELECT XSCJ.*,课程名称
FROM XSCJ RIGHT OUTER JOIN KCXX ON XSCJ.课程编号=KCXX.课程编号
GO
```

【例 5-35】执行时，如果某课程未被选修，则结果表中相应行的学号、课程编号和成绩字段值均为 NULL。

3. 完全外连接

完全外连接的结果表中除了包括满足连接条件的行外，还包括两个表的所有行。

语法格式：

```
FROM <table_source> FULL【OUTER】JOIN <table_source> ON <search_condition>
```

【例 5-36】 查找所有考生的姓名以及所有录取学校的情况，考生姓名与录取学校对应的则对应给出，否则在对应的列上显示 NULL。

```
USE xs
SELECT KSMD.*,LQXX.*
FROM KSMD FULL JOIN LQXX ON KSMD.考号=LQXX.考号
GO
```

执行结果如图 5-27 所示。

结果 消息

	考号	姓名	考号	录取学校
1	1	王杰	1	山东大学
2	2	赵悦	2	济南大学
3	NULL	NULL	5	同济大学
4	NULL	NULL	6	青岛大学

图 5-26 KSMD 表与 LQXX 表右外连接的查询结果

结果 消息

	考号	姓名	考号	录取学校
1	1	王杰	1	山东大学
2	2	赵悦	2	济南大学
3	3	崔茹婷	NULL	NULL
4	4	耿晓雯	NULL	NULL
5	NULL	NULL	5	同济大学
6	NULL	NULL	6	青岛大学

图 5-27 KSMD 表与 LQXX 表完全外连接的查询结果

说明 外连接只能对两个表进行，其中的 OUTER 关键字均可以省略。

任务 3-3　交叉连接

交叉连接实际上是将两个表进行笛卡儿积运算，结果表是由第一个表的每一行与第二个表的每一行拼接后形成的表，因此结果表的行数等于两个表的行数之积。

语法格式：

```
FROM <table_source> CROSS JOIN <table_source>
```

【例 5-37】 列出所有考生所有可能的录取情况。

```
USE xs
SELECT KSMD.*,LQXX.*
FROM KSMD CROSS JOIN LQXX
GO
```

执行结果如图 5-28 所示。

结果　消息

	考号	姓名	考号	录取学校
1	1	王杰	1	山东大学
2	2	赵悦	1	山东大学
3	3	崔茹婷	1	山东大学
4	4	耿晓雯	1	山东大学
5	1	王杰	2	济南大学
6	2	赵悦	2	济南大学
7	3	崔茹婷	2	济南大学
8	4	耿晓雯	2	济南大学
9	1	王杰	5	同济大学
10	2	赵悦	5	同济大学
11	3	崔茹婷	5	同济大学
12	4	耿晓雯	5	同济大学
13	1	王杰	6	青岛大学
14	2	赵悦	6	青岛大学
15	3	崔茹婷	6	青岛大学
16	4	耿晓雯	6	青岛大学

图 5-28　KSMD 表与 LQXX 表交叉连接的查询结果

【例 5-38】 列出所有学生所有可能的选课情况。

```
USE xs
SELECT 学号,姓名,课程编号,课程名称
FROM XSDA CROSS JOIN KCXX
GO
```

注意 交叉连接不能有条件，且不能带 WHERE 子句。

任务 3-4　自连接

连接操作不仅可以在不同的表上进行，也可以在同一张表内进行自身连接，即将同一个表的不同行连接起来。自连接可以看作一张表的两个副本之间的连接。如果要在一个表中查找具有相同列值的行，就可以使用自连接。使用自连接时需要为表指定两个别名，使之在逻辑上成为两张表。对所有列的引用均要用别名限定。

【例 5-39】 在 XSDA 表中查找同名学生的学号、姓名。

```
USE xs
SELECT XSDA1.姓名, XSDA1.学号, XSDA2.学号
FROM XSDA AS XSDA1 JOIN XSDA AS XSDA2 ON XSDA1.姓名= XSDA2.姓名
WHERE XSDA1.学号<> XSDA2.学号
GO
```

执行结果如图 5-29 所示。

结果 消息

	姓名	学号	学号
1	刘林	201602	201705
2	刘林	201705	201602

图 5-29　XSDA 表的自连接的查询结果

任务 3-5　完成综合任务

（1）创建 KSMD、LQXX 表，并按照附录 B 录入数据。

```
CREATE TABLE KSMD
(考号 char(2) not null,
 姓名 char(8))
 GO
 CREATE TABLE LQXX
 (考号 char(2) not null,
  录取学校 char(20)
 )
 GO
```

（2）向 KSMD 表中录入数据。

```
INSERT INTO KSMD VALUES('1','王杰')
INSERT INTO KSMD VALUES('2','赵悦')
INSERT INTO KSMD VALUES('3','崔茹婷')
INSERT INTO KSMD VALUES('4','耿晓雯')
```

（3）向 LQXX 表中录入数据。

```
INSERT INTO LQXX VALUES('1','山东大学')
INSERT INTO LQXX VALUES('2','济南大学')
INSERT INTO LQXX VALUES('5','同济大学')
INSERT INTO LQXX VALUES('6','青岛大学')
```

（4）查询所有被录取考生的录取情况。

```
USE xs
Go
SELECT LQXX.考号,姓名,录取学校
FROM KSMD RIGHT JOIN LQXX ON KSMD.考号=LQXX.考号
```

（5）查询所有被录取考生的录取情况，所有未被录取的考生也要显示其考号和姓名，并在 LQXX 表的相应列中显示 NULL。

```
USE xs
SELECT KSMD.*,LQXX.*
FROM KSMD LEFT JOIN LQXX ON KSMD.考号=LQXX.考号
GO
```

（6）查询所有被录取考生的录取情况，所有没有被录取考生的学校的信息也要显示，并在KSMD表的相应列中显示NULL。

```
USE xs
SELECT KSMD.*,LQXX.*
FROM KSMD RIGHT JOIN LQXX ON KSMD.考号=LQXX.考号
GO
```

（7）查询所有考生的情况以及所有录取学校的情况，考生与录取学校对应的则对应给出，否则在对应的列上显示NULL。

```
USE xs
SELECT KSMD.*,LQXX.*
FROM KSMD FULL JOIN LQXX ON KSMD.考号=LQXX.考号
GO
```

（8）查询所有考生所有可能的录取情况。

```
USE xs
SELECT KSMD.*,LQXX.*
FROM KSMD CROSS JOIN LQXX
GO
```

（9）查询回族学生选课的开课学期。

```
USE xs
GO
SELECT 开课学期
FROM XSDA,XSCJ,KCXX
WHERE XSDA.学号=XSCJ.学号  AND XSCJ.课程编号=KCXX.课程编号
     AND 民族='回'
```

（10）查询选修了“C语言程序设计”课程且取得学分的学生的姓名、课程名称及学分、成绩。

```
USE xs
GO
SELECT  姓名,课程名称,学分,成绩
FROM XSDA,XSCJ,KCXX
WHERE KCXX.课程名称='C语言程序设计' AND KCXX.学分!=0 AND
    XSCJ.学号=XSDA.学号 AND XSCJ.课程编号=KCXX.课程编号
```

（11）查询选修了“离散数学”课程且成绩在80分及以上的学生的学号、姓名及成绩。

```
USE xs
GO
SELECT  XSCJ.学号,姓名,成绩
FROM XSDA,XSCJ,KCXX
WHERE KCXX.课程名称='离散数学'  AND
     XSCJ.学号=XSDA.学号 AND XSCJ.课程编号=KCXX.课程编号 AND 成绩>=80
```

任务4 子查询和保存结果集

【任务目标】

- 学会使用子查询
- 学会根据需求保存查询结果

子查询

【任务描述】

按需求查询xs数据库中的各表。

【任务分析】

子查询是指在SELECT语句的WHERE或HAVING子句中嵌套另一条SELECT语句。外

层的 SELECT 语句称为外查询，内层的 SELECT 语句称为内查询（或子查询）。子查询必须使用括号括起来。子查询通常与 IN、EXIST 谓词及比较运算符结合使用。

任务 4-1 使用子查询

1. IN 子查询

IN 子查询用于判断一个给定值是否在子查询结果集中。

语法格式：

```
expression【NOT】IN (subquery)
```

说明 subquery 是子查询。当表达式 expression 与子查询 subquery 的结果表中的某个值相等时，IN 谓词返回 TRUE，否则返回 FALSE；如果使用了 NOT，就返回的值刚好相反。

【例 5-40】 查找选修了 108 号课程的学生的学号、姓名、性别、系名。

```
USE xs
SELECT 学号,姓名,性别,系名
FROM XSDA
WHERE 学号 IN
  (SELECT 学号
   FROM XSCJ
   WHERE 课程编号='108')
GO
```

在执行包含子查询的 SELECT 语句时，系统先执行子查询，产生一个结果表，再执行外层查询。在【例 5-40】中，先执行子查询。

```
SELECT 学号
FROM XSCJ
WHERE 课程编号='108'
```

得到一个只含有学号列的表，XSCJ 表中的每一个课程编号列值为 108 的行在结果表中都有一行，即得到一个所有选修 108 号课程的学生的学号列表。再执行外查询，如果 XSDA 表中某行的学号列值等于子查询结果表中的任一个值，就该行就被选择。执行结果如图 5-30 所示。

注意 IN 和 NOT IN 子查询只能返回一列数据。对于较复杂的查询，可以使用嵌套的子查询。

【例 5-41】 查找未选修“数据结构”课程的学生的学号、姓名、性别、系名、总学分。

```
USE xs
SELECT 学号,姓名,性别,系名,总学分
FROM XSDA
WHERE 学号 NOT IN
  (SELECT 学号
   FROM XSCJ
   WHERE 课程编号 IN
     (SELECT 课程编号
      FROM KCXX
      WHERE 课程名称='数据结构'
     )
  )
GO
```

执行结果如图 5-31 所示。

	学号	姓名	性别	系名
1	201601	王红	女	信息
2	201602	刘林	男	信息
3	201603	曹红雷	男	信息
4	201604	方平	女	信息
5	201605	李伟强	男	信息
6	201606	周新民	男	信息
7	201607	王丽丽	女	信息

图 5-30　IN 子查询的查询结果

	学号	姓名	性别	系名	总学分
1	201608	李忠诚	男	信息	60
2	201701	孙燕	女	管理	54
3	201702	罗德敏	男	管理	64
4	201703	孔祥林	男	管理	54
5	201704	王华	女	管理	60
6	201705	刘林	男	管理	54
7	201706	陈希	女	管理	60
8	201707	李刚	男	管理	54

图 5-31　嵌套的 IN 子查询的查询结果

2. 比较子查询

比较子查询可以认为是 IN 子查询的扩展，它使表达式的值与子查询的结果进行比较运算。

语法格式：

```
expression{<|<=|=|>|>=|!=|<>||!<|!>}{ALL|SOME|ANY}(subquery)
```

说明　expression 为要进行比较的表达式，subquery 是子查询。ALL、SOME 和 ANY 说明对比较运算的限制。

ALL 指定表达式要与子查询结果集中的每个值都进行比较，只有表达式与每个值都满足比较的关系时，才返回 TRUE，否则返回 FALSE。

SOME 或 ANY 表示表达式只要与子查询结果集中的某个值满足比较的关系，就返回 TRUE，否则返回 FALSE。

【例 5-42】 查找高于所有女生的总学分的学生的情况。

```
USE xs
SELECT *
FROM XSDA
WHERE 总学分 >ALL
  (SELECT 总学分
   FROM XSDA
   WHERE 性别='女')
GO
```

执行结果如图 5-32 所示。

【例 5-43】 查找选修 202 号课程的不低于所有选修 104 号课程的学生的最低成绩的学生的学号。

```
USE xs
SELECT 学号
FROM XSCJ
WHERE 课程编号='202' AND 成绩!<ANY
  (SELECT 成绩
   FROM XSCJ
   WHERE 课程编号='104'
  )
GO
```

执行结果如图 5-33 所示。

	学号	姓名	性别	系名	出生日期	民族	总学分	备注
1	201606	周新民	男	信息	1996-01-20 00:00:00.000	回	62	NULL
2	201702	罗德敏	男	管理	1998-07-18 00:00:00.000	汉	64	NULL

图 5-32　ALL 比较子查询的查询结果

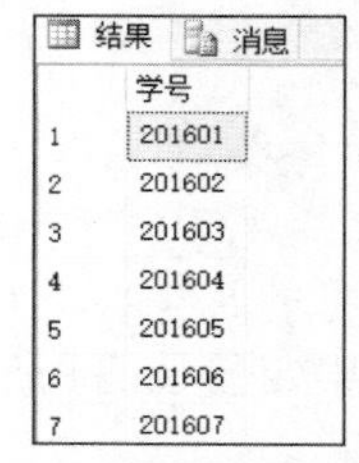

	学号
1	201601
2	201602
3	201603
4	201604
5	201605
6	201606
7	201607

图 5-33　ANY 比较子查询的查询结果

连接查询和子查询可能都要涉及两个或多个表，要注意连接查询和子查询的区别：连接查询可以合并两个或多个表中的数据，而包含子查询的 SELECT 语句的结果只能来自一个表，子查询的结果是用来作为选择结果数据时进行参照的。

有的查询既可以使用子查询来表示，也可以使用连接查询表示。通常使用子查询表示时，可以将一个复杂的查询分解为一系列的逻辑步骤，条理清晰；而使用连接查询表示有执行速度快的优点。因此，应尽量使用连接查询。

任务 4-2　保存查询结果

SELECT 语句提供了两个子句来保存、处理查询结果，分别是 INTO 子句和 UNION 子句，下面分别予以介绍。

1. INTO 子句

使用 INTO 子句可以将 SELECT 查询所得的结果保存到一个新建的表中。

语法格式：

```
【INTO new_table】
```

说明　new_table 是要创建的新表名。包含 INTO 子句的 SELECT 语句执行后创建的表的结构由 SELECT 选择的列决定。新创建的表中的记录由 SELECT 的查询结果决定。如果 SELECT 的查询结果为空，就创建一个只有结构而没有记录的空表。

【例 5-44】 由 XSDA 表创建“信息系学生表”，包括学号、姓名、系名、总学分。

```
USE xs
SELECT 学号,姓名,系名,总学分
INTO 信息系学生表
FROM XSDA
WHERE 系名='信息'
GO
```

【例 5-44】创建的“信息系学生表”包括 4 个字段：学号、姓名、系名、总学分。其数据类型与 XSDA 表中的同名字段相同。

注意　INTO 子句不能与 COMPUTE 子句一起使用。

2. UNION 子句

使用 UNION 子句可以将两个或多个 SELECT 查询的结果合并成一个结果集。

语法格式：

```
{<query specification>|(<query expression>)} UNION【ALL】 <query specification>|
(<query expression>)
```

说明　query specification 和 query expression 都是 SELECT 查询语句。关键字 ALL 表示合并的结果中包括所有行，不去除重复行，不使用 ALL 则在合并的结果中去除重复行，含有 UNION 的 SELECT 查询也称为联合查询，若不指定 INTO 子句，结果将合并到第一个表中。

【例 5-45】 假设在 xs 数据库中已经建立了两个表：电气系学生表、轨道系学生表，表结构与 XSDA 表相同，这两个表分别存储电气系和轨道系的学生档案情况，要求将这两个表的数据合并到 XSDA 表中。

```
USE xs
SELECT *
FROM XSDA
UNION ALL
SELECT *
FROM 电气系学生表
UNION ALL
SELECT *
FROM 轨道系学生表
GO
```

注意　（1）联合查询是将两个表（结果集）顺序连接。

（2）UNION 中的每一个查询涉及的列必须具有相同的列数，相同位置的列的数据类型要相同。若长度不同，则以最长的字段作为输出字段的长度。

（3）最后结果集中的列名来自第一个 SELECT 语句。

（4）最后一个 SELECT 查询可以包含 ORDER BY 子句，对整个 UNION 操作结果集起作用。且只能用第一个 SELECT 查询中的字段作排序列。

（5）系统自动删除结果集中重复的记录，除非使用 ALL 关键字。

任务 4-3　完成综合任务

（1）查询选修了“C 语言程序设计”课程且取得学分的学生的姓名、课程名称及学分、成绩。

```
USE xs
GO
SELECT  姓名,课程名称,学分,成绩
FROM XSDA,XSCJ,KCXX
WHERE KCXX.课程名称='C 语言程序设计' AND KCXX.学分!=0 AND
    XSCJ.学号=XSDA.学号 AND XSCJ.课程编号=KCXX.课程编号
```

（2）查询选修了“离散数学”课程且成绩在 80 分以上的学生的学号、姓名及成绩。

```
USE xs
GO
SELECT  XSCJ.学号,姓名,成绩
FROM XSDA,XSCJ,KCXX
WHERE KCXX.课程名称='离散数学'  AND
    XSCJ.学号=XSDA.学号 AND XSCJ.课程编号=KCXX.课程编号 AND 成绩>80
```

（3）查询选修了“计算机文化基础”课程且未选修“数据结构”课程的学生的情况。

```
USE xs
GO
SELECT 学号,姓名,性别,系名,总学分
FROM XSDA
WHERE  学号 IN
(SELECT 学号 FROM XSCJ
WHERE 课程编号 IN
(SELECT 课程编号 FROM KCXX
WHERE 课程名称='计算机文化基础' ) )
AND  学号 IN
 (SELECT 学号 FROM XSCJ
WHERE 课程编号 IN
(SELECT 课程编号 FROM KCXX
```

```
WHERE 课程名称!='数据结构' ))
   GO
```

（4）查询选修了 207 号课程且分数在该课程平均分以上的学生的学号、姓名和成绩。

```
USE xs
GO
SELECT XSDA.学号,姓名,成绩
FROM XSDA,XSCJ
WHERE  XSCJ.学号=XSDA.学号 AND XSCJ.课程编号='207' AND
     成绩>(SELECT AVG(成绩) FROM XSCJ WHERE  XSCJ.课程编号='207')
```

（5）查找比所有女生年龄都大的学生的姓名。

```
USE xs
GO
SELECT 学号
FROM XSDA
WHERE 出生日期<(SELECT MIN(出生日期)
   FROM XSDA WHERE 性别='女')
```

（6）由 XSDA 表创建“优秀学生”表（总学分≥60），包括学号和姓名、总学分。

```
USE xs
GO
SELECT XSDA.学号,姓名,SUM(学分) 总学分
INTO 优秀学生
FROM XSDA,KCXX,XSCJ
WHERE XSDA.学号=XSCJ.学号 AND KCXX.课程编号=XSCJ.课程编号
     GROUP BY XSDA.学号,姓名 HAVING SUM(学分)>=60
```

（7）查询选修了 104 号课程的学生的学号、姓名和平均成绩。

```
USE xs
GO
SELECT XSDA.学号,姓名,AVG(成绩) 平均成绩
FROM XSDA,XSCJ
WHERE XSDA.学号=XSCJ.学号 AND 课程编号='104'
GROUP BY XSDA.学号,姓名
```

（8）查找选修了 202 号课程，并且成绩高于选修 104 号课程的学生最高成绩的学生的学号。

```
USE xs
GO
SELECT XSDA.学号
FROM XSDA,XSCJ
WHERE XSDA.学号=XSCJ.学号  AND XSCJ.课程编号='202'
     AND 成绩 >(SELECT MAX(成绩) FROM XSCJ
     WHERE  课程编号='104' )
```

实训 5　查询维护 sale 数据库

按需求查询 sale 数据库中的 4 个表 Customer、Product、ProIn、ProOut。

（1）在 Customer 表中，显示客户地址（Address）是“深圳”的客户的姓名（CusName）和电话（Tel）。查询结果按客户姓名降序排列。

（2）在 Customer 表中，显示电话（Tel）未定的客户的姓名（CusName）。

（3）在 Customer 表中，显示姓“杨”和姓名“李”的客户信息。

（4）在 Product 表中，显示单价（Price）在 2 000～4 000 的产品的信息。

（5）在 Product 表中，显示品名（ProName）为“电视”“床”“沙发”的商品的品名、库存数量（Stocks）与单价（Price）。

（6）在 ProIn 表中，显示入库数量（Quantity）大于等于 20，并且入库日期（InputDate）为 2002-1-2 的产品的信息。

（7）在 ProOut 表中，统计汇总每种产品的销售数量（Quantity）的总和，显示产品编号（ProNo）及销售总量。

（8）在 ProOut 表中，统计“日平均销售数量”大于 15 的销售日期（SaleDate）及日平均销售数量。

（9）显示客户名称（CusName）、品名（ProName）、销售日期（SaleDate）、销售金额（Price*Quantity）。

（10）显示客户“李东”所购买产品的产品编号（ProNo）及销售数量（Quantity）。

小结

本项目主要介绍如何利用 SELECT 语句对数据库进行各种查询的方法。用户通过 SELECT 语句可以从数据库中查找需要的数据，也可以进行数据的统计汇总并将结果返回给用户。本项目内容是本课程教学的重点内容，需要掌握的主要内容如下。

（1）简单查询。包括用 SELECT 子句选取字段，用 WHERE 子句选取记录并进行简单的条件查询，用 ORDER BY 子句对查询结果进行排序。

（2）分类汇总。包括 5 个聚合函数（SUM 和 AVG、MAX 和 MIN、COUNT）的使用，用 GROUP BY 子句和 HAVING 子句进行分组筛选。

（3）连接查询。连接查询包括 4 种类型：内连接、外连接、交叉连接、自连接。

① 内连接：将两个表中满足连接条件的行组合起来，返回满足条件的行。

② 外连接：包括 3 种，即左外连接、右外链接、完全外链接。左外连接的结果表中除了包括满足连接条件的行外，还包括左表的所有行。右外连接的结果表中除了包括满足连接条件的行外，还包括右表的所有行。完全外连接的结果表中除了包括满足连接条件的行外，还包括两个表的所有行。

③ 交叉连接：将两个表进行笛卡儿积运算，结果表是由第一个表的每行与第二个表的每一行拼接后形成的表，因此结果表的行数等于两个表行数之积。交叉连接不能有条件，且不能包含 WHERE 子句。

④ 自连接：将同一个表的不同行连接起来。自连接可以看作一张表的两个副本之间的连接。如果要在一个表中查找具有相同列值的行，就可以使用自连接。使用自连接时需要为表指定两个别名，使之在逻辑上成为两张表。对所有列的引用均要用别名限定。

要求重点掌握内连接。

（4）子查询。包括 IN 子查询和比较子查询。

IN 子查询用于判断一个给定值是否在子查询结果集中，IN 和 NOT IN 子查询只能返回一列数据。对于较复杂的查询，可以使用嵌套的子查询。

比较子查询可以认为是 IN 子查询的扩展，它使表达式的值与子查询的结果进行比较运算。其中语法格式中的 ALL 指定表达式要与子查询结果集中的每个值都进行比较，只有表达式与每个值都满足比较的关系时，才返回 TRUE，否则返回 FALSE；SOME 或 ANY 表示表达式只要与子查询结果集中的某个值满足比较的关系，就返回 TRUE，否则返回 FALSE。

（5）查询结果的保存。使用 INTO 子句可以将 SELECT 查询所得的结果保存到一个新建的表中，使用 UNION 子句可以将两个或多个 SELECT 查询的结果合并成一个结果集。

习题

一、选择题

1. 在 SQL 中，条件：总学分 BETWEEN 40 AND 60 表示总学分为 40～60，且（　　）。
   A. 包括 40 和 60　　B. 不包括 40 和 60
   C. 包括 40 但不包括 60　　D. 包括 60 但不包括 40
2. 在 SQL 中，对分组后的数据进行筛选的命令是（　　）。
   A. GROUP BY　　B. COMPUTE　　C. HAVING　　D. WHERE
3. 查找 LIKE '_a%'，下面（　　）是可能的。
   A. afgh　　B. bak　　C. hha　　D. ddajk
4. 下列聚合函数使用正确的是（　　）。
   A. SUM(*)　　B. MAX(*)　　C. COUNT(*)　　D. AVG(*)

二、填空题

1. 在 SELECT 查询语句中：

________子句用于指定查询结果中的字段列表。

________子句用于创建一个新表，并将查询结果保存到这个新表中。

________子句用于指出所要进行查询的数据来源，即表或视图的名称。

________子句用于对查询结果分组。

________子句用于对查询结果排序。

2. JOIN 关键字指定的连接有 3 种类型，分别是________、________、________。

三、简答题

1. HAVING 子句与 WHERE 子句有何异同？
2. 常用的聚合函数有哪些？
3. 比较连接查询和子查询的异同。
4. SELECT 语句的查询结果有几种保存方法？

四、设计题

使用 T-SQL 语句，完成下面的操作。

1. 查询 XSDA 表中 50<总学分<60 的学生的姓名、性别、总学分，结果中各列的标题分别指定为 xm、xb、zxf。
2. 对 XSDA 表查询输出姓名和部分学分。其中，部分学分=总学分-10。
3. 对 KCXX 表查询输出课程名称、学分，只返回结果集的前 30%行。
4. 查询 KCXX 表中以“数据”开头的课程信息。
5. 查询 XSCJ 表中选修 104 号课程并且成绩≥90 的学生的学号、姓名、课程编号、成绩，结果按成绩降序排序。
6. 求各学期开设的课程的总学分。
7. 查找在前 2 个学期选修课程的学生的学号、姓名及选修的课程名称。
8. 查找选修了“数据结构”课程且学分取得 4 分的学生的姓名、课程名称及学分、成绩。
9. 查找选修了 108 号课程并且成绩低于所有选修 207 号课程的学生的最低成绩的学生的学号。

项目 6 维护用户表数据

06

【能力目标】

- 能使用 T-SQL 语句对表进行插入数据操作
- 能使用 T-SQL 语句对表进行更新数据操作
- 能使用 T-SQL 语句对表进行删除数据操作

【项目描述】

借助查询语句，在 SQL Server 2016 中对 xs 数据库中的 XSDA、KCXX、XSCJ 3 个表的数据按照需求进行更新和维护。

【项目分析】

将学生数据库 xs 的数据表建立好之后，就可以进行数据库的各种操作了。在数据库应用中，最常用的操作是查询，它是数据库其他操作（统计、插入、修改、删除）的基础。该项目主要介绍在 SQL Server 2016 中对数据库表进行插入、修改、删除的方法。

【任务设置】

任务 1　增删修改表数据

任务 2　完成综合任务

实训 6　维护 sale 数据库数据

【项目定位】

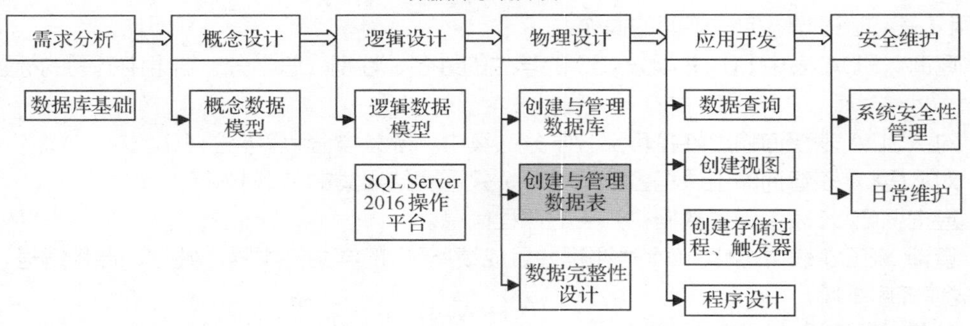

任务 1　增删修改表数据

【任务目标】

- 能使用 T-SQL 语句对表进行插入数据操作

- 能使用 T-SQL 语句对表进行更新数据操作
- 能使用 T-SQL 语句对表进行删除数据操作

维护表数据

【任务描述】

在 SQL Server 2016 中按照需求维护数据库 xs 的 3 个表 XSDA、KCXX、XSCJ。

【任务分析】

在前面我们学习了按照表结构插入完整数据和查询数据的知识，但是每次都录入完整的数据太过繁琐，数据也会不断发生变化，所以需要更灵活地向用户表中插入数据、修改数据和删除数据，而这些操作都是建立在查询基础上的。本任务主要介绍如何使用 T-SQL 语句向用户表中灵活地插入、修改、删除数据。

任务 1-1　向用户表插入数据

向表中插入数据就是将新记录添加到表尾，可以向表中插入多条记录。

1. 使用 INSERT 语句插入数据

使用 T-SQL 语句的 INSERT 语句可以向表中插入数据，INSERT 语句常用的格式有 3 种。第一种格式已经在项目 4 中介绍过，这里复习一下。

语法格式 1：

```
INSERT table_NAME
VALUES(constant1,constant2,…)
```

该语句的功能是向 table_name 指定的表中插入由 VALUES 指定的各列值的行。

> **注意**　使用此方式向表中插入数据时，VALUES 中给出的数据顺序和数据类型必须与表中列的顺序和数据类型一致，而且不可以省略部分列。

【例 6-1】 向 xs 数据库的 XSDA 表中插入如下一行。

201608　李忠诚　男　信息　1998-09-10　汉　60　null

可以使用如下的 T-SQL 语句。

```
USE xs
INSERT XSDA
VALUES('201608','李忠诚', '男','信息','1998-09-10','汉',60,null)
GO
```

此例中的 NULL 也不能省略。如果想在 INSERT 语句中只给出部分列值，就需要用到 INSERT 语句的另一种格式了。可以采用默认值或者给允许为空的列赋空值。

语法格式 2：

```
INSERT INTO table_NAME(column_1, column_2,...column_n)
VALUES(constant_1,constant_2,…constant_n)
```

参数说明如下。

（1）在 table_name 后面出现的列，VALUES 中要有一一对应的数据出现。

（2）允许省略列的原则。

① 具有 identity 属性的列，其值由系统根据 seed 和 increment 值自动计算得到。

② 具有默认值的列，其值为默认值。

③ 没有默认值的列，如果允许为空值，其值就为空值；如果不允许为空值，就会出错。

（3）插入字符和日期类型数据时要用引号引起来。

> **注意**　如果数据库设置了主键约束，就不能插入重复的数据，如图 6-1 所示。

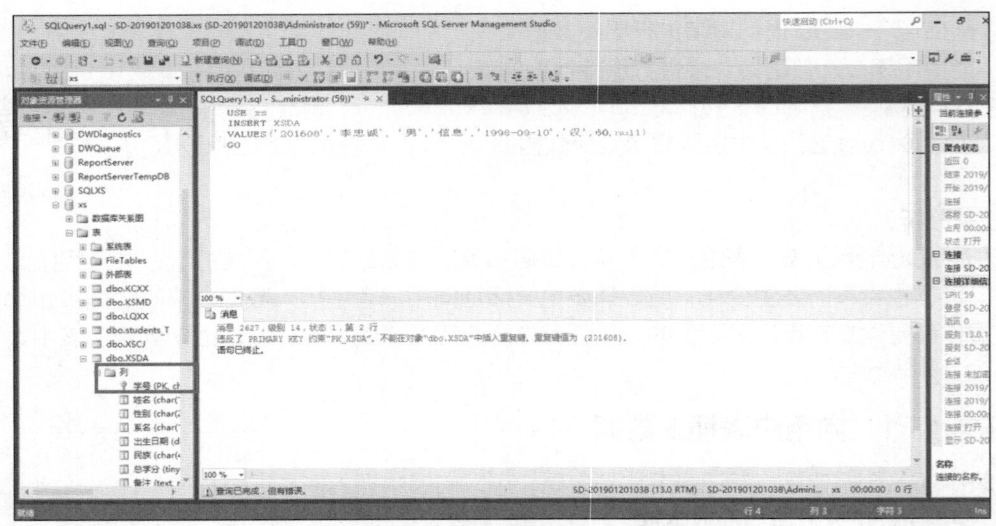

图6-1　主键约束限制重复数据输入界面

【例6-2】　查看xs数据库的XSDA表的表结构，我们知道性别可以使用默认值“男”，民族可以使用默认值“汉”，备注可以为空。这样【例6-1】如果不写NULL，就可以按如下T-SQL语句执行了。

```
USE xs
INSERT XSDA(学号,姓名,系名,出生日期,总学分)
VALUES('201608','李忠诚','信息','1998-09-10',60)
GO
```

在插入表记录时还有这样一种情形，就是将一个查询的结果集插入另一个表中，前面两种格式显然已经不能满足这一需求了。

语法格式3:

```
INSERT INTO table_NAME[(column_list)]
derived_table
```

此T-SQL语句的功能是将一个查询的结果集插入另一个表中。

参数说明如下。

（1）table_name。要插入数据的表名；column_list表示要在其中插入数据的一列或多列的列表。

（2）derived_table。由一个SELECT语句查询所得到的结果集，结果集的列数、列的数据类型及次序要和column_list中的一致。

【例6-3】　用如下CREATE语句建立XS1表。

```
USE xs
CREATE TABLE XS1
(  num char(6) NOT NULL,
   name char(8) NOT NULL,
   speiality char(10) NULL
)
GO
```

用如下的INSERT语句向XS1表中插入数据。

```
USE xs
INSERT INTO XS1
  SELECT 学号,姓名,系名
  FROM  XSDA
```

```
  WHERE 系名='信息'
GO
```

上述语句的功能是将 XSDA 表中“信息”系的各记录的学号、姓名、系名的值插入 XS1 表的各行中。使用如下 SELECT 语句查询，可以看到插入结果。

```
USE xs
SELECT *
FROM XS1
GO
```

结果如下。

```
num      name   speiality
----------------------------------------
201601   王红     信息
201602   刘林     信息
201603   曹红雷   信息
201604   方平     信息
201605   李伟强   信息
201606   周新民   信息
201607   王丽丽   信息
```

2. 使用 SELECT INTO 输入数据

使用 SELECT INTO 语句允许用户定义一个新表，并将 SELECT 的数据输入新表中。前面 3 种方法的共同点就是表在输入数据之前已经存在。使用 SELECT INTO 输入数据的方法是在输入数据的过程中创建新表，其语法格式如下。

```
SELECT select-list
INTO new_table_NAME
FROM table_list
WHERE search_conditions
```

【例 6-4】 将 XSDA 表中“信息”系的各记录的学号、姓名、系名的值插入 XS2 表中。

```
USE xs
SELECT 学号,姓名,系名
INTO XS2
FROM  XSDA
WHERE 系名='信息'
GO
```

在对象资源管理器中可以看到新表 XS2，表中有学号、姓名、系名 3 个字段。

3. INSERT 语句完整语法格式

下面给出 INSERT 语句的完整语法格式，供读者进一步学习。

```
INSERT [INTO]
{ table_NAME WITH ( < table_hint_limited > [ ...n ] )
| view_NAME
| rowset_function_limited
}
{ [ ( column_list ) ]
{ VALUES
( { DEFAULT | NULL | expression } [ ,...n] )
| derived_table
| execute_statement
}
}
| DEFAULT VALUES
```

参数说明如下。

（1）WITH (< table_hint_limited > [...n])：指定目标表允许的一个或多个表提示，可省略。

（2）view_name：视图的名称，该视图必须是可更新的。

（3）rowset_function_limited：是 OPENQUERY 或 OPENROWSET 函数。

任务 1-2 修改用户表数据

T-SQL 中的 UPDATE 语句可以用来修改表中的数据行，既可以一次修改一行数据，也可以一次修改多行数据，甚至修改所有数据行。

语法格式：

```
UPDATE{table_NAME|view_NAME}
SET column_NAME={expression|DEFAULT|NULL}[,...n]
[WHERE<search_condition>]
```

参数说明如下。

（1）table_name：需要修改数据的表的名称。

（2）view_name：需要修改数据的视图的名称，通过 view_name 来引用的视图必须是可更新的。

（3）SET：指定要更新的列或变量名称的列表。

（4）column_name={expression|DEFAULT|NULL}[,...n]：由表达式的值、默认值或空值去修改指定的列值。

（5）WHERE<search_condition>：指明只修改满足该条件的行，如果省略该子句，就修改表中的所有行。

【例 6-5】 将 xs 数据库的 XSDA 表中学号为 201704 的学生的备注列改为“三好生”。

```
USE xs
UPDATE XSDA
SET 备注='三好生'
WHERE 学号='201704'
GO
```

在查询分析器中使用如下语句查询。

```
USE xs
SELECT *
FROM XSDA
WHERE 学号='201704'
GO
```

结果可以发现学号为 201704 的行的备注字段已经被修改为“三好生”。

【例 6-6】 将 XSDA 表中所有学生的总学分都增加 10 分。

```
USE xs
UPDATE XSDA
  SET 总学分=总学分+10
GO
```

【例 6-7】 将“方平”同学的系名改为“电子商务”，备注改为“转专业学习”。

```
USE xs
UPDATE XSDA
  SET 系名='电子商务',
      备注='转专业学习'
  WHERE 姓名='方平'
GO
```

任务 1-3 删除用户表数据

当表中的某些数据不再需要时，要将其删除。

1. 使用 T-SQL 语句删除表中的记录

使用 T-SQL 的 DELETE 语句可以删除表中的记录，这部分内容已经在项目 4 中讲解过，这里仅作为数据维护的必备知识简单提出。

语法格式：

```
DELETE [FROM]
{table_NAME|view_NAME}
[WHERE <search_condition>]
```

参数说明如下。

（1）table_name|view_name。要从其中删除行的表或视图的名称。其中，通过 view_name 来引用的视图必须可更新且正确引用一个基表。

（2）WHERE <search_condition>。指定用于限制删除行数的条件。如果没有提供 WHERE 子句，就删除表中的所有行。

【例 6-8】 将 XSDA 表中“方平”同学的记录删除。

```
USE xs
DELETE FROM XSDA
WHERE 姓名='方平'
GO
```

2. 使用 TRUNCATE TABLE 语句删除表中的所有数据

语法格式：

```
TRUNCATE TABLE table_NAME
```

参数说明如下。

table_name：需要删除数据的表的名称。

【例 6-9】 删除 XSDA 表中的所有行。

```
USE xs
DELETE XSDA
GO
或者
TRUNCATE TABLE XSDA
GO
```

TRUNCATE TABLE 语句与 DELETE 语句区别如下。

TRUNCATE TABLE 语句在功能上与不包含 WHERE 子句的 DELETE 语句相同，但 TRUNCATE TABLE 语句比 DELETE 语句运行快，DELETE 以物理方式一次删除一行，并在事务日志文件中记录每个删除的行；而 TRUNCATE TABLE 通过释放存储表数据所用的数据页来删除数据，并且只在事务日志文件记录页的释放。因此，在执行 TRUNCATE TABLE 语句之前应先备份数据库，否则被删除的数据将不能再恢复。

任务 2 完成综合任务

（1）在 KCXX 表中插入一条记录，各字段值为“506，JSP 动态网站设计，5，72，4”。

```
USE xs
INSERT KCXX
VALUES('506','JSP 动态网站设计',5,72,4)
GO
```

（2）在 XSCJ 表中插入一条记录，各字段值为学号（201601）、课程编号（506）、成绩（90）。

```
USE xs
INSERT XSCJ
VALUES('201601','506',90)
GO
```

（3）在数据库 xs 中建立新表 XS_xf_qurery（学号、姓名、总学分），为下一步操作做准备。

```
USE xs
CREATE TABLE XS_xf_qurery
(  学号 char(6) NOT NULL,
   姓名 char(8) NOT NULL,
   总学分 tinyint not NULL
)
GO
```

（4）用 INSERT 语句从 XSDA 表中查询学号、姓名、总学分 3 列的值，并将其插入表 XS_xf_qurery 中。

```
USE xs
INSERT INTO XS_xf_qurery
  SELECT 学号,姓名,总学分
  FROM  XSDA
GO
```

也可以使用 SELECT INTO 语句，答案略。

（5）将 KCXX 表中“JAVA 应用与开发”课程的学分加 2。

```
USE xs
UPDATE KCXX
SET 学分=学分+2
WHERE 课程名称='JAVA 应用与开发'
GO
```

（6）将 KCXX 表中“计算机文化基础”课程的学时更改为 44，学分更改为 2。

```
USE xs
UPDATE KCXX
SET 学时=44,学分=2
WHERE 课程名称='计算机文化基础'
GO
```

（7）将 XSDA 表中“刘林”同学的系名改为“管理”，并在备注中说明其为“改专业学习”。

```
USE xs
UPDATE XSDA
SET 系名='管理',备注='改专业学习'
WHERE 姓名='刘林'
GO
```

（8）删除 xs 数据库中 XSCJ 表中成绩为 60 的记录。

```
USE xs
DELETE FROM XSCJ
WHERE 成绩=60
GO
```

（9）使用 SQL 语句用两种方法删除表 XS_xf_qurery 中的所有数据。

```
USE xs
DELETE XS_xf_qurery
GO
或者
TRUNCATE TABLE XS_xf_qurery
GO
```

实训 6 维护 sale 数据库数据

（1）将 Product 表中单价大于 2 000 的数据行生成一个新表 test1。

（2）删除 test1 表的全部记录。
（3）在 Customer 表中，将所有客户电话都修改为 011-123456。
（4）在 Product 表中，将“电视”的单价增长 10%，库存数量（Stocks）减少 100。
（5）在 ProOut 表中，将“杨婷”所购买的“空调”的销售数量（Quantity）修改为 25。
（6）在 Product 表中，删除商品“音响”的记录。
（7）在 ProOut 表中，删除客户“李东”所购买的所有商品的记录。

小结

本项目着重介绍了使用 T-SQL 语句插入、修改和删除表数据的操作方法及语句格式，插入数据的方式有 4 种。执行 TRUNCATE TABLE 语句之前应先备份数据库，否则被删除的数据将不能再恢复。另外，要自行练习 SSMS 插入、修改和删除表数据的操作方法。

习题

一、选择题

1. 使用 T-SQL 中的（ ）语句可以删除数据库表或者视图中的一个或者多个记录。
   A. DEL　B. PRUGE　C. DELETE　D. DROP
2. 在 SQL 中，下列涉及空值的操作，不正确的语句是（ ）。
   A. AGE IS NULL　B. AGE IS NOT NULL
   C. AGE = NULL　D. NOT (AGE IS NULL)
3. 下列哪一个命令为删除 sample 数据库的 tb_name 表中的数据？（ ）
   A. delete from tb_name　B. delete from sample.tb_name
   C. drop table tb_name　D. drop table sample.tb_name
4. 在 SQL Server 2016 中，对数据的修改是通过（ ）语句实现的。
   A. MODIFY　B. EDIT　C. REMAKE　D. UPDATE
5. 下列执行数据删除的语句在运行时不会产生错误信息的是（ ）。
   A. Delete * From A Where B = '6'
   B. Delete From A Where B = '6'
   C. Delete A Where B = '6'
   D. Delete A Set B = '6'
6. INSERT INTO Goods(Name，Storage，Price) VALUES('Keyboard'，3 000，90.00) 的作用是（ ）。
   A. 添加数据到一行中的所有列　B. 插人默认值
   C. 添加数据到一行中的部分列　D. 插入多个行

二、填空题

数据表中查询、插入、修改和删除数据的语句分别是 SELECT、________、________和________。

第2单元 管理数据库及数据库对象

项目 7 创建视图和索引

07

【能力目标】

- 理解视图（View）的作用
- 能熟练地创建、修改、删除视图
- 在实际应用开发时能灵活运用视图以提高开发效率
- 能根据项目开发的需求，学会分析并创建索引，以提高查询速度
- 学会根据实际需要显示索引、重新命名索引、删除索引
- 学会对索引进行分析与维护

【项目描述】

按照需求为 xs 数据库创建索引，提高查询速度；创建视图，增强查询的灵活性。

【项目分析】

在数据库应用中，查询是一项主要操作。为了增强查询的灵活性，就需要在表上创建视图，满足用户复杂的查询需要。比如，一个学生一学期要上多门课程，这些课程的成绩存储在多张表中，要想了解每个学生的成绩需要打开一张张数据表来看，非常不方便。而视图能将存储在多张表中的数据汇总到一张新“表”中，而这个“表”无需新建并存储。

SQL Server 2016 提供了视图这一类数据库对象。视图是关系型数据库系统提供给用户以多种角度观察数据库中数据的重要机制。用户通过视图可以多角度地查询数据库中的数据，还可以通过视图修改、删除原基本表中的数据。

用户对数据库最频繁的操作是数据查询。一般情况下，在进行查询操作时，SQL Server 需要对整个数据表进行数据搜索，如果数据表中的数据非常多，搜索就需要比较长的时间，从而影响了数据库的整体性能。善用索引功能能有效提高搜索数据的速度。

本项目主要介绍有关视图、索引的基础知识和视图、索引的操作方法。

【任务设置】

任务 1　创建与使用视图

任务 2　创建与管理索引

实训 7　为 sale 数据库创建视图和索引

【项目定位】

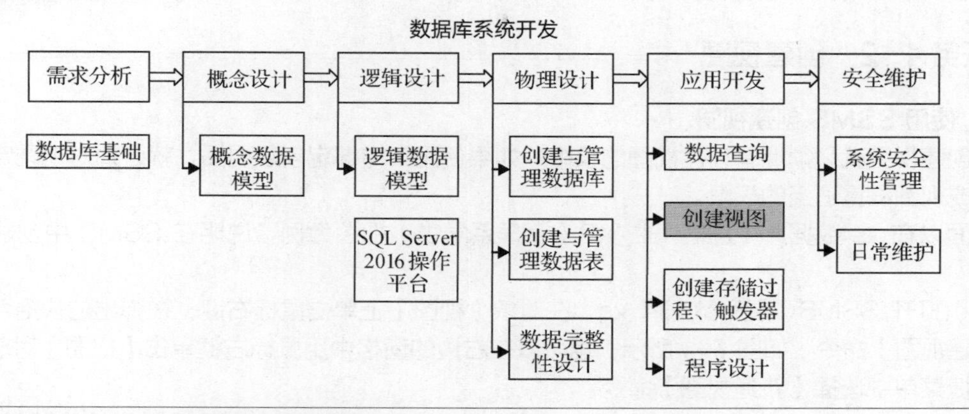

任务 1　创建与使用视图

【任务目标】

- 理解视图的作用
- 能熟练地创建、修改、删除视图
- 在实际应用开发时能灵活运用视图以提高开发效率

创建与管理视图

【任务描述】

按需求在 xs 数据库中建立视图，并修改其中的数据。

【任务分析】

（1）创建、修改、删除视图的 T-SQL 语句必须是批处理中的第 1 条语句。

（2）对视图数据的插入、修改、删除操作的本质是作用于创建视图所依赖的基本表，所以，当插入、修改、删除操作涉及一个基本表时，操作成功，否则失败。

任务 1-1　了解视图用途

视图作为一种数据库对象，为用户提供了一种检索数据表数据的方式。用户通过视图来浏览数据表中感兴趣的部分或全部数据，而数据的物理存放位置仍然在表中。本任务将介绍视图的概念、作用以及创建、修改和删除视图的方法。

视图是一个虚拟表。虚拟表的含义包含两方面。一方面，这个虚拟表没有表结构，不实际存储在数据库中，数据库中只存放视图的定义，而不存储视图对应的数据；另一方面，视图中的数据来自于基本表，是在视图被引用时动态生成的，打开视图时看到的记录实际仍存储在基本表中。

视图一旦定义好，就可以像基本表一样进行查询、删除与修改等操作。正因为视图中的数据仍存放在基本表中，所以，视图中的数据与基本表中的数据必定同步，即对视图的数据进行操作时，系统根据视图的定义去操作与视图相关联的基本表。

数据库系统表 sysobjects 中保存每个视图的相关信息，它的类型为 V。视图作为一类数据库对象有以下作用。

（1）数据保密。对不同的用户定义不同的视图，使用户只能看到与自己有关的数据。

（2）简化查询操作，为复杂的查询建立一个视图，用户不必键入复杂的查询语句。只需针对此视图做简单的查询即可。

（3）保证数据的逻辑独立性。对于视图的操作，例如查询，只依赖于视图的定义。当构成视图的基本表要修改时，只需修改视图定义中的子查询部分，而基于视图的查询不用改变。

任务 1-2　创建视图

1. 使用 SSMS 创建视图

要创建视图就必须拥有创建视图的权限，如果使用架构绑定创建视图，就必须对视图定义中引用的表或视图设置适当的权限。

下面以在 xs 数据库中创建 GL_XS（管理系学生）视图为例，说明在 SSMS 中创建视图的过程。

（1）打开 SSMS，展开数据库 xs，在对象【视图】上单击鼠标右键，在弹出的快捷菜单中选择【新建视图】命令，如图 7-1 所示。也可以在右边的窗格中用鼠标右键单击【视图】对象，在弹出的快捷菜单中选择【新建视图】命令。

（2）在出现的图 7-2 所示的对话框中添加表。选择与视图相关的基本表 XSDA，单击【添加】按钮，选择完毕，单击【关闭】按钮返回到上一级窗口，如图 7-3 所示。

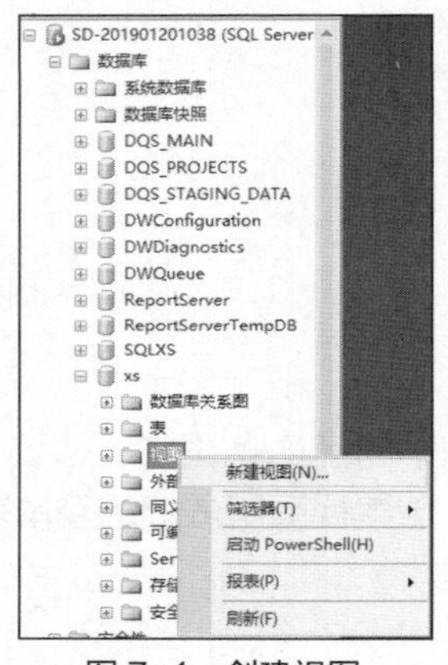

图 7-1　创建视图

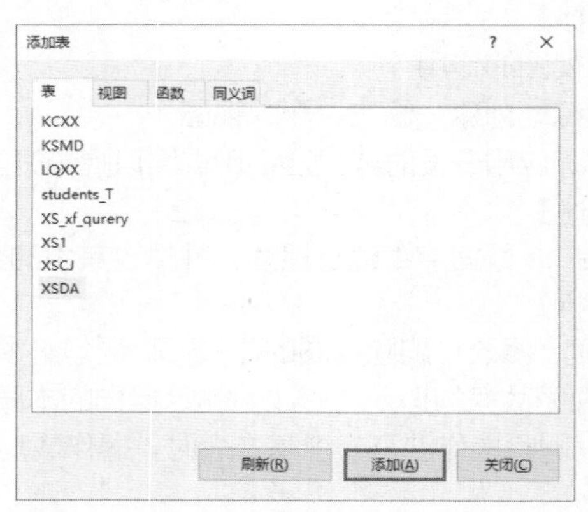

图 7-2　选择【添加表】

（3）在图 7-3 所示的窗口的第 2 个窗格中选择所需的字段，根据需要指定列的别名、排序方式和规则等，如图 7-4 所示。

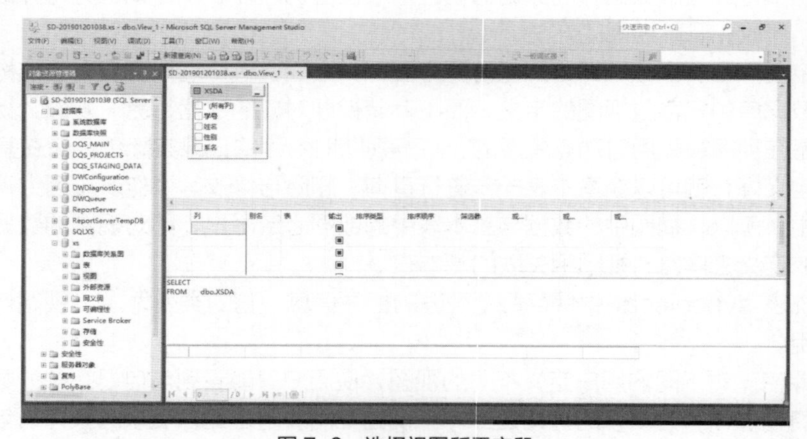

图 7-3　选择视图所需字段

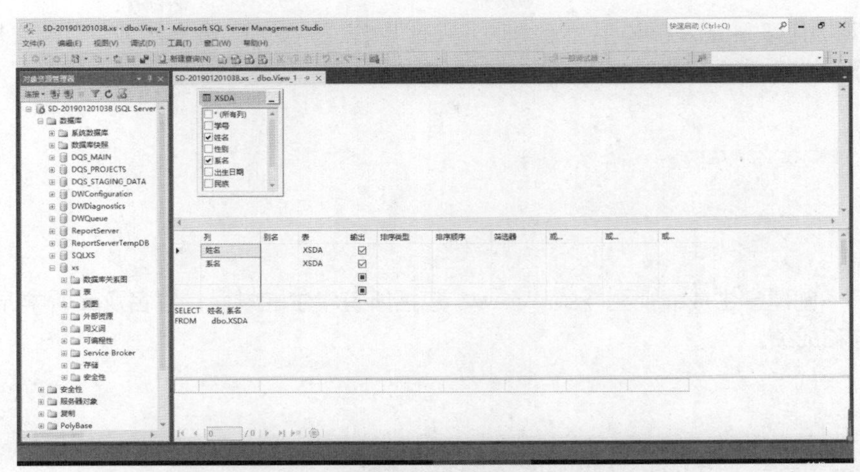

图 7-4　选择列

注意　当视图中需要一个与原字段不同名的字段或视图中包含计算列时，必须指定别名。

（4）单击【保存】按钮，出现图 7-5 所示的【选择名称】对话框，输入视图名称，单击【确定】按钮退出。

2. 使用 T-SQL 语句创建视图

在 T-SQL 语句中，创建视图使用 CREATE VIEW 语句。

语法格式：

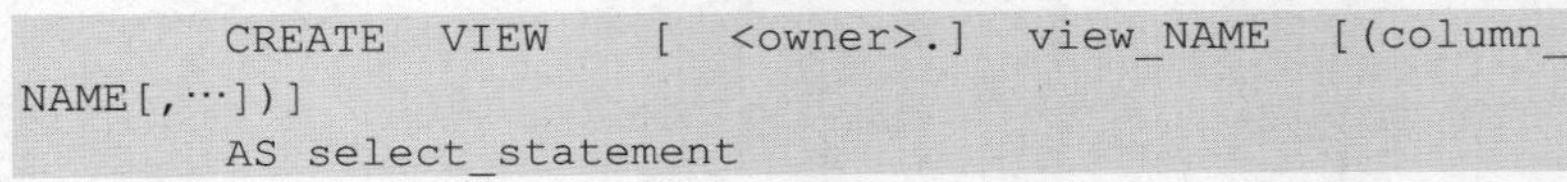

```
    CREATE  VIEW   [ <owner>.] view_NAME  [(column_
NAME[,…])]
    AS select_statement
```

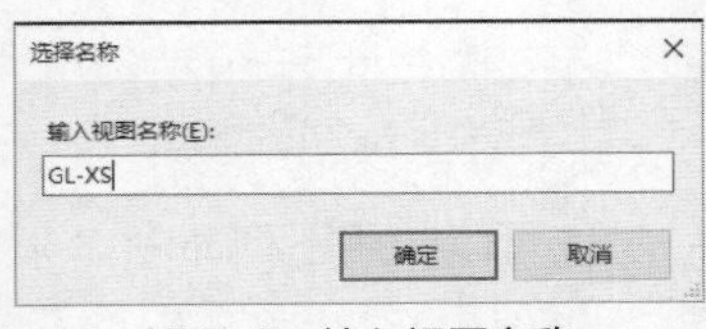

图 7-5　输入视图名称

参数说明如下。

（1）view_name 是需要创建的视图的名称，视图名称应符合 T-SQL 标识符的命名规则，并且不能与其他的数据库对象同名。可以选择是否指定视图所有者名称。

（2）column_name 是视图中的列名，它是视图中包含的列名。当视图中使用与源表（或视图）相同的列名时，不必给出 column_name。

但在以下情况中必须指定列名：当列是从算术表达式、函数或常量派生的时，两个或更多的列可能会具有相同的名称（通常是因为连接），视图中的某列被赋予了不同于派生来源列的名称时，列名也可以在 SELECT 语句中通过别名指派。

（3）select_statement 是定义视图的 SELECT 语句，可在 SELECT 语句中查询多个表或视图，以表明新创建的视图所参照的表或视图。

注意事项如下。

① 创建视图的用户必须对所参照的表或视图有查询权限，即可以执行 SELECT 语句。

② 创建视图时，不能使用 COMPUTE、COMPUTE BY、INTO 子句，也不能使用 ORDER BY 子句，除非在 SELECT 语句的选择列表中包含一个 TOP 子句。

③ 不能在临时表或表变量上创建视图。

④ 不能为视图定义全文索引。

⑤ 可以在其他视图的基础上创建视图，SQL Server 2016 允许嵌套视图，但嵌套层次不得超过 32 层。

⑥ 不能将 AFTER 触发器与视图相关联，只有 INSTEAD OF 触发器才可以与之相关联。

【例 7-1】 创建 SSMZ_VIEW，内容包括所有非“汉族”的学生。

```
USE xs
GO
CREATE VIEW SSMZ_VIEW
AS
SELECT *
FROM XSDA
WHERE 民族<>'汉'
```

【例 7-2】 创建学生成绩视图 xscj_view，包括所有学生的学号、姓名及其所学课程的课程编号、课程名称和成绩。

```
USE xs
GO
CREATE VIEW xscj_view
AS
SELECT XSDA.学号,姓名,KCXX.课程编号,课程名称,成绩
FROM XSDA,XSCJ,KCXX
WHERE XSDA.学号=XSCJ.学号 AND KCXX.课程编号=XSCJ.课程编号
```

创建视图时，所基于的源也可以是一个或多个视图。

【例 7-3】 创建学生平均成绩视图 avg_view，内容包括学生的学号、姓名、平均成绩。注意视图列名的指定。

```
CREATE VIEW avg_view
AS
SELECT 学号,姓名,AVG(成绩) AS 平均成绩
FROM xscj_view
GROUP BY 学号,姓名
```

也可以使用下列命令。

```
CREATE VIEW avg_view(学号,姓名,平均成绩)
AS
SELECT 学号,姓名,AVG(成绩)
FROM xscj_view
GROUP BY 学号,姓名
```

注意 以下是一个不能成功创建视图的例子，请大家思考。

```
CREATE VIEW ASC_view
AS
SELECT 学号,姓名,平均成绩
FROM avg_view
ORDER BY 平均成绩
```

以上语句执行完毕后，系统提示如下错误信息。

```
消息 1033,级别 15,状态 1,过程 ASC_view,第 3 行
```

除非另外还指定了 TOP 或 FOR XML，否则，ORDER BY 子句在视图、内联函数、派生表、子查询和公用表表达式中无效。

任务 1-3 修改视图

视图作为数据库的一个对象，它的修改包含两个方面的内容，其一是修改视图的名称，其二是修改视图的定义。视图的名称可以通过系统存储过程 SP_RENAME 来修改。在本任务中，主要讨

论视图定义的修改，修改视图特指视图定义的修改。

1. 使用 SSMS 修改视图

前面已经讲过，视图是一个虚表。视图的很多操作可以看作表。在 SSMS 中完成视图的修改。

下面将 GL_XS 视图内容修改为管理系学生的全部档案，操作步骤如下。

（1）在 SSMS 中，展开 xs 数据库，选中视图，该数据库中所有的视图对象出现在左边的窗格中，如图 7-6 所示。

（2）选中 GL_XS，单击鼠标右键，在弹出的快捷菜单中，选中【设计】命令，弹出图 7-7 所示的窗口。

（3）下面的操作与创建视图类似，可以根据需要，在第 1 个窗格中添加或删除表，在第 2 个窗格选择列与指定列的别名、排序方式和规则等。在这里，将 XSDA 表中的其他列添加到视图中，还可以根据需要调整各列的排列顺序，如图 7-8 所示。

（4）修改完毕，按【保存】按钮保存并退出即可。

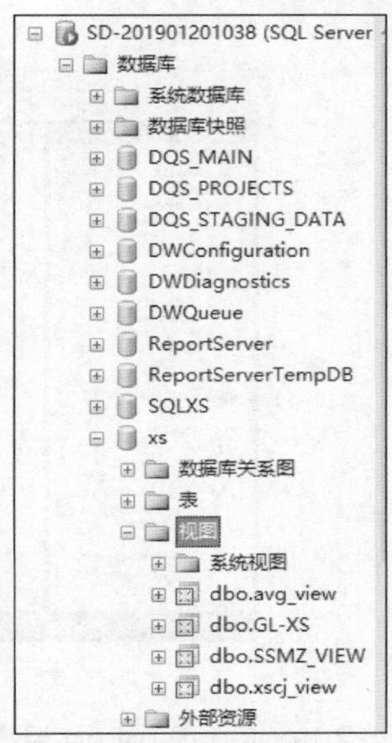

图 7-6　选中视图对象

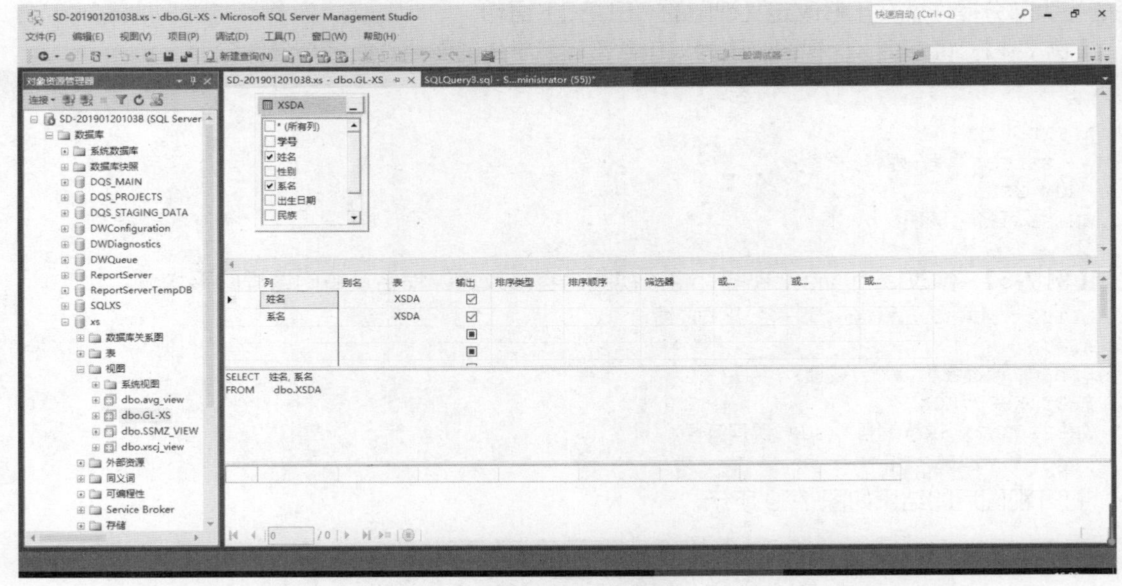

图 7-7　设计视图

2. 使用 T-SQL 语句修改视图

视图的修改不仅可以通过 SSMS 实现，也可以通过 T-SQL 语句的 ALTER VIEW 命令来完成。

语法格式：

```
ALTER VIEW  [ < owner > .] view_NAME [(column_NAME[,…])]
    AS select_statement
```

参数说明如下。

（1）view_name 是需要修改视图的名称，它必须是一个已存在于数据库中的视图名称，此名称在修改视图操作中是不能改变的。

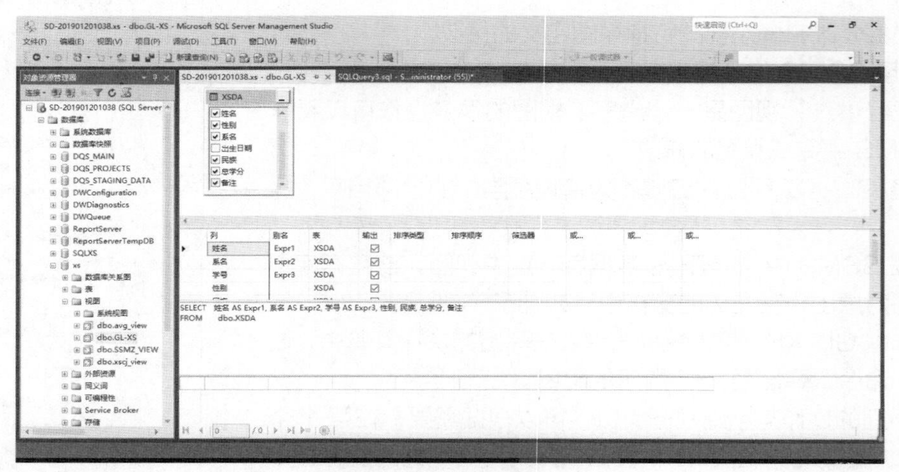

图 7-8　修改视图

（2）column_name 是需要修改视图中的列名，这部分内容可以根据需要修改。

（3）select_statement 是定义视图的 SELECT 语句，这是修改视图定义的主要内容。修改视图的绝大部分操作就在于修改定义视图的 SELECT 语句。

【例 7-4】 将 GL_XS 视图修改为只包含管理系学生的学号、姓名与总学分。

```
USE xs
GO
ALTER VIEW GL_XS
AS SELECT 学号,姓名,总学分
FROM XSDA
WHERE 系名='管理'
GO
```

【例 7-5】 修改 avg_view 视图，将该视图内容修改为课程名及每门课程的平均分。

```
ALTER VIEW avg_view(课程名,平均成绩)
AS
SELECT 课程名称,AVG(成绩)
FROM XSCJ,KCXX
WHERE KCXX.课程编号=XSCJ.课程编号
GROUP BY 课程名称
```

打开视图后的结果如图 7-9 所示。

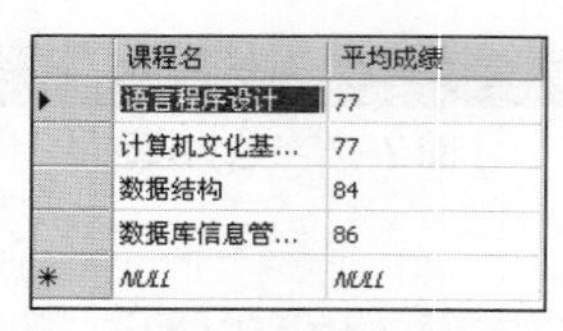

课程名	平均成绩
语言程序设计	77
计算机文化基...	77
数据结构	84
数据库信息管...	86
NULL	NULL

图 7-9　avg_view 视图

任务 1-4　删除视图

当一个视图基于的基本表或视图不存在时，这个视图不再可用，但这个视图在数据库中还存在着。删除视图是指将视图从数据库中去除，数据库中不再存储这个对象，除非再重新创建它。当一个视图不再需要时，应该将它删除。删除视图既可以在 SSMS 中完成，也可以使用 T-SQL 语句完成。

1. 使用 SSMS 删除视图

在 SSMS 中删除视图的操作方法如下。

（1）展开数据库与视图，出现图 7-6 所示的窗口。

（2）在需要删除的视图上单击鼠标右键，在弹出的快捷菜单中选择【删除】命令，出现图 7-10 所示的【删除对象】窗口，选中指定的视图，单击【确定】按钮即可。

2. 使用 T-SQL 语句删除视图

使用 T-SQL 语句删除视图的语法格式如下。

```
DROP  VIEW  view_NAME[,…n]
```

其中，view_name 是需要删除视图的名称，当一次删除多个视图时，视图名之间用逗号隔开。

【例 7-6】 删除【例 7-1】创建的少数民族视图 SSMZ_VIEW。

```
USE xs
GO
DROP VIEW SSMZ_VIEW
```

【例 7-7】 删除【例 7-3】创建的平均分的视图 avg_view。

当不能确认所操作的数据库对象一定存在时，可以首先使用条件判断。

```
IF EXISTS (SELECT * FROM sysobjects WHERE NAME='xsavg_view' AND TYPE='V' )
DROP VIEW xsavg_view
```

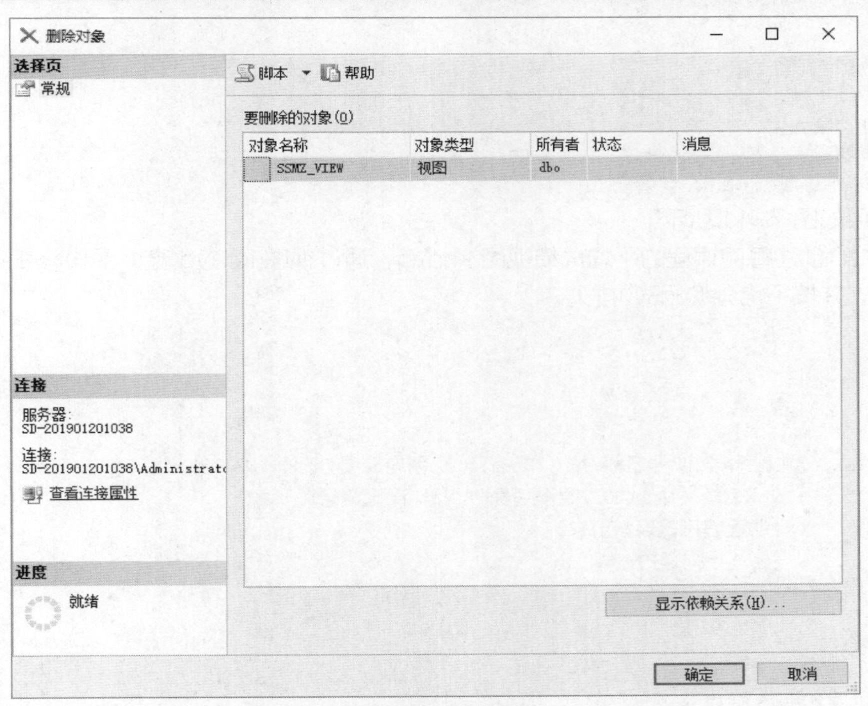

图 7-10　删除视图

任务 1-5　使用视图操作表数据

视图是一个虚拟表。视图定义过后其将作为一个数据库对象存在，对视图就可以像对基本表一样进行操作了。基本表的操作包括查询、插入、修改与删除，视图同样可以进行这些操作，并且所使用的插入、修改、删除命令的语法格式与表的操作完全一样。

视图的建立可能基于一个基本表，也可能基于多个基本表。所以，在做插入、修改与删除这些更新操作时一定要注意，每一次更新操作只能影响一个基本表的数据，否则操作不能完成。

使用视图操作表数据，既可以在 SSMS 中通过单击鼠标操作完成，操作方法与对表的操作方法基本相同，也可以通过 T-SQL 语句完成。本任务主要讨论通过 T-SQL 语句实现的方法。

1. 查询数据

视图的一个重要作用就是简化查询，为复杂的查询建立一个视图，用户不必键入复杂的查询语句，只需针对此视图做简单的查询即可。查询视图的操作与查询基本表一样。

【例 7-8】 创建学生平均成绩视图 xsavg，通过视图 xsavg 查询平均分在 70 分及以上学生的情况，并按平均分降序（Descending order，DESC）排列，当平均分相同时，按学号升序（Ascending order，ASC）排列。

```
USE xs
GO
--创建视图 xsavg
CREATE VIEW xsavg
AS
SELECT XSDA.学号,姓名,AVG(成绩) AS 平均成绩
FROM XSDA JOIN XSCJ ON XSDA.学号=XSCJ.学号
GROUP BY XSDA.学号,姓名
GO
--按要求查询视图
SELECT *
FROM  xsavg
WHERE 平均成绩>=70
ORDER BY 平均成绩 DESC,学号
```

查询结果如图 7-11 所示。

【例 7-9】 创建每门课程的平均成绩视图 kcavg，通过视图 kcavg 查询平均分在 75 分及以上的课程情况，并按平均分 DESC 排列。

```
USE xs
GO
--创建视图 kcavg
CREATE VIEW kcavg
AS
SELECT KCXX.课程编号,课程名称,AVG(成绩) AS 平均成绩
FROM KCXX JOIN XSCJ ON KCXX.课程编号=XSCJ.课程编号
GROUP BY KCXX.课程编号,课程名称
GO
--按要求查询视图
SELECT *
FROM  kcavg
WHERE 平均成绩>=75
ORDER BY 平均成绩 DESC
```

查询结果如图 7-12 所示。

2. 插入数据

向视图插入数据时，使用 INSERT 语句命令。语法格式与表操作一致。

【例 7-10】 向视图 SSMZ_VIEW 插入一条新记录，各列的值分别为 201699、白云、女、信息管理、1996-10-20、苗、58。

```
USE xs
GO
```

```
INSERT INTO SSMZ_VIEW
VALUES('201699','白云','女','信息','1996-10-20','苗',58,NULL)
```

	学号	姓名	平均成绩
1	201602	刘林	92
2	201606	周新民	91
3	201703	孔祥林	90
4	201707	李刚	90
5	201601	王红	85
6	201604	方平	84
7	201607	王丽丽	83
8	201605	李伟强	75
9	201701	孙燕	75
10	201706	陈希	75
11	201702	罗德敏	70

图 7-11　视图 xsavg 的查询结果

	课程编号	课程名称	平均成绩
1	506	JSP动态网站设计	90
2	207	数据库信息管理系统	86
3	202	数据结构	84
4	104	计算机文化基础	77
5	108	C语言程序设计	77

图 7-12　视图 kcavg 的查询结果

查询插入记录后视图和基本表的结果。

```
--查询视图
SELECT *
FROM SSMZ_VIEW
GO
--查询原基本表
SELECT *
FROM XSDA
GO
```

得到的结果如图 7-13 所示。

	学号	姓名	性别	系名	出生日期	民族	总学分	备注
1	201604	方平	女	电子商务	1997-08-11 00:00:00.000	回	62	转专业学习
2	201606	周新民	男	信息	1996-01-20 00:00:00.000	回	72	NULL
3	201699	白云	女	信息	1996-10-20 00:00:00.000	苗	58	NULL
4	201705	刘林	男	管理	1996-05-30 00:00:00.000	回	64	改专业学习

	学号	姓名	性别	系名	出生日期	民族	总学分	备注
1	201601	王红	女	信息	1996-02-14 00:00:00.000	汉	70	NULL
2	201602	刘林	男	管理	1996-05-20 00:00:00.000	汉	64	改专业学习
3	201603	曹红雷	男	信息	1995-09-24 00:00:00.000	汉	60	NULL
4	201604	方平	女	电...	1997-08-11 00:00:00.000	回	62	转专业学习
5	201605	李伟强	男	信息	1995-11-14 00:00:00.000	汉	70	NULL
6	201606	周新民	男	信息	1996-01-20 00:00:00.000	回	72	NULL
7	201607	王丽丽	女	信息	1997-06-03 00:00:00.000	汉	70	NULL
8	201608	李忠诚	男	信息	1998-09-10 00:00:00.000	汉	70	NULL
9	201699	白云	女	信息	1996-10-20 00:00:00.000	苗	58	NULL
10	201701	孙燕	女	管理	1997-05-20 00:00:00.000	汉	64	NULL
11	201702	罗德敏	男	管理	1998-07-18 00:00:00.000	汉	74	NULL
12	201703	孔祥林	男	管理	1997-05-20 00:00:00.000	汉	64	NULL
13	201704	王华	女	管理	1997-04-16 00:00:00.000	汉	70	三好生
14	201705	刘林	男	管理	1996-05-30 00:00:00.000	回	64	改专业学习
15	201706	陈希	女	管理	1997-03-22 00:00:00.000	汉	70	NULL
16	201707	李刚	男	管理	1998-05-20 00:00:00.000	汉	64	NULL

图 7-13　查询 SSMZ_VIEW 视图的结果与查询 XSDA 基本表的结果比较

比较查询后的结果可以看出，向视图插入记录真正影响的是基本表，原因就是视图是一个虚拟表，视图中的数据不存储。

注意 当视图依赖的基本表有多个时，不能向该视图插入数据。

【例7-11】 向学生成绩视图XSCJ_VIEW中插入新记录，XSCJ_VIEW视图中包括学生的学号、姓名及其所学课程的课程编号、课程名称和成绩。新记录各列的值分别为201688、江涛、104、计算机文化基础、65。

```
--视图xscj_view中的列分别来自两个表XSDA和XSCJ
USE xs
GO
INSERT INTO xscj_view
VALUES('201688','江涛','男','104','计算机文化基础',65)
```

执行后系统提示如下错误信息。

消息4405，级别16，状态1，第3行

视图或函数'xscj_view' 不可更新，因为修改会影响多个基本表。

3. 修改数据

使用UPDATE语句可以通过视图修改基本表中的数据。语法格式与表操作一致。

【例7-12】 通过SSMZ_VIEW视图将学号为201699学生的姓名改为“白小云”，民族改为“满”。

```
USE xs
GO
UPDATE SSMZ_VIEW
SET 姓名='白小云',民族='满'
WHERE 学号='201699'
--查询结果
SELECT * FROM SSMZ_VIEW
```

【例7-13】 通过学生成绩视图XSCJ_VIEW将所有学生的“C语言程序设计”的成绩减去2分。

```
USE xs
SELECT *
FROM xscj_view
WHERE 课程名称='C语言程序设计'
--修改数据记录
UPDATE xscj_view
SET 成绩=成绩-2
WHERE 课程名称='C语言程序设计'
--查询结果
SELECT *
FROM  xscj_view
WHERE 课程名称='C语言程序设计'
```

【例7-13】中对xscj_view视图中成绩列的修改实际仍作用于基本表XSDA表。当对视图的修改涉及一个基本表时，该修改能够成功执行；当修改涉及多个基本表时，修改失败。

思考：通过xscj_view视图，将学号201601改为201600，观察XSDA表及xscj_view视图中相关数据的变化。该修改将导致数据库中XSDA表与XSCJ表中的学号字段不一致。关于表间数据的一致性可通过参照完整性实现。要是用外键在XSDA表和XSCJ表上定义了参照完整性，那么这种修改不成功。

4. 删除数据

使用DELETE语句可以通过视图修改基本表的数据。语法格式与表操作一致。

【例 7-14】 通过视图 SSMZ_VIEW 删除姓名为“白小云”的记录。

```
USE xs
SELECT *
FROM XSDA
--删除数据记录
DELETE SSMZ_VIEW WHERE 姓名='白小云'
--查询结果
SELECT * FROM  XSDA
```

删除视图数据涉及多个基本表时，删除操作不成功。

任务 1-6 完成综合任务

（1）依据 XSDA 表创建 JSJ_XS 视图，内容包括所有信息系的学生。

```
USE xs
GO
CREATE VIEW JSJ_XS
AS
SELECT *
FROM XSDA
WHERE 系名='信息'
GO
```

（2）依据 XSDA 表和 XSCJ 表创建 AVG_XS 视图，该视图包含每个学生的学号、姓名、平均成绩。

```
USE xs
GO
CREATE VIEW v_avg
AS
SELECT 学号,AVG(成绩)  '平均成绩'
FROM XSCJ
GROUP BY 学号
CREATE VIEW AVG_XS
AS
SELECT v_avg.学号,姓名,平均成绩
FROM XSDA,v_avg
WHERE XSDA.学号=v_avg.学号
GO
```

当然也可以参看例题完成本题，总之要借助一个中间视图才能完成。

（3）向 JSJ_XS 视图中插入一条新记录，其各列的值分别为 201610、李立、男、信息、1996-6-23、满、60、NULL。

```
INSERT INTO JSJ_XS
VALUES('201610','李立','男','信息','1996-6-23','满',60,null)
```

（4）依据 JSJ_XS 视图查询所有信息系的女学生。

```
SELECT *
FROM JSJ_XS
WHERE 系名='信息' AND 性别='女'
```

（5）依据 JSJ_XS 视图为所有信息系学生的总学分加 2 分。

```
UPDATE JSJ_XS
SET 总学分=总学分+2
--查询结果
SELECT *
FROM JSJ_XS
```

（6）依据 JSJ_XS 视图，删除步骤（3）中新添加的记录。

```
DELETE JSJ_XS WHERE 学号='201610'
```

（7）修改 AVG_XS 视图，该视图包含每个学生的学号、姓名、课程编号、课程名称、平均成绩。

```
ALTER VIEW AVG_XS
AS
SELECT v_avg.学号,姓名,v_avg.课程编号,课程名称,平均成绩
FROM XSDA,v_avg,KCXX
where XSDA.学号=v_avg.学号 and KCXX.课程编号=v_avg.课程编号
GO
```

（8）删除以上建立的两个视图。

```
DROP VIEW JSJ_XS
DROP VIEW AVG_XS
```

任务 2 创建与管理索引

【任务目标】

- 学会使用对象资源管理器 SSMS 创建索引
- 学会使用 T-SQL 语句创建索引
- 学会修改和删除索引

创建与管理索引

【任务描述】

按需求在 xs 数据库中完成与索引相关的操作。

【任务分析】

创建索引有使用 SSMS 和 T-SQL 语句两种方法，但同名索引只能创建一次，可以使用 SSMS 完成一次综合任务后，删除这些索引，然后再使用 T-SQL 语句完成一次；也可以加上编号，如使用 T-SQL 语句创建索引 xsda_xh_idx，使用 SSMS 创建索引 xsda_xh_idx1。请读者练习这两种方法。

任务 2-1 创建索引

1. 索引的用途

索引是加快检索表中数据的方法。表的索引类似于图书的索引。在图书中，索引能帮助读者无需阅读全书就可以快速地查找到所需的信息。在数据库中，索引也允许数据库程序迅速地找到表中的数据，而不必扫描整个表。在图书中，索引就是内容和相应页码的清单。在数据库中，索引就是表中数据和相应存储位置的列表。索引可以大大减少数据库管理系统查找数据的时间。

SQL Server 中一个表的存储是由数据页和索引页两部分组成的，索引部分从索引码开始。数据页用来存放除了文本和图像数据以外的所有与表的某一行相关的数据，索引页包含组成特定索引的列中的数据。索引是一个单独的、物理的数据库结构，它是某个表中一列或若干列的值的集合和相应指向表中物理标识这些值的数据页的逻辑指针清单，如表 7-1 所示。通常，索引页面的数据量相对于数据页面来说小得多。当进行数据检索时，系统先搜索索引页面，从索引项中找到所需数据的指针，再直接通过指针从数据页面中读取数据。

在数据库中创建索引可以极大地提高系统的性能，主要表现如下。

（1）快速存取数据。

（2）保证数据记录的唯一性。

（3）实现表与表之间的参照完整性。

（4）在使用分组和排序子句进行数据检索时，利用索引可以减少排序和分组的时间。

表 7-1 索引项的构成

学生信息表							学号索引表	
	学号	姓名	性别	系名	出生日期	民族	索引码	指针
1	201601	王红	女	信息	1996-02-14	汉	11001	3
2	201602	刘林	男	信息	1996-05-20	汉	11002	11
3	201603	曹红雷	男	信息	1995-09-24	汉	11003	6
4	201604	方平	女	信息	1997-08-11	回	11004	9
5	201605	李伟强	男	信息	1995-11-14	汉	11005	2
6	201606	周新民	男	信息	1996-01-20	回	11006	1
7	201607	王丽丽	女	信息	1997-06-03	汉	11007	7
8	201701	孙燕	女	管理	1997-05-20	汉	11008	10
9	201702	罗德敏	男	管理	1998-07-18	汉	11009	8
10	201703	孔祥林	男	管理	1996-05-20	汉	11010	4
11	201704	王华	女	管理	1997-04-16	汉	11011	5
	数据页						索引页	

不过，索引虽然为提高系统性能带来了好处，但是使用索引也是有代价的。例如，使用索引存储地址将占用磁盘空间，在执行数据的插入、修改和删除操作时，为了自动维护索引，SQL Server将花费一定的时间，因此，要合理设计索引。

2. 索引分类

SQL Server 中的索引按组织方式可以分为聚集索引和非聚集索引。

创建聚集索引后，表中数据行的物理存储顺序与索引顺序完全相同，因此每个表只能创建一个聚集索引，而且最好在其他非聚集索引建立前建立聚集索引，以免因物理顺序的改变而使 SQL Server 重新构造非聚集索引。

当表中保存有连续值的列时，在这些列上建立聚集索引最有效，因为当使用聚集索引快速找到一个值时，其他连续的值自然就在附近。

非聚集索引不改变表中数据行的物理存储顺序，数据与索引分开存储。在非聚集索引中仅包含索引值和指向数据行的指针。

3. 使用 SSMS 创建索引

【例 7-15】 在 XSDA 表上为“学号”字段添加非唯一的非聚集索引，将该索引命名为 IX_XSDA，升序排列。

创建索引的步骤如下。

（1）启动 SSMS 工具，在【对象资源管理器】中依次展开各节点到数据库 xs 下的【表】节点。

（2）展开 XSDA 表，在【索引】项上单击鼠标右键，在快捷菜单中选择【新建索引】→【聚集索引】命令，如图 7-14 所示。

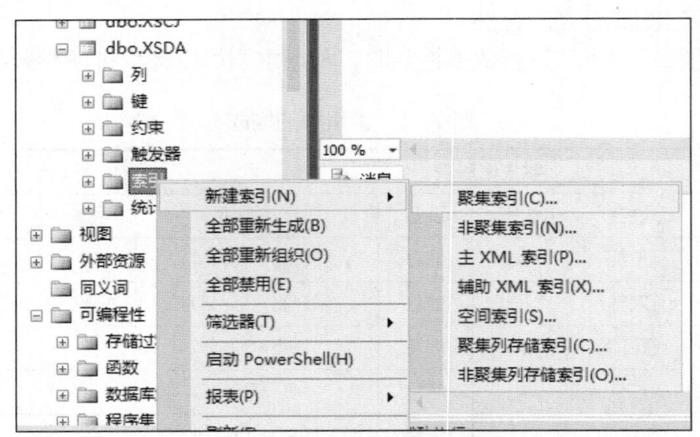

图 7-14　在快捷菜单中选择【新建索引】命令

（3）在打开的【新建索引】窗口中输入索引名称 IX_XSDA，在【索引类型】选项区勾选“唯一”复选框，如图 7-15 所示。

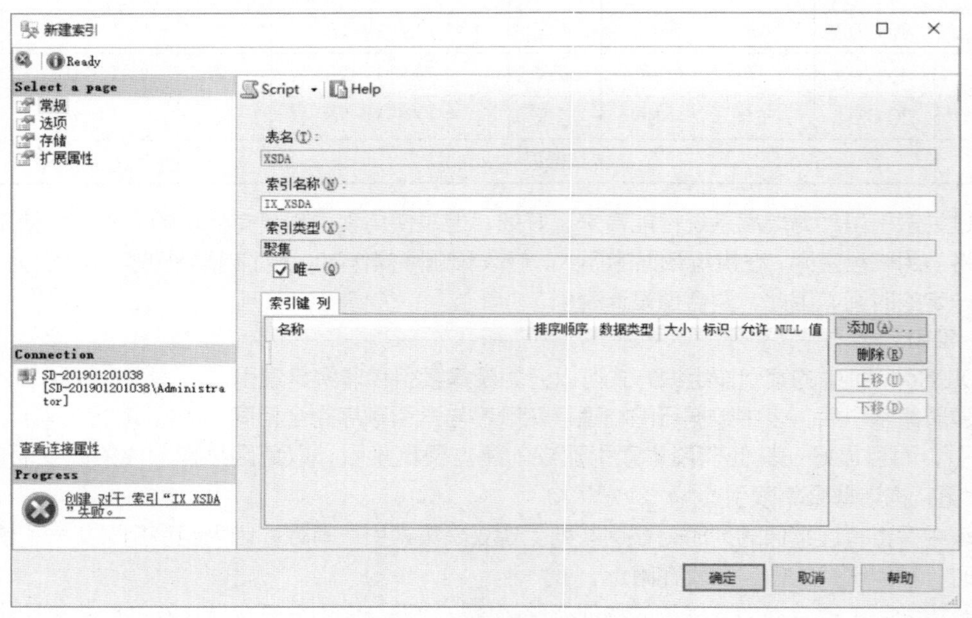

图 7-15 【新建索引】窗口

（4）单击【添加】按钮，在弹出的【从“dbo.XSDA”中选择列】窗口中选择“学号”列，如图 7-16 所示，单击【确定】按钮。

（5）返回到【新建索引】窗口，其中【排序顺序】列用于设置索引的排列顺序，默认为【升序】，如图 7-17 所示。

（6）单击【确定】按钮，完成索引的创建过程。

在 SSMS 的【对象资源管理器】中，展开【数据库】→【表】→dbo.XSDA→【索引】项，用鼠标右键单击某个索引名称，选择【编写索引脚本为】→【CREATE 到】→【新查询编辑器窗口】命令，就可以查看到索引的定义语句，如图 7-18 所示。

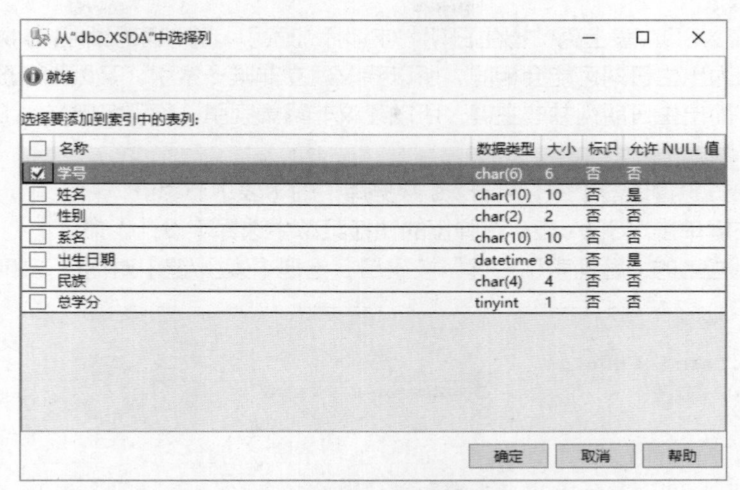
图 7–16　添加索引列

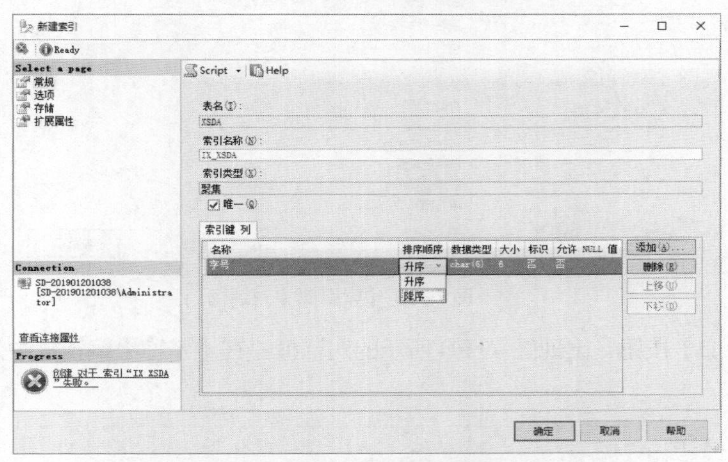
图 7–17　设置索引顺序

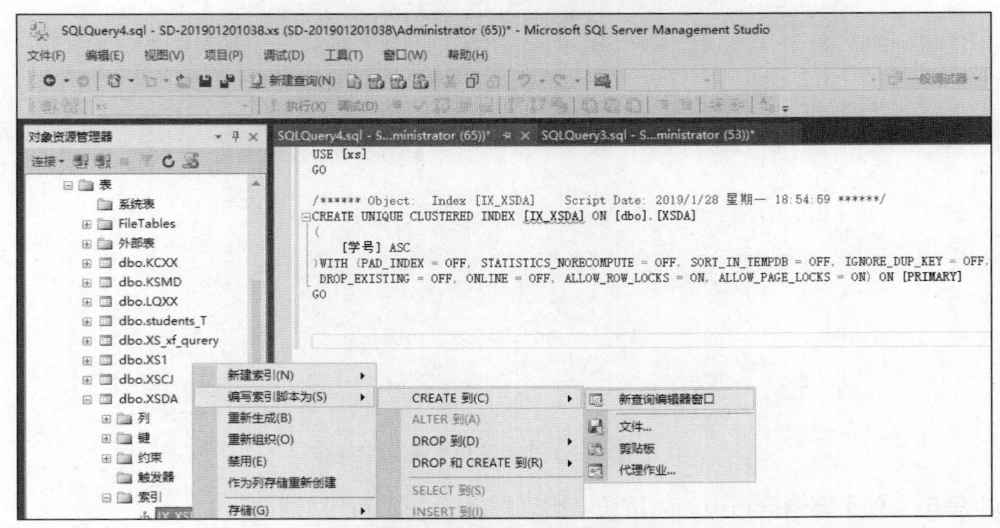
图 7–18　查看索引的定义语句

【例 7-16】 在 XSDA 表上为“出生日期”字段添加索引，将该索引命名为 IX_birthday。

实例分析：因为出生日期可能会相同，所以建议建立非唯一索引。又因为一般都是基于主键列作为聚集索引列，而出生日期列并非主键，所以建议非聚集索引，索引名定义为 IX_birthday。

创建索引的步骤如下。

（1）在【对象资源管理器】中，展开 xs 数据库下的【表】节点。

（2）用鼠标右键单击 XSDA 表，在弹出的快捷菜单中选择【设计】命令。

（3）单击工具栏上的“管理索引和键”按钮，出现【索引/键】对话框，如图 7-19 所示。

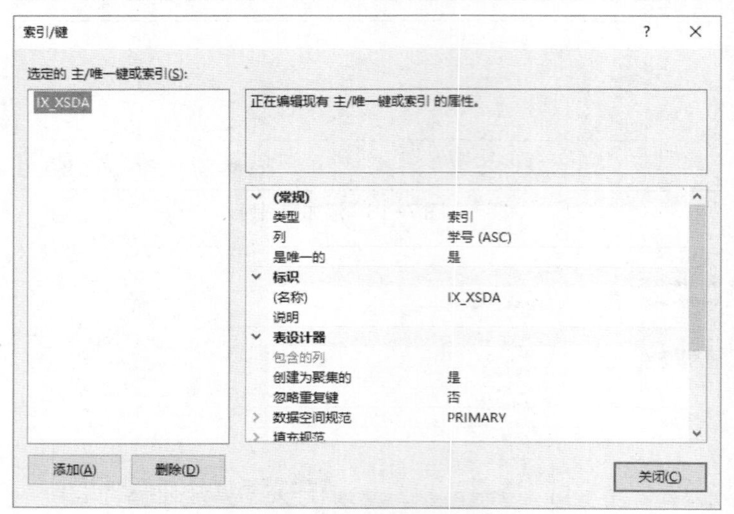

图 7-19 【索引/键】对话框

（4）单击【添加】按钮，出现图 7-20 所示的对话框。在【名称】编辑框中为索引命名，这里输入 IX_birthday。

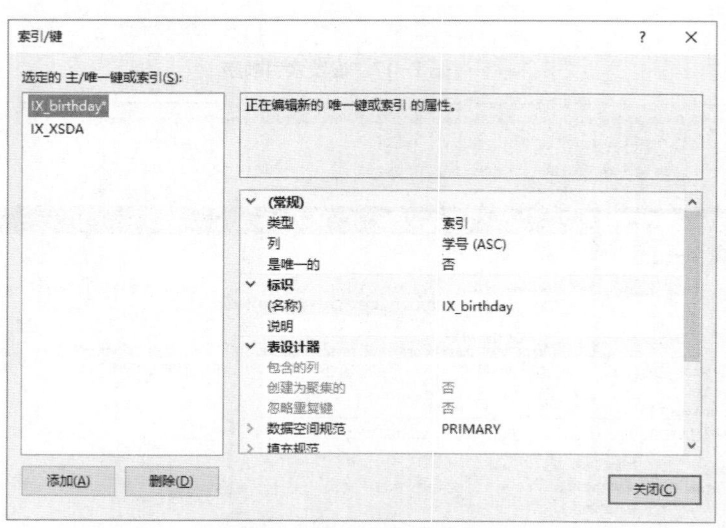

图 7-20 【索引/键】属性对话框

（5）单击【列】编辑框右边的...按钮，出现图 7-21 所示的对话框。

（6）在【列名】中选择出生日期。

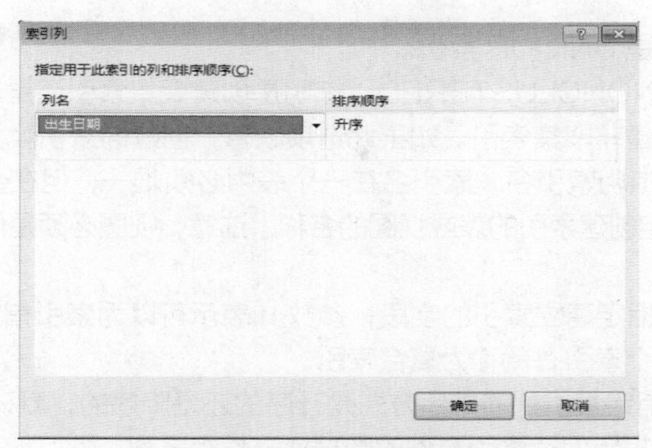

图 7-21 【索引列】对话框

可以选择一列或者多列，如果只选择一列，就是单一索引；如果选择了多列，就是复合索引。

（7）在【排序顺序】中选择索引排序规则，可以是 ASC 或 DESC。这里选择 ASC。

（8）单击【确定】按钮。

（9）【是唯一的】用于设置是否创建唯一索引，因为这里是创建非唯一索引，所以保持默认值【否】。

（10）设置完毕的效果如图 7-22 所示。

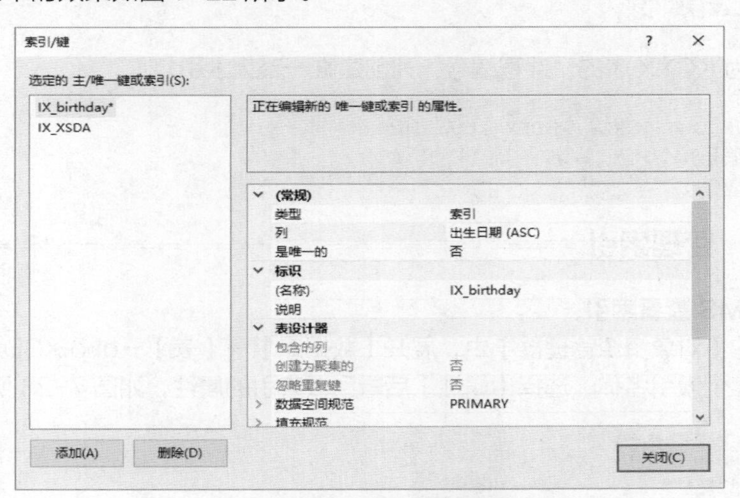

图 7-22 设置完毕后的索引

（11）单击【关闭】按钮。

（12）单击 SSMS 工具栏上的【保存】按钮。

4. 使用 T-SQL 语句创建索引

使用 T-SQL 语句的 CREATE INDEX 语句可以创建索引。

语法格式：

```
CREATE [UNIQUE][CLUSTERED|NONCLUSTERED]
INDEX index_name ON {table|view}(column[ASC|DESC][,...n])
[ON filegroup]
```

参数说明如下。

（1）UNIQUE。创建一个唯一索引，即索引项对应的值无重复值。在列包含重复值时不能创建唯一索引。如果使用此项，就应确定索引包含的列不允许为 NULL 值，否则在使用时会经常出错。

视图创建的聚集索引必须是 UNIQUE 索引。

（2）CLUSTERED|NONCLUSTERED。指明是创建聚集索引还是非聚集索引，前者表示创建聚集索引，后者表示创建非聚集索引。如果此选项缺省，创建的索引就为非聚集索引。

（3）index_name。指明索引名，索引名在一个表中必须唯一，但在数据库中不必唯一。

（4）table|view。指定创建索引的表或视图的名称。注意，视图必须是使用 SCHEMABINDING 选项定义过的。

（5）column[,...n]。指定建立索引的字段，参数 n 表示可以为索引指定多个字段。如果使用两个或两个以上的列组成一个索引，就称为复合索引。

（6）ASC|DESC。指定索引列的排序方式是升序的还是降序的，默认为 ASC。

（7）ON filegroup。指定保存索引文件的数据库文件组名称。

【例 7-17】 为 xs 数据库中 XSDA 表的“学号”列创建索引。

```
USE xs
CREATE INDEX xh_ind
ON XSDA(学号)
GO
```

【例 7-18】 根据 XSCJ 表的“学号”列和“课程编号”列创建复合索引。

```
USE xs
CREATE INDEX xh_kcbh_ind
ON XSCJ(学号,课程编号)
GO
```

【例 7-19】 为 KCXX 表的“课程编号”列创建唯一聚集索引。

```
USE xs
CREATE UNIQUE CLUSTERED INDEX kcbh_ind
ON KCXX(课程编号)
GO
```

任务 2-2 管理索引

1. 使用 SSMS 查看索引

在 SSMS 的【对象资源管理器】中，展开【数据库】→【表】→dbo.XSDA→【索引】项，用鼠标右键单击某个索引名称，选择【属性】后看到该索引的属性，如图 7-23 所示。

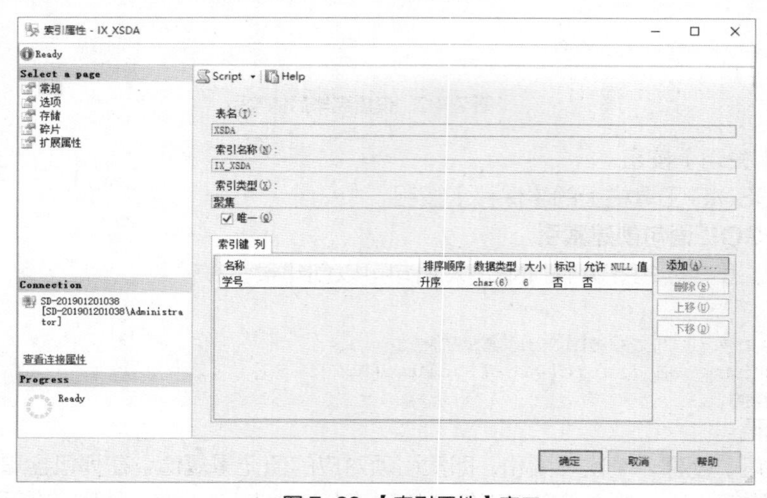

图 7-23 【索引属性】窗口

2. 使用 T-SQL 语句查看索引

可以使用 T-SQL 语句的 sp_helpindex 命令查看索引。

语法格式：

```
sp_helpindex [@objname=] 'NAME'
```

【例 7-20】 查看 XSDA 表中的索引情况。

```
sp_helpindex XSDA
```

得到图 7-24 所示的结果。

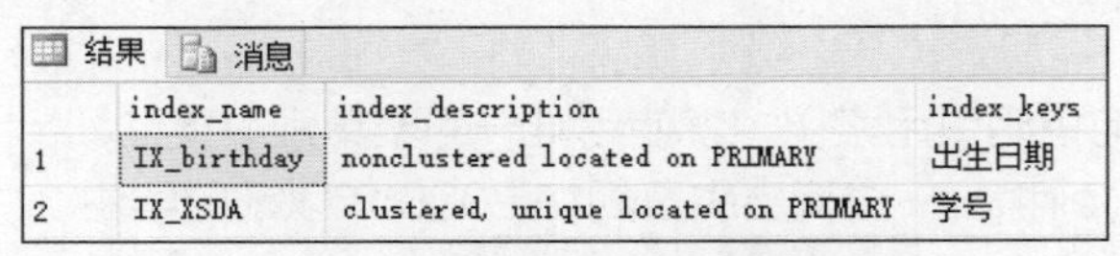

	index_name	index_description	index_keys
1	IX_birthday	nonclustered located on PRIMARY	出生日期
2	IX_XSDA	clustered, unique located on PRIMARY	学号

图 7-24　用命令查看索引

3. 使用 SSMS 修改索引

当索引不满足需求时，可以通过 SSMS 和 T-SQL 语句两种方式来修改索引。

在【对象资源管理器】中，展开【数据库】→【表】，再展开该索引所属的表，最后展开【索引】。用鼠标右键单击要修改的索引，然后单击【属性】命令，在弹出的图 7-23 所示的【索引属性】窗口中就可以修改索引了。具体操作较为简单，读者自己操作即可。

4. 重命名索引

可以使用 SSMS 和 T-SQL 语句重命名索引，使用 SSMS 与修改索引类似，不再赘述。使用 T-SQL 语句的 sp_rename 命令重命名索引的格式如下。

```
EXEC sp_rename 'table_name.old_index_name','new_index_name'
```

【例 7-21】 使用 T-SQL 语句将数据库的 XSDA 表的索引 IX_xm 重命名为 IX_name。

```
EXEC sp_rename 'XSDA.IX_xm','IX_name'
```

5. 使用 T-SQL 语句修改索引

语法格式：

```
sp_rename [ @objname = ] 'object_name' , [ @newname = ] 'new_name'[ , [ @objtype = ] 'object_type' ]
```

说明　此处 object_type 取值为 INDEX。

【例 7-22】 将 xs 数据库中的 XSDA 表的索引 PK_XSDA 重命名为 PK_DATA。

```
USE xs
EXEC sp_rename 'XSDA.PK_XSDA','PK_DATA','INDEX'
```

6. 删除索引

当一个索引不再需要时，可以将其从数据库中删除，以回收它当前使用的存储空间，便于数据库中的其他对象使用此空间。

可以使用 SSMS 和 T-SQL 语句来删除索引。这里只介绍使用 T-SQL 的 DROP INDEX 命令删除索引的方法。

语法格式：

```
DROP INDEX 'table.index|view.index'[,...n]
```

其中，table|view 是索引列所在的表或视图，index 为要删除索引的名称。

【例 7-23】 删除 XSDA 表中的索引 xh_ind。

```
USE xs
DROP INDEX XSDA.xh_ind
GO
```

任务 2-3　分析索引

1. 指明引用索引

语法格式：

```
SELECT 字段名表
FROM 表名表
WITH (INDEX(索引名))
WHERE 查询条件
```

如果不用 WITH 子句指明引用索引，就使用唯一的聚集索引查询。

【例 7-24】 使用 IX_birthday 查询出生日期在 2000 年以前的学生。

```
SELECT *
FROM XSDA
WITH(INDEX(IX_birthday))
WHERE 出生日期<='2000-1-1'
GO
```

执行结果如图 7-25 所示。

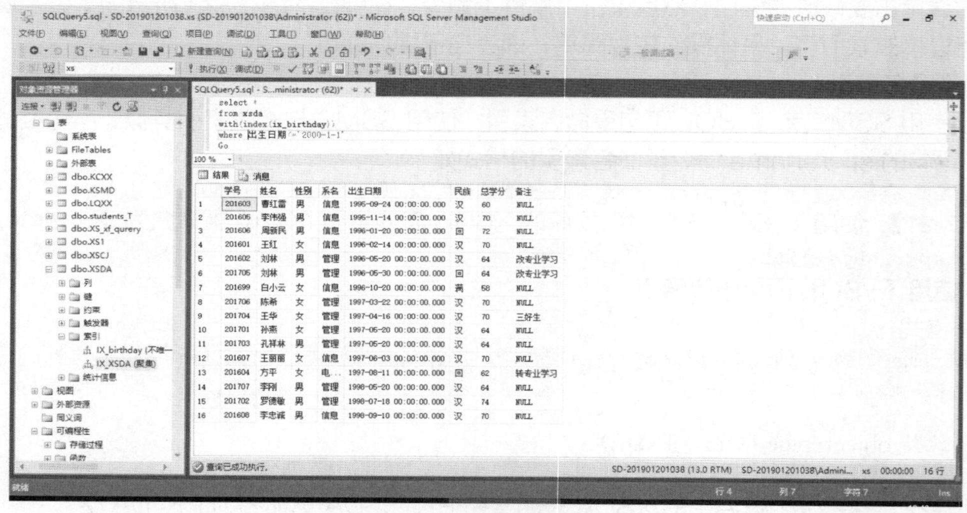

图 7-25　指明引用索引查询

2. 使用 SHOWPLAN_ALL 分析索引

建立索引的目的就是希望提高 SQL Server 查询数据的速度，如何才能检测查询使用了哪个索引呢？SQL Server 提供了多种分析索引和查询性能的方法，下面介绍常用的 SHOWPLAN_ALL 方法。

显示查询计划就是 SQL Server 将显示在查询的过程中连接表时执行的每个步骤，以及是否选择及选择了哪个索引，从而帮助我们分析有哪些索引被系统采用。

在查询语句中设置 SHOWPLAN_ALL 选项，可以选择是否让 SQL Server 显示查询计划。设置是否显示查询计划的命令如下。

```
SET SHOWPLAN_ALL ON|OFF
或
SET SHOWPLAN_TEXT ON|OFF
```

【例 7-25】 使用 IX_birthday 查询在 2000 年以前出生的学生，并分析哪些索引被系统采用。

```
SET SHOWPLAN_ALL ON
GO
SELECT *
FROM XSDA
WITH(INDEX(IX_birthday))
WHERE 出生日期<='2000-1-1'
GO
SET SHOWPLAN_ALL OFF
GO
```

执行结果如图 7-26 所示。

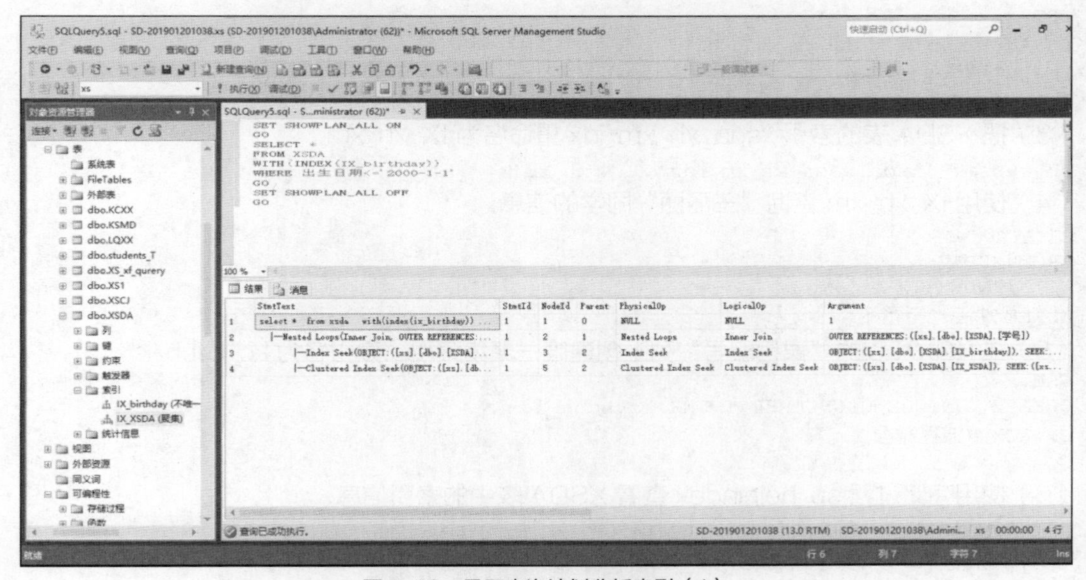

图 7-26　显示查询计划分析索引（1）

如果没有 with(index(IX_birthday))，就按照聚集索引 PX_XSDA 查询，如图 7-27 所示。

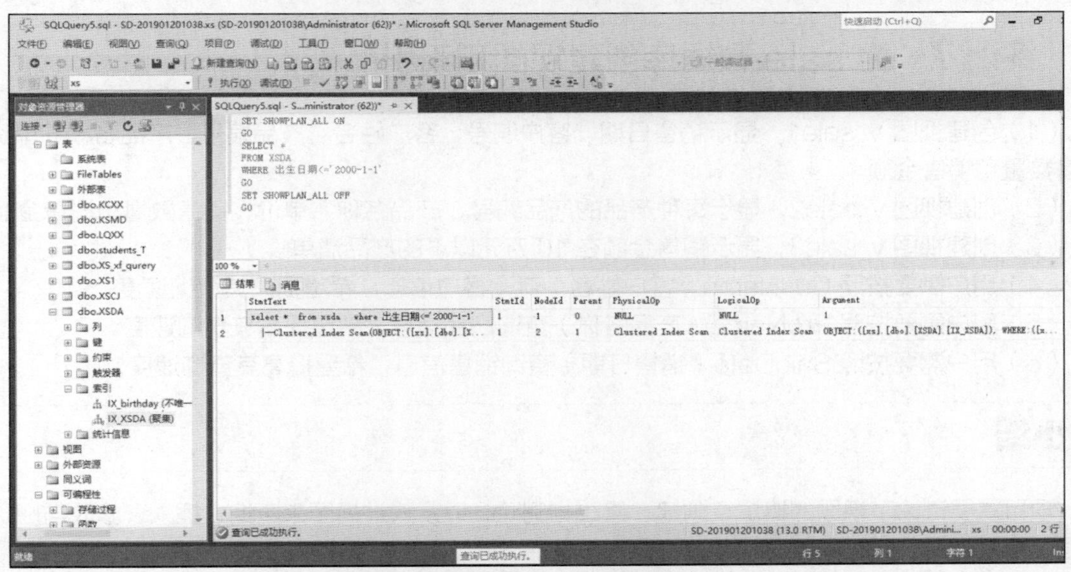

图 7-27　显示查询计划分析索引（2）

任务 2-4　完成综合任务

（1）在 XSDA 表的“学号”列上创建一个非聚集索引，索引名为 xsda_xh_idx。

```
USE xs
CREATE  INDEX xsda_xh_idx
ON XSDA(学号)
GO
```

（2）在 XSDA 表的“学号”和“姓名”列上创建一个复合索引，索引名为 xsda_xh_xm_idx。

```
USE xs
CREATE  INDEX xsda_xh_xm_idx
ON XSDA(学号,姓名)
GO
```

（3）把 XSDA 表的索引 xsda_xh_xm_idx 重命名为 IX_xh_xm。

```
sp_rename 'xsda.xsda_xh_xm_idx','IX_xh_xm'
```

（4）使用 IX_xh_xm 查询“王丽丽”同学的信息。

```
SELECT *
FROM XSDA
WITH(INDEX(IX_xh_xm))
WHERE 姓名='王丽丽'
```

（5）在 KCXX 表的“课程编号”列上创建唯一聚集索引，索引名为 kc_kcbh_idx。

```
USE xs
CREATE  UNIQUE CLUSTERED INDEX kc_kcbh_idx
ON KCXX(课程编号)
GO
```

（6）使用存储过程 sp_helpindex 查看 XSDA 表中的索引信息。

```
sp_helpindex XSDA
```

（7）删除 KCXX 表中的索引 kc_kcbh_idx。

```
DROP INDEX KCXX.kc_kcbh_idx
```

（8）使用存储过程 sp_rename 将索引 xsda_xh_idx 重命名为 xs_xh。

```
EXEC sp_rename 'XSDA.xsda_xh_idx','xs_xh'
```

实训 7　为 sale 数据库创建视图和索引

（1）创建视图 v_sale1，显示销售日期、客户编号、客户姓名、产品编号、产品名称、单价、销售数量和销售金额。

（2）创建视图 v_sale2，显示每种产品的产品编号、产品名称、单价、销售数量和销售金额。

（3）创建视图 v_sale3，显示销售金额在 10 万元以下的产品清单。

（4）用户需要按照 CusName（客户姓名）查询客户信息，希望提高其查询速度。

（5）用户需要按照 ProName（产品名称）查询产品信息，希望提高其查询速度。

（6）用户需要按照 SaleDate（销售日期）查询销售信息，希望提高其查询速度。

小结

项目主要讨论了视图的概念、创建、修改与删除，以及通过视图来查询、插入、修改与删除表数据，最后介绍了索引的概念、创建、查看、删除。

（1）索引能加快检索表中的数据。SQL Server 中的索引按组织方式可以分为聚集索引和非聚集索引。

（2）视图是数据库的一个独立的对象，视图是一个虚拟表。

（3）视图的所有操作都可以通过 SSMS 和 T-SQL 语句来完成。

T-SQL 语句是学习的重点与难点。

（4）视图的定义操作涉及的 T-SQL 语句命令如下。

```
创建：CREATE VIEW  [< owner > .] view_name [(column_name[,…])]
   AS select_statement
修改：ALTER VIEW  [< owner > .] view_name [(column_name[,…])]
   AS select_statement
删除：DROP  VIEW  view_name[,…n]
```

（5）使用视图进行数据操作的方法与操作表使用的命令语句基本相同，只需要在语句中将表名改为视图名就可以了。但一定要注意，在做插入、修改与删除操作时，每一次新操作只能影响一个基本表中的数据。

习题

一、选择题

1. 建立视图的 T-SQL 语句命令是（　　）。

A. CREATE SCHEMA　　B. CREATE TABLE
C. CREATE VIEW　　D. CREATE INDEX

2. 视图是从（　　）中导出的。

A. 基本表　　B. 视图　　C. 基本表或视图　　D. 数据库

3. 在视图上不能完成的操作是（　　）。

A. 更新视图数据　　B. 查询
C. 在视图上定义新的基本表　　D. 在视图上定义新视图

4. 创建视图的子句是（　　）。

A. GROUP BY　　B. ORDER BY　　C. COMPUTE BY　　D. INTO

5. 关于视图，下列哪一种说法是错误的？（　　）

A. 视图是一个虚拟表　　B. 视图中也保存数据
C. 视图也可由视图派生出来　　D. 视图就是保存 SELECT 查询的结果集

6. 每个数据表可以创建（　　）个聚集索引。

A. 1　　B. 2　　C. 10　　D. 无数

二、填空题

1. SQL Server 提供了两种形式的索引，分别是________和________。

2. 在默认情况下，创建的索引是________索引。

三、判断题

1. 因为通过视图可以插入、修改和删除数据，所以视图也是一个实在表，SQLServer 2016 将它保存在 syscommens 系统视图中。（　　）

2. 视图是从一个或多个表（视图）中导出的虚拟表，当它所基于的表（视图）被删除后，该视图也随之删除。（　　）

3. 通过视图可以修改表数据，但当视图是从多个表导出时，不允许做修改数据操作。（　　）

4. 视图本身没有保存数据，而是保存视图的定义。（　　）

5．视图与它所基于的基本表的数据是同步的，所以当基本表增加或减少字段时，视图也会随之同步增加或减少。（　　）

四、简答题

1．什么是视图？它和表有何区别？

2．使用视图的优势有哪些？

五、设计题

使用 T-SQL 语句命令，完成下面的操作。

1．创建学生成绩视图（学号、姓名、课程编号、课程名称、成绩）。

2．创建信息系学生视图（学号、姓名、性别、系名、出生日期、民族、总学分、备注）。

3．创建优秀学生视图（学号、姓名、平均成绩），优秀学生的标准是平均成绩在 80 分以上，且没有不及格的科目。

4．从学生成绩视图中查询各科成绩的最高分（课程名称、最高成绩）。

5．修改优秀学生视图，将标准改为平均成绩在 80 分以上，且单科成绩在 75 分以上。

6．使用信息系学生视图，插入一条记录（2017001　高强　信息　1998-10-20　苗　50）。

7．使用信息系学生视图，将所有信息系学生的备注内容修改为“对日外包”。

8．使用少数民族学生视图，删除“高强”同学的记录。

9．删除上面创建的视图。

10．建立各表以主键为索引项的索引。

项目 8
实现数据完整性

08

【能力目标】

- 能描述数据完整性的含义及分类
- 学会使用检查约束（CHECK 约束）、规则（RULE）、默认值约束（DEFAULT 约束）、默认值对象保证列数据完整性（即域完整性）
- 学会使用索引、PRIMARY KEY 约束、UNIQUE 约束和 IDENTITY 属性来保证行数据完整性（即实体完整性）
- 学会使用从表的 FOREIGN KEY 约束与主表的定义 PRIMARY KEY 和 UNIQUE 约束（不允许为空）实现主表与从表之间的参照完整性

【项目描述】

为 xs 数据库创建 CHECK 约束、规则、DEFAULT 约束、默认值对象、索引、PRIMARY KEY 约束、UNIQUE 约束、FOREIGN KEY 约束实现数据完整性保护。

【项目分析】

项目 4 在数据库 xs 中建立了数据表，在向表中输入数据时，由于种种原因，有时会输入无效或错误的信息。比如，对不同的学生输入了相同的学号，“性别”字段的值输入了非法数据，相同的数据行被多次输入，学生成绩表中出现了学生档案表中不存在的学号等。之所以会出现这些错误信息，是因为没有实现数据完整性。为避免此类情况发生，本项目主要介绍如何通过实施数据完整性来解决上述问题，以此保证数据输入的正确性、一致性和可靠性。

【任务设置】

任务 1　实现域完整性

任务 2　实现实体完整性

任务 3　实现参照完整性

实训 8　实现 sale 数据库完整性

【项目定位】

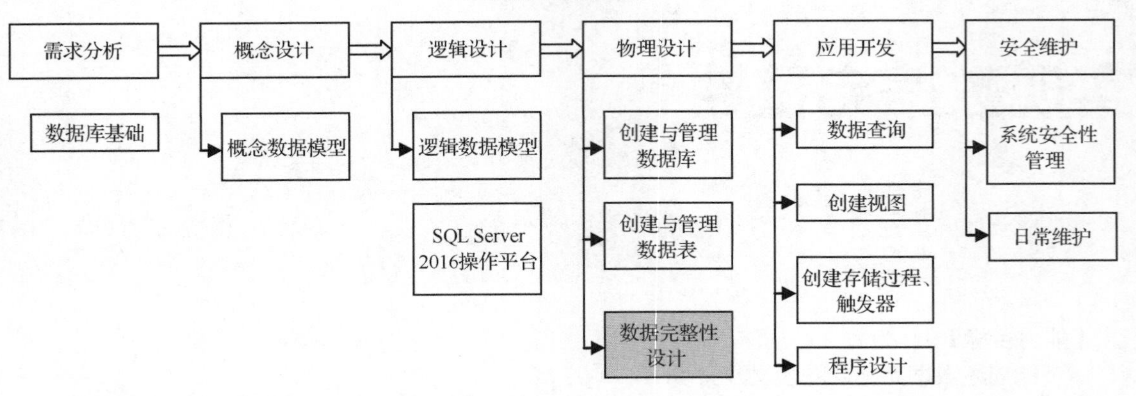

任务1 实现域完整性

【任务目标】

数据完整性的实现

- 能阐述数据完整性的概念
- 能阐述数据完整性的准确分类
- 学会使用 CHECK 约束、规则、DEFAULT 约束、默认值对象实现域完整性

【任务描述】

按需求在 xs 数据库中完成与域完整性相关的操作。

【任务分析】

练习域完整性的实现，包括 CHECK 约束及 DEFAULT 约束的创建，规则及默认值对象的定义、绑定、解除绑定、删除。要特别注意，使用规则和默认值对象要首先定义，然后绑定到列或用户定义数据类型；不需要时要先解除绑定，然后删除规则。

任务 1-1 认知数据完整性概念及分类

数据完整性就是用于保证数据库中的数据在逻辑上的一致性、正确性和可靠性。强制数据完整性可确保数据库中的数据质量。数据完整性一般包括 3 种类型：域完整性、实体完整性、参照完整性。

1. 域完整性

域完整性又称为列完整性，是指给定列的输入有效性，即保证给定列的数据具有正确的数据类型、格式和有效的数据范围。实现域完整性可通过定义相应的 CHECK 约束、DEFAULT 约束、默认值对象、规则等方法来实现，另外，为表的列定义数据类型和 NOT NULL 也可以实现域完整性。

例如，KCXX 表中每门课程的学分值应为 0～10，为了限制学分这一数据项输入的数据范围，可以在定义 KCXX 表结构的同时，通过定义学分的 CHECK 约束来实现。

2. 实体完整性

实体完整性又称为行的完整性，用于保证数据表中每一个特定实体的记录都是唯一的。通过索引、UNIQUE 约束、PRIMARY KEY 约束和 IDENTITY 属性可以实现数据的实体完整性。

例如，对于 XSDA 表，学号作为主键，每一个学生的学号都能唯一地标识该学生对应的行记录信息，那么在输入数据时，就不能有相同学号的行记录，通过对“学号”字段建立 PRIMARY KEY 约束可以实现 XSDA 表的实体完整性。

3. 参照完整性

当增加、修改和删除数据表中的记录时，可以借助参照完整性来保证相关联表之间数据的一致性。参照完整性可以保证主表中的数据与从表中数据的一致性。在 SQL Server 2016 中，参照完整性是通过定义外键与主键之间或外键与唯一键之间的对应关系来实现的。参照完整性确保同一键值在所有表中一致。

例如，对于 xs 数据库中 XSDA 表中的每个学生的学号，在 XSCJ 表中都有相关的课程成绩记录，将 XSDA 表作为主表，“学号”字段定义为主键，XSCJ 表作为从表，表中的“学号”字段定义为外键，从而建立主表和从表之间的联系实现参照完整性。

XSDA 表和 XSCJ 表的对应关系如表 8-1 和表 8-2 所示。

如果定义了两个表之间的参照完整性，就有以下要求。

（1）从表不能引用不存在的键值。例如，XSCJ 表的行记录中出现的学号必须是 XSDA 表中已经存在的学号。

（2）如果主表中的键值更改了，那么在整个数据库中，对从表中该键值的所有引用要进行一致的更改。例如，如果 XSDA 表中的某一学号修改了，XSCJ 表中所有对应学号就要进行相应的修改。

（3）如果主表中没有关联的记录，就不能将记录添加到从表中。

（4）如果要删除主表中的某一记录，就应先删除从表中与该记录匹配的相关记录。

表 8-1　XSDA 表

学号（主键）	姓名	性别	系名	总学分
201601	王红	女	信息	60
201602	刘林	男	信息	54

表 8-2　XSCJ 表

学号（外键）	课程编号	成绩
201601	104	81
201601	108	77
201601	202	89
201601	207	90
201602	104	92
201602	108	95
201602	202	93
201602	207	90

任务 1-2　CHECK 约束

CHECK 约束实际上是字段输入内容的验证规则，表示一个字段的输入内容必须满足 CHECK 约束的条件，如果不满足，数据就无法正常输入。

CHECK 约束可以作为表定义的一部分在创建表时创建，也可以添加到现有表中。表和列可以包含多个 CHECK 约束。允许修改或删除现有的 CHECK 约束。

1. 使用 SSMS 定义 CHECK 约束

在 xs 数据库的 XSCJ 表中，学生每门课程的成绩一般在 0～100 的范围内，如果对用户输入的数据要施加这一限制，就可以按照如下步骤进行操作。

（1）启动 SSMS，打开 XSCJ 表的表设计器窗口，在表设计器窗口中单击鼠标右键，出现图 8-1 所示的快捷菜单。

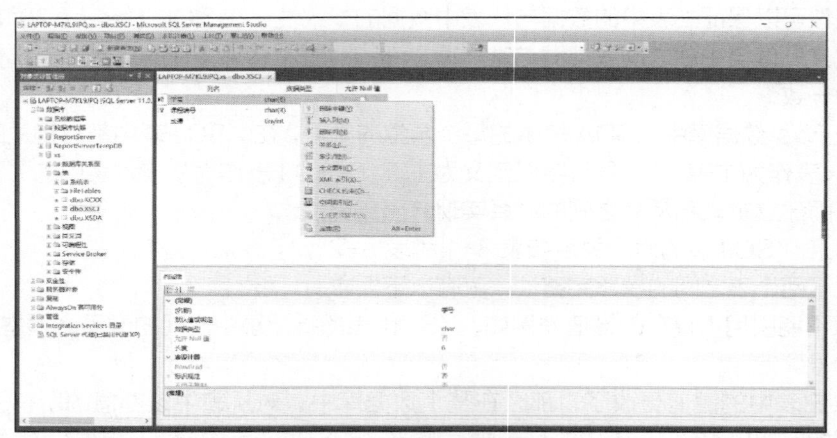

图 8-1　表设计器快捷菜单

（2）选择【CHECK 约束】选项，打开图 8-2 所示的【CHECK 约束】对话框。

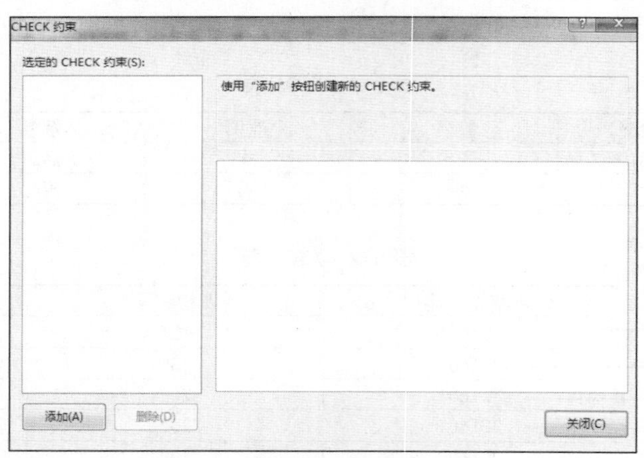

图 8-2 【CHECK 约束】对话框

（3）单击【添加】按钮，进入图 8-3 所示的【CHECK 约束】对话框，在【选定的 CHECK 约束】框中显示由系统分配的新约束名。名称以"CK_"开始，后跟表名，可以修改此约束名。在【表达式】框中，可以直接输入约束表达式"([成绩]>=(0) AND [成绩]<=(100))"，如图 8-3 所示。单击【表达式】框，右侧会出现浏览按钮【…】，单击该浏览按钮，弹出图 8-4 所示的【CHECK 约束表达式】对话框，在其中编辑表达式。

（4）如果允许创建的约束用于强制 INSERT 和 UPDATE 以及检查原有数据等情况，就可以在图 8-3 所示对话框右下方的相应选项中选择"是"。最后，单击【关闭】按钮，即完成了 CHECK 约束的设置。

按上述步骤创建约束后，输入数据时如果成绩不在 0～100 的范围内，系统将报告错误。

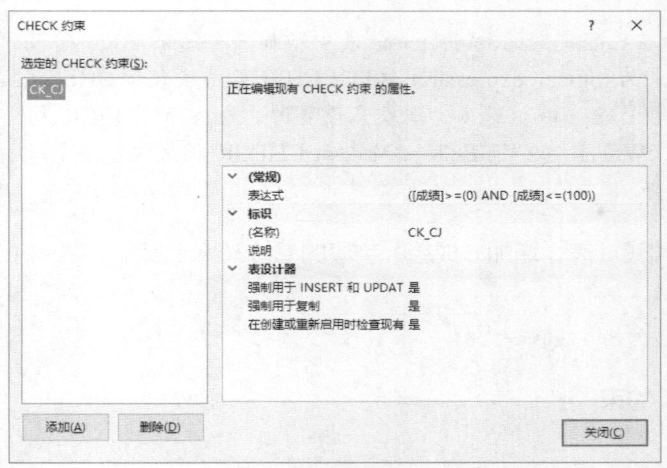

图 8-3 【CHECK 约束】对话框

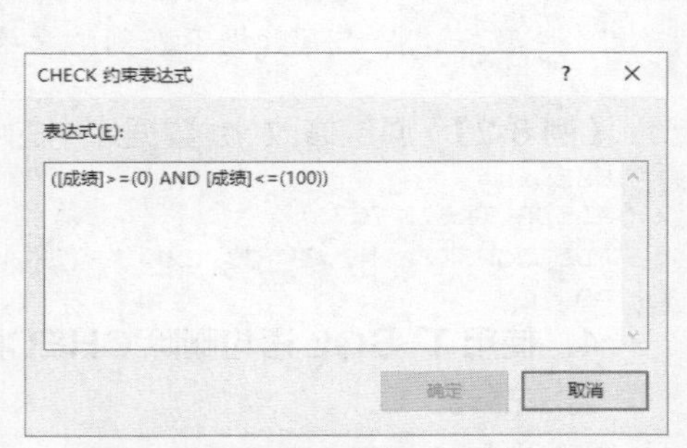

图 8-4 【CHECK 约束表达式】对话框

如果要删除上述约束，就只需打开图 8-3 所示的对话框，在【选定的 CHECK 约束】框中选择要删除的约束，然后单击【删除】按钮即可。

注意 对于 TimeStamp 和 Identity 两种类型的字段不能定义 CHECK 约束。

2. 使用 T-SQL 语句在创建表时定义 CHECK 约束

使用 T_SQL 语句创建表结构时，可以定义 CHECK 约束。

语法格式：

```
CREATE TABLE table_name                              /*指定表名
(column_name  datatype  NOT NULL | NULL              /*定义列名、数据类型、是否空值
[[CONSTRAINT check_name] CHECK (logical_expression)][,…n])  /*定义 CHECK 约束
```

说明 关键字 CHECK 表示定义 CHECK 约束，其后的 logical_expression 是逻辑表达式，称为 CHECK 约束表达式。

【例 8-1】 在 xs 数据库中创建 XSXX 表，并定义 CHECK 约束。

```
USE xs
CREATE TABLE XSXX
(
  学号 char(6),
  姓名 char(8),
  性别 char(2) CHECK (性别 IN ('男','女')),     --定义 CHECK 约束
  入学日期 datetime
)
GO
```

3. 使用 T-SQL 语句在修改表时定义 CHECK 约束

对于已经存在的表，也可以定义 CHECK 约束。在现有表中添加 CHECK 约束时，该约束可以仅作用于新数据，也可以同时作用于已有的数据。

语法格式：

```
ALTER TABLE table_name  [WITH CHECK | WITH NOCHECK]
ADD CONSTRAINT check_name CHECK (logical_expression)
```

说明 关键字 ADD CONSTRAINT 表示在已经定义的 table_name 表中增加一个约束定义，约束名由 check_name 指定，约束表达式为 logical_expression。WITH CHECK 选项表示 CHECK 约束同时作用于已有数据和新数据；当省略该选项，取默认设置时，也表示 CHECK 约束同时作用于已有数据和新数据；WITH NOCHECK 选项表示 CHECK 约束仅作用于新数据，对已有数据不强制约束检查。

【例 8-2】 通过修改 xs 数据库中的 XSCJ 表，增加“成绩”字段的 CHECK 约束。

```
USE xs
ALTER TABLE XSCJ
ADD CONSTRAINT CK_CJ CHECK (成绩>=0 and 成绩<=100)
GO
```

4. 使用 T-SQL 语句删除 CHECK 约束

语法格式：

```
ALTER TABLE table_name
DROP CONSTRAINT check_name
```

说明 在 table_name 指定的表中，删除名为 check_name 的约束。

【例 8-3】 删除 XSCJ 表中的“成绩”字段的 CHECK 约束。

```
USE xs
ALTER TABLE XSCJ
DROP CONSTRAINT CK_CJ
GO
```

任务 1-3 规则

规则是保证域完整性的主要手段，它类似于 CHECK 约束。与 CHECK 约束相比，两者执行功能相同。CHECK 约束是使用 ALTER TABLE 或 CREATE TABLE 的 CHECK 关键字创建的，是限制列中的值的首选标准方法（可以对一列或多列定义多个约束）。规则是一种数据库对象，可以绑定到一列或多个列上，还可以绑定到用户定义数据类型上，规则定义之后可以反复使用。

列或用户定义数据类型只能有一个绑定的规则。但是，列可以同时具有规则和多个 CHECK 约束。

规则作为独立的数据库对象，使用时要首先定义，规则定义后只有将其绑定到列或用户定义数据类型后才能生效；不需要时可以先解除绑定，然后删除规则。

1. 定义规则

规则只能利用 T-SQL 语句定义。

语法格式：

```
CREATE RULE rule AS condition_expression
```

说明 参数 rule 是定义的新规则名，规则名必须符合标识符命名规则；参数 condition_expression 是规则的条件表达式，该表达式可为 WHERE 子句中任何有效的表达式，但规则表达式中不能包含列或其他数据库对象，可以包含不引用数据库对象的内置函数，在 condition_expression 条件表达式中包含一个局部变量，使用 UPDATE 或 INSERT 语句修改或插入值时，该表达式用于对规则关联的列值进行约束。定义规则时，一般使用局部变量表示 UPDATE 或 INSERT 语句输入的值。

另外有以下几点需要说明。

（1）定义的规则对先前已存在于数据库中的数据无效。

（2）在单个批处理中，CREATE RULE 语句不能与其他 T-SQL 语句组合使用。

（3）规则表达式的类型必须与列的数据类型兼容，不能将规则绑定到 text、image、timestamp 列。要用单引号将字符和日期常量引起来，在十六进制常量前加 0x。

（4）对于用户定义数据类型，只有在该类型的数据列中插入值，或更新该类型的数据列时，绑定到该类型的规则才会激活。因为规则不检验变量，所以，在为用户定义数据类型的变量赋值时，不能与列绑定的规则冲突。

（5）如果列同时有默认值和规则与之关联，默认值就必须满足规则的定义，与规则冲突的默认值不能插入列。

2. 绑定规则

规则定义之后，需要将其绑定到列或用户定义数据类型后才能起作用。当向绑定了规则的列或使用绑定规则的用户定义数据类型的所有列插入或更新数据时，新的数据必须符合规则。绑定规则一般是通过 T-SQL 语句实现的，在 SSMS，规则只能绑定到用户定义数据类型，方法类似于默认值的绑定，在此不再赘述。

语法格式：

```
sp_bindrule [@rulename=]'rule',
[@objname=]'object_name'
[,[@futureonly=]'futureonly_flag']
```

说明 参数 rule 为 CREATE RULE 语句创建的规则名，要用单引号引起来；参数 object_name 是绑定到规则的列或用户定义数据类型，如果 object_name 采用“表名.字段名”的格式，就认为绑定到表的列，否则绑定到用户定义数据类型；参数 futureonly_flag 仅当将规则绑定到用户定义数据类型时才使用。futureonly_flag 的默认值为 NULL，要是 futureonly_flag 为 NULL，那么新规则将绑定到用户定义数据类型的每一列，条件是此数据类型当前无规则或者使用用户定义数据类型的现有规则；要是 futureonly_flag 设置为 'futureonly'，那么这个规则只可用于用户定义数据类型的新列，现有列将不继承新规则。

【例 8-4】 定义一个规则，用以限制数据输入模式。比如，对于 KCXX 表的课程编号列，如果规定课程编号的第 1 位代表开课学期（输入时只能选 1～6），后 2 位就代表课程编号（输入时只能选 0～9）。按此要求定义一个规则，并绑定到 KCXX 表的课程编号列，用于限制课程编号的输入。

```
USE xs
GO                         --此处 GO 是因为 CREATE RULE 必须是批查询中的第一条语句
CREATE RULE kcbh_rule AS @range like '[1-6][0-9][0-9]'
GO
USE xs
EXEC sp_bindrule 'kcbh_rule','KCXX.课程编号'
GO
```

【例 8-5】 定义一个规则，用以限制数据输入的范围。比如，对于 XSCJ 表的“成绩”列，规定成绩只能输入 0～100 的数。按此要求定义一个规则，并绑定到 XSCJ 表的“成绩”列，用于限制成绩的输入。

```
USE xs
GO
CREATE RULE cj_rule AS @score >=0 and @score<=100
GO
USE xs
```

```
EXEC sp_bindrule 'cj_rule','XSCJ.成绩'
GO
```

【例 8-6】 定义一个规则，用以限制输入该规则所绑定的列中的值只能是该规则中列出的值。比如，对于XSDA表的“系别”列，规定系别只能输入“信息”“管理”“机械”“电气”。按此要求定义一个规则，并绑定到XSDA表的“系别”列，用于限制系别的输入。

```
USE xs
GO
CREATE RULE xm_rule AS @name IN('信息','管理','机械','电气')
GO
USE xs
EXEC sp_bindrule 'xm_rule','XSDA.系别'
GO
```

【例 8-7】 如下程序定义一个用户定义数据类型，然后将前面定义的规则kcbh_rule绑定到用户定义数据类型course_num上，最后创建KCXX1表，其课程编号的数据类型为course_num。

```
USE xs
EXEC sp_addtype 'course_num' ,'char(3)','NOT NULL'
EXEC sp_bindrule 'kcbh_rule','course_num'
GO
CREATE TABLE KCXX1
( 课程编号 course_num,
  课程名称 char(16) not null,
  学分 tinyint
)
GO
```

3. 解除绑定

如果要删除规则，首先就应解除规则与列或用户定义数据类型之间的绑定关系，然后才能删除规则。

（1）使用SSMS解除绑定

使用SSMS解除绑定的方法类似于绑定操作，只适用于用户定义数据类型，方法如下。

① 打开SSMS，展开“xs数据库”，展开【可编程性】→【类型】→【用户定义数据类型】。

② 选中要解除绑定的类型，单击鼠标右键选择【属性】命令，进入【用户定义数据类型】界面，删除规则，单击【确定】按钮完成。

（2）使用T-SQL语句解除绑定

解除绑定主要使用T-SQL语句实现。

语法格式：

```
sp_unbindrule [@objname=]'object_name'
[,[@futureonly=]'futureonly_flag']
```

说明 参数object_name用于指定解除规则绑定的列或者用户定义数据类型名。如果object_name是“表名.字段名”格式，object_name就为表中的列，否则object_name为用户定义数据类型。为用户定义数据类型解除规则绑定时，所有属于该数据类型并具有相同规则的列也同时解除规则绑定。对于属于该数据类型的列，如果其规则直接绑定到列上，该列就不受影响。参数futureonly_flag仅用于解除用户定义数据类型规则的绑定，当参数futureonly_flag取值为futureonly时，规则仍然对现有的属于该数据类型的列有效。

4. 删除规则

在解除列或用户定义数据类型与规则之间的绑定关系后，就可以删除规则了。

语法格式：

```
DROP RULE {rule}[,…n]
```

说明 参数 rule 指定删除的规则名，可以包含规则所有者名；参数 n 表示可以指定多个规则同时删除。

【例 8-8】 解除“课程编号”列与规则 kcbh_rule 之间的绑定关系。

```
USE xs
IF EXISTS(SELECT NAME
          FROM sysobjects
          WHERE NAME='kcbh_rule' AND type='R')
  BEGIN
    EXEC sp_unbindrule 'KCXX.课程编号'
  END
GO
```

【例 8-9】 解除用户定义数据类型 course_num 与规则 kcbh_rule 之间的绑定关系，并删除规则 kcbh_rule。

```
USE xs
IF EXISTS(SELECT NAME
          FROM sysobjects
          WHERE NAME='kcbh_rule' AND type='R')
  BEGIN
    EXEC sp_unbindrule 'course_num'
    DROP RULE kcbh_rule
  END
GO
```

执行 DROP RULE 命令时，如果规则没有绑定到列或用户定义数据类型，就将显示命令成功完成信息；如果有绑定，就显示无法删除信息。解决方法是先解除绑定，再删除。可以通过对象资源管理器找到规则名，单击鼠标右键选择【查看依赖关系】命令，即可看到有哪些列或用户定义数据类型绑定了规则。

任务 1-4 DEFAULT 约束及默认值对象

对于某些字段，可以为其定义默认值，以方便用户使用。建立一个字段的默认值可通过如下两种方式实现。

（1）在创建表或修改表时，定义 DEFAULT 约束。

（2）先定义默认值对象，然后将该对象绑定到表的相应字段或用户定义数据类型上。

1. DEFAULT 约束的定义及删除

DEFAULT 约束是在用户未提供某些列的数据时，数据库系统为用户提供的默认值，从而简化应用程序代码和提高系统性能。

表的每一列都可包含一个默认值定义，可以修改或删除现有的默认值定义。默认值必须与默认定义适用的列的数据类型相一致，每一列只能定义一个默认值。

（1）定义 DEFAULT 约束

在创建表或修改表时，可以定义字段的 DEFAULT 约束。DEFAULT 约束的定义可以通过 SSMS 实现（前面的项目已经介绍过，这里不再重述），也可以通过 T-SQL 语句来实现，下面介绍如何使用 T-SQL 语句定义一个字段的 DEFAULT 约束。

① 在创建表时定义 DEFAULT 约束。

语法格式：

```
CREATE TABLE table_name                          /*指定表名
(column_name datatype NOT NULL | NULL            /*定义列名、数据类型、是否空值
[CONSTRAINT default_name][DEFAULT constraint_expression] [,…n])
                                                 /*定义 DEFAULT 约束
```

说明 table_name 为创建的表名，column_name 为列名，datatype 为对应列的数据类型；DEFAULT 关键字表示其后的 constraint_expression 表达式为 DEFAULT 约束表达式，此表达式只能是常量、系统函数或 NULL。

【例 8-10】 在创建表时定义一个字段的 DEFAULT 约束。

```
USE xs
CREATE TABLE XSDA1
( 学号 char(6) NOT NULL,
  姓名 char(6) NOT NULL,
  专业名 char(10) NULL,
  性别 char(2) NOT NULL DEFAULT '男'
)
GO
```

下列程序实现的功能与【例 8-10】相同，但在定义 DEFAULT 约束的同时指定了约束名。

```
USE xs
CREATE TABLE XSDA1
( 学号 char(6) NOT NULL,
  姓名 char(6) NOT NULL,
  专业名 char(10) NULL,
  性别 char(2) NOT NULL CONSTRAINT sexdflt DEFAULT '男'
)
GO
```

② 在修改表时定义 DEFAULT 约束。

在修改表时定义 DEFAULT 约束有两种情况：一是对表中已存在的列添加 DEFAULT 约束；二是对表增加新列时，定义新列的 DEFAULT 约束。

语法格式 1：

```
ALTER TABLE table_name                           /*指定表名
ADD [CONSTRAINT default_name][DEFAULT constraint_expression] FOR column_name [,…n]
                                                 /*对已存在的列添加默认值约束
```

说明 此格式是对表中已存在的列添加 DEFAULT 约束。

语法格式 2：

```
ALTER TABLE table_name                               /*指定表名
ADD column_name datatype NOT NULL | NULL             /*为增加的新列定义列名、数据类型、是否空值
[CONSTRAINT default_name][DEFAULT constraint_expression] [,…n] /*定义默认值约束
```

说明 此格式是对表增加新列时定义 DEFAULT 约束。

【例 8-11】 在修改表时为 XSDA 表中已存在的“民族”列定义 DEFAULT 约束“汉”。

```
USE xs
```

```
ALTER TABLE XSDA
ADD DEFAULT '汉' FOR 民族
GO
```

【例 8-12】 在修改表时通过增加一个新字段，定义 DEFAULT 约束。

```
USE xs
ALTER TABLE XSDA1
ADD 政治面貌 char(4) NOT NULL CONSTRAINT zzmmdflt DEFAULT '团员' WITH VALUES
GO
```

说明 WITH VALUES 仅用在对表添加新列的情况下。如果添加的新列允许为空值，且使用了 WITH VALUES，就将为表中各现有行添加的新字段提供默认值；如果没有使用 WITH VALUES，每一行的新列中就都将为 NULL 值；如果添加的新列不允许为空值，就不论是否有 WITH VALUES 选项，表中各现有行添加的新字段都将取上述默认值。

（2）删除 DEFAULT 约束

DEFAULT 约束可以在 SQL Server Management Studio 中删除。如果已知一个 DEFAULT 约束的约束名，就可以通过 T-SQL 语句删除，其使用方法如【例 8-13】所示。

【例 8-13】 删除【例 8-12】定义的 DEFAULT 约束。

```
USE xs
ALTER TABLE XSDA1
DROP CONSTRAINT zzmmdflt
GO
```

2. 默认值对象的定义、使用及删除

默认值对象是一种数据库对象，可以被绑定到一个或多个列上，还可以绑定到用户定义数据类型上。当某个默认值对象定义后，可以反复使用。当向表中插入数据时，如果绑定有默认值的列或者用户定义数据类型没有明确提供值，就将以默认值指定的数据插入。定义的默认值必须与所绑定列的数据类型一致。

默认值对象的执行与前面所讲的 DEFAULT 约束功能相同，DEFAULT 约束的定义和表存储在一起，当删除表时，将自动删除 DEFAULT 约束。DEFAULT 约束是限制列数据的首选标准方法。然而，当在多个列中，特别是不同表中的列中多次使用默认值时，适合采用默认值对象技术。要使用默认值对象，首先要定义默认值对象，然后将其绑定到指定列或用户定义数据类型上。当取消默认值时，要先解除绑定，再删除默认值。

（1）定义默认值对象

默认值对象的定义只能通过 T-SQL 语句实现。

语法格式：

```
CREATE DEFAULT default
AS constant_expression
```

说明 CREATE DEFAULT 关键字表示创建一个名为 default 的默认值对象，默认值对象名必须符合标识符规则，可以包含默认值对象所有者名。约束表达式 constant_expression 只能是常量表达式（不能包含字段名或其他数据库对象的名称），可以含有常量、内置函数，字符和日期常量用单引号引起来；货币、整数和浮点常量不需要使用引号。十六进制数据必须以 0x 开头，货币数据必须以美元符号（$）开头。默认值对象必须与列数据类型兼容。

【例 8-14】 定义默认值对象，设置其默认值为“汉”。

```
USE xs
GO
```

```
CREATE DEFAULT mz_default AS '汉'        --该语句必须是批查询中的第一条语句
GO
```

（2）绑定默认值对象

默认值对象定义之后，需要将其绑定到列或用户定义数据类型上才能生效。

① 使用SSMS绑定默认值对象。

将【例8-14】定义的默认值对象mz_default绑定到XSDA表的“民族”字段上，方法如下。

a. 启动SSMS，打开xs数据库中要绑定默认值对象的XSDA表的表设计器。

b. 选中要绑定的“民族”列，在【列属性】下的【默认值或绑定】对应下拉列表中选择默认值对象mz_default，如图8-5所示。

c. 设置完毕，单击【关闭】按钮，保存设置。

如果是绑定到用户定义数据类型，方法就有所不同。例如，将上述默认值对象mz_default绑定到用户定义数据类型mz1上。方法如下。

a. 展开xs数据库，选择【可编程性】→【类型】→【用户定义数据类型】，如图8-6所示。

图8-5 绑定默认值对象到列

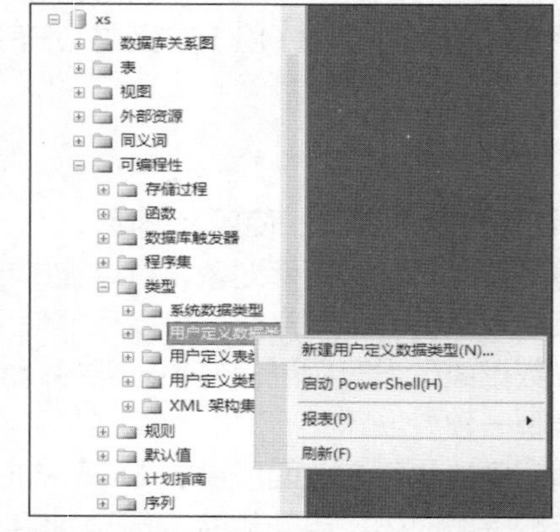

图8-6 绑定默认值对象到用户定义数据类型

b. 选中要绑定的用户定义数据类型，单击鼠标右键，选择【属性】命令进入【用户定义数据类型】窗口，如图8-7所示；如果类型不存在，就选择【新建用户定义数据类型】。

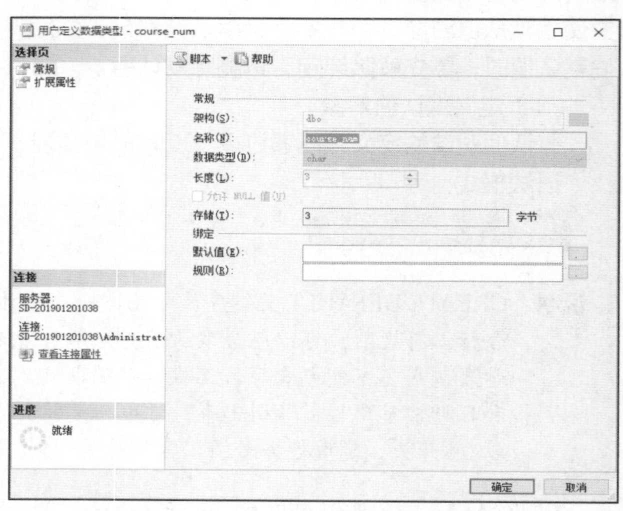

图8-7 【用户定义数据类型】窗口

c. 在【名称】文本框中显示要绑定的用户定义数据类型的名称，单击【默认值】右边的 按钮，进入【选择对象】对话框，如图8-8所示。

d. 单击【浏览】按钮，进入【查找对象】对话框，如图8-9所示，选择默认值对象。

e. 单击【确定】按钮，返回图8-8，再单击【确定】按钮，设置完毕。

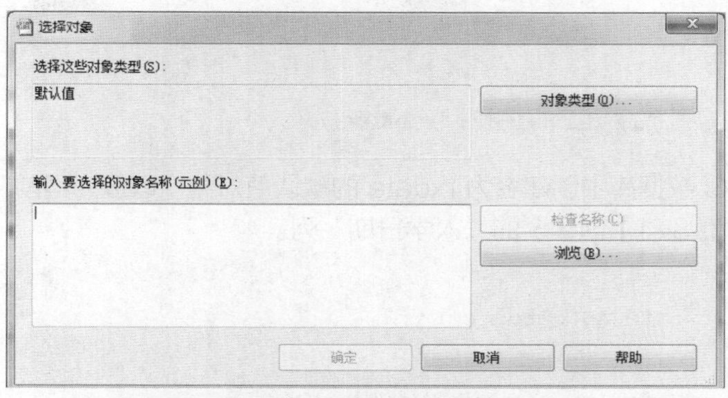

图 8-8 【选择对象】对话框

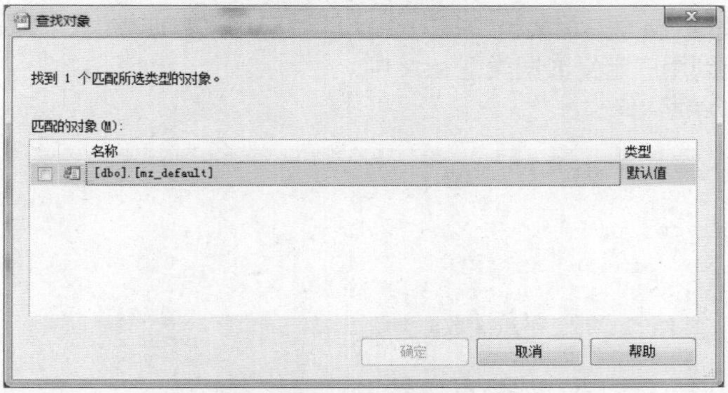

图 8-9 【查找对象】窗口

定义绑定有默认值对象的用户定义数据类型后，再创建表时，如果某个列应用了该类型，默认值就将生效。

② 使用 T-SQL 语句绑定默认值对象。

创建默认值对象后，要使其起作用，应使用 sp_bindefault 存储过程将其绑定到列或用户定义数据类型中。

语法格式：

```
sp_bindefault[@defname=]'default',
[@objname=]'object_name'
[,[@futureonly=]'futureonly_flag']
```

说明 参数 default 指定由 CREATE DEFAULT 语句创建的默认值对象名，要用单引号引起来；参数 object_name 指定准备绑定默认值对象的表的列名（格式为表名.字段名）或用户定义的数据类型名，object_name 要用单引号引起来。不能将默认值对象绑定到 timestamp 数据类型的列、包含 IDENTITY 属性的列或者已经有 DEFAULT 约束的列；参数 futureonly_flag 仅在将默认值对象绑定到用户定义数据类型时才使用，默认值为 NULL。当 futureonly_flag 的值为 futureonly 时，表示在此之前，该数据类型关联的列不继承该默认值对象的值；如果 futureonly_flag 为 NULL，新默认值就将绑定到用户定义数据类型的任一列，条件是此数据类型当前无默认值或者使用用户定义数据类型的现有默认值。

【例 8-15】 对于 XSDA 表中的“民族”字段通过定义默认值对象，将默认值设置为“汉”。

```
USE xs
GO
```

```
CREATE DEFAULT mz_default AS '汉'
GO
USE xs
EXEC sp_bindefault 'mz_default1','XSDA.民族'
GO
```

【例 8-16】 在 xs 数据库中创建名为 rxdate 的默认值对象（取值为当前系统日期），然后将其绑定到 XSXX 表（【例 8-1】创建）的“入学日期”列。

```
USE xs
GO
CREATE DEFAULT rxdate AS getdate()
GO
USE xs
EXEC sp_bindefault 'rxdate','XSXX.入学日期'
GO
```

【例 8-17】 在 xs 数据库中定义一个名为 sex 的用户定义数据类型，然后定义默认值对象 xb_default，并将其绑定到用户定义数据类型 sex 中。

```
--定义用户定义数据类型 sex
USE xs
EXEC sp_addtype sex,'char(2)','NULL'
GO
--定义默认值对象 xb_default
CREATE DEFAULT xb_default  AS '男'
GO
--将默认值对象 xb_default 绑定到 sex 数据类型
USE xs
EXEC sp_bindefault 'xb_default','sex'
GO
```

在创建表时，所有指派了用户定义数据类型 sex 的列都将继承默认值对象的值，除非在列上直接绑定了默认值，绑定到列的默认值始终优先于绑定到数据类型的默认值。

（3）解除绑定

如果要删除一个默认值对象，首先就应解除默认值对象与用户定义数据类型及表字段的绑定关系，然后才能删除该默认值对象。

绑定关系的解除可以在 SSMS 中实现，也可以通过 SQL 语句实现。

① 使用 SSMS 解除绑定关系。

在 SSMS 中解除绑定的方法类似于绑定的操作，要是解除绑定列，那么方法如下。

a. 启动 SSMS，打开数据库中绑定默认值对象的表的表设计器。

b. 选中要解除绑定的列，在【列属性】下的【默认值或绑定】对应设置下，删除所选默认值对象。单击【关闭】按钮，保存设置。

要是解除绑定到用户定义数据类型的默认值对象，那么方法如下。

a. 展开数据库，选择【可编程性】→【类型】→【用户定义数据类型】，选中要解除绑定的用户定义数据类型。

b. 单击鼠标右键，选择【属性】命令进入【用户定义数据类型】窗口。删除默认值对象，单击【确定】按钮。

② 使用 T-SQL 语句解除绑定关系。

语法格式：

```
sp_unbindefault [@objname=]'object_name'
[,[@futureonly=]'futureonly_flag']
```

说明 参数 object_name 为要解除默认值对象绑定关系的字段名（格式为表名.字段名）或用户定义数据类型名。用户定义数据类型与默认值对象的绑定关系解除后，所有属于该类型的列也同时解除默认值绑定。参数 futureonly_flag 仅用于解除用户定义数据类型默认值的绑定。当参数 futureonly_flag 为 futureonly 时，现有的属于该数据类型的列的默认值不变。

（4）删除默认值对象

解除默认值对象与用户定义数据类型及表字段的绑定关系后，即可删除默认值对象。

① 使用 SSMS 删除默认值对象。

a. 启动 SSMS，展开数据库，展开【可编程性】→【默认值】，选中要删除的默认值对象名。

b. 单击鼠标右键，选择【删除】命令，进入【删除对象】窗口，单击【确定】按钮即可。

② 使用 T-SQL 语句删除默认值对象。

语法格式：

```
DROP DEFAULT {default}[,…n]
```

说明 参数 default 为现有默认值对象名，参数 *n* 表示可以指定多个默认值对象同时删除。DROP DEFAULT 语句不适用于 DEFAULT 约束。

【例 8-18】 解除默认值对象 xb_default 与用户定义数据类型 sex 的绑定关系，然后删除 xb_default 默认值对象。

```
USE xs
IF EXISTS(SELECT NAME
            FROM sysobjects
            WHERE NAME='xb_default' AND type='D')
    BEGIN
      EXEC sp_unbindefault 'sex'
      DROP DEFAULT xb_default
    END
GO
```

DEFAULT 约束与默认值对象的区别：DEFAULT 约束是在一个表内针对某一个字段定义的，仅对该字段有效；默认值对象是数据库对象之一，在一个数据库内定义，可绑定到一个用户定义数据类型或库中某个表的字段。

任务 1-5　完成综合任务

（1）使用 CREATE 语句创建表 book [书号 char(6)、书名 char(20)、类型 char(20)、价格 int] 字段。给“价格”字段定义一个名为 max_price 的 CHECK 约束，使得价格不超过 200。

```
USE xs
CREATE TABLE book
(
书号 char(6),
书名 char(20),
类型 char(20),
价格 int CONSTRAINT max_price CHECK( 价格 <=200)
)
GO
```

（2）定义一个名为 type_rule 的规则，并绑定到 book 表的“类型”字段，使得“类型”字段只接受该规则中列出的值（计算机、科普类、文学类、自然科学）。

```
USE xs
GO                    --此处加 GO 是因为 CREATE RULE 必须是批查询中的第一条语句
CREATE RULE type_rule AS @类型 IN ('计算机','科普类','文学类','自然科学')
GO
USE xs
EXEC sp_bindrule 'type_rule','book.类型'
GO
```

（3）解除步骤（2）中的规则绑定关系。

```
USE xs
EXEC sp_unbindrule 'book.类型'
GO
```

（4）删除步骤（2）中的规则。

```
USE xs
DROP RULE type_rule
GO
```

（5）修改 book 表，为“类型”字段设置一个 DEFAULT 约束，约束名为 BookType，默认值为 NEW BOOK。

```
USE xs
ALTER TABLE book
ADD CONSTRAINT BookType DEFAULT 'NEW BOOK' FOR 类型
GO
```

（6）从 book 表中删除 DEFAULT 约束 BookType。

```
USE xs
ALTER TABLE book
DROP CONSTRAINT BookType
GO
```

（7）定义默认值对象 Day，取值为 getdate()。

```
USE xs
GO
CREATE DEFAULT Day AS 'getdate()'        --该语句必须是批查询中的第一条语句
GO
```

（8）修改 XSDA 表，向学生表中添加“入学时间”字段。

```
USE xs
GO
ALTER TABLE XSDA
ADD 入学时间 datetime null
GO
```

（9）将默认值对象 Day 绑定到 XSDA 表的“入学时间”字段。

```
USE xs
GO
EXEC sp_bindefault 'Day','XSDA.入学时间'
GO
```

（10）定义一个用户定义数据类型 Today。

```
USE xs
GO
EXEC sp_addtype Today,'datetime','NULL'
GO
```

（11）将默认值对象 Day 绑定到用户定义数据类型 Today。

```
USE xs
GO
EXEC sp_bindefault 'Day','Today'
GO
```

（12）修改 book 表，向 book 表中添加字段“购书时间”，定义类型为 Today。

```
ALTER TABLE book
ADD 购书时间 Today null
GO
```

（13）解除默认值对象 Day 与 XSDA 表“入学时间”、自定义数据类型 Today 的绑定关系。

```
EXEC sp_unbindefault 'XSDA.入学时间'
EXEC sp_unbindefault 'Today'
Go
```

（14）删除默认值对象 Day。

```
DROP DEFAULT Day
```

（15）阐述数据完整性的作用、分类，以及每类完整性都由哪些约束实现。

数据完整性就是用于保证数据库中的数据在逻辑上的一致性、正确性和可靠性。强制数据完整性可确保数据库中的数据质量。数据完整性一般包括 3 种类型：域完整性、实体完整性、参照完整性。

实现域完整性可以通过定义 CHECK 约束、规则、DEFAULT 约束、默认值对象等实现。

实体完整性可以通过索引、PRIMARY KEY 约束、UNIQUE 约束或 IDENTITY 属性来实现。

参照完整性是对两个相关联的表（主表与从表）进行数据插入和删除时，保证它们之间数据的一致性。可以使用 FOREIGN KEY 约束在从表上定义外键，它与主表的主键可实现主表与从表之间的参照完整性。定义表间参照关系应先定义主表 PRIMARY KEY 约束（或 UNIQUE 约束），再对从表定义 FOREIGN KEY 约束。

任务 2 实现实体完整性

【任务目标】

- 学会使用索引、PRIMARY KEY 约束来保证行数据完整性（即实体完整性）
- 学会使用 UNIQUE 约束或 IDENTITY 属性来保证行数据完整性

【任务描述】

按需求在 xs 数据库中完成以下与实体完整性相关的操作。

（1）通过修改 XSDA 表，在学号（如果该字段上已经有约束，就先把约束删除）字段上创建 PRIMARY KEY 约束。

（2）在 book 表的“书名”字段上创建 UNIQUE 约束。

【任务分析】

练习使用 SSMS 和 T-SQL 语句两种方法实现实体完整性，包括 UNIQUE 约束、PRIMARY KEY 约束的使用。

任务 2-1 PRIMARY KEY 约束

PRIMARY KEY 约束可以在表中定义一个主键，来唯一地标识表中的行。主键可以是一列或列组合，PRIMARY KEY 约束中的列不能取空值和重复值，如果 PRIMARY KEY 约束是由多列组合定义的，某一列的值就可以重复，但 PRIMARY KEY 约束定义中所有列的组合值必须唯一。一个表只能有一个 PRIMARY KEY 约束，而且每个表都应有一个主键。

由于 PRIMARY KEY 约束能确保数据的唯一，因此经常用来定义标识列。当为表定义 PRIMARY KEY 约束时，SQL Server 2016 为主键列创建唯一索引，实现数据的唯一性。在查询中使用主键时，该索引可用来对数据进行快速访问。

如果已有 PRIMARY KEY 约束，就可对其进行修改或删除。但要修改 PRIMARY KEY 约束必须先删除现有的 PRIMARY KEY 约束，然后用新定义重新创建。

当向表中的现有列添加 PRIMARY KEY 约束时，SQL Server 2016 检查列中现有的数据以确保现有数据遵从主键的规则（无空值和重复值）。如果 PRIMARY KEY 约束添加到具有空值或重复值的列上，SQL Server 就将不执行该操作并返回错误信息。

当 PRIMARY KEY 约束由另一表的 FOREIGN KEY 约束引用时，不能删除被引用的 PRIMARY KEY 约束，要删除它，必须先删除引用的 FOREIGN KEY 约束。

另外，image、text 数据类型的字段不能设置为主键。

当用户在表中创建 PRIMARY KEY 约束或 UNIQUE 约束时，SQL Server 将自动在建立这些约束的列上创建唯一索引。当用户从该表中删除主键索引或唯一索引时，创建在这些列上的唯一索引也会被自动删除。

1. 使用 SSMS 定义和删除 PRIMARY KEY 约束

下面介绍使用 SSMS 定义和删除 PRIMARY KEY 约束的方法。

对 XSDA 表按“学号”字段建立 PRIMARY KEY 约束的方法如下。

打开 XSDA 表的表设计器，选定“学号”对应的这一行，在该行上单击鼠标右键，在打开的快捷菜单中选择【设置主键】命令，如图 8-10 所示，这时选定行的左边显示一个黄色的钥匙符号，表示已经设为主键。取消主键与设置主键的方法相同，这时在快捷菜单的相同位置上出现的是【移除主键】，选择【移除主键】命令即可。

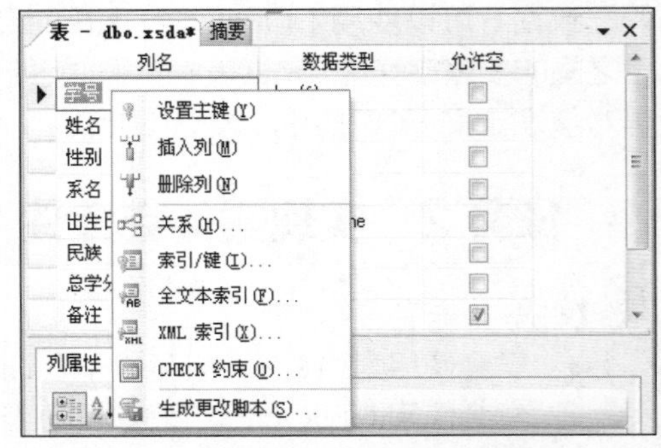

图 8-10　为 XSDA 表的学号列设置主键

如果主键由多列组成，就可以先选中这些列，然后设置主键图标。选择多列的方法是按住 Ctrl 键再单击相应的列，如果列是连续的，就可以按住 Shift 键。

2. 使用 T-SQL 语句定义和删除 PRIMARY KEY 约束

可以使用 T-SQL 语句定义和删除 PRIMARY KEY 约束。

（1）创建表时定义 PRIMARY KEY 约束。

语法格式：

```
CREATE TABLE table_name                    /*指定表名
(column_name datatype NOT NULL| NULL       /*定义列名、数据类型、是否空值
[CONSTRAINT constraint_name]               /*指定约束名
PRIMARY KEY                                /*定义约束类型
[ CLUSTERED | NONCLUSTERED]                /*定义约束的索引类型
```

【例 8-19】 创建 XSDA2 表时，对“学号”字段创建 PRIMARY KEY 约束。

```
USE xs
CREATE  TABLE  XSDA2
   ( 学号 char(6) NOT NULL CONSTRAINT xh_pk PRIMARY KEY,
     姓名  char(8)  NOT  NULL,
     性别 char(2) NOT NULL,
     系别 char(10) NOT NULL,
     出生日期 smalldatetime NOT NULL,
     民族 char(4) NOT NULL
```

```
    )
GO
```

（2）修改表时定义 PRIMARY KEY 约束。

语法格式：

```
ALTER TABLE table_name
ADD [CONSTRAINT constraint_name] PRIMARY KEY
[ CLUSTERED | NONCLUSTERED]
（column）
```

说明 ADD CONSTRAINT 关键字用于说明对 table_name 表增加一个约束，约束名由 constraint_name 指定，约束类型为 PRIMARY KEY；索引字段由 column 参数指定。创建的索引类型由关键字 CLUSTERED、NONCLUSTERED 指定。

【例 8-20】 假设已经在 xs 数据库中创建了 KCXX 表，然后通过修改表，对“课程编号”字段创建 PRIMARY KEY 约束。

```
USE xs
ALTER TABLE KCXX
ADD CONSTRAINT kcbh_pk PRIMARY KEY CLUSTERED (课程编号)
GO
```

（3）删除 PRIMARY KEY 约束。

语法格式：

```
ALTER TABLE table_name
DROP CONSTRAINT constraint_name[,…n]
```

【例 8-21】 删除【例 8-20】中创建的 PRIMARY KEY 约束 kcbh_pk。

```
USE xs
ALTER TABLE KCXX
DROP CONSTRAINT kcbh_pk
GO
```

任务 2-2 UNIQUE 约束

如果要确保一个表中的非主键列不输入重复值，就应在该列上定义 UNIQUE 约束。在允许空值的列上保证唯一性时，应使用 UNIQUE 约束而不是 PRIMARY KEY 约束，不过在该列中只允许有一个 NULL 值。FOREIGN KEY 约束也可引用 UNIQUE 约束。

PRIMARY KEY 约束与 UNIQUE 约束的主要区别如下。

（1）一个数据表只能定义一个 PRIMARY KEY 约束，但可在一个表中根据需要对不同的列定义若干个 UNIQUE 约束。

（2）PRIMARY KEY 字段的值不允许为 NULL，而 UNIQUE 字段的值可取 NULL。

（3）一般创建 PRIMARY KEY 约束时，系统会自动产生索引，索引的默认类型为簇索引。创建 UNIQUE 约束时，系统会自动产生一个 UNIQUE 索引，索引的默认类型为非簇索引。

PRIMARY KEY 约束与 UNIQUE 约束的相同点在于，二者均不允许表中对应字段存在重复值。

1. 使用 SSMS 定义和删除 UNIQUE 约束

假设已经为 XSDA 表增加了一个字段：身份证号码 char(18)，并且已经为表中原有的记录输入了不同的身份证号码。要求对“身份证号码”列创建 UNIQUE 约束，以保证该列取值的唯一性，方法如下。

（1）启动SSMS，打开XSDA表的表设计器，在表设计器中空白处单击鼠标右键，出现图8-10所示的快捷菜单。

（2）在快捷菜单中选择【索引/键】命令，出现【索引/键】对话框，在此对话框中单击【添加】按钮，在【类型】下拉列表中选择【索引】，在【列】下拉列表中选择【身份证号】，如图8-11所示，然后单击【关闭】按钮，完成指定列的唯一性约束设置。

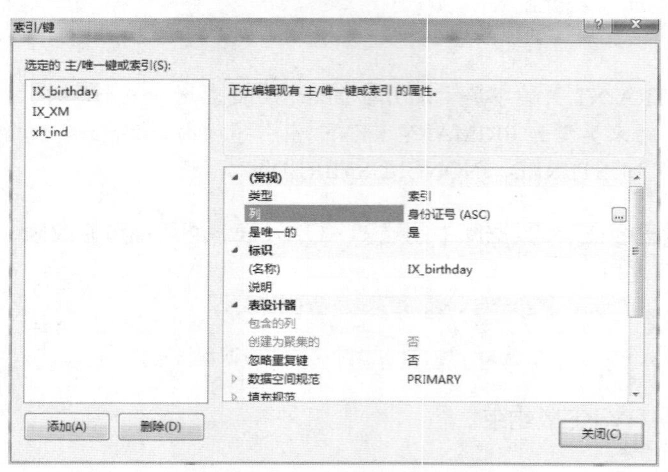

图8-11　在【索引/键】对话框中设置UNIQUE约束

如果要删除刚才创建的UNIQUE约束，就只需进入图8-11所示的【索引/键】对话框中，在【选定的主/唯一键或索引】列表框中选择要删除的UNIQUE约束的索引名，再单击【删除】按钮即可。

2. 使用T-SQL语句定义和删除UNIQUE约束

可以使用T-SQL语句定义和删除UNIQUE约束。

（1）创建表时定义UNIQUE约束。

语法格式：

```
CREATE TABLE table_name                      /*指定表名
(column_name datatype NOT NULL| NULL         /*定义列名、数据类型、是否空值
[CONSTRAINT constraint_name]                 /*约束名
UNIQUE                                       /*定义约束类型
[ CLUSTERED | NONCLUSTERED]                  /*定义约束的索引类型
[,…n])                                       /*n 表示可定义多个字段
```

【例8-22】 在创建XSDA3表时对“身份证号码”字段定义UNIQUE约束。

```
USE xs
CREATE  TABLE  XSDA3
( 学号 char(6) NOT NULL CONSTRAINT xh1_pk PRIMARY KEY,
  姓名 char(8)  NOT  NULL,
  性别 char(2) NOT NULL,
  身份证号码 char(18) CONSTRAINT sfzhm_uk UNIQUE,
  系别 char(10) NOT NULL,
  出生日期 smalldatetime NOT NULL,
  民族 char(4) NOT NULL
)
GO
```

（2）修改表时定义 UNIQUE 约束。

语法格式：

```
ALTER TABLE table_name
ADD [CONSTRAINT constraint_name] UNIQUE
[ CLUSTERED | NONCLUSTERED]
 (column[,…n])
```

说明 各项参数的说明同上述的 PRIMARY KEY 约束。

【例 8-23】 给 KCXX 表中的“课程编号”字段定义 UNIQUE 约束。

```
USE xs
ALTER TABLE KCXX
ADD CONSTRAINT kcbh_uk UNIQUE NONCLUSTERED (课程编号)
GO
```

（3）删除 UNIQUE 约束。

语法格式：

```
ALTER TABLE table_name
DROP CONSTRAINT constraint_name[,…n]
```

【例 8-24】 删除【例 8-23】中创建的 UNIQUE 约束。

```
USE xs
ALTER TABLE KCXX
DROP CONSTRAINT kcbh_uk
GO
```

任务 2-3 完成综合任务

（1）通过修改 XSDA 表，在“学号”（如果该字段上已经有约束，那么先把约束删除）字段上创建 PRIMARY KEY 约束。

```
ALTER TABLE XSDA
ADD CONSTRAINT XSDA_pk PRIMARY KEY CLUSTERED (学号)
GO
--删除主键索引与建立主键索引的方法要匹配,如果用 SSMS 建立,就只能在 SSMS 中删除主键;如果是用 T-SQL
--建立的主键约束，就可以用 T-SQL 和 SSMS 两种方法删除主键约束
ALTER TABLE XSDA
DROP CONSTRAINT XSDA_pk
GO
```

（2）在 book 表的“书号”字段上创建 UNIQUE 约束。

```
USE xs
ALTER TABLE book
ADD CONSTRAINT book_uk UNIQUE NONCLUSTERED (书号)
GO
```

任务 3 实现参照完整性

【任务目标】

学会使用从表的 FOREIGN KEY 约束与主表的定义 PRIMARY KEY 或 UNIQUE 约束（不允许为空）实现主表与从表之间的参照完整性。

【任务描述】

设 KCXX 表为主表，XSCJ 表为从表，通过修改表定义两个表之间的参照关系。

【任务分析】

练习参照完整性的实现。设置参照完整性的意义简单地说就是控制数据一致性，尤其是不同表之间关系的规则。“参照完整性生成器”可以帮助我们建立规则，控制记录如何在相关表中被插入、更新和删除，这些规则将被写到相应的表触发器中。比如，要是主表中没有“张三”，那么就不能在子表中给“张三”这个人添加相关的内容；如果在主表中将“张三”删除，那么子表中和“张三”有关的内容也会被删掉。

任务 3-1 FOREIGN KEY 约束

对两个相关联的表（主表与从表）插入和删除数据时，通过参照完整性保证它们之间数据的一致性。

利用 FOREIGN KEY 定义从表的外键，利用 PRIMARY KEY 或 UNIQUE 约束定义主表的主键或唯一键（不允许为空），可实现主表与从表之间的参照完整性。

定义表间参照关系：先定义主表 PRIMARY KEY 约束（或 UNIQUE 约束），再对从表定义 FOREIGN KEY 约束。

1. 使用 SSMS 定义表间的参照关系

例如，建立 XSDA 表与 XSCJ 表之间的参照关系，方法如下。

（1）定义主表的主键，在此定义 XSDA 表中的“学号”字段为主键。

（2）选择 SSMS 目录树中 xs 数据库目录下的【数据库关系图】，单击鼠标右键，出现图 8-12 所示的快捷菜单。

（3）在快捷菜单中选择【新建数据库关系图】命令，进入图 8-13 所示的【添加表】对话框，从可用表中选择要添加到关系图中的表，这里选择 XSDA 表与 XSCJ 表。

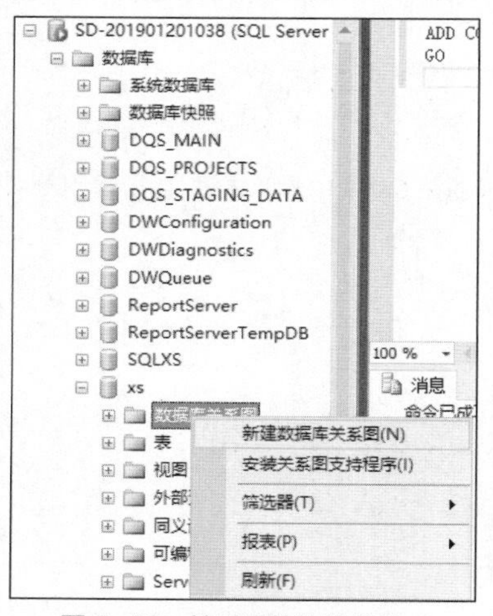

图 8-12 关系图的快捷菜单

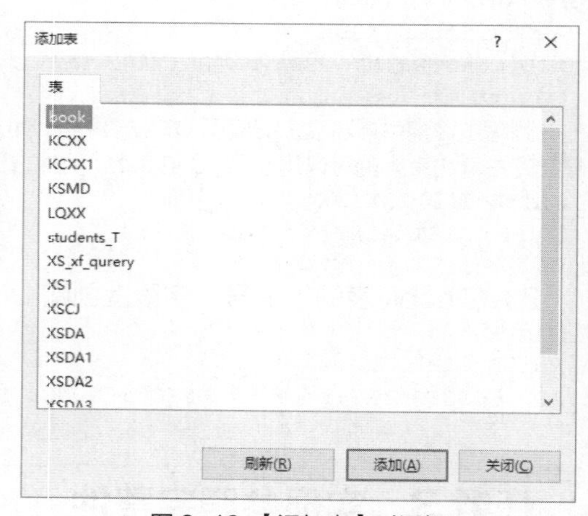

图 8-13 【添加表】对话框

（4）单击【添加】按钮，然后单击【关闭】按钮，进入图 8-14 所示的关系图界面。

（5）在关系图上，将鼠标指向主表的主键并拖动到从表。这里，将 XSDA 表中的“学号”字段拖动到从 XSCJ 表中，出现图 8-15 所示的【表和列】对话框，在此对话框中，选择主表中的主键及从表中的外键，然后单击【确定】按钮，进入图 8-16 所示的【外键关系】对话框。

（6）单击【确定】按钮，即创建了主表与从表之间的参照关系。

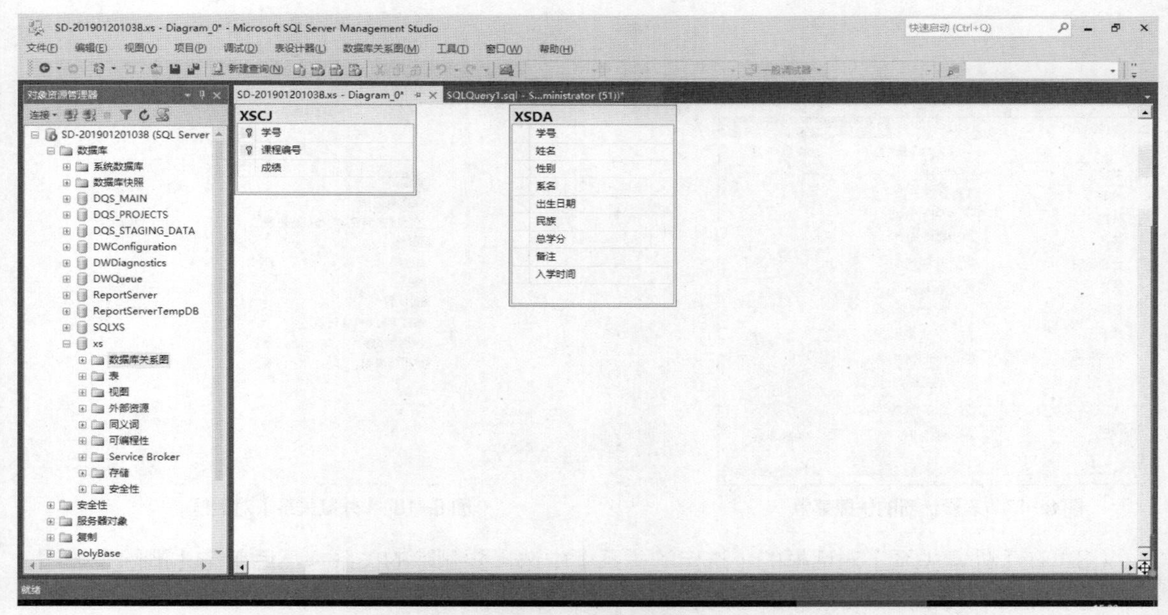

图 8-14　关系图界面

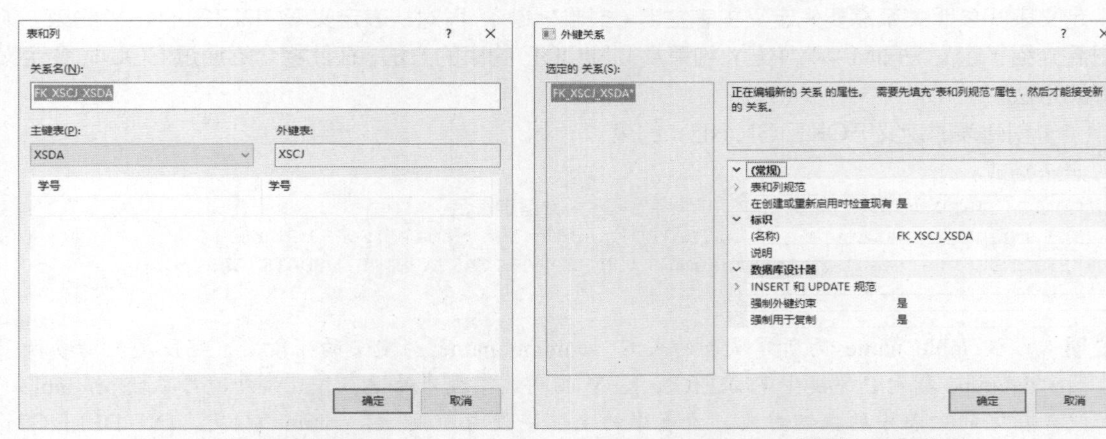

图 8-15 【表和列】对话框　　图 8-16 【外键关系】对话框

读者可在主表和从表中插入或删除相关数据，验证它们之间的参照关系。

另外，在 SSMS 中，读者也可以在主表或从表的表设计器中单击鼠标右键，在快捷菜单中选择【关系】命令，单击【添加】按钮，然后单击【表和列规范】右侧的按钮，在弹出的【表和列】对话框中定义主表和从表之间的参照关系。

为了提高查询效率，在定义主表与从表间的参照关系前，可考虑先对从表的外键定义索引，再定义主表与从表间的参照关系。

2. 使用 SSMS 删除表间的参照关系

如果要删除前面建立的 XSDA 表与 XSCJ 表之间的参照关系，就可按照以下步骤进行。

（1）打开 XSDA 表的表设计器，在表设计器空白处单击鼠标右键，出现一个快捷菜单，如图 8-17 所示。

（2）在快捷菜单中选择【关系】命令，出现图 8-18 所示的【外键关系】对话框。

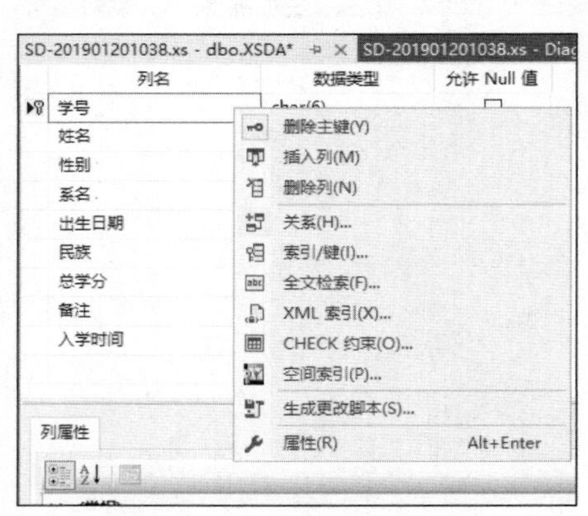

图 8-17　表设计器的快捷菜单

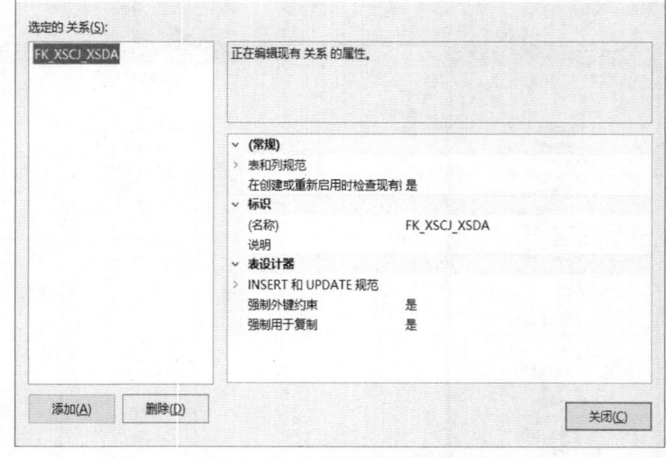

图 8-18 【外键关系】对话框

（3）在【外键关系】对话框的【选定的关系】中选择要删除的关系，然后单击【删除】按钮，再单击【关闭】按钮，即可删除参照关系。

3. 使用 T-SQL 语句定义表间的参照关系

定义表间参照关系需要先定义主表主键（或唯一键），再对从表定义 FOREIGN KEY 约束。前面已经介绍了定义 PRIMARY KEY 约束及 UNIQUE 约束的方法，在此将介绍通过 SQL 命令定义外键的方法。

（1）创建表时定义 FOREIGN KEY 约束。

语法格式：

```
CREATE TABLE table_name                          /*指定表名
(column_name  datatype  [CONSTRAINT constraint_name] [FOREIGN KEY]
REFERENCES ref_table (ref_column) [ON DELETE CASCADE|ON UPDATE CASCADE]
)
```

说明　参数 table_name 为所建从表的表名。column_name 为定义的字段名，字段类型由参数 datatype 指定。关键字 FOREIGN KEY 指明该字段为外键，并且该外键与参数 ref_table 指定的主表中的主键对应，主表中的主键字段由参数 ref_column 指定。ON DELETE CASCADE 表示级联删除，当在主键表中删除外键引用的主键记录时，为防止产生孤立外键，将同时删除外键表中引用它的外键记录。ON UPDATE CASCADE 表示级联更新，当在主键表中更新外键引用的主键记录时，外键表中引用它的外键记录也一起被更新。

【例 8-25】 在 xs 数据库中创建主表 XSDA4 表，定义 XSDA4.学号为主键，然后创建从表 XSCJ4 表，定义 XSCJ4.学号为外键。

```
--定义主键
USE xs
CREATE  TABLE  XSDA4
( 学号 char(6) NOT NULL CONSTRAINT xh_pk1 PRIMARY KEY,
  姓名 char(8)  NOT  NULL,
  性别 char(2) NOT NULL ,
  系别 char(10) NOT NULL,
  出生日期 smalldatetime NOT NULL,
  民族 char(4) NOT NULL,
```

```
  总学分 tinyint NULL,
  备注 text NULL
)
GO
--定义外键
CREATE TABLE XSCJ4
( 学号 char(6) NOT NULL FOREIGN KEY REFERENCES XSDA4(学号) ON UPDATE CASCADE,
  课程编号 char(3) NOT NULL,
  成绩 tinyint
)
```

（2）修改表时定义 FOREIGN KEY 约束。

语法格式：

```
ALTER TABLE table_name
ADD [CONSTRAINT constraint_name]
FOREIGN KEY (column [,…n])
REFERENCES ref_table (ref_column[,…n])
[ON DELETE CASCADE|ON UPDATE CASCADE]
```

说明 参数 table_name 指定被修改的从表名；column 为从表中外键的列名，当外键由多列组合时，列之间用逗号分隔；ref_table 为主表的表名；ref_column 为主表中主键的列名，当主键由多列组合时，列名之间用逗号分隔；*n* 表示可指定多列。

【例 8-26】假设 xs 数据库中的 KCXX 表为主表，KCXX.课程编号字段已经定义为主键，XSCJ 表为从表，要求将 XSCJ.课程编号字段定义为外键。

```
USE xs
ALTER TABLE XSCJ
ADD CONSTRAINT kc_foreign
FOREIGN KEY(课程编号)
REFERENCES KCXX(课程编号)
GO
```

4. 使用 T-SQL 语句删除表间的参照关系

删除表间的参照关系实际上删除从表的 FOREIGN 约束即可。语法格式与前面其他约束删除的格式相同。

【例 8-27】 删除【例 8-26】对 XSCJ.课程编号字段定义的 FOREIGN 约束。

```
USE xs
ALTER TABLE XSCJ
DROP CONSTRAINT kc_foreign
GO
```

任务 3-2 完成综合任务

设 KCXX 表为主表，XSCJ 表为从表，通过修改表定义两个表之间的参照关系。

定义 KCXX 表中的“学号”字段为主键→选择【数据库关系图】→单击鼠标右键→【新建数据库关系图】→【添加表】→选择 KCXX 表与 XSCJ 表→【添加】→【关闭】→将主表 KCXX 表的主键拖动到从表→【确定】→退出→保存，即创建了主表与从表之间的参照关系。

实训 8 实现 sale 数据库完整性

（1）根据你的理解，简述 sale 数据库需要设置哪些主键，写出 SQL 语句。

（2）在开发时需要保证 ProPut 表与 Product 表之间的参照完整性，即向 ProOut 表录入或修改产品编号 ProNo 时，该产品编号 ProNo 必须在 Product 表中存在。

（3）根据你的理解，简述 sale 数据库还需要设置哪些外键，写出 SQL 语句。

（4）在销售表 ProOut 上对数据 Quantity 列的值进行限制，使其值大于等于 1 时有效。

（5）在销售表 ProOut 上对 SaleDate 列进行设定，当不输入其值时，使系统默认其值为当前日期。

小结

本项目主要介绍了数据完整性技术，内容包括数据完整性的概念、分类，以及域完整性、实体完整性、参照完整性的实现，需要掌握的主要内容如下。

（1）数据完整性的概念。数据完整性就是用于保证数据库中的数据在逻辑上的一致性、正确性和可靠性。强制数据完整性可确保数据库中的数据质量。

（2）数据完整性类型。数据完整性一般包括 3 种类型：域完整性、实体完整性、参照完整性。

（3）域完整性的实现。域完整性是指给定列输入的有效性，即保证指定列输入的数据具有正确的数据类型、格式和有效的数据范围。实现域完整性可通过定义相应的 CHECK 约束、DEFAULT 约束、默认值对象、规则对象等方法来实现。

① CHECK 约束：字段输入内容的验证规则。通过 ALTER TABLE 或 CREATE TABLE 的 CHECK 关键字创建约束，是对列中的值进行限制的首选标准方法（可以对一列或多列定义多个约束）。

② 规则：一种数据库对象，可以绑定到一列或多个列上，还可以绑定到用户定义数据类型上，规则定义之后可以反复使用。列或用户定义数据类型只能有一个绑定的规则。但是，列可以同时具有规则和多个 CHECK 约束。

规则作为独立的数据库对象，使用它要先定义，然后绑定到列或用户定义数据类型；不需要时要先解除绑定，然后删除规则。

③ DEFAULT 约束：在创建表或修改表时，可以定义 DEFAULT 约束。

④ 默认值对象：先定义默认值对象，然后将该默认值对象绑定到表的相应字段上或用户定义数据类型上。不需要时要先解除绑定，然后删除默认值对象。

（4）实体完整性的实现。实体完整性是用于保证数据表中每一个特定实体的记录都是唯一的。通过索引、UNIQUE 约束、PRIMARY KEY 约束或 IDENTITY 属性可以实现数据的实体完整性。

① PRIMARY KEY 约束：其可以在表中定义一个主键，用来唯一地标识表中的行。主键可以是一列或列组合，PRIMARY KEY 约束中的列不能取空值和重复值。一个表只能有一个 PRIMARY KEY 约束，而且每个表都应有一个主键。

② UNIQUE 约束：其约束可以确保一个表中的非主键列不输入重复值，在允许空值的列上保证唯一性时，应使用 UNIQUE 约束而不是 PRIMARY KEY 约束。

（5）参照完整性的实现。对两个相关联的表（主表与从表）进行数据更新和删除时，通过参照完整性保证它们之间数据的一致性。

先利用 PRIMARY KEY 或 UNIQUE 约束定义主表的主键或唯一键（不允许为空），再利用 FOREIGN KEY 定义从表的外键，可实现主表与从表之间的参照完整性。

习题

一、填空题

1. ________完整性是指保证指定列的数据具有正确的数据类型、格式和有效的数据范围。

2. ________完整性用于保证数据库中数据表的每一个特定实体的记录都是唯一的。

3. 数据完整性分为________完整性、________完整性、________完整性。

4. Futureonly_flag 仅当将规则绑定到________时才使用。

5. 定义约束时可以在创建表的同时定义，也可以在表创建好以后，通过________表来实现。

6. 当向表中现有的列添加 PRIMARY KEY 约束时，必须确保该列数据无________值和无________值。

7. 在现有列上添加 CHECK 约束，不检查现有数据，则需要写 WITH________。

8. 将规则绑定到列或用户定义数据类型的系统存储过程是________。

二、判断题

1. 在一个表中定义了 PRIMARY KEY 约束就不能再在任何列上定义 UNIQUE 约束。(　　)

2. 规则必须使用一次就定义一次。(　　)

3. 如果规则当前绑定到某列或用户定义数据类型上，不解除绑定，就不能直接删除规则。(　　)

4. 当增加、删除或修改数据库表中的记录时，可以借助实体完整性来保证相关联表之间数据的一致性。(　　)

三、简答题

1. 说明数据完整性的含义及用途。

2. 什么是规则？它与 CHECK 约束的区别在哪里？

3. 为表中数据提供默认值有几种方法？

4. 定义好的规则和默认值对象使用什么方法对列或用户定义数据类型起作用？

四、设计题

使用 SSMS 或 T-SQL 语句完成下面的操作。

1. 创建 BOOK 表，BOOK 表中包括书名、书号、类型、价格、入库时间等字段。给“入库时间”字段定义一个名为 min_time 的 CHECK 约束，使入库时间在 2000-1-1 之后。

2. 创建一个名为 num_rule 的规则，并将其绑定到 BOOK 表的“书号”字段上，以限制“书号”字段由 6 位字符组成，前 2 位由大写字母 A~Z 组成，后 4 位由 0~9 的数字组成。

3. 删除 1、2 题中的约束和规则。

4. 对 BOOK 表的“书号”字段创建 PRIMARY KEY 约束。

5. 对 BOOK 表的“书名”字段创建 UNIQUE 约束。

6. 为 BOOK 表的“类型”字段设置一个 DEFAULT 约束，DEFAULT 约束名为 booktype，默认值为 NEW BOOK。

7. 在 BOOK 表中删除上述约束。

8. 定义一个用户定义数据类型 today：smalldatetime , not null。定义默认值对象 day，取值为 getdate()，将默认值对象 day 绑定到用户定义数据类型 today 上。

项目 9 使用T-SQL编程

09

【能力目标】

- 能使用 T-SQL 的表达式和基本流程控制语句
- 能使用各种常用的系统内置函数
- 能定义与调用用户定义函数
- 能使用游标

【项目描述】

使用 T-SQL 编写批处理与程序流程控制语句程序。练习使用 T-SQL 的函数和游标。

【项目分析】

SQL 是用于数据库查询的结构化语言。1982 年，美国国家标准化组织 ANSI 确认 SQL 为数据库系统的工业标准。目前，许多关系型数据库管理系统都支持 SQL，如 Access、Oracle、Sybase、DB2 等。

T-SQL 在支持标准 SQL 的同时，还对其进行了扩充，引入了变量定义、流程控制和自定义存储过程等语句，极大地扩展了 SQL Server 2016 的功能。

使用数据库的客户或应用程序都是通过 T-SQL 来操作数据库的，本项目主要介绍 T-SQL 程序设计基础知识。

【任务设置】

任务 1　T-SQL 编程基础
任务 2　编写批处理和程序流程控制语句
任务 3　使用系统内置函数
任务 4　编写用户定义函数
任务 5　使用游标
实训 9　程序设计

【项目定位】

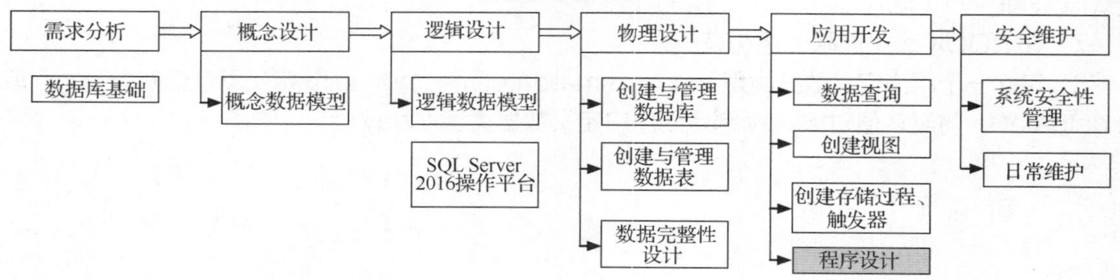

任务 1 T-SQL 编程基础

【任务目标】

- 了解 T-SQL 编程知识
- 掌握 T-SQL 语法规则
- 学会在 T-SQL 中使用常量、变量、标识符、运算符表达式

【任务描述】

局部变量和全局变量的使用

【任务分析】

在 SQL Server 数据库中，T-SQL 由以下几个部分组成。

（1）数据定义语言。数据定义语言用于执行数据库的任务，对数据库以及数据库中的各种对象进行创建、删除、修改等操作，主要包括 CREATE、ALTER、DROP 等语句。

（2）数据处理语言。数据处理语言用于操纵数据库的各种对象，检索和修改数据，主要包括 SELECT、INSERT、UPDATE、DELETE 等语句。

（3）数据控制语言（Data Command Language，DCL）。数据控制语言用于安全管理数据库，确定哪些用户可以查看或修改数据库中的数据，主要包括 CRANT、REVOKE、DENY 等语句。

（4）T-SQL 增加的语言元素。微软为了用户编程方便增加了一些语言元素，包括变量、运算符、函数、流程控制语句和注释。这些 T-SQL 语句都可以在 SSMS 的查询编辑器中运行，也可以存储在数据库服务器上运行。本任务将介绍这部分增加的语言元素。

任务 1-1 标识符与注释

1. 标识符

数据库对象的名称被看成是该对象的标识符。在 SQL Server 中，标识符可以分成两类：常规标识符与分隔标识符。由于分隔标识符不常用，因此只介绍常规标识符的使用。

常规标识符应符合如下规则。

（1）第一个字符必须是下列字符之一：ASCII 字符、Unicode 字符、下画线_、@或#。在 SQL Server 中，某些处于标识符开始位置的符号具有特殊意义，以@开始的标识符表示局部变量或参数，以一个数字符号开始的标识符表示临时表或过程，以##开始的标识符表示全局临时对象。

（2）后续字符可以是 ASCII 字符、Unicode 字符、下画线_、@、美元符号$或数字符号。

（3）标识符不能是 T-SQL 的保留字。

（4）不允许嵌入空格或其他特殊字符。

2. 注释

注释是为 T-SQL 语句加上解释和说明，以说明该代码的含义，增加代码的可读性。T-SQL 语句支持以下两种类型的注释。

（1）多行注释

使用“/*”和“*/”将注释括起来可以连续书写多行的注释语句，例如，/*使用 GROUP BY 子句和聚合函数对数据进行分组后，再使用 HAVING 子句对分组数据进一步筛选*/。

（2）单行注释

使用“--”表示书写单行注释语句，例如，--声明局部变量。

任务 1-2 常量

常量是指在程序运行过程中其值不变的量。常量又称为标量值。

根据常量值的不同类型，常量分为字符串常量、整型常量、实型常量、日期时间常量、货币常量、唯一标识常量。常量的格式取决于它所表示的值的数据类型，如表 9-1 所示。

表 9-1 SQL 常量类型表

数据类型		说明	例如
字符串常量	ASCII 字符串常量	用单引号引起来，由 ASCII 字符构成的符号串，每个字符用 1 字节存储	'山东'、'this is database'、'R''abc'（可使用两个单引号表示嵌入的单引号）
	Unicode 字符串常量	前缀是大写字母 N 后面同 ASCII 字符串常量格式，每个字符用 2 字节存储	N'山东'、N'How are you!'
整型常量	二进制	表示为数字 0 或 1，若使用一个大于 1 的数，则被转换为 1	0x54E（十六进制） 35、-83（十进制）
	十六进制	前缀 0x 后跟十六进制数字串	
	十进制	不带小数点的十进制数	
实型常量		定点表示	12.8、-92.5
		浮点表示	+174E-2、-27E3
日期时间常量		用单引号将表示日期时间的字符串括起来	'3/8/09'、'11-11-06'、'19491001'、'11:13:45 PM'、'13:22:34'、'11-11-06 13:20:44'
货币常量		以$作为前缀的整型或实型常量	$50、$47.2、-$45.9
唯一标识常量		用于表示全局唯一标识符（GUID）值的字符串，可以使用字符（用单引号引起来）或十六进制格式（前缀 0x）指定	'6F9619FF-8B86-D011-B42D-00C04FC964FF' 0x6F9619FF8B86D011B42D00C04FC964FF

任务 1-3 变量

变量是指在程序运行过程中其值可以改变的量。变量有名称和数据类型两个属性，变量名用于标识该变量，变量名必须是合法的标识符。变量的数据类型确定了该变量存放值的格式及允许的运算。变量可分为局部变量和全局变量。

1. 局部变量

局部变量是用户定义的变量，用于保存单个数据值。局部变量常用于保存程序运行的中间结果或作为循环变量使用。

（1）局部变量的定义

局部变量必须用 DECLARE 语句声明后才可以使用，所有局部变量在声明后均初始化为 NULL。

语法格式：

```
DECLARE  {@local_variable  data_type} [,…n]
```

说明如下。

- local_variable。局部变量名，应为常规标识符。局部变量名必须以@开头。
- data_type。数据类型，用于定义局部变量的类型，可为系统类型或自定义类型。
- *n*。表示可定义多个变量，各变量间用“,”隔开。
- 局部变量的作用范围从声明该局部变量的地方开始，到声明的批处理或存储过程的结尾。批处理或存储过程结束后，存储在局部变量中的信息将丢失。

（2）局部变量的赋值

局部变量声明之后，可用 SET 或 SELECT 语句给其赋值。

① 用 SET 语句赋值。

语法格式：

```
SET @local_variable=expression
```

说明如下。

- local_variable：是除 cursor、text、ntext、image 外的任何类型变量。
- expression：是任何有效的 SQL Server 表达式。
- 一条 SET 语句一次只能给一个局部变量赋值。

【例 9-1】 创建局部变量@var1、@var2，并赋值，然后输出变量的值。

```
DECLARE  @var1 varchar(10),@var2 varchar(20)
SET @var1='山东'
SET @var2=@var1 +'大学'
SELECT  @var1,@var2
GO
```

【例 9-2】 创建一个名为 xm 的局部变量，并在 SELECT 语句中使用该局部变量查找 XSDA 表中所有管理系学生的姓名、总学分。

```
USE xs
DECLARE  @xm char(10)
SET  @xm='管理'
SELECT  姓名,总学分
FROM XSDA
WHERE 系名=@xm
GO
```

【例 9-3】 使用查询给变量赋值。

```
USE xs
DECLARE  @name char(8)
SET @name=(SELECT TOP 1 姓名 FROM XSDA)
SELECT @name
GO
```

② 用 SELECT 语句赋值。

语法格式：

```
SELECT {@local_variable=expression} [,…n]
```

说明如下。

- local_variable：是除 cursor、text、ntext、image 外的任何类型变量。
- expression：是任何有效的 SQL Server 表达式。
- *n*：表示可给多个变量赋值。
- SELECT 通常用于将单个值返回到变量中，当 expression 为表的列名时，可使用子查询功能从表中一次返回多个值，此时将返回的最后一个值赋给变量。如果子查询没有返回值，则将变量设为 NULL。

● 如果省略了赋值号及后面的表达式，则可以将局部变量的值显示出来，起到输出显示局部变量值的作用。

【例 9-4】 创建局部变量@var1、@var2，并赋值，然后输出变量的值。

```
DECLARE  @var1 varchar(10),@var2 varchar(20)
SELECT @var1='山东'
SELECT @var2=@var1 +'大学'
SELECT  @var1,@var2
GO
```

运行结果与【例 9-1】相同。

【例 9-5】 使用查询给变量赋值。

```
USE xs
DECLARE @name char(8)
SELECT  @name=姓名
FROM  XSDA
SELECT @name
GO
```

注意 【例 9-5】的子查询结果返回 XSDA 表中所有学生的姓名，@name 中保存的是最后一个学生的姓名。

2. 全局变量

全局变量是由系统提供并赋值，而且预先声明的用来保存 SQL Server 系统运行状态数据值的变量。用户不能定义全局变量，也不能用 SET 语句和 SELECT 语句修改全局变量的值。通常可以将全局变量的值赋给局部变量，以便保存和处理。全局变量名以“@@”开头。事实上，在 SQL Server 中，全局变量是一组特定的函数，不需要任何参数，在调用时无需在函数名后面加括号，这些函数也称为无参数函数。

全局变量分为两类：一类是与 SQL Server 连接有关的全局变量，如@@rowcount 表示受最近一个语句影响的行数；另一类是与系统内部信息有关的全局变量，如@@version 表示 SQL Server 的版本号。SQL Server 提供了 30 多个全局变量，表 9-2 介绍了几个常用的全局变量。

表 9-2 SQL 常用的全局变量表

名称	说明
@@connections	返回当前服务器的连接数目
@@rowcount	返回上一条 T-SQL 语句影响的数据行数
@@error	返回上一条 T-SQL 语句执行后的错误号
@@procid	返回当前存储过程的 ID 号
@@remserver	返回登录记录中远程服务器的名称
@@servername	返回运行 SQL Server 的本地服务器的名称
@@version	返回当前 SQL Server 服务器的版本和处理器类型
@@language	返回当前 SQL Server 服务器的语言
@@max_connections	返回 SQL Server 允许的用户同时连接的最大数

【例 9-6】 利用全局变量查看 SQL Server 版本和当前使用的语言。

```
SELECT @@version AS 版本
SELECT @@language AS 语言
```

任务 1-4　运算符与表达式

SQL Server 2016 提供的常用运算符有：算术运算符、字符串连接运算符、比较运算符、逻辑运算符 4 种，本任务介绍这些常用的运算符。有关一元运算符、位运算符、赋值运算符的使用请查阅联机帮助。

通过运算符连接运算量构成表达式。

1. 算术运算符

算术运算符包括+（加）、-（减）、*（乘）、/（除）和%（取模），参与运算的数据是数值类型数据，其运算结果也是数值类型数据。加、减运算符也可用于对日期型数据进行运算，还可对数字字符数据与数值类型数据进行运算。

【例 9-7】 算术运算符的使用。

```
SELECT  3+5,8-3,5/4,5.0/4,7%3
SELECT GETDATE()-20
SELECT '125' - 15,'125' + 15
```

2. 字符串连接运算符

字符串连接运算符用“+”表示，可以实现字符串之间的连接。参与字符串连接运算的数据只能是字符数据类型：char、varchar、nchar、nvarchar、text、ntext，其运算结果也是字符数据类型。

【例 9-8】 字符串连接运算符的使用。

```
SELECT '信息系'+'软件专业'
SELECT '信息系'+'  '+'软件专业'
```

3. 比较运算符

比较运算符（又称为关系运算符）如表 9-3 所示，用来对两个相同类型表达式的顺序、大小、相同与否进行比较。除了 text、ntext 或 image 数据类型的表达式外，比较运算符可以用于所有的表达式，即用于数值大小的比较、字符串排列顺序的前后比较、日期数据前后比较。

比较运算结果有 3 种值：TRUE、FALSE、UNKNOWN。

比较表达式用于 IF 语句和 WHILE 语句的条件、WHERE 子句和 HAVING 子句的条件。

表 9-3　比较运算符表

运算符	含义
=	相等
>	大于
<	小于
>=	大于等于
<=	小于等于
<>、!=	不等于
!<	不小于
!>	不大于

【例 9-9】 比较运算符的使用。

```
-- 比较数值大小
IF 67 > 40
 PRINT '67 > 40 正确!'
```

```
ELSE
  PRINT '67 > 40错误!'

-- 比较字符串顺序
IF 'asd' > 'abd'
  PRINT 'asd > abd正确!'
ELSE
  PRINT 'asd > abd错误!'

-- 比较日期顺序
IF GETDATE()>'2011-1-1'
  PRINT 'Yes'
ELSE
  PRINT 'No'
```

4．逻辑运算符

逻辑运算符用于对某个条件进行测试，如表9-4所示。逻辑运算符和比较运算符一样，返回带有TRUE或FALSE值的布尔数据类型。

逻辑表达式用于IF语句和WHILE语句的条件、WHERE子句和HAVING子句的条件。

表9-4　逻辑运算符表

运算符	运算规则
AND	如果两个操作数的值都为TRUE，则运算结果为TRUE
OR	如果两个操作数中有一个的值为TRUE，则运算结果为TRUE
NOT	若一个操作数的值为TRUE，则运算结果为FALSE；否则为TRUE
ALL	如果每个操作数的值都为TRUE，则运算结果为TRUE
ANY	在一系列操作数中只要有一个的值为TRUE，则运算结果为TRUE
BETWEEN	如果操作数在指定的范围内，则运算结果为TRUE
EXISTS	如果子查询包含一些行，则运算结果为TRUE
IN	若操作数的值等于表达式列表中的一个，则运算结果为TRUE
LIKE	若操作数与一种模式相匹配，则运算结果为TRUE
SOME	如果在一系列操作数中，有些值为TRUE，则运算结果为TRUE

ANY、SOME、ALL一般用于比较子查询，这种查询可以认为是IN子查询的扩展，它使表达式的值与子查询的结果进行比较运算。

语法格式：

```
expression { < | <= | = | > | >= | <> | != | !< | !>} {ALL | SOME | ANY} (subquery)
```

说明如下。

- expression是要进行比较的表达式。
- { = | <> | != | > | >= | !> | < | <= | !< }是比较运算符。
- subquery是返回单列结果集的子查询。返回列的数据类型必须与expression的数据类型相同。
- ALL：当表达式与子查询结果集中的每个值都满足比较的关系时，返回TRUE，否则返回FALSE。
- SOME、ANY：当表达式与子查询结果集中的某个值满足比较的关系时，返回TRUE，否则返回FALSE。

- >ALL：表示大于每一个值，即大于最大值，例如，>ALL (1, 2, 3) 表示大于 3，因此，使用>ALL 的子查询也可用 MAX 函数实现。
- >ANY：表示至少大于一个值，即大于最小值，例如，>ANY (1, 2, 3) 表示大于 1，因此，使用>ANY 的子查询也可用 MIN 函数实现。
- =ANY：与 IN 等效。
- <>ALL：与 NOT IN 等效。

【例 9-10】 查询比信息系所有学生的年龄都小的学生的学号、姓名及出生日期。

分析与引导如下。

（1）先求出信息系所有学生的出生日期。

（2）>ALL，大于信息系所有学生的出生日期（即大于最大日期，用子查询来实现）。

（3）找出满足条件的记录结果（学号、姓名、出生日期）。

```
USE xs
SELECT 学号,姓名, 出生日期
FROM XSDA
WHERE 出生日期>ALL
(  SELECT 出生日期
    FROM XSDA
    WHERE 系名='信息'
)
GO
```

【例 9-11】 查询成绩高于“方平”的最低成绩的学生姓名、课程名称及成绩。

分析与引导如下。

（1）先求出“方平”的所有成绩。

（2）>ANY，至少大于“方平”的一门课程成绩（即高于最低成绩，用子查询来实现）。

（3）找出满足条件的记录结果（姓名、课程名称、成绩，用连接查询实现）。

```
USE xs
SELECT DISTINCT 姓名,课程名称,成绩
FROM XSDA JOIN XSCJ ON XSDA.学号=XSCJ.学号
JOIN KCXX ON XSCJ.课程编号=KCXX.课程编号
WHERE 成绩>ANY
(  SELECT  成绩
      FROM XSDA,XSCJ
      WHERE XSDA.学号=XSCJ.学号 AND 姓名='方平'
) AND 姓名<>'方平'
GO
```

5. 运算符的优先级

当一个复杂的表达式中包含多个运算符时，运算符优先级将决定执行运算的先后次序。执行的顺序会影响得到的运算结果。

运算符优先级如表 9-5 所示。在一个表达式中按先高（优先级数小）后低（优先级数大）的顺序进行运算。

表 9-5 运算符优先级表

运算符	优先级
+（正）、-（负）、~（按位 NOT）	1
*（乘）、/（除）、%（取模）	2

续表

运算符	优先级
+（加）、+（串联）、-（减）	3
=、>、 <、>=、 <=、<>、!=、!>、!<	4
^（位异或）、&（位与）、|（位或）	5
NOT	6
AND	7
ALL、ANY、BETWEEN、IN、LIKE、OR、SOME	8
=（赋值）	9

当一个表达式中的两个运算符有相同的优先级时，根据它们在表达式中的位置，一般而言，一元运算符按从右向左的顺序运算，二元运算符从左到右进行运算。

表达式中可用括号改变运算符的优先级，先对括号内的表达式求值，然后对括号外的运算符进行运算。

若表达式中有嵌套的括号，则首先对嵌套最深的表达式求值。

任务 1-5　完成综合任务

（1）利用@@ServerName 查看本地服务器名称，并利用@@Connections 显示截止到当前时刻试图登录 SQL Server 的次数。

在查询分析器中分别输入 select @@ServerName，按 F5 键执行；输入 select @@Connections，按 F5 键执行。

（2）查看 XSDA 表的所有记录，并利用@@Rowcount 统计记录数。

```
USE xs
GO
SELECT * FROM XSDA
GO
SELECT @@Rowcount
GO
```

（3）声明一个整型的局部变量@Num，对该变量赋值 500。

```
DECLARE @Num as int
SELECT @Num=500
SET @Num=500
```

（4）@@X 是一个全局变量吗?

不是。

（5）将字符串“china”赋给一个局部变量 chr，并输出 chr 的值。

```
DECLARE  @chr varchar(10)
SET @chr='china'
SELECT  @chr
GO
```

（6）将 XSDA 表中第一个男生的姓名赋给局部变量 name。

```
USE xs
DECLARE  @name char(10)
SET @name=(SELECT TOP 1 姓名 FROM XSDA WHERE 性别='男')
SELECT @name
GO
```

任务 2　编写批处理和程序流程控制语句

【任务目标】

- 学会书写批处理语句
- 学会流程控制语句编程

【任务描述】

流程控制语句的使用：

用循环语句编写 s=2+4+6+8+10 程序。

【任务分析】

SQL Server 服务器端的程序通常使用 SQL 语句来编写。当任务不能由单独的 T-SQL 语句来完成时，SQL Server 通常使用批处理来组织多条 T-SQL 语句完成任务。一般而言，一个服务器端的程序由以下一些成分组成：批、注释、变量、流程控制语句、消息处理等。

任务 2-1　批处理

批处理是由一条或多条 T-SQL 语句组成的，应用程序将这些语句作为一个单元一次性地发送到 SQL Server 服务器执行。批处理结束的标志是 GO。

使用批处理时应遵守以下规则。

（1）CREATE DEFAULT、CREATE PROCEDURE、CREATE RULE、CREATE TRIGGER 和 CREATE VIEW 语句不能在批处理中与其他语句组合使用。批处理必须以 CREATE 语句开始，所有跟在 CREATE 后的其他语句将被解释为第一个 CREATE 语句定义的一部分。

（2）不能把规则和默认值绑定到表字段或用户定义数据类型之后，在同一个批处理中使用它们。

（3）不能在给表字段定义了一个 CHECK 约束后，在同一个批处理中使用该约束。

（4）在同一个批处理中不能删除一个数据库对象又重建它。

（5）不能在修改表的字段名后，在同一个批处理中引用该新字段名。

（6）调用存储过程时，若它不是批处理中的第一条语句，那么在它前面必须加上 EXECUTE（或 EXEC）。

任务 2-2　流程控制语句

设计程序时，常常需要利用各种流程控制语句改变计算机的执行流程，以满足程序设计的需要。SQL Server 中提供的主要流程控制语句如下。

1. BEGIN…END 语句

BEGIN…END 语句用于将多条 T-SQL 语句组合成一个语句块，并将它们视为一个单一语句使用，多用于条件语句和循环语句中。

语法格式：

```
BEGIN
  sql_statement           /*是任何有效的 T-SQL 语句
  [...n]
END
```

说明　BEGIN…END 语句块允许嵌套使用，BEGIN 和 END 语句必须成对使用。

2. PRINT 语句

PRINT 语句将用户定义的消息返回客户端。

语法格式：

```
PRINT'any ASCII text' | @local_variable | @@FUNCTION | string_expression
```

参数说明如下。

（1）'any ASCII text'：一个文本字符串。

（2）@local_variable：任意有效的字符数据类型变量。

（3）@@FUNCTION：返回字符串结果的函数。

（4）string_expression：返回字符串的表达式。

（5）PRINT 语句向客户端返回一个字符类型表达式的值，最长为 255 个字符。

3. IF…ELSE 语句

在程序中，如果要判定给定的条件，当条件为真或假时分别执行不同的 T-SQL 语句，就可用 IF…ELSE 语句实现。

语法格式：

```
IF boolean_expression                          /*条件表达式
   {sql_statement|statement_block}             /*条件表达式为真时，执行 T-SQL 语句或语句块
[ELSE
   {sql_statement|statement_block}]            /*条件表达式为假时，执行 T-SQL 语句或语句块
```

说明 boolean_expression 是条件表达式，运算结果为 TRUE 或 FALSE。如果条件表达式中含有 SELECT 语句，就必须用圆括号将 SELECT 语句括起来。

【例 9-12】 如果“王红”的平均成绩高于 90 分，就显示“平均成绩优秀”；否则显示“平均成绩非优秀”。

```
USE xs
DECLARE @text1  char(20)
SET @text1='平均成绩非优秀'
IF (SELECT AVG(成绩)
     FROM  XSDA,XSCJ
     WHERE  XSDA.学号=XSCJ.学号 AND 姓名='王红'
    )>=90
   BEGIN
    SET @text1='平均成绩优秀'
    SELECT  @text1
   END
ELSE
   SELECT  @text1
```

4. 循环语句（WHILE）、BREAK 语句和 CONTINUE 语句

（1）WHILE 循环语句，如果需要重复执行程序中的一部分语句，就可使用 WHILE 循环语句实现。

语法格式：

```
WHILE boolean_expression
  {sql_statement|statement_block}      /*由 T-SQL 语句或语句块构成的循环体
```

说明 boolean_expression 是条件表达式，运算结果为 TRUE 或 FALSE。如果条件表达式中含有 SELECT 语句，就必须用圆括号将 SELECT 语句括起来。

【例 9-13】 求 10!。

```
DECLARE @i int, @t int
SET @t=1
SET @i=1
WHILE @i<=10
  BEGIN
    SET @t=@t*@i
    SET @i=@i+1
  END
PRINT '10!=' + STR(@t)
```

（2）BREAK 语句，一般用在循环语句中，用于退出本层循环。当程序中有多层循环嵌套时，使用 BREAK 语句只能退出其所在的这一层循环。

语法格式：

```
BREAK
```

（3）CONTINUE 语句，一般用在循环语句中，结束本次循环，重新转到下一次循环条件的判断。

语法格式：

```
CONTINUE
```

5. RETURN 语句

其用于从过程、批处理或语句块中无条件退出，不执行位于 RETURN 之后的语句。

语法格式：

```
RETURN [ integer_expression ]
```

参数说明如下。

（1）integer_expression 是将整型表达式的值返回。存储过程可以给调用过程或应用程序返回整型值。

（2）除非特别指明，否则所有系统存储过程返回 0 值表示成功，返回非 0 值则表示失败。

（3）当用于存储过程时，RETURN 不能返回空值。

6. WAITFOR 语句

WAITFOR 语句指定触发语句块、存储过程或事务执行的时刻或需等待的时间间隔。

语法格式：

```
WAITFOR {DELAY'time'|TIME'time'}
```

参数说明如下。

（1）DELAY'time'。用于指定 SQL Server 必须等待的时间，最长可达 24h。time 可以由 datetime 数据格式指定，用单引号引起来，但在值中不允许有日期部分，也可以用局部变量指定参数。

（2）TIME'time'。指定 SQL Server 等待到某一时刻，time 值的指定同上。

（3）执行 WAITFOR 语句后，在到达指定时间之前将无法启用与 SQL Server 的连接。如果要查看活动的进程和正在等待的进程，就使用 sp_who。

【例 9-14】 如下语句设定在 8:00 执行存储过程 Manager。

```
BEGIN
  WAITFOR TIME'8:00'
  EXECUTE sp_addrole 'Manager'
END
```

任务 2-3 完成综合任务

用循环语句编写 s=2+4+6+8+10 程序。

```
DECLARE @i int, @s int
```

```
SET @t=0
SET @i=2
WHILE @i<=10
  BEGIN
    SET @t=@t+@i
    SET @i=@i+2
  END
PRINT 's=' + STR(@t)
```

任务3 使用系统内置函数

【任务目标】

- 学会在查询分析器中测试各内置函数功能
- 能在实际编程中运用内置函数

函数

【任务描述】

流程控制语句和系统内置函数的使用。

（1）设学位代码与学位名称如表9-6所示，用CASE函数编写将学位代码转换为名称的程序。

表9-6 学位代码与学位名称

代码	名称
1	博士
2	硕士
3	学士

（2）下述语句的返回值是什么？

```
DECLARE @ch int
SET @ch=92
SELECT char(@ch+5)
```

（3）写出下列函数的返回值。

① SELECT ABS(-5)

② SELECT REPLACE('ABCDEF', 'CD', 'UI')

③ SELECT SUBSTRING('中国人民',3,2)

④ SELECT ASCII('SQL')

【任务分析】

函数是T-SQL提供的用以完成某种特定功能的程序。在T-SQL编程语言中，函数可分为系统内置函数和用户定义函数。本任务主要介绍系统内置函数中常用的数学函数、字符串函数、日期和时间函数、聚合函数、系统函数。

任务3-1 数学函数

数学函数用于对数字表达式进行数学运算并返回运算结果。组成数字表达式的数据类型有decimal、integer、float、real、money、smallmoney、smallint和tinyint。在此介绍几个常用的数学函数。

1. ABS函数

语法格式：

```
ABS ( numeric_expression )
```

说明 返回给定数字表达式的绝对值。参数 numeric_expression 为数字型表达式（bit 数据类型除外），返回值类型与 numeric_expression 相同。

2. ROUND 函数

语法格式：

```
ROUND ( numeric_expression , length )
```

说明 返回数字表达式并四舍五入为指定的长度或精度。参数 numeric_expression 为数字型表达式（bit 数据类型除外）。length 是 numeric_expression 将要四舍五入的精度，length 必须是 tinyint、smallint 或 int。当 length 为正数时，numeric_expression 四舍五入为 length 指定的小数位数；当 length 为负数时，numeric_expression 则按 length 指定的在小数点的左边四舍五入。返回值类型与 numeric_expression 相同。

3. RAND 函数

语法格式：

```
RAND ( [ seed ] )
```

说明 返回 0～1 的随机 float 值。参数 seed 是给出种子值或起始值的整型表达式（tinyint、smallint 或 int）。返回值类型为 float。

【例 9-15】 使用 SELECT 语句查询数学函数。

```
SELECT ABS(-5), ABS(0.0), ABS(6.0)
SELECT ROUND(123.456, 2),ROUND(123.456, -2)
SELECT RAND(), RAND(6)
```

任务 3-2 字符串函数

字符串函数用于对字符串进行操作，并返回一个字符串或数字值。在此介绍几个常用的字符串函数。

1. ASCII 函数

语法格式：

```
ASCII ( character_expression )
```

说明 返回字符表达式最左端字符的 ASCII 码值。参数 character_expression 是类型为字符型的表达式。返回值类型为整型。

2. CHAR 函数

语法格式：

```
CHAR ( integer_expression )
```

说明 将 ASCII 码转换为字符。参数 integer_expression 是 0～255 的整数，返回值为字符型；如果整数表达式不在此范围内，就将返回 NULL 值。

【例 9-16】 使用 SELECT 语句查询字符串函数。

```
SELECT ASCII('A'), ASCII('a'), ASCII('中国') , ASCII('5')
SELECT CHAR(65),CHAR(97)
```

3. LEFT 函数

语法格式：

```
LEFT ( character_expression , integer_expression )
```

说明 返回从字符串左边开始指定个数的字符。参数 character_expression 为字符表达式；integer_expression 为整型表达式，表示字符个数。返回值为 varchar 型。

4. RIGHT 函数

语法格式：

```
RIGHT ( character_expression , integer_expression )
```

说明 返回从字符串右边开始指定个数的字符。参数 character_expression 为字符表达式；integer_expression 为整型表达式，表示字符个数。返回值为 varchar 型。

5. SUBSTRING 函数

语法格式：

```
SUBSTRING ( expression , start , length )
```

说明 返回 expression 中指定的部分数据。参数 expression 可为字符串、二进制串、text，image 字段或表达式；start 是一个整数，指定子串的开始位置；length 是一个整数，指定子串的长度（要返回的字符数或字节数）。如果 expression 是字符类型和 binary 数据类型，就返回值类型与 expression 的类型相同。

【例 9-17】 使用 SELECT 语句查询字符串函数。

```
SELECT LEFT('山东职业学院',2)
SELECT RIGHT('山东职业学院',3)
SELECT SUBSTRING('山东职业学院',3,2)
```

6. REPLACE 函数

语法格式：

```
REPLACE ( 'string_expression1' , 'string_expression2' , 'string_expression3' )
```

说明 用第 3 个字符串表达式替换第 1 个字符串表达式中包含的所有第 2 个字符串表达式，并返回替换后的表达式。参数'string_expression1'，'string_expression2'，'string_expression3' 均为字符串表达式。返回值为字符型。

7. STR 函数

语法格式：

```
STR ( float_expression [ , length [ , decimal ] ] )
```

说明 将数字数据转换为字符数据。参数 float_expression 为 float 类型的表达式；length 用于指定总长度，包括小数点、符号、数字和空格，默认值为 10；decimal 指定小数点右边的位数。Length、decimal 必须均为正整型。返回值类型为 char。

8. LEN 函数

语法格式：

```
LEN ( string_expression )
```

说明 返回给定字符串表达式 string_expression 的字符（而不是字节）个数，不计算尾部空格。返回值类型为 int。

【例 9-18】 使用 SELECT 语句查询字符函数。

```
SELECT REPLACE('计算机软件专业','软件','应用')
SELECT STR(5.392,6,1),STR(48.2685,5,3),STR(-7.513,4,2)
SELECT LEN('信息工程系')
```

任务 3-3 日期和时间函数

1. GETDATE 函数

语法格式：

```
GETDATE ( )
```

说明 按 datetime 值的 SQL Server 标准内部格式返回当前系统日期和时间。返回值类型为 datetime。

2. DAY 函数

语法格式：

```
DAY ( date )
```

说明 返回指定日期的天数。参数 date 类型为 datetime 或 smalldatetime 的表达式。返回值类型为 int。

3. MONTH 函数

语法格式：

```
MONTH ( date )
```

说明 返回指定日期的月份。参数 date 是 datetime 或 smalldatetime 类型的表达式。返回值类型为 int。

4. YEAR 函数

语法格式：

```
YEAR ( date )
```

说明 返回指定日期的年份。参数 date 是 datetime 或 smalldatetime 类型的表达式。返回值类型为 int。

【例 9-19】 使用 SELECT 语句查询日期和时间函数。

```
SELECT GETDATE() AS '当前系统日期时间'
SELECT YEAR('2018-5-1')
SELECT MONTH('2018-5-1')
SELECT DAY('2018-5-1')
```

任务 3-4 聚合函数

聚合函数用于计算表中的数据，返回单个计算结果。常用的聚合函数包括 MAX、MIN、SUM、

AVG、COUNT，在项目5数据库查询中已介绍，此处不再赘述。

任务 3-5　系统函数

系统函数用于对 SQL Server 中的值、对象和设置进行操作并返回有关信息。

1. CASE 函数

CASE 函数有两种使用形式，一种是简单的 CASE 函数，另一种是搜索型的 CASE 函数。

（1）简单的 CASE 函数

语法格式：

```
CASE  input_expression
   WHEN  when_expression  THEN  result_expression
   [...n]
   [ELSE  else_result_expression]
END
```

说明　计算 input_expression 表达式的值，并与每一个 when_expression 表达式的值比较，如果相等，就返回对应的 result_expression 表达式的值；否则返回 else_result_expression 表达式的值。参数 input_expression 和 when_expression 的数据类型必须相同（或可以隐性转换）。*n* 表示可以使用多个 WHEN　when_expression　THEN　result_expression 子句。

【例 9-20】 查询 XSDA 表中所有学生的学号和性别，要求使用简单 CASE 函数将性别列的值由“男”“女”替换成“男生”“女生”进行显示，“性别”列的标题为 sex。

```
USE  xs
SELECT  学号,sex=
   CASE 性别
     WHEN '男'  THEN '男生'
     WHEN '女'  THEN '女生'
   END
FROM  XSDA
GO
```

（2）搜索型 CASE 函数

语法格式：

```
CASE
   WHEN  Boolean_expression  THEN  result_expression
   [...n]
   [ELSE  else_result_expression]
END
```

说明　按指定顺序为每个 WHEN 子句的 Boolean_expression 表达式求值。返回第一个取值为 TRUE 的 Boolean_expression 表达式对应的 result_expression 表达式的值；如果没有取值为 TRUE 的 Boolean_expression 表达式，就当指定 ELSE 子句时，返回 else_result_expression 的值；如果没有指定 ELSE 子句，就返回 NULL。

【例 9-21】 使用搜索型 CASE 函数完【例 9-20】的操作要求，以此对比两种 CASE 函数的用法。

```
USE  xs
SELECT  学号,sex=
   CASE
     WHEN  性别='男' THEN  '男生'
```

```
      WHEN  性别='女' THEN '女生'
      ELSE '性别错误'
   END
FROM  XSDA
GO
```

2. CAST 函数

语法格式：

```
CAST(expression AS data_type)
```

说明 将 expression 表达式的类型转换为 data_type 指定的类型。参数 expression 可为任何有效的表达式。data_type 可为系统提供的基本类型，不能是用户自定义类型。如果 data_type 为 nchar、nvarchar、char、varchar、binary、varbinary 等数据类型，就通过 length 参数指定长度。

3. CONVERT 函数

语法格式：

```
CONVERT (data_type[(length)],expression[,style])
```

说明 将 expression 表达式的类型转换为 data_type 指定的类型。各参数的说明同 CAST 函数。参数 style 一般取默认值，详细用法请参阅联机帮助。

【例 9-22】 使用 SELECT 语句查询系统函数。

```
DECLARE @StringTest char(14),@IntTest int
SET @StringTest='数据结构成绩='
SET @IntTest=80
SELECT  @StringTest+CAST(@IntTest AS char(4)) AS 考试成绩
SELECT  @StringTest+CONVERT(char(4),@IntTest) AS 考试成绩
```

任务 3-6 完成综合任务

（1）假设学位代码与学位名称如表 9-6 所示，用 CASE 函数编写将学位代码转换为名称的程序。

```
USE  xs
SELECT  名称=
   CASE
      WHEN  代码='1' THEN '博士'
      WHEN  代码='2' THEN '硕士'
      WHEN  代码='3' THEN '学士'
      ELSE '代码错误'
   END
FROM  XSDA
GO
```

（2）下述语句的返回值是什么？

```
DECLARE @ch int
SET @ch=92
SELECT char(@ch+5)
```

返回值为 a。

（3）写出下列函数的返回值。

① ABS(-5)　　　　　　　　　　　　5

② REPLACE('ABCDEF','CD','UI')　　ABUIEF
③ SUBSTRING('中国人民',3,2)　　人民
④ ASCII('SQL')　　83

任务 4　编写用户定义函数

【任务目标】

- 学会创建、删除用户自定义函数
- 在设计数据库时能灵活运用用户自定义函数

【任务描述】

创建一个自定义函数 average[@num char(20)]，能利用该函数计算某门课程的平均分，并试着用这个函数计算出 202 号课程的平均分。

【任务分析】

在 SQL Server 中，除了系统提供的内置函数外，用户还可以根据需要在数据库中自己定义函数。用户定义函数是由一个或多个 T-SQL 语句组成的子程序，可以反复调用。SQL Server 2016 根据用户定义函数返回值的类型，将用户定义函数分为标量函数、内嵌表值函数和多语句表值函数 3 种，本书只介绍最常用的前两种，且语法格式只给出常用的，完整语法格式请参阅 SQL Server 联机帮助。

任务 4-1　定义与调用用户定义函数

1. 标量函数

要是用户定义函数的返回值为标量值，那么该函数称为标量函数。

（1）定义标量函数

语法格式：

```
CREATE  FUNCTION [owner_name.]function_name                                   /*函数名部分
([{@parameter_name [AS] scalar_parameter_data_type [=default]}[,…n]])  /*形参定义部分
RETURNS scalar_return_data_type                                              /*返回值类型
[AS]
BEGIN
  function_body                                                              /*函数体部分
  RETURN scalar_expression                                                   /*返回语句
END
```

参数说明如下。

① owner_name。数据库所有者名。

② function_name。用户定义函数名。函数名必须符合标识符的规则，对其所有者来说，该名在数据库中必须是唯一的。

③ @parameter_name。用户定义函数的形参名。可以声明一个或多个参数，用@符号作为第一个字符来指定形参名，每个函数的参数局部于该函数。

④ scalar_parameter_data_type。参数的数据类型。可为系统支持的基本标量类型，不能为 timestamp 类型、用户定义数据类型、非标量类型（如 cursor 和 table）。

⑤ scalar_return_data_type。返回值类型。可以是 SQL Server 支持的基本标量类型，但 text、ntext、image 和 timestamp 除外。函数返回 scalar_expression 表达式的值。

⑥ function_body。由 T-SQL 语句序列构成的函数体。

【例 9-23】 求某学生选修的所有课程的平均成绩。

```
USE xs
GO
CREATE  FUNCTION  average(@num  char(6))
RETURNS  int
AS
BEGIN
  DECLARE  @aver  int
  SELECT  @aver=avg(成绩)
  FROM  XSCJ
  WHERE 学号=@num
  RETURN @aver
END
GO
```

（2）调用标量函数

当调用用户定义的标量函数时，必须提供至少由两部分组成的名称（所有者名.函数名）。可用以下两种方式调用标量函数。

① 利用 SELECT 语句调用。

语法格式：

```
所有者名.函数名（实参 1,…,实参 n）
```

说明 实参可为已赋值的局部变量或表达式。

【例 9-24】 用 SELECT 语句调用【例 9-23】定义的函数，求学号为 201601 的学生的平均成绩。

```
USE xs
DECLARE  @num1 char(6)
DECLARE  @aver1 int
SELECT  @num1='201601'
SELECT  @aver1=dbo.average(@num1)
SELECT @aver1  AS '学号为 201601 的学生的平均成绩'
GO
```

② 利用 EXECUTE 语句调用。

语法格式：

```
所有者名.函数名 实参 1，…，实参 n
或
所有者名.函数名 形参名 1=实参 1,…,形参名 n=实参 n
```

说明 前者实参顺序应与函数定义的形参顺序一致，后者参数顺序可以与函数定义的形参顺序不一致。

【例 9-25】 用 EXECUTE 语句调用【例 9-23】定义的函数，求学号为 201601 的学生的平均成绩。

```
USE  xs
DECLARE  @num1 char(6)
DECLARE  @aver1 int
SELECT  @num1='201601'
EXEC @aver1=dbo.average  @num= @num1
SELECT @aver1  AS '学号为 201601 的学生的平均成绩'
GO
```

2. 内嵌表值函数

要是用户定义函数包含单个 SELECT 语句且该语句可更新，那么该函数返回的表也可更新，这样的函数称为内嵌表值函数。内嵌表值函数可用于实现参数化的视图。例如，有如下视图。

```
CREATE VIEW  View1
AS
SELECT 学号,姓名
FROM  xs.dbo.XSDA
WHERE 系名='信息'
```

如果希望设计更通用的程序，让用户能指定感兴趣的查询内容，就可将 WHERE 子句改写为 WHERE 系名=@para，@para 用于传递参数。但视图不支持在 WHERE 子句中指定搜索条件参数，为解决这一问题，可使用内嵌用户定义函数，代码如下。

```
USE xs
GO
--内嵌表值函数的定义
CREATE  FUNCTION  fn_View1(@Para varchar(10))
RETURNS  TABLE
AS
RETURN
(
   SELECT 学号,姓名,系名
   FROM  xs.dbo.XSDA
   WHERE 系名=@para
)
GO
--内嵌表值函数的调用
SELECT  *
FROM  fn_View1('信息')
GO
```

（1）定义内嵌表值函数

语法格式：

```
CREATE  FUNCTION [owner_name.]function_name                /*定义函数名部分
(@parameter_name  scalar_parameter_data_type[,…n])         /*定义形参部分
RETURNS TABLE                                              /*返回值为表类型
AS  RETURN
SELECT 语句                                        /*通过 SELECT 语句返回内嵌表
```

说明 RETURNS 子句仅包含关键字 TABLE，表示此函数返回一个表。内嵌表值函数的函数体仅有一个 RETURN 语句，并通过 SELECT 语句返回内嵌表值。语法格式中的其他参数项同标量函数的定义。

【例 9-26】 对于 xs 数据库，为了让学生每学期查询其各科成绩及学分，可以利用 XSDA、KCXX、XSCJ 3 个表创建视图。

```
USE xs
GO
CREATE  VIEW  ST_VIEW
AS
SELECT  dbo.XSDA.学号,dbo.XSDA.姓名,dbo.KCXX.课程名称,dbo.XSCJ.成绩
FROM  KCXX  JOIN  XSCJ  ON  KCXX.课程编号=XSCJ.课程编号
JOIN  XSDA  ON  XSCJ.学号=XSDA.学号
GO
```

然后在此基础上定义如下内嵌表值函数。

```
CREATE  FUNCTION  st_score( @student_ID  char(6))
RETURNS  TABLE
AS
RETURN
(  SELECT *
   FROM  ST_VIEW
   WHERE  ST_VIEW.学号=@student_ID
)
GO
```

（2）调用内嵌表值函数

内嵌表值函数只能通过 SELECT 语句调用。内嵌表值函数调用时，可以仅使用函数名。

【例 9-27】 调用 st_score()函数，查询学号为 201601 学生的各科成绩

```
SELECT  *
FROM  st_score('201601')
GO
```

3. 使用 SSMS 创建用户定义函数

用户定义函数的建立可利用查询编辑器完成，也可以利用 SSMS 完成，方法如下。

（1）启动 SSMS。

（2）在对象资源管理器中展开要创建用户定义函数的数据库，如 xs。

（3）展开 xs 数据库下的【可编程性】→【函数】→【标量值函数】。

（4）在【标量值函数】上单击鼠标右键，选择【新建标量值函数】命令，如图 9-1 所示。

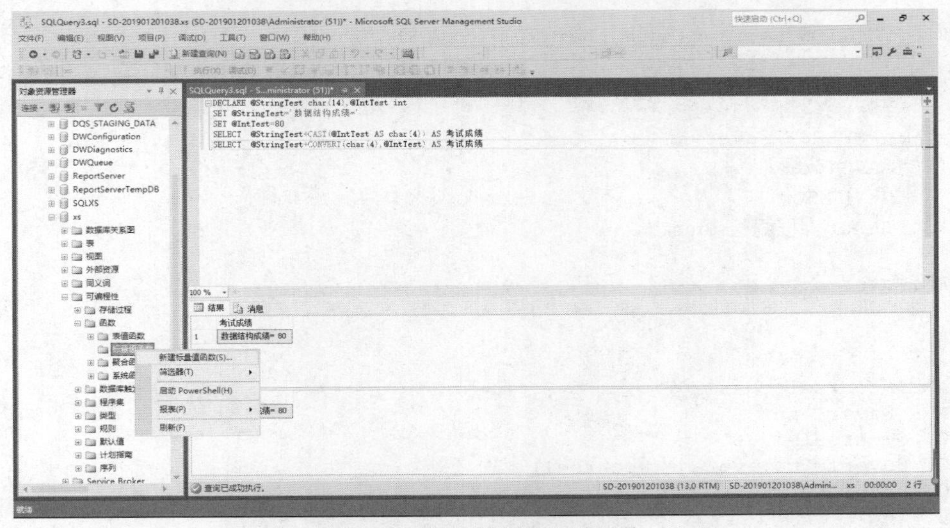

图 9-1　SSMS 创建用户定义函数

（5）在随后打开的通用模板中给出了创建标量函数所需语句的基本格式，根据需要修改其中的语句。

（6）单击【分析】按钮，检查语法是否正确。

（7）单击【执行】按钮，执行代码。

任务 4-2　删除用户定义函数

对于一个已创建的用户定义函数，可用两种方法删除。

1. 使用SSMS删除用户定义函数

（1）启动SSMS。

（2）在对象资源管理器中展开要创建用户定义函数的数据库，如xs。

（3）展开xs数据库下的【可编程性】→【函数】→【表值函数】或【标量值函数】。

（4）找到要删除的函数，并在函数名上单击鼠标右键，在快捷菜单中选择【删除】命令，在弹出的【删除对象】窗口中单击【确定】按钮即可。

2. 使用T-SQL语句删除用户定义函数

语法格式：

```
DROP FUNCTION {[owner_name.]function_name} [,…n]
```

参数说明如下。

（1）owner_name：指所有者名。

（2）function_name：指要删除的用户定义的函数名称。

（3）*n*：表示可以指定多个用户定义的函数予以删除。

【例9-28】 删除average函数。

```
DROP FUNCTION average
```

任务4-3 完成综合任务

查询206号课程的平均成绩。

```
USE xs
GO
CREATE FUNCTION average(@num char(20)) RETURNS int
AS
BEGIN
          DECLARE @aver int
          SELECT @aver=
( SELECT AVG(成绩)
       FROM XSCJ
       WHERE 课程编号=@num
)
RETURN @aver
END
GO
USE xs
DECLARE @course1 char(20)
DECLARE @aver1 int
SELECT @course1='206'
SELECT @aver1=dbo.average(@course1)
SELECT @aver1
GO
```

任务5 使用游标

游标

【任务目标】

- 学会使用游标
- 能配合其他T-SQL语句，如流程控制语句等灵活使用游标

【任务描述】

声明一个名为xs_CUR1的动态游标，可前后滚动，对总学分列进行修改，并使用该游标。

【任务分析】

关系型数据库中的操作会对整个行集产生影响。使用 SELECT 语句能返回所有满足条件的行，这一完整的行集被称为结果集。但是在实际开发应用程序时，往往需要每次处理结果集中的一行或一部分行。游标是提供这种机制的结果集扩展。

游标支持以下功能。

（1）定位在结果集的特定行。

（2）从结果集的当前位置检索一行或多行。

（3）支持修改结果集中当前位置行的数据。

（4）为由其他用户对显示在结果集中的数据库数据所做的更改提供不同级别的可见性支持。

（5）提供脚本、存储过程和触发器中使用的访问结果集中数据的 T-SQL 语句。

使用游标的步骤为：声明游标、打开游标、数据处理、关闭游标、释放游标。

任务 5-1　声明游标

在 T-SQL 中声明游标使用 DECLARE CURSOR 语句，语法格式如下。

语法格式：

```
DECLARE cursor_name CURSOR
[LOCAL|GLOBAL]                                    /*游标作用域
[FORWARD_ONLY|SCROLL]                             /*游标移动方向
[STATIC|KEYSET|DYNAMIC|FAST_FORWARD]              /*游标类型
[READ_ONLY|SCROLL_LOCKS|OPTIMISTIC]               /*访问属性
[TYPE_WARNING]                                    /*类型转换警告信息
FOR select_statement                              /*SELECT 查询语句
[FOR UPDATE[OF column_name [,…n]]]                /*可修改的列
```

参数说明如下。

（1）cursor_name 为游标名。

（2）LOCAL 和 GLOBAL 说明游标的作用域。LOCAL 说明所声明的游标是局部游标，其作用域为创建它的批处理、存储过程或触发器，该游标名称仅在这个作用域内有效。GLOBAL 说明所声明的游标是全局游标，它在由连接执行的任何存储过程或批处理中都可以使用，在连接释放时游标自动释放。要是两者均未指定，那么默认值由 default to local cursor 数据库选项的设置控制。

（3）FORWARD_ONLY 和 SCROLL 说明游标的移动方向。FORWARD_ONLY 表示游标只能从第一行滚动到最后一行，即该游标只能支持 FETCH 的 NEXT 提取选项。SCROLL 说明所声明的游标可以前滚、后滚，可使用所有的提取选项（FIRST、LAST、PRIOR、NEXT、RELATIVE、ABSOLUTE）。如果省略 SCROLL，就只能使用 NEXT 提取选项。

（4）STATIC|KEYSET|DYNAMIC|FAST_FORWARD 用于定义游标的类型，T-SQL 扩展游标有以下 4 种类型。

① 静态游标。关键字 STATIC 指定游标为静态游标。静态游标的完整结果集在游标打开时建立在 tempdb 中，一旦打开后，就不再变化。数据库中所做的任何影响结果集成员的更改都不会反映到游标中，新的数据值不会显示在静态游标中。静态游标只能是只读的。

② 动态游标。关键字 DYNAMIC 指定游标为动态游标。动态游标能够反映对结果集中所做的更改。结果集中的行数据值、顺序和成员在每次提取时都会改变。所有用户做的全部 UPDATE、INSERT 和 DELETE 语句均通过游标反映出来，并且要是使用 WHERE CURRENT OF 子句通

过游标进行更新，那么它们也立即在游标中反映出来，而在游标外部所做的更新直到提交时才可见。动态游标不支持 ABSOLUTE 提取选项。

③ 只进游标。关键字 FAST_FORWARD 指定游标为快速只进游标。只进游标只支持游标以从头到尾的顺序提取数据。对所有由当前用户发出或由其他用户提交，并影响结果集中行的 INSERT、UPDATE、DELECT 语句对数据的修改在从游标中提取时是可立即反映出来的。但因为只进游标不能向后滚动，所以在行提取后，对行所做的更改对游标是不可见的。

④ 键集驱动游标。关键字 KEYSET 指定游标为键集驱动游标。键集驱动游标是由称为键的列或列的组合控制的。打开键集驱动游标时，其中的成员和行顺序是固定的。键集驱动游标中数据行的键值在游标打开时在 tempdb 中建立。可以通过键集驱动游标修改基本表中的非关键字列的值，但不可插入数据。

（5）READ_ONLY|SCROLL_LOCKS|OPTIMISTIC 说明游标或基表的访问属性。READ_ONLY 说明所声明的游标是只读的，不能通过该游标更新数据。SCROLL_LOCKS 说明通过游标完成的定位更新或定位删除可以成功。如果声明中已指定了 FAST_FORWARD，就不能指定 SCROLL_LOCKS。OPTIMISTIC 说明要是行自从被读入游标以来已得到更新，那么通过游标进行的定位更新或定位删除不成功。如果声明中已指定了 FAST_FORWARD，就不能指定 OPTIMISTIC。

（6）游标类型与移动方向之间的具体关系请参阅联机帮助。

（7）TYPE_WARNING 指定若游标从所请求的类型隐性转换为另一种类型，则给客户端发送警告消息。

（8）select_statement。SELECT 查询语句，由该查询产生与所声明的游标相关联的结果集。该 SELECT 语句中不能出现 COMPUTE、COMPUTE BY、INTO、FOR BROWSE 关键字。

（9）FOR UPDATE 指出游标中可以更新的列，如果有参数 OF column_name[,...n]，就只能修改给出的这些列，如果在 UPDATE 中未指出列，就可以修改所有列。

【例 9-29】 声明一个名为 xs_CUR1 的动态游标，可前后滚动，对“总学分”列进行修改。

```
DECLARE xs_CUR1 CURSOR
  DYNAMIC
  FOR
  SELECT 学号,姓名,总学分
    FROM XSDA
    WHERE 系名='信息'
  FOR UPDATE OF 总学分
```

任务 5-2 打开游标

声明游标后，要使用游标从中提取数据，就必须先打开游标。

语法格式：

```
OPEN {{[GLOBAL]cursor_name}|cursor_variable_name}
```

参数说明如下。

（1）cursor_name：要打开的游标名。

（2）cursor_variable_name：游标变量名。

（3）GLOBAL：说明打开的是全局游标，否则打开局部游标。

（4）OPEN 语句打开游标，然后执行在 DECLARE CURSOR(SET cursor_variable)语句中

指定的 T-SQL 语句填充游标（即生成与游标相关联的结果集）。

（5）打开游标后，可以通过全局变量@@CURSOR_ROWS 来获取游标中的记录行数。@@CURSOR_ROWS 有以下几种取值（其中 *m* 为正整数）。

-*m*：游标采用异步方式填充，*m* 为当前键集中已填充的行数。

-1：游标为动态游标，游标中的行数是动态变化的，因此不能确定。

0：指定的游标没有被打开，或是打开的游标已被关闭或释放。

m：游标已被完全填充，*m* 为游标中的数据行数。

可见，要是需要知道游标中记录的行数，那么游标类型一定要是 STATIC 或 KEYSET。

【例 9-30】 使用游标的@@CURSOR_ROWS 变量，统计 XSDA 表中的学生人数。

```
USE xs
DECLARE xs_CUR2 CURSOR
  STATIC
  FOR
    SELECT *
    FROM XSDA
OPEN xs_CUR2
PRINT '学生总数为：'+CONVERT(CHAR(3), @@CURSOR_ROWS)
```

任务 5-3 数据处理

1. 读取数据

游标打开后，就可以使用 FETCH 语句从结果集中读取数据了。

语法格式：

```
FETCH  [[NEXT|PRIOR|FIRST|LAST|ABSOLUTE{n|@nvar}|RELATIVE{n|@nvar}]
FROM] {[GLOBAL] cursor_name}
[INTO @variable_name[,…n]]
```

说明 使用 FETCH 语句从结果集中读取单行数据，并将每列中的数据移至指定的变量中，以便其他 T-SQL 语句引用这些变量来访问读取的数据值，根据需要，可以对游标中当前位置的行执行修改操作（更新或删除）。

其中各参数的含义如下。

（1）cursor_name。要从中读取数据的游标名。

（2）NEXT|PRIOR|FIRST|LAST|ABSOLUTE|RELATIVE。用于说明读取数据的位置。

（3）NEXT。说明读取当前行的下一行，并且使其置为当前行。如果 FETCH NEXT 是对游标的第 1 次提取操作，读取的就是结果集的第 1 行。NEXT 为默认的游标提取选项。

（4）PRIOR。说明读取当前行的前一行，并且使其置为当前行，如果 FETCH PRIOR 是对游标的第 1 次提取操作，就无值返回且游标置于第 1 行之前。

（5）FIRST。读取游标中的第 1 行并将其作为当前行。

（6）LAST。读取游标中的最后一行并将其作为当前行。

（7）ABSOLUTE{n|@nvar}|RELATIVE{n|@nvar}。给出读取数据的位置与游标头或当前位置的关系，其中 *n* 必须为整型常量，变量@nvar 必须为 smallint、tinyint 或 int 类型。

（8）ABSOLUTE{n|@nvar}。如果 *n* 或@nvar 为正数，就读取从游标头开始的第 *n* 行并将读取的行变成新的当前行；如果 *n* 或@nvar 为负数，就读取游标尾之前的第 *n* 行并将读取的行变成新的当前行；如果 *n* 或@nvar 为 0，就没有返回行。

（9）RELATIVE{n|@nvar}。如果 *n* 或@nvar 为正数，就读取当前行之后的第 *n* 行并将读取的行变成新的当前行；如果 *n* 或@nvar 为负数，就读取当前行之前的第 *n* 行并将读取的行变成新的当前行；如果 *n* 或@nvar 为 0，就读取当前行。如果对游标的第 1 次读取操作时，将 FETCH RELATIVE 中的 *n* 或@nvar 指定为负数或 0，就没有返回行。

（10）INTO。说明将读取的游标数据存放到指定的变量中。

（11）GLOBAL。全局游标。

【例 9-31】 从游标 xs_CUR1 中提取数据，设该游标已经打开。

```
FETCH FIRST FROM xs_CUR1   --读取游标第 1 行（该语句执行完后，当前行为第 1 行）
```

执行结果如图 9-2 所示。

```
FETCH NEXT FROM xs_CUR1   --读取下一行（该语句执行完后，当前行为第 2 行）
```

执行结果如图 9-3 所示。

	学号	姓名	总学分
1	201601	王红	70

图 9-2　读取游标中的第一行数据

	学号	姓名	总学分
1	201602	刘林	64

图 9-3　读取游标中当前行的下一行数据

```
FETCH PRIOR FROM xs_CUR1   --读取上一行（该语句执行完后，当前行为第 1 行）
```

执行结果如图 9-4 所示。

```
FETCH LAST FROM xs_CUR1   --读取最后一行（该语句执行完后，当前行为最后一行）
```

执行结果如图 9-5 所示。

	学号	姓名	总学分
1	201601	王红	70

图 9-4　读取游标中当前行的上一行数据

	学号	姓名	总学分
1	201707	李刚	64

图 9-5　读取游标中的最后一行数据

```
FETCH RELATIVE-2 FROM xs_CUR1   --读取当前行的上 2 行（该语句执行完后，当前行为倒数第 3 行）
```

执行结果如图 9-6 所示。

分析　xs_CUR1 是动态游标，可以前滚、后滚，可以使用 FETCH 语句中的除 ABSOLUTE 以外的提取选项。FETCH 语句的执行状态保存在全局变量@@FETCH_STATUS 中，其值为 0，表示上一个 FETCH 执行成功；为-1，表示所要读取的行不在结果集中；为-2，表示被提取的行已不存在（已被删除）。

【例 9-32】 接着【例 9-31】，从游标 xs_CUR1 中提取数据。

```
FETCH RELATIVE 3 FROM xs_CUR1   --读取当前行之后的第 3 行（执行该语句前，当前行为倒数第 3 行）
SELECT 'FETCH 执行情况'=@@FETCH_STATUS
```

执行结果如图 9-7 所示。

	学号	姓名	总学分
1	201705	刘林	64

图 9-6　读取游标中当前行的上 2 行数据

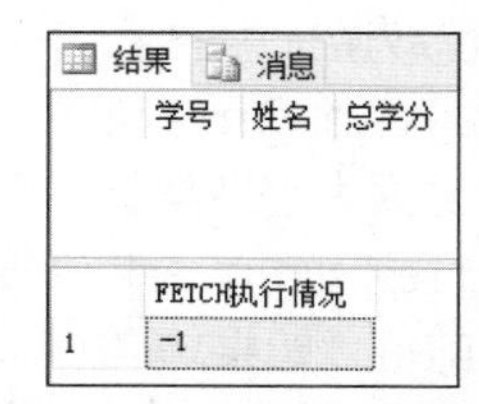

学号	姓名	总学分

	FETCH执行情况
1	-1

图 9-7　读取游标中当前行之后的第 3 行数据

2. 修改数据

如果游标没有声明为只读游标，就可以利用游标修改游标基表中当前行的字段值。用于游标时，一个 UPDATE 语句只能修改一行游标基表中的数据。

语法格式：

```
UPDATE table_name
SET column_name=expression
WHERE CURRENT OF cursor_name
```

【例 9-33】 使用游标更新 XSDA1 表中第 2 条总学分小于 60 的记录，将总学分修改为 40。

```
USE xs
SELECT 学号, 姓名,系名,总学分  INTO  XSDA1 FROM XSDA
DECLARE XGZXF_CUR CURSOR FOR SELECT * FROM XSDA1 WHERE 总学分<60
OPEN XGZXF_CUR
FETCH NEXT FROM XGZXF_CUR
FETCH NEXT FROM XGZXF_CUR
UPDATE XSDA1 SET 总学分=40 WHERE CURRENT OF XGZXF_CUR
CLOSE XGZXF_CUR
DEALLOCATE XGZXF_CUR
SELECT * FROM XSDA1 WHERE 总学分<60
DROP TABLE XSDA1
```

执行结果如图 9-8 所示。

结果　消息

	学号	姓名	系名	总学分
1	201601	王红	信息	50

	学号	姓名	系名	总学分
1	201602	刘林	管理	44

	学号	姓名	系名	总学分
1	201601	王红	信息	50
2	201602	刘林	管理	40
3	201603	曹红雷	信息	40
4	201604	方平	电...	42
5	201605	李伟强	信息	50
6	201606	周新民	信息	52
7	201607	王丽丽	信息	50
8	201608	李忠诚	信息	50
9	201699	白小云	信息	58
10	201701	孙燕	管理	44
11	201702	罗德敏	管理	54
12	201703	孔祥林	管理	44
13	201704	王华	管理	50
14	201705	刘林	管理	44
15	201706	陈希	管理	50
16	201707	李刚	管理	44

图 9-8　使用游标修改数据

3. 删除数据

如果游标没有声明为只读游标，就可以利用游标删除游标基表中的当前行。用于游标时，一个 DELETE 语句只能删除一个游标基表中的数据。

语法格式：

```
DELETE FROM table_name
WHERE CURRENT OF cursor_name
```

【例 9-34】 使用游标删除 XSDA1 表中第 2 条总学分小于 60 的记录。

```
USE xs
SELECT  学号, 姓名,系名,总学分 INTO XSDA1 FROM XSDA
SELECT * FROM XSDA1 WHERE 总学分<60
DECLARE SCZXF_CUR CURSOR FOR SELECT * FROM XSDA1 WHERE 总学分<60
OPEN SCZXF_CUR
FETCH NEXT FROM SCZXF_CUR
FETCH NEXT FROM SCZXF_CUR
DELETE FROM XSDA1 WHERE CURRENT OF SCZXF_CUR
CLOSE SCZXF_CUR
DEALLOCATE SCZXF_CUR
SELECT * FROM XSDA1 WHERE 总学分<60
DROP TABLE XSDA1
```

执行结果如图 9-9 所示。

结果　消息

	学号	姓名	系名	总学分
1	201601	王红	信息	50
2	201602	刘林	管理	44
3	201603	曹红雷	信息	40
4	201604	方平	电子商务	42
5	201605	李伟强	信息	50
6	201606	周新民	信息	52
7	201607	王丽丽	信息	50
8	201608	李忠诚	信息	50

	学号	姓名	系名	总学分
1	201601	王红	信息	50

	学号	姓名	系名	总学分
1	201602	刘林	管理	44

	学号	姓名	系名	总学分
1	201601	王红	信息	50
2	201603	曹红雷	信息	40
3	201604	方平	电...	42
4	201605	李伟强	信息	50
5	201606	周新民	信息	52
6	201607	王丽丽	信息	50
7	201608	李忠诚	信息	50
8	201699	白小云	信息	58

图 9-9　使用游标删除数据

任务 5-4　关闭游标

游标使用完以后，要及时关闭。关闭游标使用 CLOSE 语句。

语法格式：

```
CLOSE {[GLOBAL] cursor_name}
```

说明　语法格式中各参数的含义与 OPEN 语句相同。

【例 9-35】 关闭游标 xs_CUR1。

```
CLOSE xs_CUR1
```

任务 5-5　释放游标

游标关闭后，其定义仍在，需要时可用 OPEN 语句打开它再使用。如果确认游标不再需要，就要释放其定义占用的系统空间，即删除游标。游标释放之后，不可以用 OPEN 语句重新打开，必须使用 DECLARE 语句重建游标。

语法格式：

```
DEALLOCATE {[GLOBAL] cursor_name}
```

说明 语法格式中各参数的含义与 OPEN 语句相同。

实训 9 程序设计

（1）计算有多少个班级（假设为 x），然后显示一条信息：共有 x 个班级。

（2）编写计算 $n!$（n=20）的 SQL 语句，并显示计算结果。

（3）创建一个自定义函数，能够利用该函数计算出销售总金额（数量 Quantity*单价 Price）。

小结

本项目主要讲述了 T-SQL 语句的标识符、常量、变量、运算符和表达式，批处理与程序流程控制语句，系统内置函数与用户定义函数，以及游标的使用。本项目是学习 SQL 的基础，只有理解和掌握它们的用法，才能正确编写 SQL 程序和深入理解 SQL，需要掌握的主要内容如下。

（1）数据库对象的名称被看成是该对象的标识符。标识符分为常规标识符和分隔标识符。

（2）根据常量值的不同类型，常量分为字符串常量、整型常量、实型常量、日期时间常量、money 常量、uniqueidentifier 常量。

（3）变量可分为局部变量和全局变量。局部变量是用户定义的变量，用于保存单个数据值。局部变量常用于保存程序运行的中间结果或作为循环变量使用。全局变量是由系统提供且预先声明的用于保存 SQL Server 系统运行状态数据值的变量。

① 在批处理或存储过程中，用 DECLARE 语句声明局部变量，名字由“@”符号开始。当声明局部变量后，可用 SET 或 SELECT 语句给其赋值。

② 全局变量是由 SQL Server 系统提供并赋值的变量，名字由“@@”符号开始。用户不能建立全局变量，也不能使用 SET 语句修改全局变量的值。

（4）批处理是由一条或多条 T-SQL 语句组成的，应用程序将这些语句作为一个单元一次性地发送到 SQL Server 服务器执行。批处理结束的标志是 GO。

（5）设计程序时，常常需要利用各种流程控制语句，改变计算机的执行流程以满足程序设计的需要。SQL Server 提供的主要流程控制语句有：BEGIN…END 语句、PRINT 语句、IF…ELSE 语句、WHILE 语句、BREAK 语句、CONTINUE 语句、RETURN 语句和 WAITFOR 语句。

（6）在 T-SQL 中，函数可分为系统内置函数和用户定义函数，系统内置函数主要包括数学函数、字符串函数、日期和时间函数、聚合函数、系统函数。

① 数学函数对数字表达式进行数学运算并返回运算结果。常用的数学函数有 ABS 函数、ROUND 函数和 RAND 函数。

② 字符串函数是对字符串输入值执行操作，并返回一个字符串或数字值。常用的字符串函数有 ASCII 函数、CHAR 函数、LEFT 函数、RIGHT 函数、SUBSTRING 函数、REPLACE 函数、STR 函数和 LEN 函数。

③ 常用的日期和时间函数有 GETDATE 函数、DAY 函数、MONTH 函数和 YEAR 函数。

④ 系统函数用于对 SQL Server 中的值、对象和设置进行操作并返回有关信息。常用的系统函数有 CASE 函数、CAST 函数和 CONVERT 函数。

（7）根据用户定义函数返回值的类型，可将用户定义函数分为标量函数、内嵌表值函数和多语句表值函数 3 种，只要求掌握前两种。

① 标量函数返回一个确定类型的标量值，其返回值类型为除了 TEXT、NTEXT、IMAGE、CURSE、TIMESTAMP 和 TABLE 类型外的其他数据类型。函数体语句定义在 BEGIN…END 语句内。可在 SELECT 语句中调用用户定义标量函数，也可利用 T-SQL 的 EXECUTE 语句调用用户定义标量函数。

② 内嵌表值函数返回可更新表，没有由 BEGIN…END 语句括起来的函数体。内嵌表值函数可用于实现参数化的视图。内嵌表值函数只能通过 SELECT 语句调用。

（8）使用一个游标需要以下几个步骤：声明游标、打开游标、数据处理、关闭游标、释放游标。

习题

一、填空题

1. 在 SQL Server 2016 中，局部变量名以________开头，而全局变量名以________开头。

2. 在 SQL Server 2016 中，字符串常量用________引起来，日期型常量用________引起来。

3. 函数 ROUND(17.8361,2)、ABS(−15.76)的值分别为________、________。

4. 函数 LEN('I am a student')、RIGHT('chinese',5)、SUBSTRING('chinese',3,2)、LEFT('chinese',2)的值是________、________、________、________。

5. 函数 REPLACE('计算机软件技术专业','软件','网络')、STR(2.347,6,1)、STR(12.3765,5,3)的值分别为________、________和________。

6. 函数 YEAR ('1941-7-6')、MONTH('1941-7-6')、DAY ('1941-7-6')的值分别为________、________和________。

7. 语句 SELECT 15/2、15/2.、17%4、'1000' − 15、'2000' + 15 的执行结果分别为________、________、________、________和________。

8. 语句 SELECT (4+5)*2-17/[4-(5-3)]+18%4 的执行结果是________。

9. 对于多行注释，必须使用________进行注释。

二、简答题

1. 在 T-SQL 中，什么是全局变量？什么是局部变量？

2. 什么是批处理？批处理的结束标志是什么？

3. 使用游标读取数据需要几个步骤？

4. 自定义内嵌表值函数与视图的使用有什么不同？

三、设计题

1. 设学位代码与学位名称如表 9-6 所示，用 CASE 函数编写将学位代码转换为名称的程序。

2. 用 WHILE 循环语句编程求 1～100 的自然数之和。

3. 编写一个自定义函数，根据 XSDA 表中的“出生日期”列，计算某个学生的年龄。

项目 10 创建、使用存储过程和触发器

10

【能力目标】

- 能理解存储过程和触发器的概念与分类
- 能创建、执行、修改与删除存储过程
- 能定义、修改与删除触发器

【项目描述】

按照需求为 xs 数据库创建存储过程和触发器。

【项目分析】

在学生数据库 xs 的实际应用中，常需要重复执行一些数据操作。比如，要查询某个系的学生情况，也存在如新增加某学生一门课程的及格成绩时，在学生档案 XSDA 表中自动在总学分中增加该课程的学分等。为了方便用户，也为了提高执行效率，SQL Server 2016 中的用户定义函数、存储过程、触发器可以用来满足这些应用需求。它们是 SQL Server 程序设计的灵魂，掌握和使用好它们对数据库的开发与应用非常重要。本项目主要介绍存储过程和触发器的使用。

【任务设置】

任务 1　创建与使用存储过程

任务 2　创建与使用触发器

实训 10　为 sale 数据库创建存储过程和触发器

【项目定位】

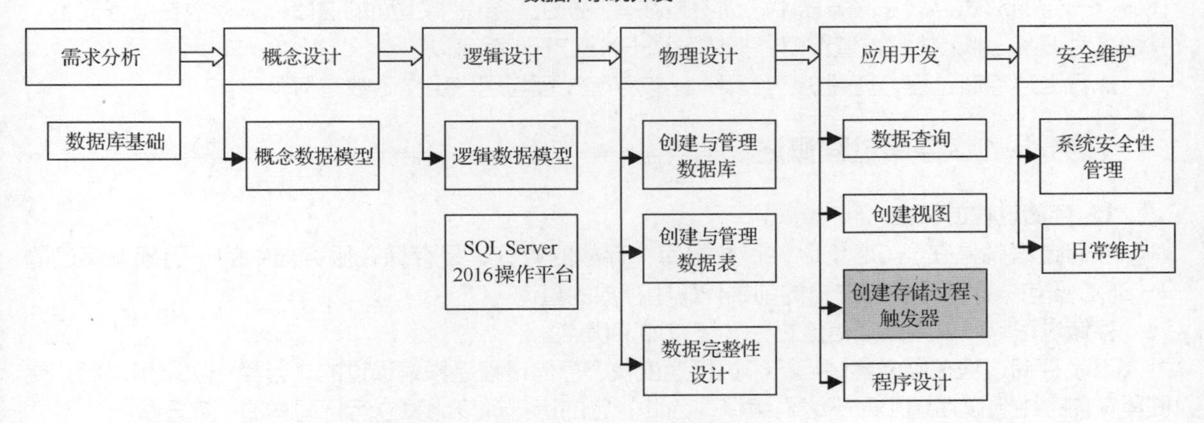

任务1 创建与使用存储过程

存储过程的创建与管理

【任务目标】

- 理解存储过程的作用
- 学会根据需要创建、修改、删除存储过程(包含输入、输出参数)
- 在实际应用开发时能够灵活运用存储过程以提高开发效率

【任务描述】

按需求为xs数据库创建下面的存储过程。

(1)创建存储过程xsda_xhxm_in,从xs数据库的XSDA表中查询信息系男生的学号、姓名。

(2)创建存储过程xsda_query,从xs数据库的3个表中查询某人某课程的成绩和学分。

(3)创建存储过程xsda_xm,从XSDA表中查询学生姓名中含“红”字的学生的姓名、性别和系。

(4)创建存储过程xsda_avg,计算指定学生的各科平均成绩。

(5)创建存储过程p_CourseNum,能根据用户给定的课程名称统计报名人数。

(6)创建存储过程p_CourseName,能根据用户给定的课程名称显示所有学生姓名及所在班级。

【任务分析】

存储过程是T-SQL语句和流程控制语句的集合,存储过程能被编译和优化。为了理解什么是存储过程,先看下面的例子。为了查询xs数据库中信息系的学生总学分的信息,可以使用下列查询。

```
USE xs
SELECT 学号,姓名,系名,总学分 FROM XSDA
WHERE 系名='信息'
ORDER BY 总学分 DESC
```

尽管这个查询不大,只有4行文本,可是如果网络上有5 000个用户执行同一查询,就从客户机通过网络向服务器发送这个查询需要增加大量网络通信流,可能造成拥塞。要避免拥塞,让网络全速运行,应减少从客户机通过网络向服务器发送的代码量,从而减少网络通信流。为此,可以将代码以一定的形式存放在服务器中,而不是在客户机上。要是将上面的这段代码存放在服务器上,并取名为EX,那么执行该查询时,只需发送EXEC EX就可以了。

执行上述存储过程,查看执行结果。比较存储过程与用户定义函数有何异同。

任务1-1 存储过程概述

1. 存储过程的概念

存储过程就是在SQL Server数据库中存放的查询,是存储在服务器中的一组预编译过的T-SQL语句,而不是在客户机的前端代码中存放的查询。

存储过程除减少网络通信流之外,还有如下优点。

(1)存储过程在服务器端运行,执行速度快。存储过程是预编译过的,当第一次调用以后,就驻留在内存中,以后调用时不必再编译,因此,它的运行速度比独立运行同样的程序要快。

(2)简化数据库管理。例如,如果需要修改现有查询,而查询存放在用户机器上,就要在所有的用户机器上修改。而如果在服务器中集中存放查询并作为存储过程,就只需要在服务器上改变一次。

（3）提供安全机制，增强数据库安全性。通过授予对存储过程的执行权限而不是授予数据库对象的访问权限，可以限制对数据库对象的访问，在保证用户通过存储过程处理数据库中数据的同时，保证用户不能直接访问存储过程中涉及的表及其他数据库对象，从而保证了数据库数据的安全性。另外，由于存储过程的调用过程隐藏了访问数据库的细节，因此也提高了数据库中数据的安全性。

（4）减少网络流量。要是直接使用 T-SQL 语句完成一个模块的功能，那么每次执行程序时都需要通过网络传输全部 T-SQL 语句。如果将其组织成存储过程，用户仅仅发送一个单独的语句就实现了一个复杂的操作，就需要通过网络传输的数据量将大大减少。

2. 存储过程的分类

SQL Server 中的存储过程主要分为 3 类：系统存储过程、扩展存储过程和用户自定义存储过程。

系统存储过程主要存储在 master 数据库中并以 sp_为前缀，在任何数据库中都可以调用，在调用时不必在存储过程前加上数据库名。

扩展存储过程提供从 SQL Server 到外部程序的接口，以便进行各种维护活动，并以 xp_为前缀。使用方法与系统存储过程相似。如果想返回指定目录下的文件列表，就用如下语句。

```
USE master
GO
EXEC xp_cmdshell 'dir c:\*.exe'
```

用户自定义存储过程由用户自己根据需要创建，是用来完成某项特定任务的存储过程。

任务 1-2　创建存储过程

简单的存储过程类似于给一组 SQL 语句命名，然后就可以在需要时反复调用；复杂一些的则需要输入和输出参数。

创建存储过程前，应注意下列事项。

（1）存储过程只能定义在当前数据库中。

（2）存储过程的名称必须遵循标识符命名规则。

（3）不要创建任何使用 sp_作为前缀的存储过程。

语法格式：

```
CREATE PROC[EDURE] procedure_name
[@parameter  data_type [=default][OUTPUT]][,…]
AS sql_statement
```

参数说明如下。

（1）procedure_name。存储过程的名称，并且在当前数据库结构中必须唯一。

（2）@parameter。存储过程的形参名，必须以@开头，参数名必须符合标识符命令规则，data_type 用于说明形参的数据类型。

（3）default。存储过程输入参数的默认值。如果定义了 default 值，就无需指定此参数值即可执行存储过程。默认值必须是常量或 NULL。如果存储过程使用包含 LIKE 关键字的参数，就可包含通配符%、_、[]和[^]。

（4）OUTPUT：指定输出参数。此选项的值可以返回给调用 EXECUTE 的语句。

（5）sql_statement：要包含在存储过程中的任意数量的 T-SQL 语句。

1. 创建简单的存储过程

【例 10-1】 创建一个存储过程 stu_inf，从 XSDA 表中查询管理系总学分大于 55 分的学生信息。

```
USE xs
GO
CREATE PROCEDURE stu_inf
AS
SELECT  *  FROM XSDA WHERE 系名='管理' AND 总学分>55
GO
```

2. 使用输入参数

【例10-1】中的存储过程只能查询管理系，为了提高程序的灵活性，可使用输入参数。下面的两个例子是有输入参数时存储过程的创建。

【例10-2】 使用输入参数，创建存储过程stu_per，根据学生姓名查询该生的信息。

```
USE xs
GO
CREATE PROCEDURE stu_per @name char(8)
AS
SELECT * FROM XSDA
WHERE 姓名=@name
GO
```

3. 使用带默认值的输入参数

【例10-3】 创建一个存储过程xscj_inf，查询指定学生的学号、姓名、所选课程名称及该课程的成绩。默认查询王姓学生的学习情况。

```
CREATE PROCEDURE xscj_inf
@name varchar(8) ='王%'
AS
SELECT XSDA.学号,姓名,课程名称,成绩 FROM XSDA,XSCJ,KCXX
 WHERE XSDA.学号=XSCJ.学号 AND XSCJ.课程编号=KCXX.课程编号 AND 姓名 LIKE @name
GO
```

说明　如果在创建存储过程时预设了默认值，就在该调用该存储过程时，可以不赋值。

4. 使用输出参数

输出参数用于在存储过程中返回值，使用OUTPUT声明输出参数。

【例10-4】 创建一个存储过程kc_avg，查询所有学生指定课程的平均成绩，并将该平均成绩返回。

```
CREATE PROCEDURE kc_avg
@kcname char(20) ,@kcavg decimal(3,1) OUTPUT
AS
SELECT @kcavg=AVG(成绩) FROM XSCJ JOIN KCXX ON XSCJ.课程编号=KCXX.课程编号
WHERE  课程名称=@kcname
GO
```

任务1-3　执行存储过程

存储过程创建成功后，保存在数据库中。在SQL Server中可以使用EXECUTE命令直接执行存储过程。

语法格式：

```
[EXEC[UTE]] procedure_name  [value|@variable OUTPUT][,…]
```

参数说明如下。

（1）EXECUTE：执行存储过程的命令关键字，如果此语句是批处理的第1条语句，就可以省略此关键字。

（2）procedure_name：指定存储过程的名称。

（3）value 为输入参数提供实值，@variable 为一个已定义的变量，OUTPUT 紧跟在变量后，说明该变量用于保存输出参数返回的值。

（4）当有多个参数时，彼此用逗号分隔。

【例 10-5】 执行【例 10-1】创建的存储过程 stu_inf。

```
USE xs
GO
EXEC stu_inf
GO
或者
stu_inf  /*省略了 EXEC*/
```

【例 10-6】 执行【例 10-2】创建的存储过程 stu_per，查询“王红”同学的个人信息。

```
USE xs
EXEC stu_per '王红'
GO
```

【例 10-7】 执行【例 10-3】创建的存储过程 xscj_inf。

```
--使用输入参数的默认值，查询的是姓王的学生
xscj_inf
GO
--查询李姓学生
xscj_inf '李%'
GO
--查询“王红”
xscj_inf '王红'
GO
--查询所有学生
xscj_inf '%'
```

【例 10-8】 执行【例 10-4】创建的存储过程 kc_avg，查询“数据结构”课程的平均分。

```
USE xs
GO
DECLARE @AVG DECIMAL(3,1)
EXEC kc_avg '数据结构',@AVG OUTPUT
SELECT @AVG AS '数据结构'
```

任务 1-4　修改存储过程

存储过程的修改是由 ALTER 语句来完成的。

语法格式：

```
ALTER PROC[EDURE] procedure_name
[@parameter  data_type [=default][OUTPUT]][,…]
AS sql_statement
```

其中，各参数的含义与 CREATE PROCEDURE 相同。

【例 10-9】 将存储过程 stu_inf 修改为查询指定系的学生信息。

```
USE xs
GO
ALTER PROCEDURE  stu_inf
@xb_name char(10)='管理'
AS
SELECT  * FROM    XSDA WHERE 系名=@xb_name  AND 总学分>55
```

```
GO
--执行存储过程
stu_inf '信息'      /*查询信息系*/
GO
stu_inf             /*查询管理系，默认为管理系*/
GO
```

任务 1-5　删除存储过程

当不再使用一个存储过程时，就需要把它从数据库中删除。

1. 使用 SSMS 删除存储过程

使用 SSMS 删除存储过程十分简单。下面以删除 xs 数据库中的一个存储过程为例，了解删除存储过程的操作步骤。

（1）在【对象资源管理器】中展开 xs 数据库后，展开【可编程性】→【存储过程】，用鼠标右键单击需要删除的存储过程，在弹出的快捷菜单中选择【删除】命令，如图 10-1 所示。

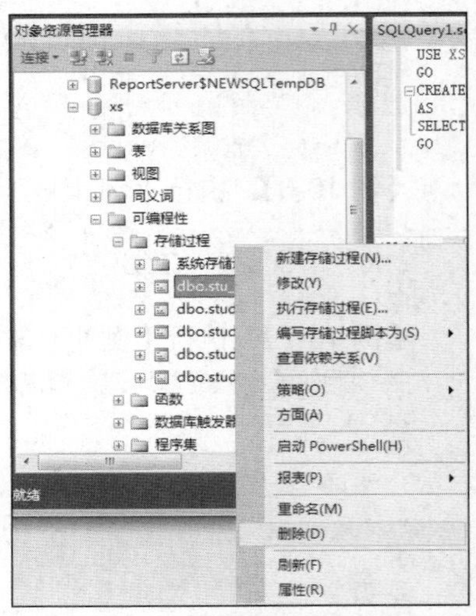

图 10-1　选择要删除的存储过程

（2）打开【删除对象】窗口，单击【确定】按钮即可删除。

2. 使用 T-SQL 语句删除存储过程

删除存储过程也可以使用 T-SQL 语句中的 DROP 命令，DROP 命令可以将一个或多个存储过程从当前数据库中删除。

语法格式：

```
DROP PROC[EDURE] procedure_name [,…]
```

【例 10-10】　删除数据库 xs 中的 stu_inf 存储过程。

```
USE xs
DROP PROC stu_inf
GO
```

任务 1-6　完成综合任务

（1）创建存储过程 xsda_xhxm_in，从 xs 数据库的 XSDA 表中查询信息系男生的学号、姓名。

```
CREATE PROCEDURE xsda_xhxm_in
AS
SELECT 姓名,性别
FROM XSDA
WHERE  系名='信息' AND 性别='男'
GO
```

（2）创建存储过程 xsda_query，从 xs 数据库的 3 个表中查询某人指定课程的成绩和学分。

```
CREATE PROCEDURE xsda_query @课程 char(20)
AS
SELECT 姓名,成绩,学分
FROM XSDA,KCXX,XSCJ
WHERE 课程名称=@课程 AND XSDA.学号 =XSCJ.学号
       AND XSCJ.课程编号 =KCXX.课程编号
GO
```

（3）创建存储过程 xsda_xm，从 XSDA 表中查询姓名中含“红”字的学生的姓名、性别和系。

```
CREATE PROCEDURE xsda_xm
AS
SELECT 姓名,性别,系名
FROM XSDA
```

```
WHERE  姓名 LIKE '%红%'
GO
```

（4）创建存储过程 xsda_avg，计算指定学生的各科的平均成绩。

```
CREATE PROCEDURE xsda_avg @学生 char(8)
AS
SELECT XSCJ.课程编号,AVG(成绩) 平均分
FROM XSDA,KCXX,XSCJ
WHERE 姓名=@学生 AND XSDA.学号 =XSCJ.学号 AND XSCJ.课程编号 =KCXX.课程编号
GROUP BY XSCJ.课程编号
GO
```

（5）创建存储过程 p_CourseNum，能根据用户给定的课程名称统计学习这门课程的人数。

```
CREATE PROCEDURE p_CourseNum
@课程 char(20),@kccou int  OUTPUT
AS
SELECT @kccou=COUNT(XSDA.姓名)
FROM XSDA,KCXX,XSCJ
WHERE 课程名称=@课程 AND XSDA.学号 =XSCJ.学号 AND XSCJ.课程编号 =KCXX.课程编号
GROUP BY XSCJ.课程编号
GO
DECLARE @kccou int,@AVG  int
EXEC p_CourseNum '数据结构',@kccou OUTPUT
SELECT @AVG AS '数据结构'
```

（6）创建存储过程 p_CourseName，能根据用户给定的课程名称显示学习这门课程的所有学生的姓名及所在系。

```
CREATE PROCEDURE p_CourseName
@课程 char(20)
AS
SELECT XSDA.姓名,系名
FROM XSDA,KCXX,XSCJ
WHERE 课程名称=@课程 AND XSDA.学号 =XSCJ.学号
      AND XSCJ.课程编号 =KCXX.课程编号
GO
EXEC p_CourseName  '数据结构'
```

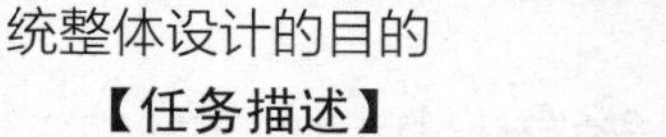

任务 2　创建与使用触发器

触发器的创建与管理

【任务目标】

- 理解触发器的作用
- 能熟练创建、修改、删除触发器
- 在实际应用开发时，能够灵活运用触发器完成业务规则，以达到简化系统整体设计的目的

【任务描述】

按需求在 xs 数据库中创建以下触发器。

（1）定义一个触发器 xsda_update，无论对 XSDA 表进行任何更新操作，这个触发器都将显示一条语句“Stop update xsda, now!”，并取消所做修改。

（2）在 xs 数据库上创建一个触发器 xscj_delete，当在 XSCJ 表中插入一条记录时，检查该记录的学号在 XSDA 表中是否存在，如果该记录的学号在 XSDA 表中不存在，就不允许插入操作，

并提示“错误代码 1，违背数据的一致性，不允许插入！”。

（3）在数据库 xs 中创建一个触发器 kcxx_delete，当从 KCXX 表中删除一条记录时，检查该记录的课程编码在 XSCJ 表中是否存在，如果该记录的课程编码在 XSCJ 表中存在，就不允许删除操作，并提示“错误代码 2，违背数据的一致性，不允许删除！”。

（4）修改触发器 xsda_update，使其起到只是不允许更新“学号”字段的作用。

【任务分析】

触发器是一类特殊的存储过程，它是在执行某些特定的 T-SQL 语句时可以自动执行的一种存储过程。根据任务要求定义触发器的条件，查看触发器的效用。比较存储过程与触发器有何异同。

任务 2-1 触发器概述

1. 触发器的概念

触发器是一类特殊的存储过程，它作为一个对象存储在数据库中。触发器为数据库管理人员和程序开发人员提供了一种保证数据完整性的方法。触发器是定义在特定的表或视图上的。当有操作影响到触发器保护的数据时，例如，数据表发生了 INSERT、UPDATE 或 DELETE 操作时，如果该表有对应的触发器，这个触发器就会自动激活执行。

2. 触发器的功能

SQL Server 2016 提供了两种方法来保证数据的有效性和完整性：约束和触发器。触发器是针对数据库和数据表的特殊存储过程，它在指定的表中的数据发生改变时自动生效，并可以包含复杂的 T-SQL 语句，用于处理各种复杂的操作。SQL Server 将触发器和触发它的语句作为可在触发器内回滚的单个事务对待，如果检测到严重错误，整个事务就自动回滚，恢复到原来的状态。

3. 触发器的类型

在 SQL Server 2016 中，根据激活触发器执行的 T-SQL 语句类型，可以把触发器分为两类：DML 触发器和 DDL 触发器。

（1）DML 触发器

DML 触发器是当数据库服务器中发生数据操作语言事件时执行的特殊存储过程，如 INSERT、UPDATE 或 DELETE 等。

DML 触发器根据其引发的时机不同又可以分为 AFTER 触发器和 INSTEAD OF 触发器两种类型。

① AFTER 触发器。在执行了 INSERT、UPDATE 或 DELETE 语句操作之后执行 AFTER 触发器。它主要用于记录变更后的处理或检查，一旦发现错误，也可以使用 ROLLBACK TRANSACTION 语句来回滚本次的操作。

② INSTEAD OF 触发器。这类触发器一般是用来取代原本要进行的操作，是在记录变更之前发生的，它并不执行原来 SQL 语句中的操作，而是执行触发器本身定义的操作。

（2）DDL 触发器

DDL 触发器是当数据库服务器中发生数据定义语言事件时执行的特殊存储过程，如 CREATE、ALTER 等。DDL 触发器一般用于执行数据库中的管理任务，如审核和规范数据库操作，防止数据库表结构被修改等。

4. inserted 表和 deleted 表

每个触发器都有两个特殊的表：inserted 表和 deleted 表。这两个表建在数据库服务器的内存中，是由系统管理的逻辑表，而不是真正存储在数据库中的物理表。对于这两个表，用户只有读取的权限，没有修改的权限。

这两个表的结构与触发器所在数据表的结构是完全一致的，当触发器的工作完成之后，这两个表也将从内存中删除。

（1）inserted 表中存放的是更新前的记录：对于插入记录操作来说，inserted 表中存储的是要插入的数据；对于更新记录操作来说，inserted 表中存放的是要更新的记录。

（2）deleted 表中存放的是更新后的记录：对于更新记录操作来说，deleted 表中存放的是更新前的记录；对于删除记录操作来说，deleted 表中存放的是被删除的旧记录。

由此可见，在进行 INSERT 操作时，只影响 inserted 表；进行删除操作时，只影响 deleted 表；进行 UPDATE 操作时，既影响 inserted 表，又影响 deleted 表。

任务 2-2 创建触发器

1. 使用 T-SQL 语句创建触发器

触发器与表（视图）是紧密相关的。在创建触发器时，需要指定触发器的名称、包含触发器的表、引发触发器的条件以及触发器启动后要执行的语句等内容。

语法格式：

```
CREATE TRIGGER trigger_name
ON  { table | view }
{[FOR|AFTER]|INSTEAD OF}
{[INSERT ][,][UPDATE][,][DELETE]}
[WITH ENCRYPTION]
AS
[IF UPDATE(cotumn_name)[{AND|OR} UPDATE(cotumn_name)][…n]]
SQL_statement
```

语法说明如下。

（1）trigger_name 为触发器的名称。每个 trigger_name 必须遵循标识符规则，但 trigger_name 不能以#或##开头，不与其他数据库对象同名。

（2）table|view 为触发器表（或触发器视图）的名称，指出触发器何处触发。

（3）FOR|AFTER| INSTEAD OF。FOR 与 AFTER 均指定为 AFTER 触发器，INSTEAD OF 指定为 INSTEAD OF 触发器。该项指出了何时触发。

（4）INSERT 指定了为 INSERT 触发器，UPDATE 指定为 UPDATE 触发器，DELETE 指定为 DELETE 触发器。该项指出了何种操作触发。可以为多种操作（如 INSERT 和 UPDATE）定义相同的触发器操作。

（5）WITH ENCRYPTION 对 CREATE TRIGGER 语句的文本进行加密。使用 WITH ENCRYPTION 可以防止将触发器作为 SQL Server 复制的一部分进行发布。

（6）AS 引导触发器的主体，SQL_statement 为一条或多条 SQL 语句，指出触发器完成的功能。当触发器为 INSERT 或 UPDATE 时，还可以通过 IF UPDATE（列名 1）[{AND|OR} UPDATE（列名 2）进一步指出哪些列数据修改时触发。

注意，创建触发器有下列限制。

（1）CREATE TRIGGER 必须是批处理中的第 1 条语句，并且只能应用于一个表（视图）。

（2）触发器只能在当前的数据库中创建，但触发器可以引用当前数据库的外部对象。

（3）不能在视图上定义 AFTER 触发器。在表或视图上，每个 INSERT、UPDATE 或 DELETE 语句最多可以定义一个 INSTEAD OF 触发器。

（4）创建 DML 触发器的权限默认分配给表的所有者，且不能将该权限转给其他用户。

（5）在触发器内可以指定任意的 SET 语句。选择的 SET 选项在触发器执行期间保持有效，然后恢复为原来的设置。

【例 10-11】 创建 INSERT 触发器：在数据库 xs 中创建一个触发器，当向 XSCJ 表插入一条记录时，检查该记录的学号在 XSDA 表中是否存在，检查课程编号在 KCXX 表中是否存在，如果有一项为“否”，就不允许插入。

```
USE xs
GO
CREATE TRIGGER check_trig
ON XSCJ
  FOR INSERT
  AS
  IF EXISTS(SELECT * FROM  inserted
    WHERE 学号 NOT IN (SELECT 学号 FROM  XSDA) OR 课程编号 NOT IN (SELECT 课程编号 FROM KCXX))
    BEGIN
      RAISERROR ('违背数据的一致性.', 16, 1)
      ROLLBACK TRANSACTION
END
GO
```

触发器建立完成后，在查询分析器中执行如下语句。

```
INSERT XSCJ
  VALUES('110110','110',99)
GO
```

由于在 XSDA 表中不存在学号为 110110 的学生或者在 KCXX 表中不存在课程编号为 110 的课程，因此出现图 10-2 所示的提示信息。

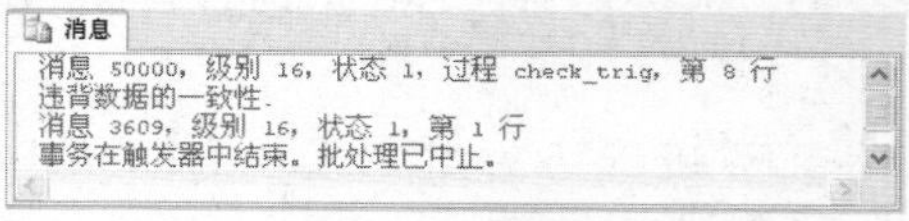

消息
消息 50000，级别 16，状态 1，过程 check_trig，第 8 行
违背数据的一致性.
消息 3609，级别 16，状态 1，第 1 行
事务在触发器中结束。批处理已中止。

图 10-2 触发器激活提示

【例 10-12】 创建 UPDATE 触发器：在数据库 xs 中创建一个触发器，当在 XSDA 表中修改“学号”字段时，XSCJ 表中对应的学号随之修改。

```
USE xs
GO
CREATE TRIGGER xsdaxh_trig
ON XSDA
FOR UPDATE
AS
IF UPDATE(学号)
UPDATE XSCJ
SET XSCJ.学号=(SELECT 学号 FROM inserted)
WHERE XSCJ.学号=(SELECT 学号 FROM deleted)
GO
```

读者可以尝试修改 XSDA 表中的一个学生的“学号”字段，然后查询 XSDA 和 XSCJ 两个表中对应的“学号”字段是否同步更新。

【例 10-13】 创建 DELETE 触发器：当从 xs 数据库的 XSDA 表中删除一个学生的记录时，相应地从 XSCJ 表中删除该学生对应的所有记录。

```
USE xs
GO
CREATE TRIGGER delete_trig
ON XSDA
AFTER DELETE
AS
DELETE FROM XSCJ
```

```
WHERE 学号=(SELECT 学号 FROM  deleted)
GO
```

INSTEAD OF 触发器可以使不能更新的视图支持更新。如果视图的数据来自多个基表，就必须使用 INSTEAD OF 触发器支持引用表中数据的插入、更新和删除操作。

如果视图的列为以下几种情况之一：基表中的计算列、基表中的标识列、具有 timestamp 数据类型的基表列，该视图的 INSERT 语句就必须为这些列指定值，INSTEAD OF 触发器在值插入基表的 INSERT 语句时，会忽略指定的值。

【例 10-14】 创建 INSTEAD OF 触发器：在 xs 数据库中创建表、视图和触发器，以说明 INSTEAD OF INSERT 触发器的使用。

```
USE xs
GO
--创建表 goods
CREATE  TABLE goods
 (goodsKey int IDENTITY(1,1),
  goodsName nvarchar(10) NOT NULL,
  goodsColor nvarchar(10) NOT NULL,
  goodsDescription AS (goodsName+goodsColor),
  goodsPrice float)
GO
--创建以 goods 表为基表的视图 goods_view，该视图包含基表的所有列
CREATE  VIEW  goods_view
AS
SELECT  goodsKey,goodsName,goodsColor,goodsDescription,goodsPrice
  FROM  goods
GO
--在视图 goods_view 上创建 INSTEAD  OF  INSERT
CREATE  TRIGGER  instead_insert
     ON goods_view
     INSTEAD  OF  INSERT
     AS
     BEGIN
      INSERT  INTO  goods(goodsName,goodsColor,goodsPrice)
      SELECT  goodsName,goodsColor,goodsPrice FROM  inserted
     END
GO
```

向 goods 表中插入数据的正确语句如下。

```
INSERT  INTO  goods(goodsName,goodsColor,goodsPrice)
VALUES('Apple', '红色',1.25)
GO
```

但如果采用下面的语句在 goods 表中插入数据，就会提示“不能修改列 goodsDescription，因为它是计算列，或者是 UNION 运算符的结果。”

```
INSERT  INTO  goods(goodsKey,goodsName,goodsColor,goodsDescription,goodsPrice)
VALUES(1,'Apple', '红色',' 苹果红',1.25)
GO
```

这是因为在 goods 表中，goodsKey 为标识列，goodsDescription 为计算列，所以在实际插入操作时，INSERT 语句不能包含这两列的值。

在视图上使用 INSERT 语句时，为基表中的每一列都指定值。

```
INSERT  INTO  goods_view(goodsKey,goodsName,goodsColor,goodsDescription,goodsPrice)
 VALUES(1,'Banana', '黄色','绿色',2.25)
GO
```

此时没有任何错误提示，这是因为虽然在执行视图的插入语句时，能够将 goodsKey 和

goodsDescription 两列的值传递到 goods_view 的触发器，但触发器中的 INSERT 语句没有选择 INSERTED 表的 goodsKey 和 goodsDescription 的值。

2. 使用 SSMS 创建触发器

用户也可以使用 SSMS 建立触发器，如图 10-3 所示，但还需要采用 SQL 脚本编辑的方式，请读者自学完成。

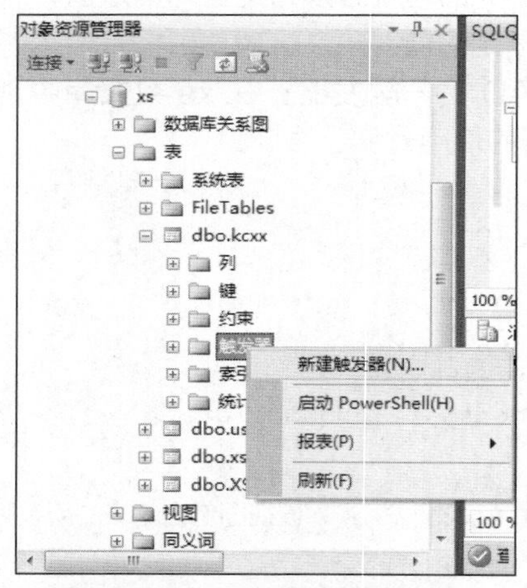

图 10-3　使用 SSMS 建立触发器

任务 2-3　修改触发器

修改触发器的语法格式与创建时类似，只需将关键字 CREATE 改为 ALTER。

语法格式：

```
ALTER  TRIGGER trigger_name
ON  { table | view }
{[FOR|AFTER]|INSTEAD OF}
{[INSERT ][,][UPDATE][,][DELETE]}
[WITH ENCRYPTION]
AS
[IF UPDATE(cotumn_name)[{AND|OR} UPDATE(cotumn_name)][…n]]
sql_statement
```

参数说明如下。

trigger_name 为要修改的已存在于数据库中的一个触发器的名称。其他参数含义请参考创建触发器命令部分。

【例 10-15】 修改 xs 数据库的 xsdaupd_trig 触发器，将它的功能改为当修改或删除 XSDA 表中的一条记录时，如果在 XSCJ 表中存在相同学号的记录，就禁止修改或删除。

```
USE xs
GO
ALTER TRIGGER xsdaupd_trig
ON XSDA
FOR UPDATE,DELETE
AS
IF EXISTS (SELECT * FROM XSCJ WHERE 学号=(SELECT 学号 FROM DELETED) )
 BEGIN
  PRINT 'Cannot do!'
  PRINT 'Transaction has been cancelled'
  ROLLBACK
```

```
 END
GO
--验证
DELETE XSDA WHERE 学号='201601'
```

显示如下结果。

```
Cannot do!
Transaction has been cancelled
```

任务 2-4 删除触发器

同其他数据库对象一样，删除触发器也可以使用多种方式。

1. 使用 T-SQL 语句删除触发器

语法格式：

```
DROP TRIGGER trigger_name[,…]
```

说明 trigger_name 为需要删除的触发器的名称，当一次删除多个触发器时，各个触发器名称之间用逗号隔开。

【例10-16】 为了保证触发器能成功创建，可以在 CREATE TRIGGER 语句前先加一条判断语句，判断数据库中是否有这样一个触发器，如果有，就删除。

```
IF EXISTS  (SELECT * FROM SYSOBJECTS WHERE NAME='xsdaupd_trig'AND TYPE='TR' )
DROP TRIGGER XSDAUPD_TRIG
GO
```

以上创建触发器的例子都可按同样方法处理。

2. 使用 SSMS 删除触发器

进入图 10-3 所示的界面后，展开【触发器】选项，选择要删除的触发器名，然后单击【删除】即可。

任务 2-5 完成综合任务

（1）定义一个触发器 xsda_update，无论对 XSDA 表进行任何更新操作，这个触发器都将显示一条语句“Stop update xsda, now!”，并取消所做修改。

```
CREATE  TRIGGER  xsda_update
ON XSDA
INSTEAD  OF  UPDATE
AS
    PRINT  'Stop update XSDA, now!'
GO
```

（2）在 xs 数据库上定义一个触发器 XSCJ_delete，当在 XSCJ 表中插入一条记录时，检查该记录的学号在 XSDA 表中是否存在，如果该记录的学号在 XSDA 表中不存在，就不允许插入操作，并提示“错误代码 1，违背数据的一致性，不允许插入！”。

```
USE xs
GO
CREATE TRIGGER XSCJ_delete
ON XSCJ
  FOR INSERT
  AS
  IF EXISTS(SELECT * FROM  inserted
    WHERE 学号 NOT IN (SELECT 学号 FROM XSDA) )
    BEGIN
```

```
        RAISERROR ('错误代码 1，违背数据的一致性，不允许插入！', 16, 1)
        ROLLBACK TRANSACTION
   END
   GO
```

（3）在数据库 xs 中创建触发器 KCXX_delete，当从 KCXX 表中删除一条记录时，检查该记录的课程编码在 XSCJ 表中是否存在，如果该记录的课程编码在 XSCJ 表中存在，就不允许删除操作，并提示“错误代码 2，违背数据的一致性，不允许删除！”。

```
USE xs
GO
CREATE TRIGGER KCXX_delete
ON KCXX
 FOR DELETE
AS
 IF EXISTS(SELECT * FROM  deleted
    WHERE 课程编号  IN (SELECT 课程编号 FROM XSCJ) )
    BEGIN
      RAISERROR ('错误代码 2，违背数据的一致性，不允许删除！', 16, 1)
      ROLLBACK TRANSACTION
    END
GO
```

（4）修改触发器 XSDA_update，使其起到只是不允许更新“学号”字段的作用。

```
USE xs
GO
ALTER TRIGGER XSDA_update
ON XSDA
FOR UPDATE
AS
 BEGIN
  UPDATE XSDA SET XSDA.学号=deleted.学号 FROM XSDA,deleted WHERE XSDA.姓名=deleted.
姓名 AND XSDA.学号!=deleted.学号
 END
GO
```

实训 10　为 sale 数据库创建存储过程和触发器

（1）创建存储过程 p_Sale1，显示每种产品的销售量和销售金额。

（2）创建存储过程 p_Sale2，能够根据指定的客户统计汇总该客户购买每种产品的数量和金额。

（3）创建存储过程 p_Sale3，能够根据指定的产品编号和日期，以输出参数的形式得到该日期该产品的销售量和销售金额。

（4）创建触发器，实现即时更新每种产品的库存数量。

（5）使用 IF UPDATE(column)尽可能优化第（4）题中的触发器，以提高系统效率。

小结

本项目主要介绍了存储过程和触发器的使用。存储过程是存储在服务器上的一组预编译的 SQL 语句的集合，而触发器可以看成是特殊的存储过程。触发器在数据库开发过程中，在对数据库的维护和管理等任务中，特别是在维护数据完整性等方面具有不可替代的作用。

1．存储过程的创建、执行、修改与删除

（1）创建

```
CREATE PROC[EDURE] procedure_name
```

```
[@parameter  data_type [=default][OUTPUT]][,…]
AS sql_statement
```

（2）执行

```
[EXEC[UTE]] procedure_name  [value|@variable OUTPUT][,…]
```

（3）修改

```
ALTER PROC[EDURE] procedure_name
[@parameter  data_type [=default][OUTPUT]][,…]
AS sql_statement
```

（4）删除

```
DROP PROC[EDURE] procedure_name [,…]
```

2. 触发器的创建、修改与删除

（1）创建

```
CREATE TRIGGER trigger_name
ON  { table | view }
{[FOR|AFTER]|INSTEAD OF}
{[INSERT ][,][UPDATE][,][DELETE]}
[WITH ENCRYPTION]
AS
[IF UPDATE(cotumn_name)[{AND|OR} UPDATE(cotumn_name)][…n]]
sql_statement
```

（2）修改

```
ALTER  TRIGGER trigger_name
ON  { table | view }
{[FOR|AFTER]|INSTEAD OF}
{[INSERT ][,][UPDATE][,][DELETE]}
[WITH ENCRYPTION]
AS
[IF UPDATE(cotumn_name)[{AND|OR} UPDATE(cotumn_name)][…n]]
sql_statement
```

（3）删除

```
DROP TRIGGER trigger_name[,…]
```

习题

一、选择题

1. 下面关于存储过程的描述，不正确的是（　　）。
   A. 存储过程实际上是一组 T-SQL 语句
   B. 存储过程预先被编译存放在服务器的系统表中
   C. 存储过程独立于数据库而存在
   D. 存储过程可以完成某一特定的业务逻辑
2. 在 SQL 中，建立触发器的命令是（　　）。
   A. CREATE　TRIGGER　　B. CREATE RULE
   C. CREATE　DURE　　D. CREATE FILE
3. 如果要从数据库中删除触发器，就应该使用的 SQL 语句是（　　）。
   A. DELETE　TRIGGER　　B. DROP　TRIGGER
   C. REMOVE　TRIGGER　　D. DISABLE　TRIGGER
4. 带有前缀名 xp 的存储过程属于（　　）。
   A. 用户自定义存储过程　　B. 系统存储过程

C．扩展存储过程　　D．以上都不是

5．执行带参数的存储过程，正确的方法为（　　）。

A．存储过程名 参数　　B．存储过程名（参数）

C．存储过程名 = 参数　　D．A、B、C 3种都可以

6．触发器创建在（　　）中。

A．表　　B．视图　　C．数据库　　D．查询

7．触发器在执行时，会产生两个特殊的表，它们是（　　）。

A．deleted、inserted　　B．delete、insert

C．view、table　　D．view1、table1

8．下列关于触发器的描述，不正确的是（　　）。

A．触发器是一种特殊的存储过程

B．可以实现复杂的商业逻辑

C．数据库管理员可以通过语句执行触发器

D．触发器可以用来实现数据完整性

二、判断题

1．INSERT 操作能同时影响到 deleted 表和 inserted 表。（　　）

2．视图具有与表相同的功能，在视图上也可以创建触发器。（　　）

3．触发器是一类特殊的存储过程，它既可以通过表操作触发自动执行，又可以在程序中被调用执行。（　　）

4．触发器可以用来实现表间的数据完整性。（　　）

5．创建触发器的用户可以不是表的所有者或数据库的所有者。（　　）

三、设计题

1．创建带参数的存储过程，内容为选修某课程的学生：学号、姓名、性别、系名、课程名称、成绩、学分。执行此过程，查询选修“计算机文化基础”学生的情况。

2．创建带参数的存储过程[某门课程高低均分]，执行该过程的代码。

存储过程功能：查询某门课程的最高分、最低分、平均分。

执行该过程，查询“专业英语”这门课程的最高分、最低分、平均分。

3．创建存储过程 getDetailByName，通过输入参数学生姓名（如“张三”），筛选出该学生的基本信息，必须检测不存在此学生姓名的输入值，打印信息“不存在此学生”。

4．创建存储过程，通过输入参数@学号、@课程编号、@成绩向 XSCJ 表中插入一条记录，如果已存在相同学号与课程编号的记录，就修改该记录的成绩。

5．创建触发器 test，要求每当在 XSDA 表中修改数据时，将向客户端显示一条“记录已修改”的消息。

6．创建一个 DELETE 触发器 kcxxdel_trig，当在 KCXX 表中删除一条记录时，XSCJ 表中对应课程编号的记录随之删除，并将成绩及格的学号对应的 XSDA 表中的总学分减去该课程的学分。

第3单元 安全管理与日常维护

项目 11 数据库安全性管理

11

【能力目标】

- 能创建和管理 SQL Server 2016 登录账号
- 学会管理数据库用户账号和权限
- 学会管理服务器角色

【项目描述】

创建登录账户、数据库用户，并赋予不同权限管理数据库。

【项目分析】

学生数据库建立起来后，可供学生、教师、教务人员等不同用户访问。如何保证只有合法的用户才能访问学生数据库，就需要进行数据库安全性管理，以保证数据库中数据的安全。对于数据库来说，安全性是指保护数据库不被破坏和非法使用的性能。一个良好的安全模式能使用户的合法操作很容易，同时使非法操作和意外破坏情况很难或不可能发生。安全管理对于 SQL Server 2016 数据库管理系统而言是至关重要的。

本项目主要介绍了 SQL Server 的安全性、安全认证模式、SQL Server 2016 用户账号、用户角色和权限的管理等内容。通过本项目的学习，读者应对 SQL Server 2016 的安全机制、服务器和数据库角色的概念与管理等有清晰的了解，能够掌握用户账户的建立与管理、数据库用户的管理以及权限的概念和种类等内容。

【任务设置】

任务 1　实现 SQL Server 2016 登录认证

任务 2　实现数据库用户账号及权限管理

任务 3　实现服务器角色和应用程序角色

实训 11　用户权限管理

【项目定位】

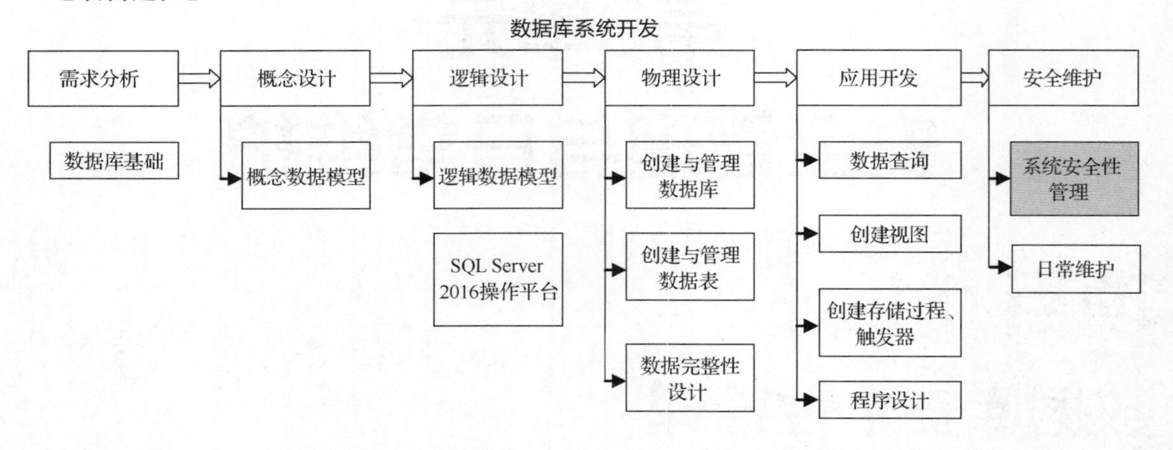

任务 1　实现 SQL Server 2016 登录认证

【任务目标】

- 理解 SQL Server 2016 的安全机制
- 会创建登录账户并管理数据库

【任务描述】

使用 SSMS 和 T-SQL 语句添加登录账户。

（1）使用 SSMS 添加登录账户。

（2）使用 T-SQL 语句添加登录账户。

（3）修改以上建立的登录账户信息。

① 修改登录账户的默认数据库。

② 修改登录账户的默认语言。

③ 修改登录账户的密码。

④ 删除登录账户。

（4）将 Windows 用户“LMS-THINK\lms”设定为 SQL Server 登录者。

【任务分析】

只有合法的登录名才能建立连接并获得对 SQL Server 的访问权限。前面提到，SQL Server 2016 注册验证有两种方式：Windows 身份验证和 SQL Server 身份验证。其中 Windows 身份验证的用户是在 Windows 操作系统下创建的。这里介绍如何管理 SQL Server 的登录账户。

任务 1-1　SQL Server 2016 系统安全机制

SQL Server 2016 作为一个网络数据库管理系统，具有完备的安全机制，能够确保数据库中的信息不被非法盗用或破坏。

SQL Server 2016 的安全机制可分为以下 3 个等级。

（1）SQL Server 的登录安全性。

（2）数据库的访问安全性。

（3）数据库对象的使用安全性。

每个安全等级就好像一道门，如果门没有上锁，或者用户拥有开门的钥匙，用户就可以通过这道门达到下一个安全等级。如果通过了所有的门，用户就可以访问数据了。这种关系为：用户通过客户机操作系统的安全性进入客户机，通过 SQL Server 的登录安全性登录 SQL Server 服务器，通过数据库的使用安全性使用数据库，通过数据库对象的使用安全性访问数据对象。

首先，任何用户要访问 SQL Server，必须取得服务器的“连接许可”，用户在客户机上向服务器申请并被 SQL Server 审查，只有服务器确认合法的用户才允许进入。如果用户的登录账户没有通过 SQL Server 审查，就不允许该用户访问服务器，更无从接触到服务器中的数据库数据。SQL Server 的服务器级安全性建立在控制服务器登录账号和密码的基础上。SQL Server 采用了标准 SQL Server 登录和集成 Windows NT 登录两种方式。无论使用哪种登录方式，用户在登录时提供的登录账号和密码都决定了用户能否获得 SQL Server 的访问权，以及在获得访问权之后，用户在访问 SQL Server 进程时可以拥有的权利。管理和设计合理的登录方式是 SQL Server 数据库管理员的重要任务。在 SQL Server 安全体系中，数据库管理员可以发挥主动性的第一道防线。SQL Server 在服务器和数据库级的安全级别上都设置了角色。角色是用户分配权限的单位。SQL Server 允许用户在数据库级上建立新的角色，然后为角色赋予多个权限，最后通过角色将权限赋予给 SQL Server 的用户。

当用户登录账户通过 SQL Server 审查进入服务器后，还必须取得数据库的“访问许可”，才能使用相应的数据库。SQL Server 在每一个数据库中保存一个用户账号表，其记载了允许访问该数据库的用户信息。如果用户登录服务器后，在所需访问的数据库中没有相应的用户账户，就无法访问该数据库。打个比喻，就像走进了大门，但房门钥匙不对，仍然无法进入房间。在建立用户的登录账号信息时，SQL Server 会提示用户选择默认的数据库。以后用户每次连接上服务器后，都会自动转到默认的数据库上。对于任何用户来说，master 数据库的门总是打开的，如果在设置登录账号时没有指定默认的数据库，用户的权限就将局限在 master 数据库以内。

在数据库的用户账号表中，不仅记载了允许哪些用户访问该数据库，还记载了这些用户的“访问权限”。除了数据库所有者（db_owner）对本数据库具有全部操作权限外，其他用户只能在数据库中执行规定权限的操作。如有的用户能查询数据，有的用户可进行插入、修改或删除表中数据的操作，有的用户只能查询视图或执行存储过程，而有的用户可以在数据库中创建其他对象等。在默认情况下，只有数据库的拥有者才可以在该数据库下进行操作。当一个非数据库拥有者想访问数据库中的对象时，必须事先由数据库的拥有者赋予该用户对指定对象执行特定操作的权限。

任务 1-2　Windows 身份验证和 SQL Server 身份验证

登录标识是 SQL Server 服务器接收用户登录连接时识别用户的标识，用户必须使用一个 Login 账户才能连接到 SQL Server 中。SQL Server 可以识别两种类型的 Login 验证机制：SQL Server 验证机制和 Windows 验证机制。

当使用 SQL Server 验证机制时，SQL Server 系统管理员定义 SQL Server 的 Login 账户和口令。当用户连接 SQL Server 时，必须提供 Login 账号和口令。

当使用 Window 验证机制时，由 Windows 账户或者组控制用户对 SQL Server 系统进行访问。这时，用户不必提供 SQL Server 的 Login 账户和口令就能连接到系统。但是，在用户连接之前，SQL Server 系统管理员必须定义 Windows 账户或组是有效的 SQL Server 的 Login 账户。

1. Windows 验证模式

在 Windows 验证模式下，只允许使用 Windows 验证机制。此时，SQL Server 检测当前使用的 Windows 用户账户，以确定该账户是否有权限登录。在这种方式下，用户不必提供登录名或密码。

在 Windows 验证模式下，用户只要通过 Windows 的验证就可连接到 SQL Server。在这种验证模式下，当用户试图登录到 SQL Server 时，它从 Windows 的网络安全属性中获取登录用户的账号与密码，并将它们与 SQL Server 中记录的 Windows 账户相匹配。如果在 SQL Server 中找到匹配的项，就接受这个连接，允许该用户进入 SQL Server。

Windows 验证模式与 SQL Server 验证模式相比，其优点是，用户启动 Windows 进入 SQL Server 不需要两套登录名和密码，简化了系统操作。更重要的是，Windows 验证模式充分利用了 Windows 强大的安全性能及用户账户管理能力。Windows 安全管理具有众多特点，如安全合法性、口令加密、对密码最小长度进行限制、设置密码期限以及多次输入无效密码后锁定账户等。

因为在 Windows 中可使用用户组，所以当使用 Windows 验证模式时，总是把用户归入一定的 Windows 用户组，以便在 SQL Server 中设置 Windows 用户组进行数据库访问权限时，能够把这种权限传递给每一个用户。当新增加一个登录用户时，也总把它归入某一用户组，这种方法可以使用户更为方便地进入系统中，并消除了逐一为每个用户设置数据库访问权限而带来的不必要的工作量。

2. SQL Server 验证模式

有一些情况需要使用 SQL Server 账号登录，比如登录安装在非 Windows 环境的 SQL Server。另外，Internet 用户登录 SQL Server 时只能用 SQL Server 账号。

当使用 SQL Server 验证时，系统管理员需创建一个登录账号和密码，并将其存储在 SQL Server 中，当用户连接 SQL Server 时，必须提供登录账号和密码。

在该验证模式下，用户在连接 SQL Server 时必须提供登录名和登录密码，SQL Server 自己执行验证处理。如果输入的登录信息与 SQL Server 系统表中的记录相匹配，就允许该用户登录到 SQL Server；否则将拒绝该用户的连接请求。

任务 1-3 选择身份验证模式

身份验证模式可以在安装过程中指定或使用 SSMS 指定。在安装 SQL Server 2016 或者第一次使用 SQL Server 连接其他服务器时，需要指定认证模式。对于已经指定验证模式的 SQL Server 服务器，也可以修改。设置或修改验证模式的用户必须使用系统管理员或安全管理员账户。

在 SSMS 中选择身份验证模式的方法如下。

打开 SSMS，在对象资源管理器中的对应服务器上单击鼠标右键，从弹出的快捷菜单中选择【属性】命令，如图 11-1 所示，打开【服务器属性】窗口。

在图 11-2 所示的【服务器属性】窗口中选择验证模式，单击【确定】按钮。修改验证模式后，必须停止 SQL Server 服务，重新启动后才能使设置生效。

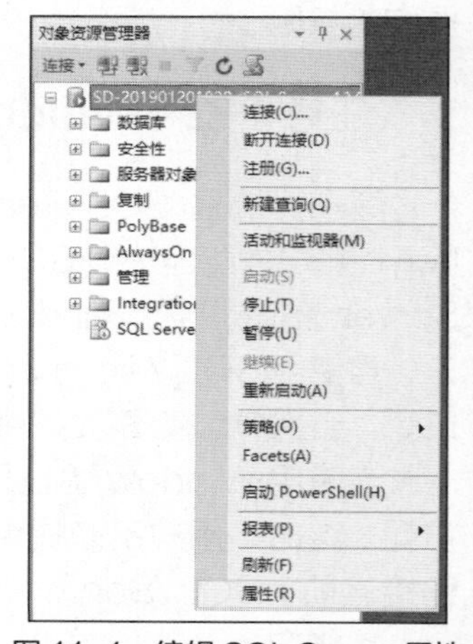

图 11-1 编辑 SQL Server 属性

图 11-2 【服务器属性】窗口

任务 1-4 Windows 验证模式登录账号的建立和删除

1. 使用 SSMS 建立 Windows 验证模式的登录账号

对于 Windows 操作系统，安装本地 SQL Server 的过程中允许选择验证模式。例如，在安装时选择 Windows 身份验证方式的情况下，如果要增加一个 Windows 的新用户，如何授权该用户，就使其能通过信任连接访问 SQL Server 呢？步骤如下。

（1）创建 Windows 用户。以管理员身份登录 Windows。在【控制面板】→【管理工具】→【计算机管理】中，新建用户。

（2）将 Windows 网络账号加入 SQL Server 中，以管理员身份登录到 SQL Server，进入 SSMS，对象资源管理器中的【登录名】上单击鼠标右键，在弹出的快捷菜单中选择【新建登录名】命令，如图 11-3 所示，打开图 11-4 所示的窗口。

图 11-3 选择【新建登录名】

（3）在【新建登录名】对话框中，选择【常规】页。单击【登录名】框后的【搜索】按钮，打开图 11-5 所示的对话框，在此对话框中可以选择用户或用户组添加到 SQL Server 登录用户列表中。

登录名(N):　搜索(E)...
Windows 身份验证(W)
SQL Server 身份验证(S)
密码(P):
确认密码(C):

图 11-4 登录名窗口

选择用户或组
选择此对象类型(S):
用户或内置安全主体　对象类型(O)...
查找位置(F):
SD-201901201038　位置(L)...
输入要选择的对象名称(例如)(E):
检查名称(C)
高级(A)...　确定　取消

图 11-5 选择用户或组

（4）单击【确定】按钮，完成Windows验证模式下登录账户的建立。

2. 使用T-SQL语句建立Windows验证模式的登录账户

创建Windows的用户或组后，使用系统存储过程sp_grantlogin可将一个Windows的用户或组的登录账号添加到SQL Server 2016中，以便通过Windows身份验证连接到SQL Server。

语法格式：

```
sp_grantlogin  [@loginame =] 'login'
```

说明 @loginame =为原样输入的常数字符串，为可选参数。'login'是要添加的Windows的用户或组的名称。Windows NT组和用户必须用Windows NT域名限定，格式为“域名（或计算机名）\用户（或组）名”。对于Windows内建本地组，如Administrators、Users和Guests，它们的账号名中可以用BUILTIN代替域名(或计算机名)，比如内建的Administrators组，账号名为BUILTIN\Administrators。返回值为0（成功）或1（失败）。

例如，建立Windows用户组Administrators登录SQL Server的账号如下。

```
EXEC sp_grantlogin  'BUILTIN\Administrators '
```

说明 通常，当选用Windows NT认证模式时，Windows NT的管理员组是唯一能访问服务器的组。所有管理员组中的账户将被映射成BUILITIN\Administrators登录名，具有SQL Server系统管理员账号（System administrator，sa）的权限。其他的Windows NT账户必须经过授权才能成为SQL Server的安全账户。

执行sp_grantlogin后，用户可登录到SQL Server，如果要访问一个数据库，就必须在该数据库中创建用户的账户，否则多用户数据库的访问仍会被拒绝。可以使用sp_grantdbaccess在数据库中创建用户账户。

3. Windows验证模式登录账号的删除

通过系统存储过程sp_revokelogin可删除Windows的用户或组登录SQL Server的账号。

语法格式：

```
sp_revokelogin [@loginame=]'login'
```

说明 @loginame=为常量字符串。'login'为Windows的用户或组的名称，为“域\用户”形式。返回值为0或1。

例如，删除Windows用户LMS-THINK\Administrator登录SQL Server的账号。

```
EXEC sp_revokelogin 'LMS-THINK\Administrator'
```

使用SSMS也可以删除登录账号。步骤如下。

（1）在SSMS的树形目录中展开服务器。

（2）展开【安全性】→【登录名】，用鼠标右键单击要删除的登录账号，在弹出的快捷菜单中选择【删除】命令，单击【是】按钮，删除此登录账号。

任务1-5 SQL Server验证模式登录账号的建立和删除

1. 使用系统存储过程创建SQL Server登录账号

使用系统存储过程sp_addlogin可以创建SQL Server登录账号。

语法格式：

```
sp_addlogin [@loginame=]'login'
```

```
[,[@passwd=]'password']
[,[@defdb=]'database']
[,[@deflanguage=]'language']
[,[@sid=]sid]
[,[@encryptopt=]'encryption_option']
```

参数说明如下。

（1）login 用于指定登录账号。

（2）password 为登录密码，其默认值为 NULL，sp_addlogin 执行后，密码被加密并存储在系统表中。

（3）database 指出登录后连接到的数据库，默认设置为 master。

（4）language 指出用户登录到 SQL Server 时系统指派的语言，默认设置为 NULL。要是没有指定 language，那么 language 被设置为服务器当前的默认语言。

（5）sid 为安全标识号（SID），默认设置为 NULL。要是 sid 为 NULL，那么系统为新登录的账号生成 sid。

（6）encryption_option 用于指定当密码存储在系统表中时，密码是否要加密，可以有以下 3 个值之一。

① NULL 指进行加密，为默认设置。

② skip_encryption 指密码已加密，不用对其再加密。

③ skip_encryption_old 表示已提供的密码由 SQL Server 较早版本加密，此选项只供升级使用。

例如，创建一个混合验证模式的登录账户。

```
EXEC sp_addlogin  'lms_login',
@defdb='pubs',
@deflanguage='English'
```

2. SQL Server 登录账号的删除

利用 sp_droplogin 系统存储过程可删除 SQL Server 登录账号。

语法格式：

```
sp_droplogin [@loginame=]'login'
例如，删除登录账号 lms_login。
EXEC sp_droplogin'lms_login'
```

任务 1-6　管理 SQL Server 登录账户

如果要查看登录账号，就只需在 SSMS 中展开对应服务器下的登录名，用鼠标右键单击登录名称，选择【属性】命令，在【登录属性】窗口即显示当前登录账户的信息。

图 11-6 所示的窗口中显示了 SQL Server 2016 系统自动创建的 2 个登录账号。

（1）BUILTIN\Administrators 为默认的 Windows 身份验证登录账号。凡属于 Windows 中本地系统管理员组（Administrators）的账号，都允许通过它登录 SQL Server（BUILTIN 代表 Windows 内建本地组）。它具有 SQL Server 服务器及所有数据库的全部权限。

（2）sa 是默认的 SQL Server 身份验证登录账号。这是为了系统向后兼容而保留的特殊登录账号，它也具有 SQL Server 服务器及所有

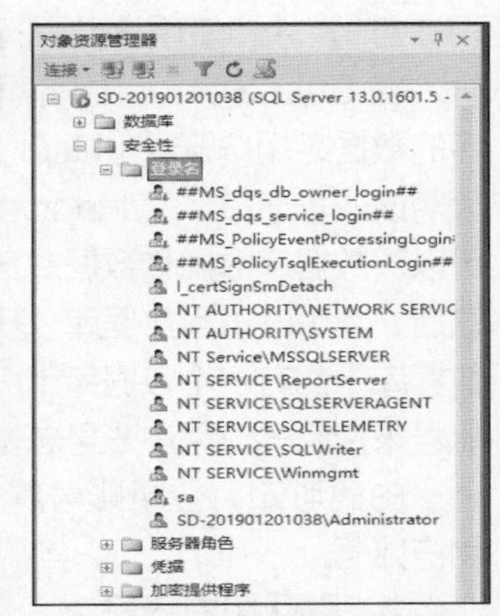

图 11-6　显示服务器登录名

数据库的全部权限。该账号无法删除，为了系统安全，必须为其设置合适的密码口令，在安装 SQL Server 2016 时就要求为 sa 设置密码。

如果要修改用户账户，就用鼠标右键单击该用户账号，从弹出的快捷菜单中选择【属性】命令，在打开的【SQL Server 登录属性】对话框中直接修改。其操作与创建用户账户相同。

如果要删除用户账户，就用鼠标右键单击该用户账号，从弹出的快捷菜单中选择【删除】命令，然后在【确认删除】对话框中单击【确定】按钮。

有时可能要暂时禁止一个登录账号连接 SQL Server，过一段时间又恢复它。这时，可以在弹出的【SQL Server 登录属性】对话框中单击【状态】页，设置【登录禁用】或【登录启用】。

任务2 实现数据库用户账号及权限管理

【任务目标】

- 会创建数据库用户
- 会管理数据库用户

【任务描述】

（1）使用 SSMS 创建、查看、删除数据库用户。

① 创建数据库用户。

② 查看、删除数据库用户。

（2）使用 T-SQL 语句创建、查看、删除数据库用户。

① 创建数据库用户。

② 查看、删除数据库用户。

【任务分析】

创建数据库用户主要是在数据库中的安全性中操作完成，这是与登录账户的设置位置的差别。另外它们的权限也不同，登录账号属于服务器的层面；而登录者要使用服务器中的数据库数据时，必须有用户账号。

任务2-1 数据库用户账号

1. 登录账号与用户账号的区别

当用户通过身份验证，以某个登录账号连接到 SQL Server 以后，还必须取得相应数据库的“访问许可”，才能使用该数据库。这种用户访问数据库权限的设置是通过用户账号来实现的。

在 SQL Server 中有两种账号，一种是登录服务器的登录账号（Login Name），一种是访问数据库的数据库用户账号（User Name）。登录账号与用户账号是两个不同的概念。一个合法的登录账号只表明该账号通过了 Windows 验证或 SQL Server 验证，允许该账号用户进入 SQL Server，但不表明可以对数据库数据和数据对象进行某种操作。所以一个登录账号总是与一个或多个数据库用户账号相关联后，才可以访问数据库，获得存在价值。数据库用户账号用来指出哪些用户可以访问数据库。在每个数据库中都有一个数据库用户列表，用户对数据的访问权限以及对数据库对象的所有关系都是通过用户账号来控制的。用户账号总是基于数据库的，即在两个不同的数据库中可以有相同的用户账号。

由此可知，登录账号属于服务器的层面。而登录者要使用服务器中的数据库数据时，必须要有用户账号。

2. 默认用户账号

数据库中有两个默认用户：一个是 dbo 用户账号，另一个是 guest 用户账号。dbo 代表数据库的拥有者（Database Owner）。每个数据库都有 dbo 用户，创建数据库的用户是该数据库的 dbo，系统管理员也被自动映射成 dbo。

任务 2-2　用户权限及数据库角色

1. 用户权限

当数据库对象创建完后，只有拥有者可以访问该数据库对象。任何其他用户想访问该对象必须首先获得拥有者赋予他们的权限。拥有者可以将权限授予指定的数据库用户。例如，如果用户想浏览表中的数据，他就必须首先获得拥有者授予的 SELECT 权限。存储过程的拥有者可以将 EXECUTE 权限授予别的数据库用户。如果基本表的拥护者不希望别的用户直接访问基本表的数据，就可以在基本表建立视图或创建访问基本表的存储过程，然后将使用视图或存储过程的权限授予用户。这样就可以让用户在不直接访问基本表的基础上，实现对基本表数据的有限访问。这是 SQL Server 数据库不允许用户访问未授权数据的基本机制之一。

2. 数据库角色

角色是 SQL Server 2016 用来管理数据库或服务器权限的概念。角色的意义好像是一个职位。SQL Server 中可以包括多个数据库，每个登录账号都可以在各数据库中拥有一个使用数据库的用户账号。而数据库中的用户也可以组成组，并被分配相同的权限，这种组称为数据库角色。数据库角色中可以包括用户以及其他的数据库角色。数据库管理员将操作数据库的权限赋予角色，就像把职权赋予一个职位。然后，数据库管理员可以将角色再赋给数据库用户或登录账户，就像将一个职位交给某个人一样。

在 SQL Server 中，通过角色可将用户分为不同的类，对相同类用户（相同角色的成员）进行统一管理，赋予相同的操作权限。

SQL Server 给用户提供了预定义的数据库角色（固定数据库角色），固定数据库角色都是 SQL Server 内置的，不能添加、修改和删除。用户可根据需要创建自己的数据库角色，以便对具有同样操作的用户进行统一管理。

（1）固定数据库角色

固定数据库角色是在 SQL Server 每个数据库中都存在的系统预定义用户组。它们提供了对数据库常用操作的权限。系统管理员可以将用户加入这些角色中，固定数据库角色的成员也可将其他用户添加到本角色中。但固定数据库角色本身不能被添加、修改和删除。

SQL Server 2016 中的固定数据库角色如表 11-1 所示。

表 11-1　固定数据库角色

角色名称	权限
db_owner	进行所有数据角色的活动，以及数据库中的其他维护和配置活动
db_accessadmin	允许在数据库中添加和删除用户、组和角色
db_datareader	可以查看来自数据库中所有用户表的全部数据
db_datawriter	有权添加、更改和删除数据库中所有用户表的数据
db_ddladmin	有权添加、修改和删除数据库对象，但无权授予、拒绝和废除权限
db_securityadmin	管理数据库角色和角色成员，并管理数据库中的对象和语句权限
db_backupoperator	具有备份数据库的权限
db_denydatareader	无权查看数据库内任何用户表或视图中的数据
db_denydatawriter	无权更改数据库内的数据
public	每个数据库用户都属于该角色

可以使用系统存储过程 sp_helpdbfixedrole 查看表 11-1 所示的固定数据库角色，如图 11-7 所示。

（2）自定义数据库角色

要是系统提供的固定数据库角色不能满足要求，那么用户也可创建自定义数据库角色，赋予该角色相应的权限，然后将相应的用户加入该角色中。

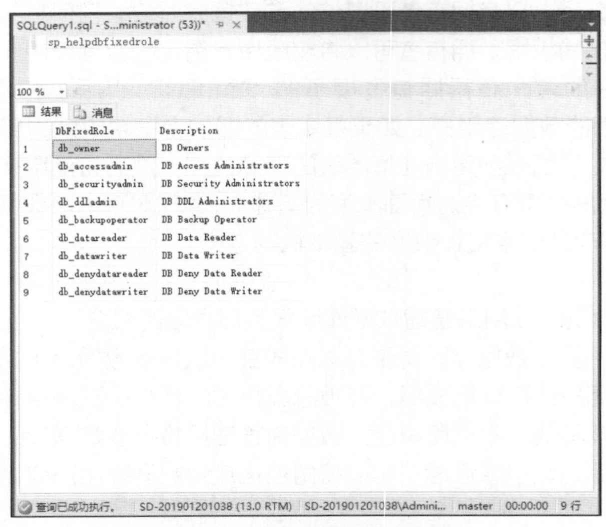

图 11-7 查看固定数据库角色

任务 2-3 使用 SSMS 管理用户账号和权限

1. 创建登录账户时指定数据库账户

在 SSMS 中新建登录账号后，通常可直接设置该账号允许访问的数据库及相应权限，即数据库用户账号。在【登录名-新建】窗口中选择【用户映射】标签，即可指定该登录账号可以访问的数据库及其充当的数据库角色，如图 11-8 所示。

图 11-8 【登录名-新建】窗口

图 11-8 所示的【登录名-新建】窗口的上半部分列出了当前服务器中的所有数据库，可以勾选需要建立用户账号的数据库前面的【映射】列，表示要在该数据库中建立用户账号。默认时，数据库用户账号名与登录账号相同，如果不想同名，就可以在该数据库后面的【用户】列中重新输入新的用户名。

在【登录名-新建】窗口的下半部分，可以将该用户加入数据库角色中，默认它已是 public 角色的成员。

2. 添加数据库用户

如果想要为一个数据库添加新用户，就在 SSMS 中按如下步骤操作。

（1）启动 SSMS 后，展开已登录的服务器，打开【数据库】文件夹，选中要添加用户的数据库。

（2）用鼠标右键单击该数据库下的【安全性】→【用户】，在弹出的快捷菜单中选择【新建用户】命令，弹出【数据库用户-新建】窗口，如图 11-9 所示。

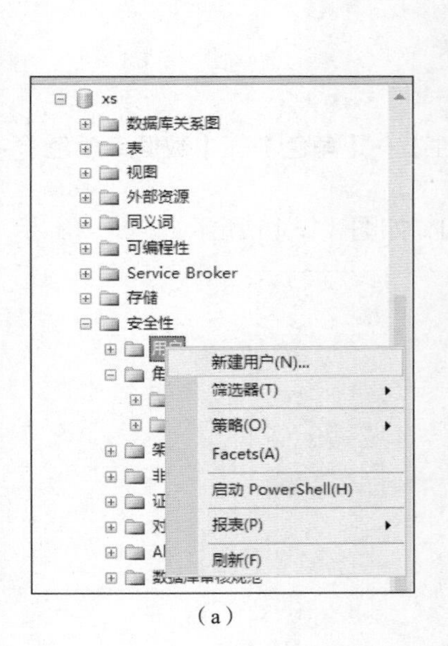

（a）

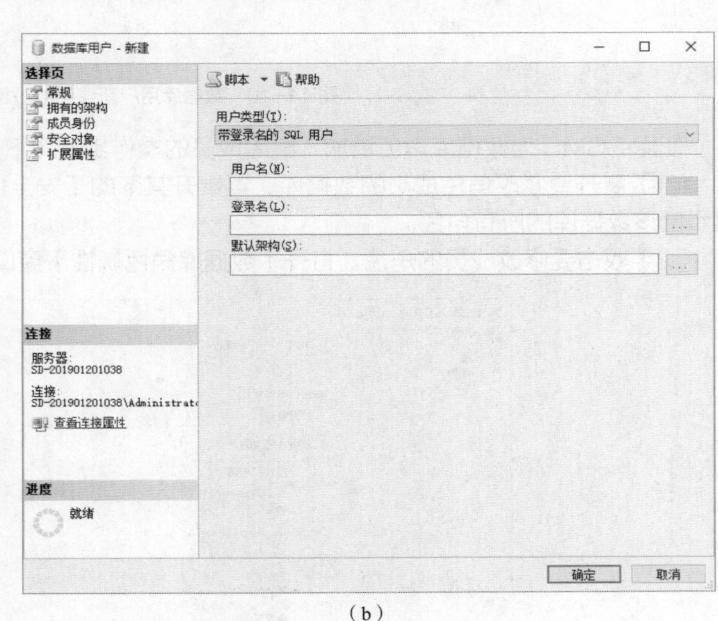

（b）

图 11-9 【数据库用户-新建】窗口

（3）在“用户名”文本框输入数据库用户名，单击“登录名”右侧的 ... 按钮，选择一个已经创建的登录账号。

（4）在【拥有的构架】中选择数据库角色 db_owner。在【成员身份】中选择数据库角色 db_owner。

（5）单击【安全对象】右边的【搜索】按钮，选中【属于该架构的所有对象】单选按钮，在【架构名称】下拉列表中选择 dbo，如图 11-10 所示。

3. 增加或删除数据库角色成员

上面介绍了在创建数据库用户账号时指定其数据库角色。对于已存在的固定数据库角色和自定义数据库角色，可以随时根据需要增加和删除其成员。

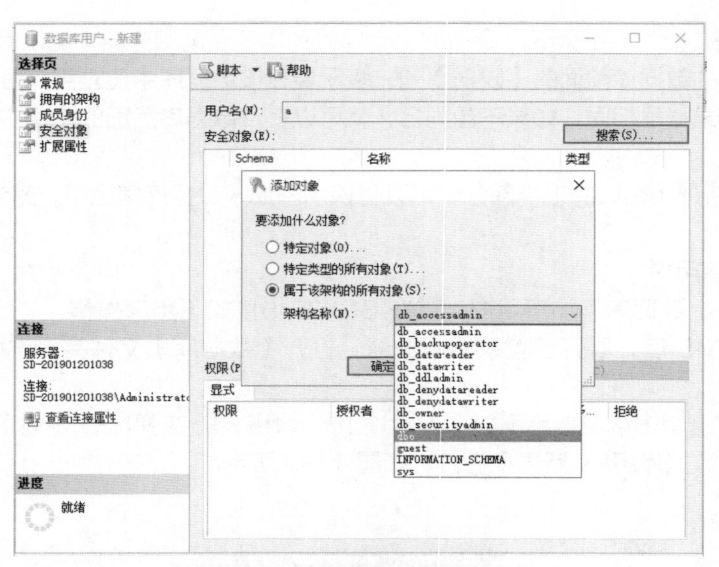

图 11-10　数据库用户新建添加对象

使用 SSMS 为数据库角色增加、删除成员的操作步骤如下。

（1）展开要修改角色成员的数据库，再展开其下的【安全性】→【角色】→【数据库角色】，显示出该数据库的所有角色。

（2）双击要修改成员的角色，打开【数据库角色属性】窗口，如图 11-11 所示。

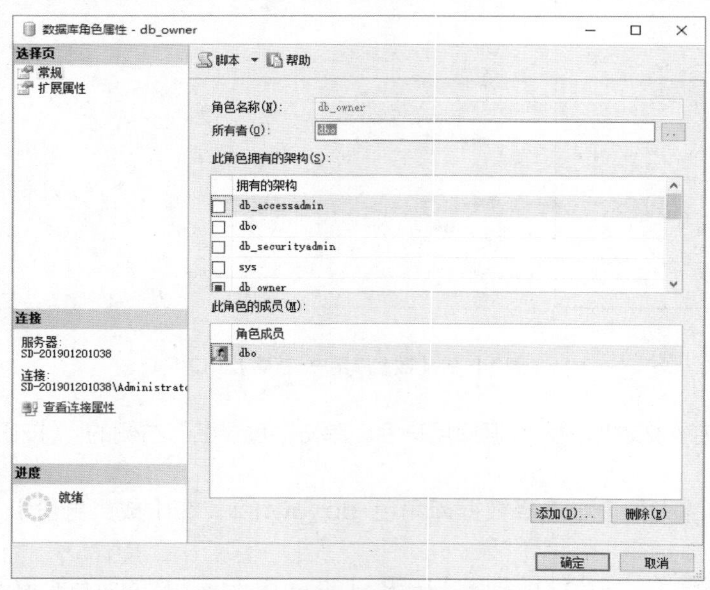

图 11-11 【数据库角色属性】窗口

（3）在【数据库角色属性】窗口的“此角色的成员”列表中选择一个成员，单击【删除】按钮可以从角色中删除该成员。

（4）单击【添加】按钮，打开“选择数据库用户或角色”对话框，单击【浏览】按钮，可以从当前数据库用户选择要加入的成员，如图 11-12 所示。

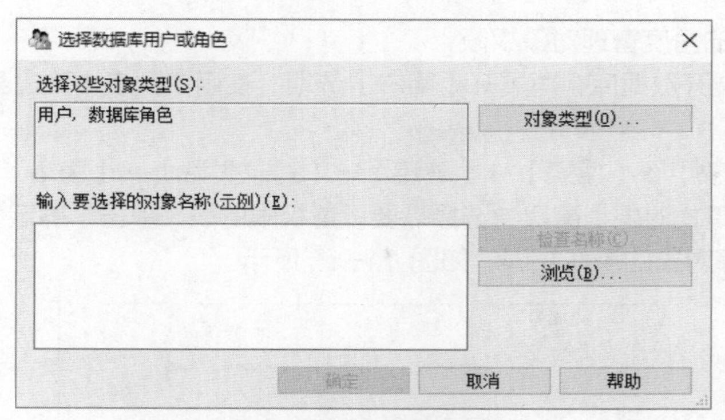

图 11-12　添加角色成员

4. 查看和修改数据库用户账号

在 SSMS 中，选中数据库下的【安全性】→【用户】，显示当前数据库的所有用户，如图 11-13 所示。

用鼠标右键单击用户名，从快捷菜单中选择【属性】命令，打开【数据库用户】窗口，如图 11-14 所示，从中可查看或设置该用户所属的数据库角色。选择不同选项页，还可进一步查看或设置相应的操作权限。

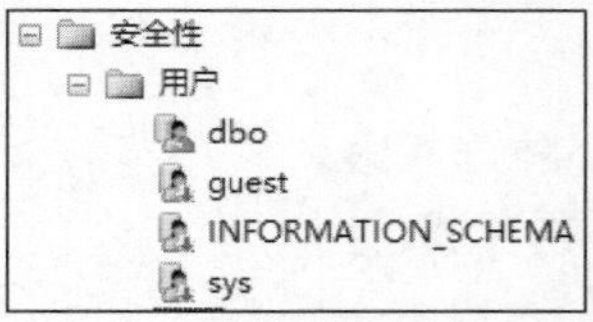

安全性
用户
dbo
guest
INFORMATION_SCHEMA
sys

图 11-13　查看数据库用户账号

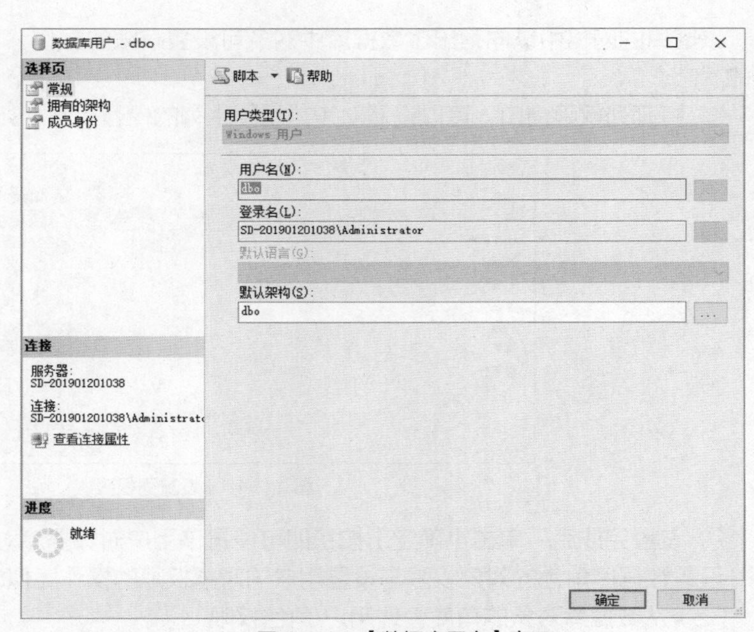

图 11-14 【数据库用户】窗口

5. 删除数据库用户

在图 11-13 所示界面中，用鼠标右键单击用户名，从快捷菜单中选择【删除】命令，就可将该用户从数据库中删除。

6. 管理对象权限

设置和管理用户或数据库角色的对象权限可以从两个方面进行。从用户或角色的角度——一个用户或角色对哪些对象有哪些操作权限。从对象的角度——一个对象允许哪些用户或角色执行哪些操作。

（1）从用户/角色的角度管理对象权限

① 在 SSMS 中展开数据库，再展开【用户】选项，在用户列表中双击某用户，打开其属性窗口，如图 11-9 所示。

② 选择【安全对象】→【搜索】→【确定】→【对象类型】→【表】，单击【确定】按钮。然后选择【浏览】，在【查找对象】窗口中选择需要设置权限的表，单击【确定】按钮。在该窗口中可设置用户对有关数据库对象的操作权限，如图 11-15 所示。

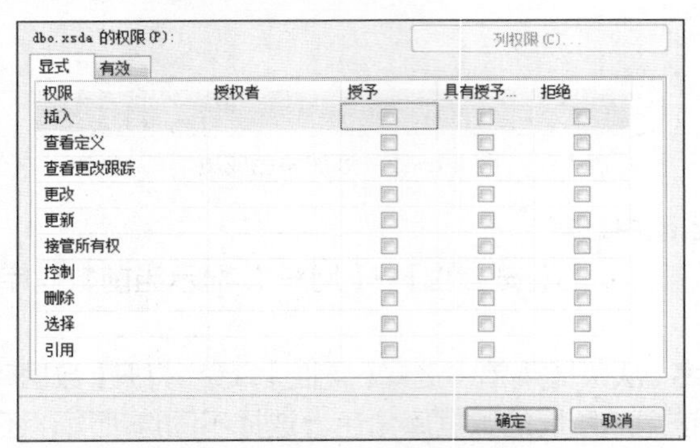

图 11-15　设置用户权限

该窗口的网格中纵向列出了数据库中对象可设置权限的操作。可以通过鼠标单击改变它们的权限的状态。

③ 打开列权限窗口，可以设置对表或视图中列的操作权限，如图 11-16 所示。

图 11-16　设置列权限

④ 设置完成后，单击【确定】按钮即可设置该用户对数据库对象的操作权限。

设置数据库角色的对象权限与设置用户的对象权限的操作类似，不再赘述。

（2）从数据库对象的角度管理用户/角色权限

① 启动 SSMS，登录到指定服务器上，展开指定的数据库，从中选择用户对象（表、视图、存储过程等）。

② 选择要设置权限的具体对象，用鼠标右键单击该对象，在弹出的快捷菜单中选择【属性】命令。

③ 在弹出的对象属性窗口中，在【选择】页中单击【权限】，设置相关用户或数据库角色对本对象的操作权限。与上面所述的权限操作基本相同，读者很容易仿照上面的讲解自己进行操作。

④ 对象权限设置后，单击【确定】按钮，即可设置该数据库对象所允许的用户和角色操作的权限。

任务 2-4 使用 T-SQL 语句管理用户账号和权限

1. 创建数据库用户账号

除了在 SSMS 中创建和管理用户账户外，在 SQL Server 中还可以使用系统存储过程 sp_grantdbaccess 来添加数据库用户。

例如，以下程序在 xs 数据库中将登录账户 lms 添加到数据库用户中。

```
USE xs
EXEC sp_grantdbaccess lms
```

在查询窗口中运行该程序，结果如图 11-17 所示。由图 11-17 可知，已经将 lms 加入 xs 数据库作为该数据库的一个用户账号。

也可以在向数据库添加用户账号时，使用与登录名不同名字。例如，使用如下语句将登录账号 lms 用 lms_login 名添加到 xs 数据库中，如图 11-18 所示。

```
EXEC sp_grantdbaccess lms, lms_login
```

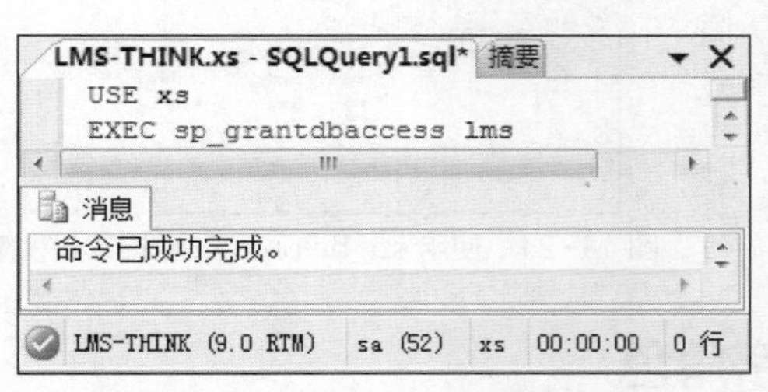

图 11-17 执行 sp_grantdbaccess

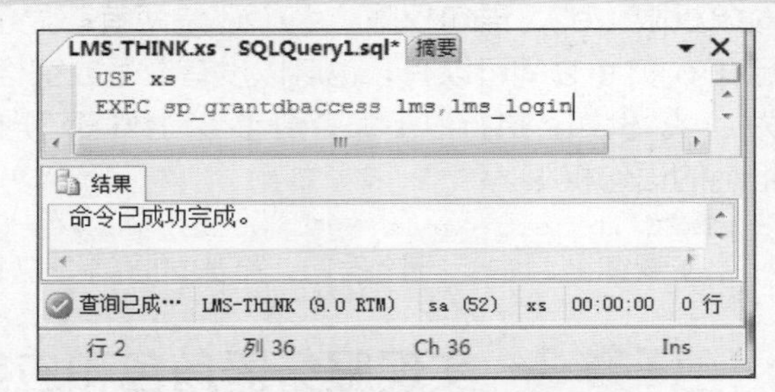

图 11-18 使用不同于登录名的用户账号

值得指出的是，必须在当前添加用户的数据库中执行 sp_grantdbaccess 存储过程。如果忘了切换当前数据库，在默认的 master 数据库中添加了用户账号，就无法使添加的用户使用该数据库。

2. 管理权限

在 SQL Server 中使用 GRANT、DENY、REVOKE 3 条 T-SQL 语句来管理权限。

（1）GRANT 命令用于把权限授予某一用户，以允许该用户执行针对某数据库对象的操作或允许其运行某些语句。

（2）DENY 命令可以用来禁止用户对某一对象或语句的权限，它不允许该用户执行针对数据库对象的某些操作或不允许其运行某些语句。

（3）REVOKE 命令可以用来撤销用户对某一对象或语句的权限，使其不能执行操作，除非该用户是角色成员，且角色被授予。

例如，以下语句将创建表的语句权限授予用户 lms_login 和 zhy。

```
GRANT CREATE TABLE TO lms_login,zhy
```

在查询窗口中运行该语句，结果如图 11-19 所示。

又例如，以下程序拒绝了用户 lms_login 在数据库中创建表的权限，并且废除了用户 zhy 在 xs 数据库中的所有权限。

```
USE xs
DENY CREATE TABLE TO lms_login
REVOKE ALL FROM zhy
```

在查询窗口中运行该程序，结果如图 11-20 所示。

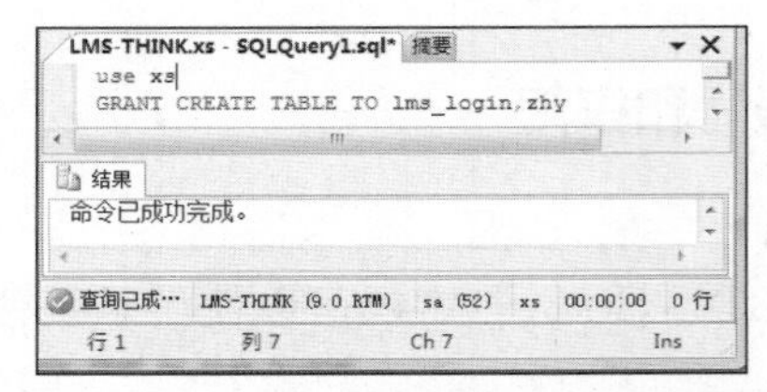

图 11-19 使用 GRANT 语句向用户授权

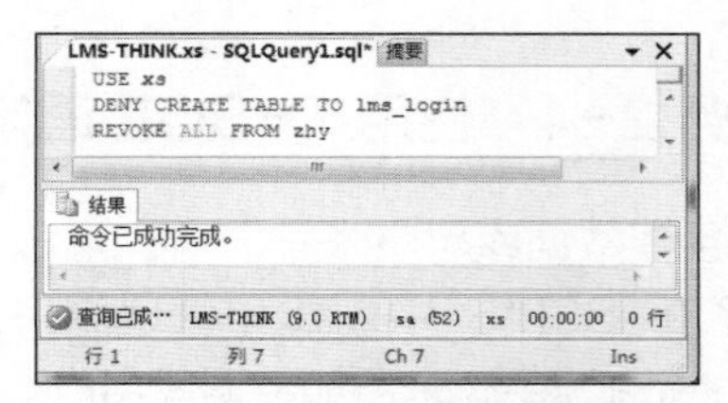

图 11-20 使用 DENY 语句和 REVOKE 语句

3. 查看用户权限

使用系统存储过程 sp_helprotect 可以查看数据库内用户的权限。

使用该存储过程的基本格式如下。

```
sp_helprotect <对象名>,<用户名>,<授予者>,类型
```

如果不带参数执行 sp_helprotect，就将显示当前数据库中所有已经授予或拒绝的权限。

上面语句格式中的“类型”是一个字符串，表示是显示对象权限（o）、语句权限（s），还是两者都显示（os，注意在 o 和 s 之间可以有，也可以没有逗号或空格）。默认值为 o s。例如，执行以下命令查看当前数据库所有已授予或拒绝的语句权限。

```
EXEC sp_helprotect NULL,NULL,NULL, 's'
```

在查询窗口中运行该语句，结果如图 11-21 所示。

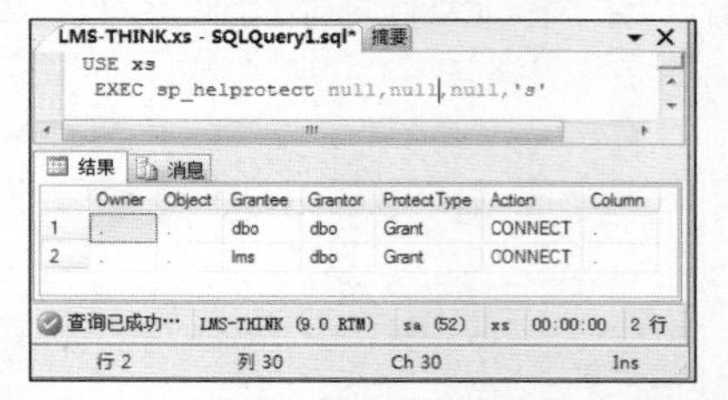

图 11-21 使用 sp_helprotect 查询语句权限

任务 3 实现服务器角色和应用程序角色

【任务目标】

- 能设置管理用户权限
- 会管理固定服务器角色和固定数据库角色及其成员

【任务描述】

（1）使用 SSMS 和 T-SQL 语句管理固定服务器角色和固定数据库角色。

① 使用 SSMS 管理固定服务器角色。

a. 查看固定服务器角色及其成员和权限。

b. 增加服务器角色成员。

c. 删除服务器角色成员。

② 使用 T-SQL 语句管理固定服务器角色。

a. 查看固定服务器角色及其成员和权限。

b. 增加服务器角色成员。

c. 删除服务器角色成员。

③ 使用 SSMS 管理固定数据库角色。

④ 使用 T-SQL 语句管理固定数据库角色。

a. 将账户 aa 加入角色 db_owner 中。

b. 从固定数据库角色 db_owner 中删除用户 aa。

c. 显示 Stubook 数据库中的所有角色成员。

（2）使用 SSMS 和 T-SQL 语句管理权限。

① 使用 SSMS 管理语句权限。

② 使用 SSMS 管理对象权限。

③ 使用 T-SQL 语句管理权限。

a. 将 Stubook 数据库的“图书”表中查询数据的权限授予 public 角色，将“图书”表中执行 INSERT 操作的权限授予用户 bb。

b. 给用户 cc 创建视图和表的语句权限。

c. 拒绝用户 cc 从 Stubook 数据库的“图书”表中查询数据。

【任务分析】

服务器角色有 8 种预定义角色，注意体会它与数据库角色的差别。

任务 3-1　服务器角色

除了数据库角色外，在 SQL Server 中还有服务器角色。与数据库角色不同，服务器角色是指根据 SQL Server 的管理任务以及这些任务相对的重要等级，把具有 SQL Server 管理职能的用户划分为不同的用户组，每一组具有的管理 SQL Server 的权限均已被预定义。服务器角色适用在服务器范围内，并且其权限不能被修改。

SQL Server 2016 共有 8 种预定义的服务器角色。

（1）sysadmin：系统管理员角色，可以在 SQL Server 中做任何事情。

（2）serveradmin：管理 SQL Server 服务器范围内的配置。

（3）setupadmin：增加、删除连接服务器，建立数据库复制，管理扩展存储过程。

（4）securityadmin：管理服务器登录。

（5）processadmin：管理 SQL Server 进程。

（6）dbcreator：创建数据库，并对数据库进行修改。

（7）diskadmin：管理磁盘文件。

（8）bulkadmin：管理大容量数据插入。

在 SSMS 中新建登录账号后，可接着设置是否将该账号加入以上服务器角色中。在【登录名-新建】窗口中的【选择页】中单击【服务器角色】选项卡，可以设置该登录账号所属的服务器角色，如图 11-22 所示。

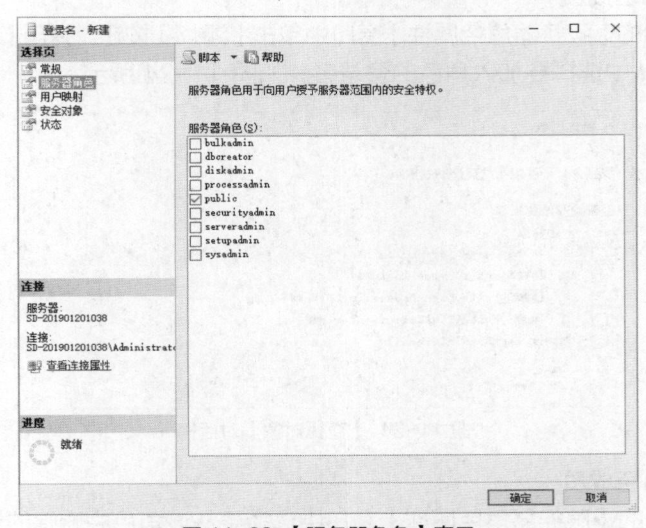

图 11-22 【服务器角色】窗口

任务 3-2 管理服务器角色

1. 查看服务器角色

（1）启动 SSMS 登录到指定的服务器。

（2）展开【安全性】→【服务器角色】文件夹。在展开的服务器角色中用鼠标右键单击某个角色，在弹出的快捷菜单中选择【属性】命令，出现【服务器角色属性】窗口，从中可以看到该角色的成员，如图 11-23 所示。

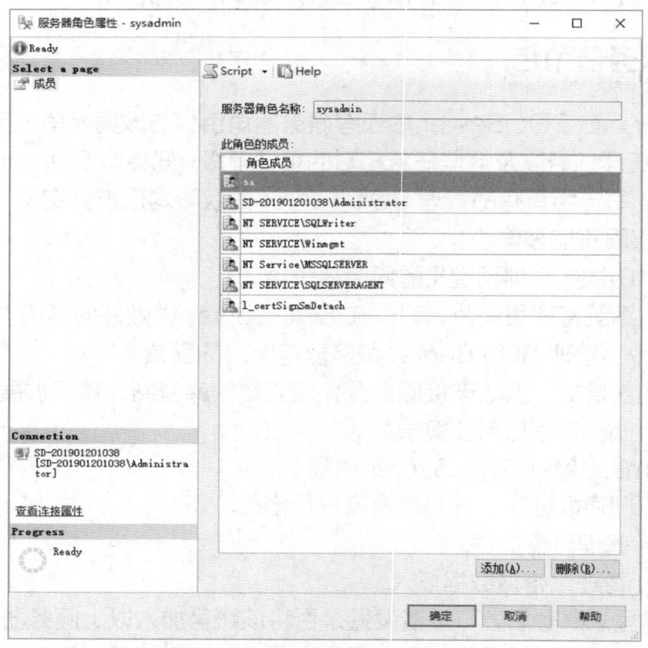

图 11-23 【服务器角色属性】窗口

2. 增加服务器角色成员

在图 11-23 所示的【服务器角色属性】窗口中单击【添加】按钮，弹出【选择登录名】对话框，单击【浏览】按钮，从中选择要加入角色的登录者，如图 11-24 所示。

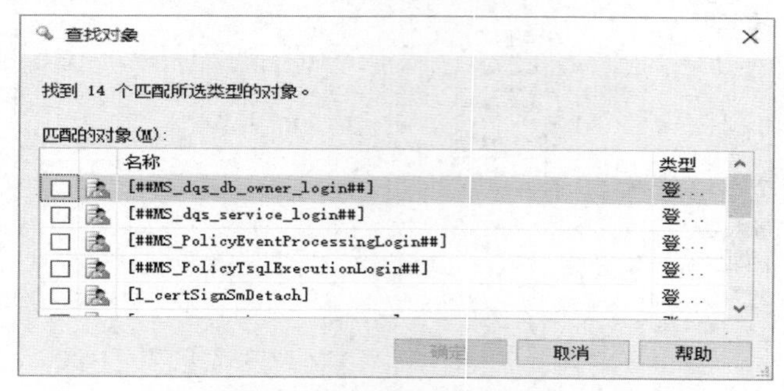

图 11-24 【查找对象】对话框

3. 删除服务器角色成员

在图 11-23 所示的【服务器角色属性】窗口中选择要从该角色中删除的登录者，单击【删除】

按钮，即可将它从该服务器角色中删除。此后，该登录用户就不具备服务器角色所具有的权限。但应注意，不能从服务器角色中删除 sa 登录账号。

任务 3-3　应用程序角色

在某些情况下，可能希望限制用户只能通过特定应用程序来访问数据，防止用户使用 SQL Server 查询窗口或其他系统工具直接访问数据库中的数据。这样，不仅可实现类似视图或存储过程那样的只对用户显示指定数据、防止数据泄密或被破坏的功能，还可防止用户使用 SQL Server 查询窗口等系统工具连接到 SQL Server 并对数据库编写质量差的查询，从而影响整个服务器的性能。

SQL Server 使用应用程序角色适应这些要求。应用程序角色与标准数据角色有以下区别。

1. 应用程序角色不包含成员

不能将 Windows 组、用户和角色添加到应用程序角色中。当通过特定的应用程序为用户连接激活应用程序角色时，将获得该应用程序角色的权限。用户之所以与应用程序角色关联，是因为用户能够运行激活该角色的应用程序，而不是因为其是角色成员。

2. 应用程序角色不使用标准权限

当一个应用程序角色被该应用程序激活以用于连接时，会在连接期间永久地失去数据库所有用来登录的权限、用户账户、其他组或数据库角色。连接只获得与数据库的应用程序角色相关联的权限，应用程序角色存在于该数据库中。

创建一个应用程序角色非常简单，展开【(需要设置的)数据库】→【安全性】→【角色】→【应用程序角色】，单击鼠标右键，弹出快捷菜单，选择【新建应用程序角色】命令，弹出【应用程序角色-新建】窗口。按照图 11-25 所示进行设置，注意密码不能为空。

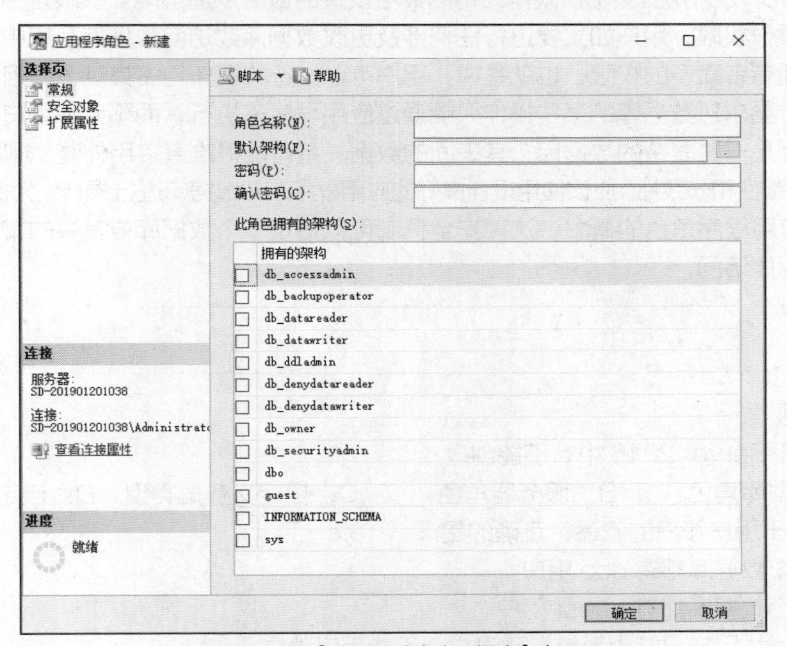

图 11-25 【应用程序角色-新建】窗口

因为应用程序角色只能应用于它们所存在的数据库中，所以连接只能通过授予其他数据库中 guest 用户账户的权限，来获得对另一个数据库的访问。因此，如果数据库中没有 guest 用户账户，就连接无法获得对该数据库的访问。要是 guest 用户账户虽然存在于数据库中，但是访问对象的权限没有显式地授予 guest，那么无论是谁创建了对象，连接都不能访问该对象。

用户从应用程序角色中获得的权限一直有效，直到连接从 SQL Server 退出为止。

实训 11 用户权限管理

（1）创建一个用户 user1，使其仅能访问 sale 数据库，且没有操作 sale 数据库的其他任何权限。

（2）授予用户 user1 权限，使其对 Customer 表可以进行 SELECT 和 INSERT 操作。

（3）测试 user1 的权限，写出测试过程并验证测试结果。

小结

安全性管理对于一个数据库管理系统而言是至关重要的，是数据库管理中的关键环节，是数据库中数据信息被合理访问和修改的基本保证。它涉及 SQL Server 的验证模式、账号、角色和存取权限。本项目主要介绍了 SQL Server 2016 提供的安全管理措施，包括 SQL Server 2016 登录验证、数据库用户账号、权限管理和角色管理等。

SQL Server 2016 安全机制可分为 SQL Server 的登录安全性、数据库的访问安全性、数据库对象的使用安全性 3 个等级。用户在使用 SQL Server 时，需要经过身份验证和权限验证两个安全性阶段。

SQL Server 2016 提供了权限作为访问许可设置的最后一道屏障。权限是指用户对数据库中对象的使用和操作权限，用户如果要进行任何涉及更改数据库或访问数据库及库中对象的活动，就必须首先获得拥有者赋予的权限，也就是说，用户可以执行的操作均由其赋予的相关权限决定。

有些时候，要求对数据库的某些操作只能通过应用程序来执行，而不允许用户使用任何工具来进行操作，原因是一些复杂的数据库，其表间的数据关系可能很难直接用外键、规则等功能来维护，为了保证数据完整性和一致性，应该使用设计良好的应用程序来对数据库进行操作。为此，SQL Server 2016 设计了应用程序角色的概念，这种安全机制可以指定一个数据库或其中的某些对象只能用某些特殊的应用程序访问。

习题

一、选择题

1. 在 SQL Server 2016 中，不能创建（　　）。

   A. 数据库角色　B. 服务器角色　C. 自定义数据类型　D. 自定义函数

2. 以下关于用户账户的叙述，正确的是（　　）。

   A. 每个数据库都有 dbo 用户

   B. 每个数据库都有 guest 用户

   C. guest 用户只能由系统自动建立，不能手工建立

   D. 可以在每个数据库中删除 guest 用户

3. 以下叙述正确的是（　　）。

   A. 如果没有明确授予用户某权限，该用户就肯定不具有该权限

B. 如果废除了一个用户某权限，以后该用户就肯定不具有该权限
C. 如果拒绝一个用户的某权限，它就可通过其他角色重新获得该权限
D. 废除了一个用户被拒绝的权限不表明该用户就具有了该权限

二、填空题

1. SQL Server 能识别的两种登录验证机制是________和________。
2. SQL Server 中的权限有________权限、________权限和________权限 3 种类型。
3. 在 SQL Server 2016 中，数据库的 2 个默认用户账号是________和________。

三、简答题

1. 简述 SQL Server 2016 安全性等级。
2. 简述 SQL Server 登录账号和数据库用户账户的区别。

四、设计题

通过 SSMS 建立一个 Windows NT 验证模式的登录账号。

项目 12 维护与管理数据库

12

【能力目标】

- 熟练操作数据库的各种数据转移方法，包括分离、附加、联机、脱机、备份、还原、导入、导出等
- 能在不同情况下灵活运用适当的方法转移数据库

【项目描述】

备份还原数据库、导入导出数据，数据库安全的维护。

【项目分析】

数据库日常维护工作是系统管理员的重要职责，为了防止数据丢失或者损坏，SQL Server 2016 提供了高性能的数据转移功能。备份和还原、导入和导出等都是保护数据的重要方法。本项目主要介绍了这些数据维护技术。

【任务设置】

任务 1 联机与脱机数据库

任务 2 备份与还原数据库

任务 3 导入与导出数据

实训 12 维护与管理 sale 数据库

【本项目定位】

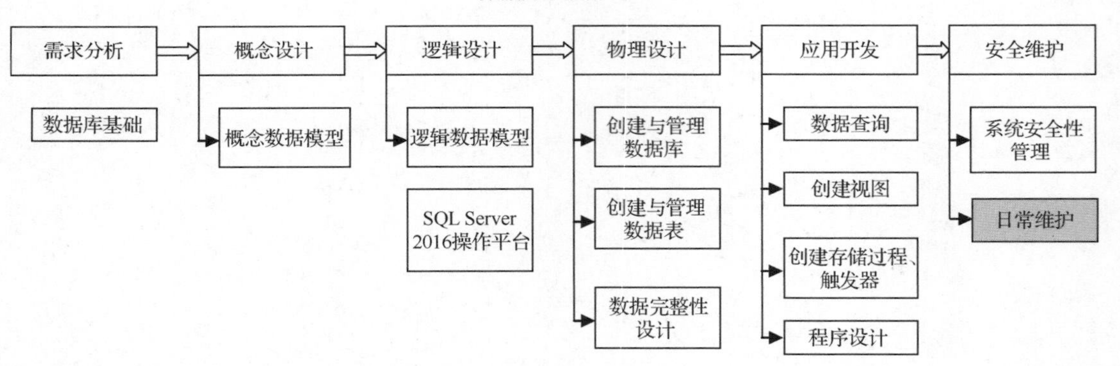

任务 1 联机与脱机数据库

【任务目标】

- 熟练操作联机数据库的数据转移方法

- 熟练操作脱机数据库的数据转移方法

【任务描述】

联机和脱机 xs 数据库。

【任务分析】

数据库联机时是不能复制数据库文件的，可以让数据库脱机处于离线状态，这样就可以将数据库文件复制到新的磁盘。在完成复制操作后，再通过联机操作将数据库恢复到在线状态。注意，数据库处于离线状态时，数据库将不可用。

采用联机/脱机操作可方便地复制数据库文件，并在其他地点继续工作。相对分离/附加操作而言，联机/脱机操作更简单。

例如，系统正式投入使用，且允许短暂脱机。那么可在工作地点让数据库短暂脱机，然后复制数据库文件，即可达到备份目的，复制完后再联机数据库。

【例 12-1】 复制处于联机状态的 xs 数据库的文件。

步骤 1：脱机 xs 数据库。

（1）在【对象资源管理器】中，展开【数据库】，用鼠标右键单击 xs 数据库，选择【任务】→【脱机】命令，如图 12-1 所示。

（2）脱机后，xs 数据库的图标如图 12-2 所示，并在后面带有“脱机”字样，这样方便操作人员了解数据库的状态。

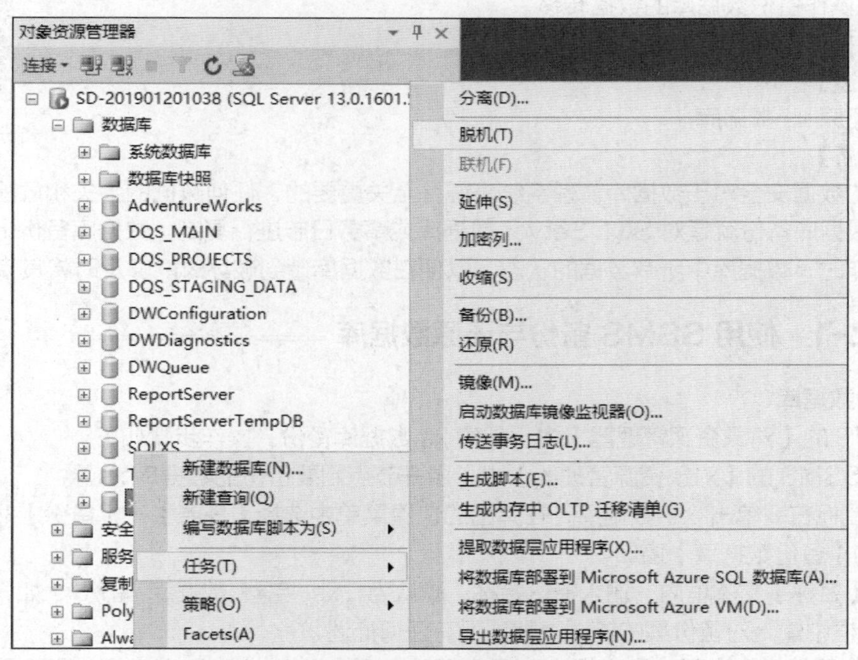

图 12-1 数据库脱机

步骤 2：复制脱机后的数据库文件。

步骤 3：联机 xs 数据库。

（1）在【对象资源管理器】中，展开【数据库】，用鼠标右键单击 xs 数据库，选择【任务】→【联机】命令，如图 12-3 所示。

（2）单击【关闭】按钮完成操作。

图 12-2　数据脱机标志

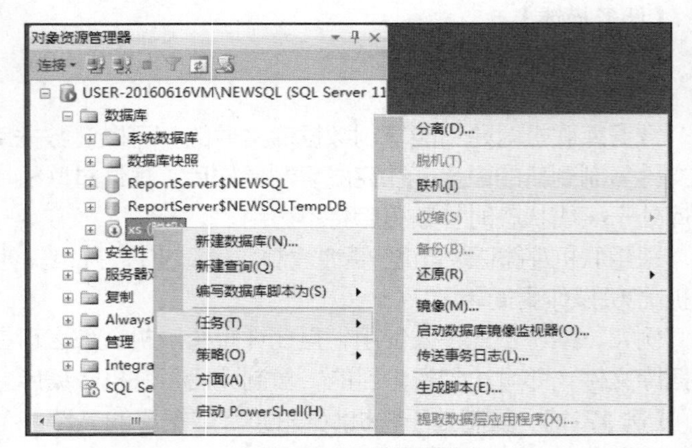

图 12-3　数据联机

任务 2　备份与还原数据库

【任务目标】

- 熟练操作备份数据库的数据转移
- 熟练操作还原数据库的数据转移

备份和还原数据库

【任务描述】

备份和还原 xs 数据库。

【任务分析】

数据库的数据安全对于数据库管理系统来说是至关重要的，任何数据的丢失和危险都会带来严重的后果。数据库备份就是对 SQL Server 数据库或事务日志进行复制。数据库备份记录了在进行备份这一操作时，数据库中所有数据的状态，以便在数据库遭到破坏时能够及时将其恢复。

任务 2-1　使用 SSMS 备份与还原数据库

1．备份数据库

在 SSMS 的【对象资源管理器】中，创建 xs 数据库备份，操作步骤如下。

（1）在 SSMS 的【对象资源管理器】中，展开节点到要备份的数据库 xs。

（2）用鼠标右键单击 xs 数据库，在弹出的快捷菜单中选择【任务】→【备份】命令，出现图 12-4 所示的【备份数据库】窗口。

（3）在【名称】文本框内，输入备份名称。默认为“xs-完整 数据库 备份”，如果需要，就在【说明】文本框中输入对备份集的描述。默认没有任何描述。

（4）在【备份类型】下拉列表框中选择备份的方式。其中，【完整】表示执行完整的数据库备份；【差异】表示仅备份自上次完全备份以后，数据库中新修改的数据；【事务日志】表示仅备份事务日志。

（5）指定备份目标。在【目标】选项组中单击【添加】按钮，在弹出的图 12-5 所示的【选择备份目标】对话框中，指定一个文件名。这个指定将出现在图 12-4 所示窗口中的【备份到：】下拉列表框中。在一次备份操作中，可以指定多个目标文件，这样可以将一个数据库备份到多个位置，单击【确定】按钮。

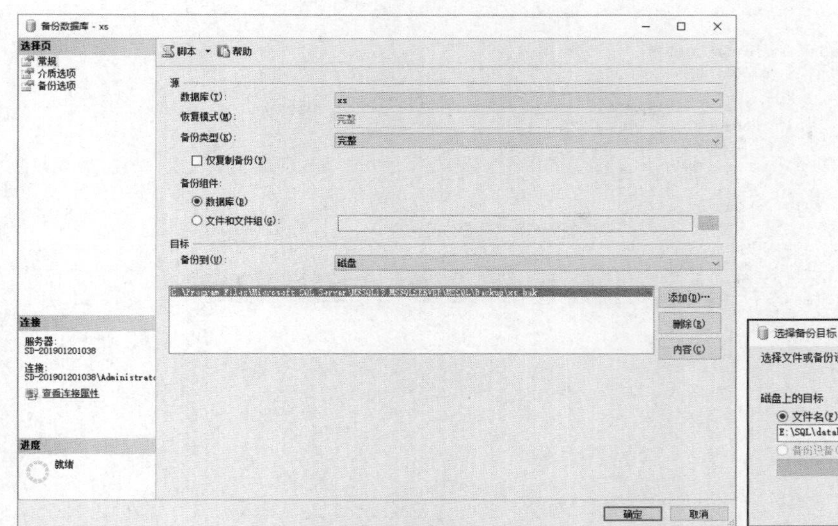

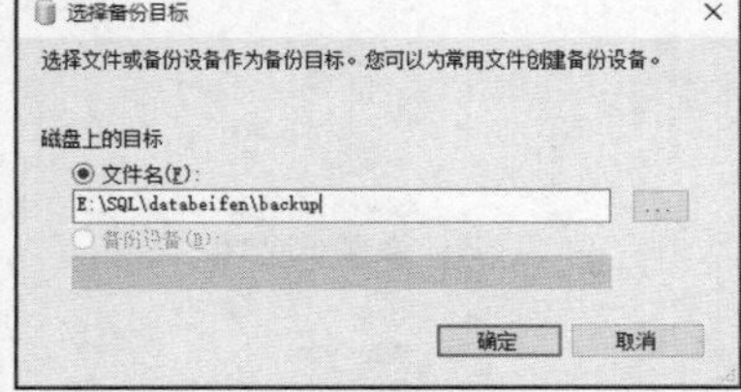

图 12-4　备份数据库　　　　图 12-5　选择备份目标

（6）在图 12-4 所示的窗口中单击【介质选项】，弹出图 12-6 所示的【备份数据库】设置界面，根据需要进行相关的设置。具体参数设置的功能描述可查阅 SQL Server 联机丛书。

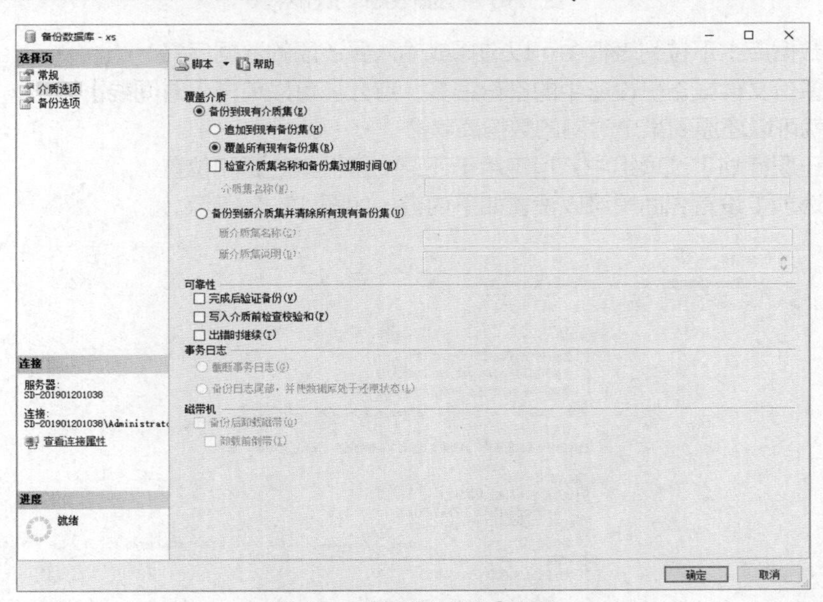

图 12-6 【备份数据库】设置

（7）返回【备份数据库】窗口后，单击【确定】按钮，开始执行备份操作，此时会出现相应的提示信息。单击【确定】按钮，完成数据库备份。

2．还原数据库

数据库备份后，一旦系统崩溃或者执行了错误的数据库操作，就可以使用备份文件恢复数据库。

将前面备份的数据库还原到当前数据库中，操作步骤如下。

（1）在 SSMS 的【对象资源管理器】中，用鼠标右键单击【数据库】，在弹出的快捷菜单中选择【还原数据库】命令，弹出图 12-7 所示的【还原数据库】窗口。

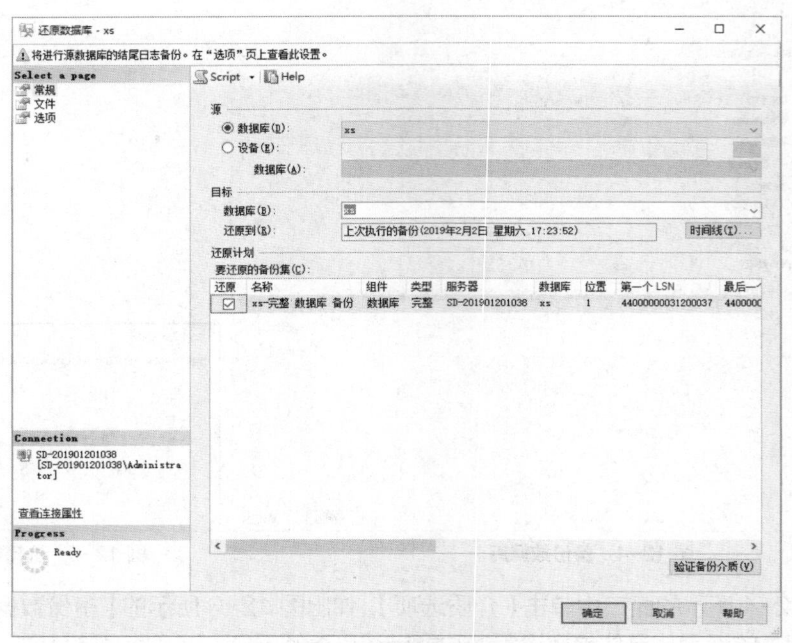

图 12-7 【还原数据库】对话框

（2）在【数据库】下拉列表框中可以选择或输入要还原的数据库名。

（3）要是备份文件或备份设备中的备份很多，那么还可以单击【时间线】按钮，只要有事务日志备份存在，就可以还原到某个时刻的数据库状态。

（4）在【还原计划】选项组中，指定用于还原的备份集的源和位置。

（5）在【选项】设置界面里可以设置如下内容，如图 12-8 所示。

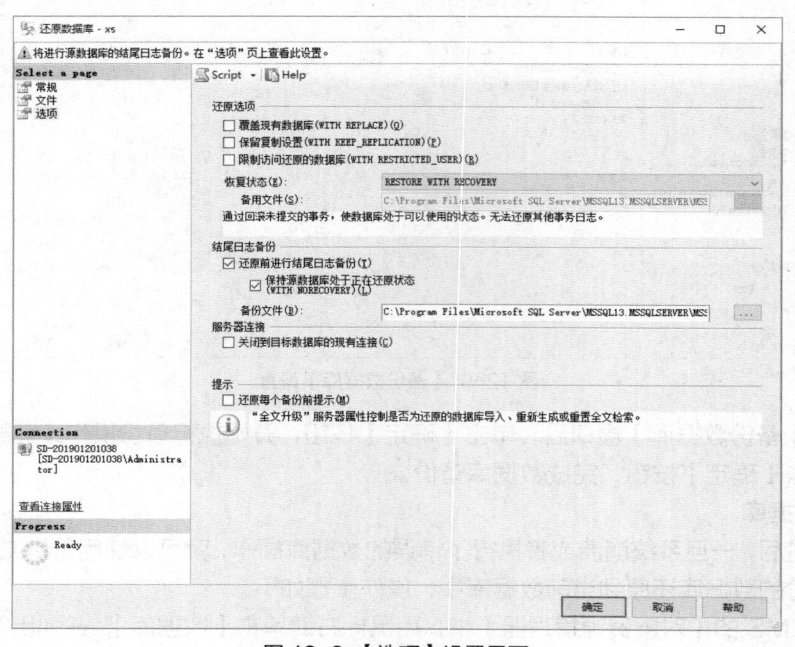

图 12-8 【选项】设置界面

① 还原选项。如果选中【覆盖现有数据库】，就会覆盖所有现有数据库以及相关文件，包括已存在的同名的其他数据库或文件；如果选中【保留复制设置】，就会将已发布的数据库还原到创建该数据库的服务器之外的服务器上，保留复制设置；如果选中【限制访问还原的数据库】，就使还原的数据库仅供 db_owner、dbcreator 和 sysadmin 成员使用。

② 恢复状态。如果选择 RESTORE WITH RECOVERY【回滚未提交的事务，使数据库处于可以使用状态。无法还原其他事务日志】选项，数据库在还原后就进入可正常使用的状态，并自动恢复尚未完成的事务；如果本次还原是还原的最后一次操作，就可以选择该选项。更是选择 RESTORE WITH NORECOVERY【不对数据库执行任何操作，不回滚未提交的事务。可以还原其他事务日志】选项，那么在还原后数据库仍然无法正常使用，也不恢复未完成的事务操作，但可以继续还原事务日志备份或数据库差异备份，使数据库能恢复到最接近目前的状态。如果选中 RESTORE WITH STANDBY【使数据库处于只读模式。撤销未提交的事务，但将撤销操作保存在备用文件中，以便可使恢复效果逆转】选项，在还原后就恢复未完成事务的操作，并使数据库处于只读状态，为了可继续还原后的事务日志备份，还必须指定一个还原文件来存放被恢复的事务。

③【备份文件】。在该文本框中可以更改目标文件的路径和名称。

（6）单击【确定】按钮，开始执行还原操作。

任务 2-2 使用 T-SQL 语句备份与还原数据库

1. 备份数据库

备份数据库可以使用 BACKUP DATABASE 语句完成。使用 T-SQL 语句备份数据库有两种方式，第一种是先将一个物理设备创建成一个备份设备，然后将数据库备份到该备份设备上；第二种方式是直接将数据库备份到物理设备上。

在第一种方式中，先使用 sp_addumpdevice 创建备份设备，然后使用 BACKUP DATABASE 备份数据库。

创建备份设备的语法格式如下。

```
sp_addumpdevice '设备类型','逻辑名','物理名'
```

其中，各参数含义如下。

（1）设备类型：备份设备的类型，如果是以硬盘作为备份设备，则为 disk。

（2）逻辑名：备份设备的逻辑名称。

（3）物理名：备份设备的物理名称，必须包括完整的路径。

备份数据库的语法格式如下。

```
BACKUP DATABASE 数据库名 TO 备份设备(逻辑名)
```

其中，备份设备是由 sp_addumpdevice 创建的备份设备的逻辑名称。

在第二种方式中，直接将数据库备份到物理设备上的语法格式如下。

```
BACKUP DATABASE 数据库名 TO 备份设备(物理名)
```

其中，备份设备是物理备份设备的操作系统标识，采用“备份设备类型=操作系统设备标识”的形式。

对于事务日志备份采用如下语法格式。

```
BACKUP LOG 数据库名 TO 备份设备(逻辑名)
```

对于文件和文件组备份则采用如下语法格式。

```
BACKUP DATABASE 数据库名
```

```
FILE='数据库文件的逻辑名'|FILEGROUP='数据库文件组的逻辑名'
TO 备份设备(逻辑名)
```

【例 12-2】使用 sp_addumpdevic 创建数据库备份设备 xsback，使用 BACKUP DATABASE 在该备份设备上创建 xs 数据库的完全备份，备份名为 xsbak。

```
--创建备份设备
EXEC sp_addumpdevice 'DISK','xsback','E:\data\xs.bak'
--执行备份
BACKUP DATABASE xs TO xsback
```

命令执行结果如图 12-9 所示。

图 12-9　用逻辑名备份数据库（成功）

如果命令执行结果如图 12-10 所示，就说明 E:\data\xs.bak 路径不存在，请创建路径重新执行命令。

消息
消息 3201，级别 16，状态 1，第 1 行
无法打开备份设备 'xsback(E:\data\xs.bak)'。出现操作系统错误 3(系统找不到指定的路径。)。
消息 3013，级别 16，状态 1，第 1 行
BACKUP DATABASE 正在异常终止。
100 %

图 12-10　用逻辑名备份数据库（失败）

【例 12-3】 使用 BACKUP DATABASE 直接将数据库 xs 备份到物理文件 E:\data\xs.bak 上，备份名为 xs.bak。

```
BACKUP DATABASE xs TO DISK='E:\data\xs.bak'
```

命令结果与图 12-9 所示结果相同。

2. 还原数据库

还原数据库的语法格式如下。

```
RESTORE DATABASE 数据库名 FROM 备份设备
```

和备份数据库时一样，备份设备可以是物理设备或逻辑设备。如果是物理备份设备，操作系统标识就采用“备份设备类型=操作系统设备标识”的形式。

【例12-4】【例 12-3】对数据库 xs 进行了一次数据库完全备份，这里再使用 RESTORE DATABASE 语句还原数据库备份。

```
RESTORE DATABASE xs FROM XSBACK
GO
```

以下是还原数据库的其他操作。

（1）还原事务日志

语法格式：

```
RESTORE LOG 数据库名 FROM 备份设备
```

（2）还原部分数据库

语法格式：

```
RESTORE DATABASE 数据库名
FILE=文件名|FILEGROUP=文件组名
```

```
FROM 备份设备
```

任务 3 导入与导出数据

【任务目标】

- 熟练掌握导入数据库的数据转移方法
- 熟练掌握导出数据库的数据转移方法

【任务描述】

将 xs 数据库导出为 Excel 文件，导入数据库。

【任务分析】

数据的导入导出是数据库系统与外部进行数据交换的操作，即将其他数据库（如 Access 或 Oracle）中的数据转移到 SQL Server 中，或者将 SQL Server 中的数据转移到其他数据库中。当然，利用数据的导入导出也可以实现数据库的备份和还原。

导入数据是从外部数据源（如 ASCII 文本文件）中检索数据，并将数据插入 SQL Server 表的过程。导出数据是将 SQL Server 数据库中的数据转换为某些用户指定格式的过程。

在 SQL Server 2016 中，数据导入导出是通过 DTS 实现的。通过数据导入导出操作可以在 SQL Server 2016 数据库和其他类型数据库之间进行数据转换，从而实现各种不同应用系统之间的数据移植和共享。

任务 3-1 导出数据

下面以将 SQL Server 数据导出为 Excel 数据文件为例，说明利用 DTS 导入导出向导并导出数据的步骤。

（1）启动 SSMS，在【对象资源管理器】中展开【数据库】节点。

（2）用鼠标右键单击 xs，选择【任务】→【导出数据】命令，如图 12-11 所示。

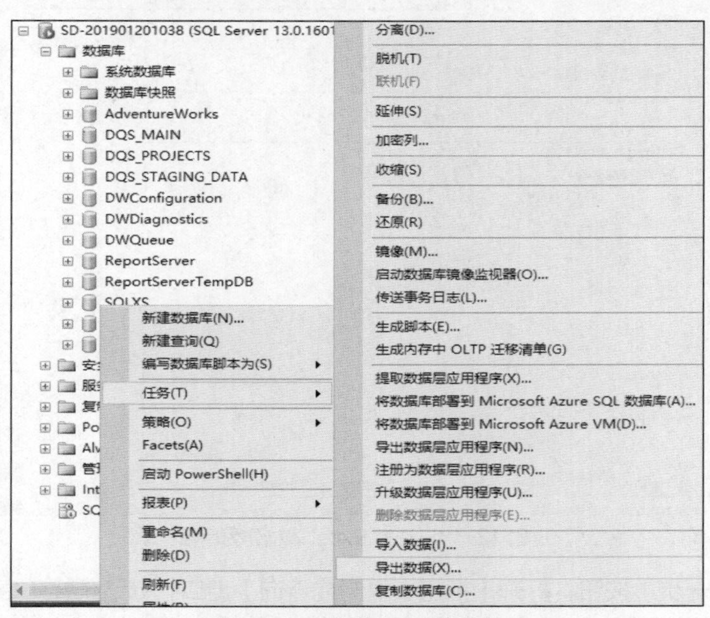

图 12-11 选择【导出数据】

（3）打开【欢迎使用 SQL Server 导入和导出向导】窗口，如图 12-12 所示。

（4）单击【下一步】按钮，打开【选择数据源】窗口，在【数据源】中选择【SQL Server Native Client 11.0】，表示从 SQL Server 导出数据；也可以根据实际情况设置【身份验证】模式和选择【数据库】，如图 12-13 所示。

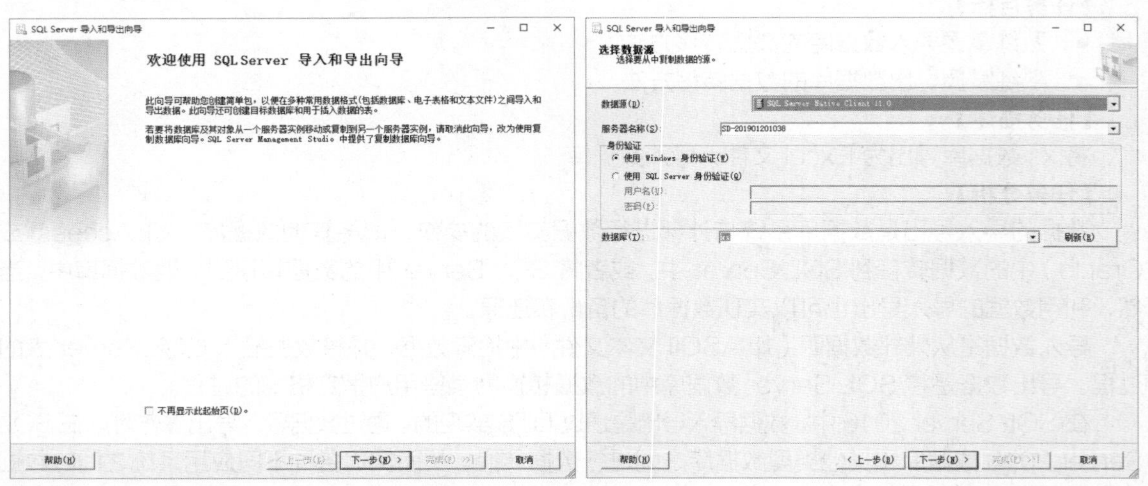

图 12-12 【欢迎使用 SQL Server 导入和导出向导】窗口　　图 12-13 选择 SQL Server 作为数据源

（5）单击【下一步】按钮，打开【选择目标】窗口，在【目标】下拉列表框中选择【Microsoft Excel】，表示将把数据导出到 Excel 表中；也可以根据实际情况设置【Excel 文件路径】和选择【Excel 版本】等项目，如图 12-14 所示。

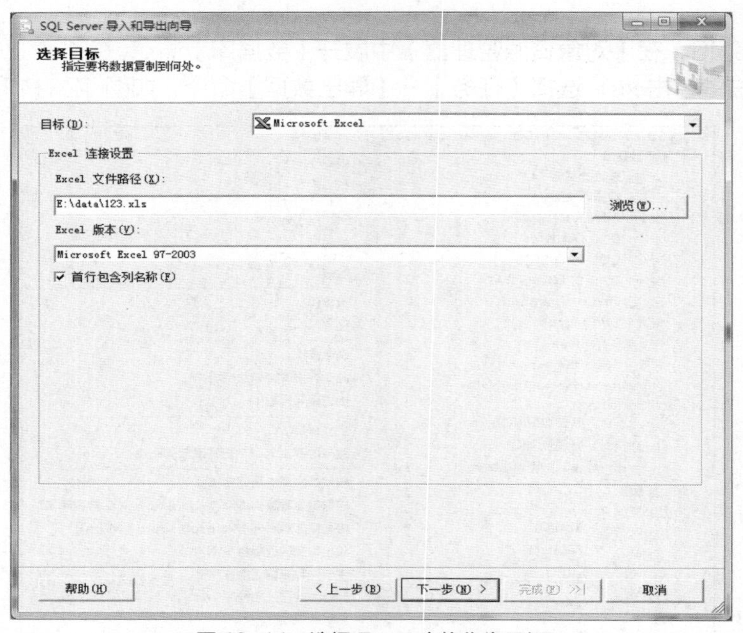

图 12-14 选择 Excel 表格作为目标

（6）单击【下一步】按钮，打开【指定表复制或查询】窗口，默认选择【复制一个或多个表或视图的数据】；也可以根据实际情况选择【编写查询以指定要传输的数据】，如图 12-15 所示。

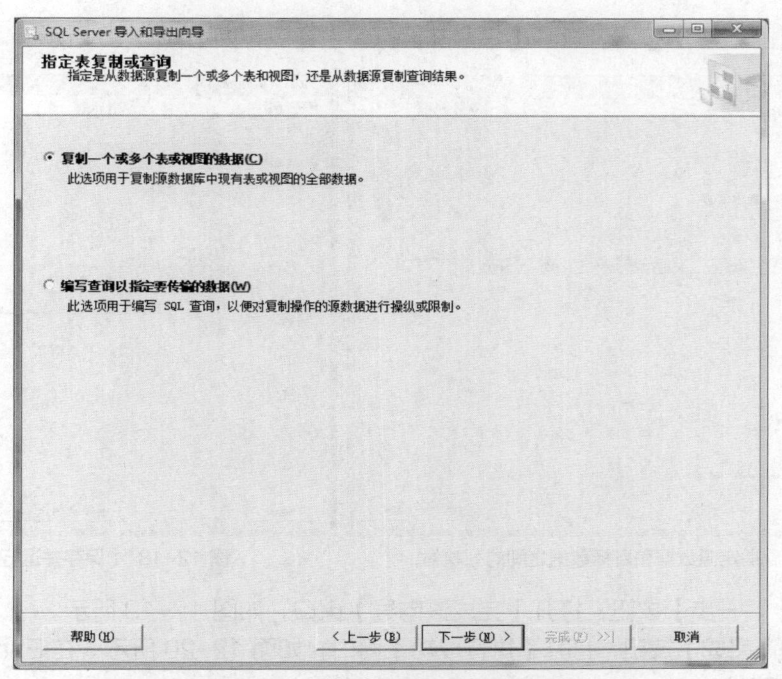

图 12-15 【指定表复制或查询】窗口

（7）单击【下一步】按钮，打开【选择源表和源视图】窗口，如图 12-16 所示。选中 xs 数据库中的 XSDA 表，单击【编辑映射】按钮，可以编辑源数据和目标数据之间的映射关系，如图 12-17 所示。

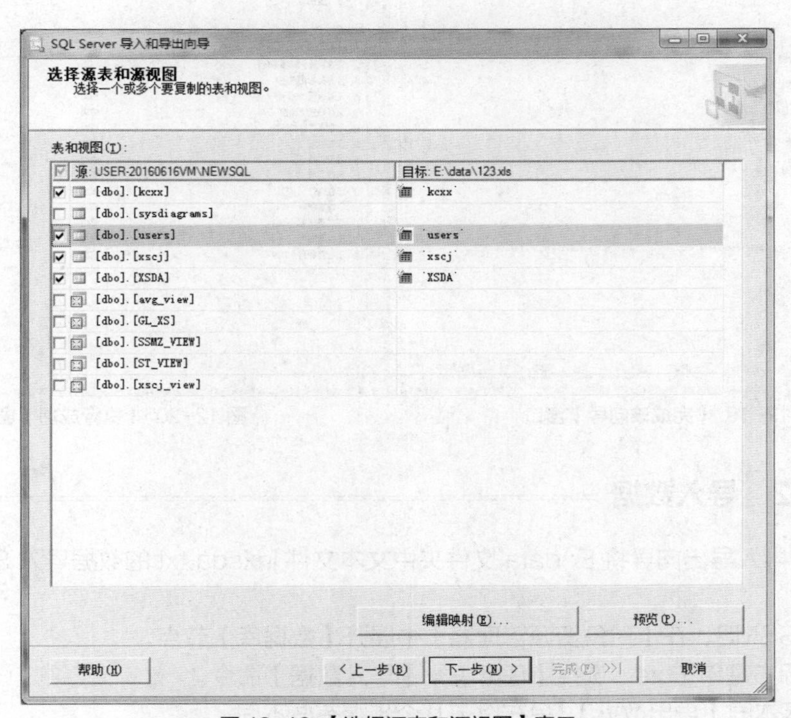

图 12-16 【选择源表和源视图】窗口

（8）单击【下一步】按钮，打开【保存并运行包】窗口，如图 12-18 所示。

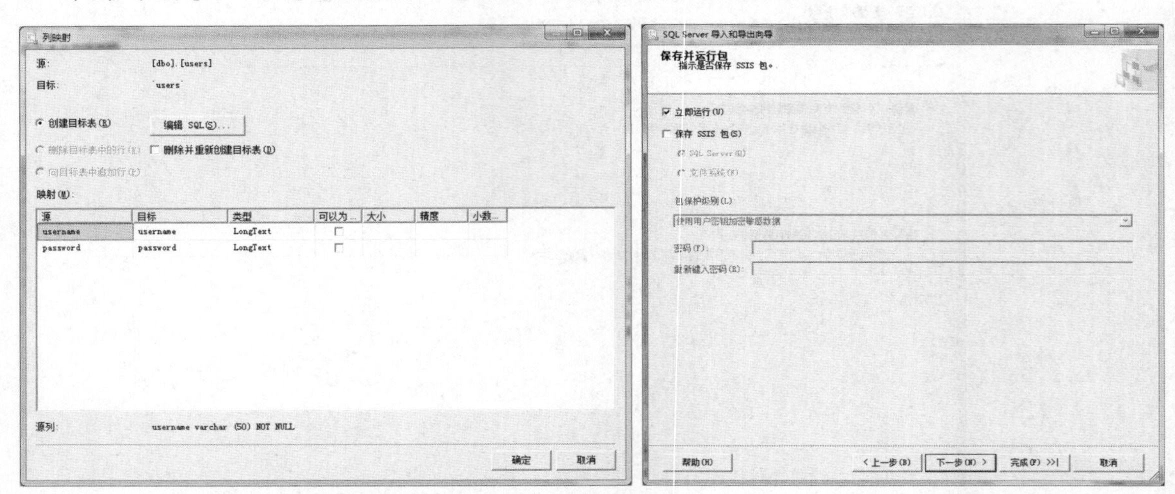

图 12-17　指定源数据和目标数据之间的列映射　　　　图 12-18 【保存并运行包】窗口

（9）单击【下一步】按钮，打开【完成该向导】窗口，如图 12-19 所示。

（10）单击【完成】按钮，打开【执行成功】窗口，如图 12-20 所示。在 E:\data 文件夹中生成 outxsda.xls 文件。

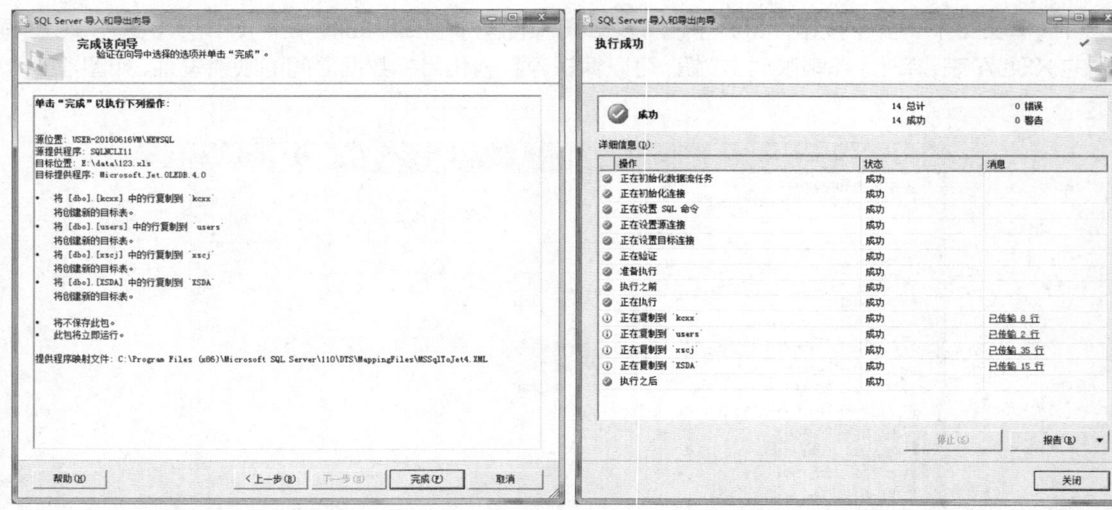

图 12-19 【完成该向导】窗口　　　　图 12-20 【执行成功】窗口

任务 3-2　导入数据

利用 DTS 导入导出向导将 E:\data 文件夹中文本文件 inxsda.txt 的数据导入 SQL Server 中的步骤如下。

（1）启动 SSMS，在【对象资源管理器】中展开【数据库】节点。

（2）用鼠标右键单击 xs，选择【任务】→【导入数据】命令。

后续步骤基本同【导出数据】，只在以下几个步骤有些不同。

①【选择数据源】时，指定数据源为【Microsoft Excel】，并浏览选择 E:\data\123.xls，如图 12-21 所示。

② 在【选择源表和源视图】窗口中选择目标为新表或者目标数据库中已有的表。在此选择导入 xs 数据库中已有的 kcxx 表，如图 12-22 所示。

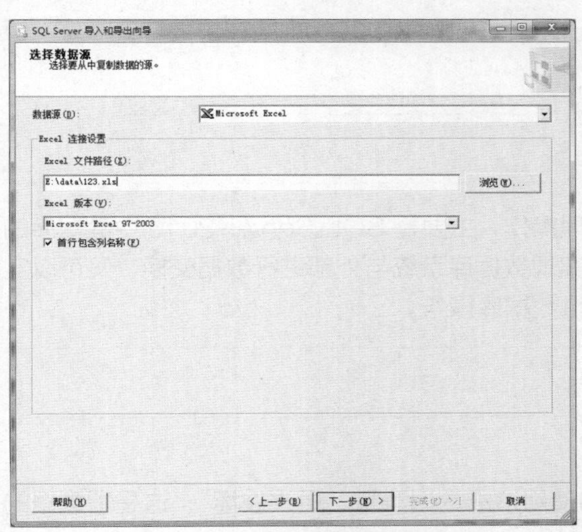

图 12-21 【选择数据源】窗口

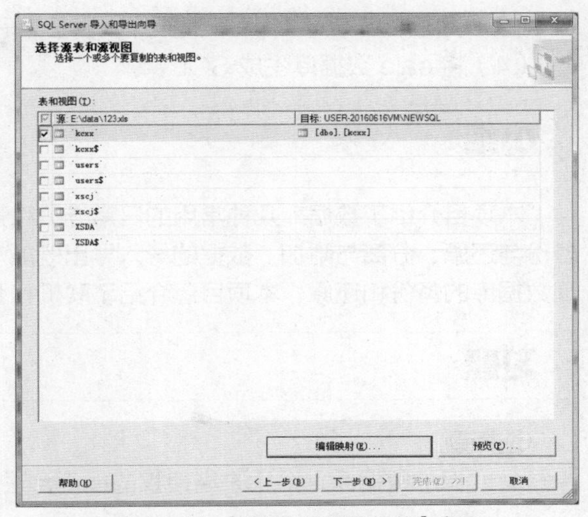

图 12-22 【选择源表和源视图】窗口

③ 在图 12-22 中单击【编辑映射】按钮，打开【列映射】窗口，如图 12-23 所示。可以选择【删除目标表中的行】或【向目标表中追加行】。在此选择【删除目标表中的行】，这样在插入数据时会清空目标表中数据，然后再导入源表中的数据。

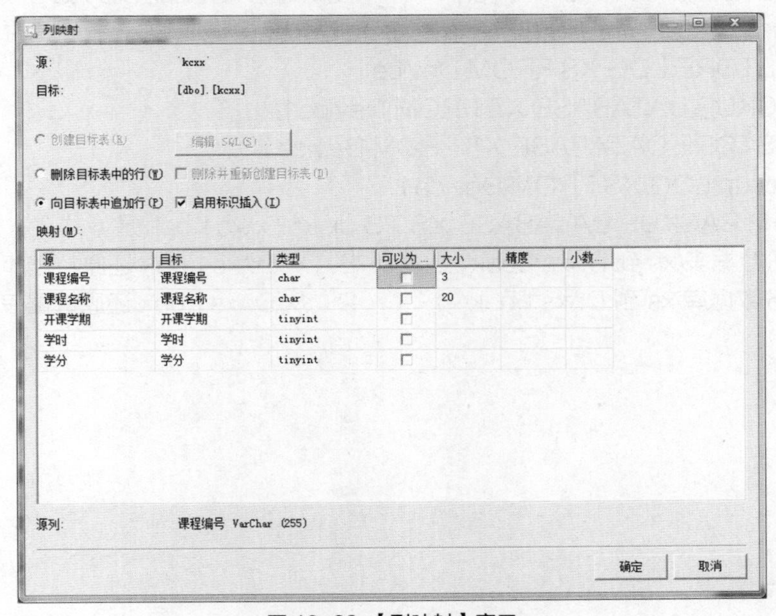

图 12-23 【列映射】窗口

④ 导入成功后，在 xs 数据库中，可以查看到导入的表数据。

实训12 维护与管理sale数据库

（1）先将sale数据库分离，然后将其附加到SQL Server中。
（2）将Procuct表导出成Excel表。
（3）将Excel表导入sale数据库，表名为Pro1。
（4）将sale数据库生成SQL脚本。

小结

本项目介绍了数据库几种常用的日常维护和管理操作，主要是SQL Server 2016中数据库的备份与还原、分离与附加。数据的导入导出既能够实现数据库系统与外部进行数据交换，又可以实现数据库的备份和还原。本项目还介绍了联机和脱机数据库操作。

习题

选择题

1. “保护数据库，防止未经授权的或不合法的使用造成数据泄露、更改破坏”，这是指数据的（　　）。
   A. 安全性　　B. 完整性　　C. 并发控制　　D. 恢复
2. 对数据库xs的日志内容进行还原的SQL语句是（　　）。
   A. RESTORE LOG XS FROM mysql　　B. BACKUP LOG XS FROM mysql
   C. RESTORE XS FROM mysql　　D. RESTORE LOG XS
3. 从Device1备份设备还原数据库xs的SQL语句是（　　）。
   A. RESTORE LOG XS FROM Device1
   B. BACKUP DATABASE XS FROM Device1
   C. RESTORE DATABASE XS FROM Device1
   D. Backup LOG XS FROM Device1
4. SQL语句BACKUP DATABASE XS TO disk='D:\xs1.bak'是（　　）。
   A. 备份数据表xs到D:\xs1.bak　　B. 从D:\xs1.bak还原数据库xs
   C. 备份数据库xs到D:\xs1.bak　　D. 从D:\xs1.bak还原数据表xs

第4单元 数据库应用开发训练

项目13 SQL Server开发与编程

13

【能力目标】

- 学会连接与配置 ASP.NET 与 SQL Server 数据源
- 会使用 SqlDataSource 控件
- 会使用 GridView 控件
- 能熟练操作数据记录的选择、修改、删除
- 能对数据记录分页及排序
- 学会连接与配置 Java/JSP 与 SQL Server 数据源

【项目描述】

开发一个数据库应用系统实例“学生信息管理系统”，开发环境是 ASP.NET 与 SQL Server 2016，连接的数据库是 xs 数据库。

【项目分析】

之前的各项目都围绕 xs 数据库来学习数据库应用开发技术，本项目完成一个完整的系统开发工作过程，综合运用前面所学的数据库知识，利用 ASP.NET/SQL Server 2016 完整地给出这一数据库应用系统实例的开发过程；同时学习 ASP.NET/Java/JSP 连接 SQL Server 2016 的环境配置与操作步骤。

【任务设置】

任务 1　ASP.NET/SQL Server 2016 开发

任务 2　Java/SQL Server 2016 开发

任务 3　JSP/SQL Server 2016 开发

任务 4　学生信息管理系统开发

实训 13　开发销售管理系统

【项目定位】

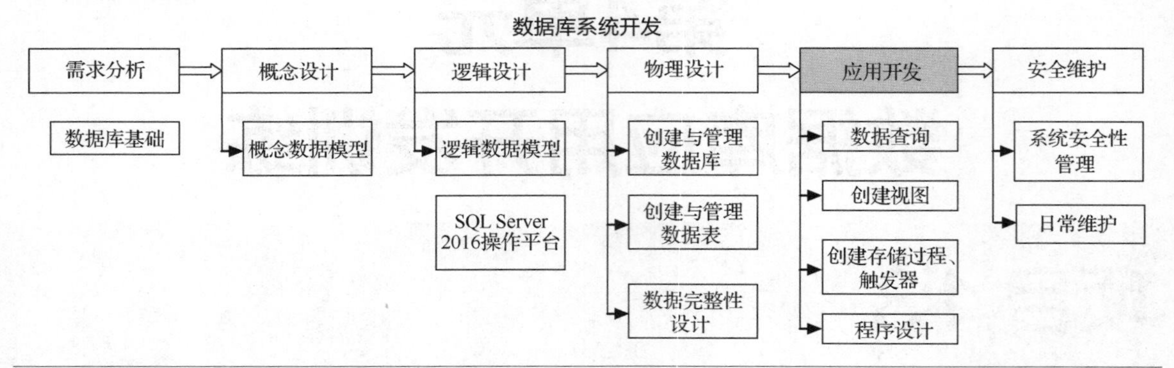

任务1 ASP.NET/SQL Server 2016 开发

【任务目标】

- 学会连接与配置 ASP.NET 与 SQL Server 数据源
- 会使用 SqlDataSource 控件
- 会使用 GridView 控件
- 能熟练操作数据记录的选择、修改、删除
- 能对数据记录分页及排序

ASP.NET 与 SQL 开发

【任务描述】

使用 ASP.NET 连接和配置 SQL Server 2016 的 xs 数据库。

【任务分析】

随着计算机技术的迅猛发展，信息管理系统越来越多，这大大提高了人们的学习和工作效率。在这些应用系统中，数据库是必不可少的组成部分。通过前一阶段的学习，我们已经掌握了数据库的基本知识和操作。本项目主要介绍利用 ASP.NET 技术结合 SQL Server 2016，开发基于 B/S 模式的学生信息管理系统，让读者体会 SQL Server 2016 在实际应用中的强大功能。

任务 1-1 认知数据源控件和数据绑定控件

ASP .NET 页面中显示数据时需要两种控件：数据源控件，提供页面和数据源之间的数据连接通道；数据绑定控件，在页面上显示数据。有了这两种控件，就可以快速简单地实现 ASP.NET 页面对 SQL Server 2016 数据库的访问了。

常用的数据源控件主要包括：SqlDataSource 控件，主要用于访问 SQL Server 数据库；AccessDataSource 控件，主要用于访问 Access 数据库。

本项目先利用 GridView 控件，将数据呈现在 Web 页面上。该数据绑定控件以多记录和多字段的表格形式表现，可以提供分页、排序、修改和删除数据的功能。

除了用数据绑定控件操作数据库中的数据之外，还可以用更加灵活的语句来实现相应的功能，在本项目中也将看到相应的实例。

任务 1-2 ASP.NET 与 SQL Server 2016 的连接

本任务主要讲解如何利用 ASP.NET 对 SQL Server 2016 数据库进行连接和简单操作，在本任务的最后，将给出一个学生信息管理系统的详细实现方案。为便于理解，本任务制作一个简单的学生信息管理系统，达到对记录的选择、编辑、删除、排序、分页效果，如图 13-1 和图 13-2 所示。

http://localhost:57117/Default.aspx

学生档案管理

	学号	姓名	性别	系名	总学分
编辑 删除 选择	201602	刘林	男	管理	44
编辑 删除 选择	201603	曹红雷	男	信息	40
编辑 删除 选择	201604	方平	女	电子商务	42
编辑 删除 选择	201605	李伟强	男	信息	50
编辑 删除 选择	201606	周新民	男	信息	52
123					

图 13-1　学生档案管理显示界面

http://localhost:57117/Default.aspx

学生档案管理

	学号	姓名	性别	系名	总学分
更新 取消	201602	刘林	男	管理	44
编辑 删除 选择	201603	曹红雷	男	信息	40
编辑 删除 选择	201604	方平	女	电子商务	42
编辑 删除 选择	201605	李伟强	男	信息	50
编辑 删除 选择	201606	周新民	男	信息	52
123					

图 13-2　学生档案管理编辑界面

1. 建立与 SQL Server 2016 数据库 xs 的连接

下面将利用【服务器资源管理器】连接数据库服务器上的 xs 数据库。

（1）启动 Visual Studio 2012，创建解决方案，编程语言采用 C#，以文件系统方式保存在本机的 E:\XS 目录下，单击【确定】按钮开始建立网站。

（2）选择【视图】→【服务器资源管理器】，如图 13-3 所示。

图 13-3　显示服务器资源管理器图

（3）用鼠标右键单击【数据连接】节点，选择【添加连接】命令，在【添加连接】对话框中单击【更改】按钮，选择数据源为 Microsoft SQL Server，单击【确定】按钮返回【添加连接】对话框，如图 13-4 所示。

（4）在【服务器名】下拉列表框中输入 SQL Server 2016 服务器的名称（也可以输入所在服务器的 IP 地址，如果是在本机可输入“.”代表，该服务器就要求已安装并正在运行），单击【测试连接】按钮，如果成功就弹出【测试连接成功】对话框，如图 13-5 所示。

（5）在【选择或输入数据库名称】单选按钮的下拉列表框中输入 xs，单击【确定】按钮，在【服务器资源管理器】中将出现数据库 sd-201901201038.xs.dbo。

2. 建立数据绑定控件并绑定到数据源控件

（1）返回首页 Default.aspx 的设计视图，拖入一个 Lable 控件，设置 Text 属性为“学生档案管理”，并设置 Font 属性和 ForeColor 属性以调整文字的大小和颜色。

（2）从工具箱中拖入 GridView 控件，在【选择数据源】下拉列表框中，选择【新建数据源】命令，如图 13-6 所示。

（3）在【选择数据源类型】对话框中，选择应用程序从“数据库”取得数据，并指定 ID 为 SqlDataSource1，如图 13-7 所示。单击【确定】按钮，弹出【配置数据源】对话框。

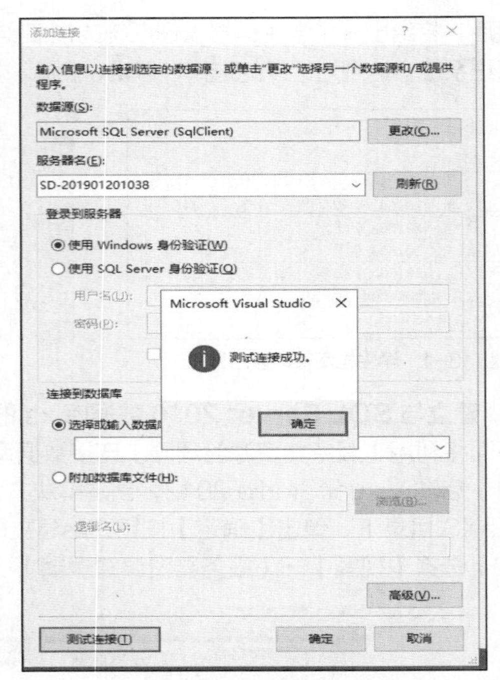

图 13-4 【添加连接】对话框　　　　图 13-5 测试数据库连接

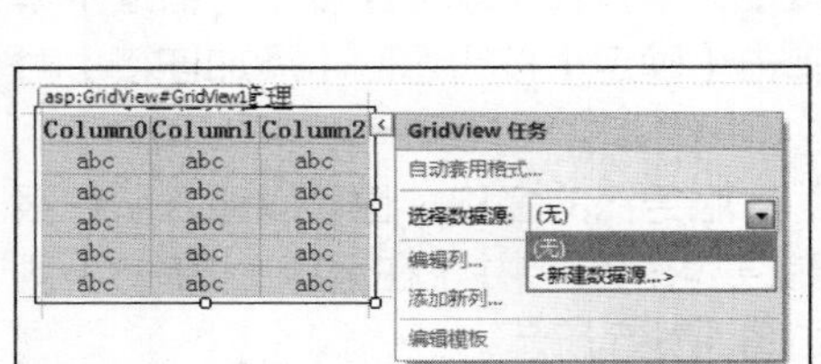

图 13-6 为 GridView 控件选择数据源

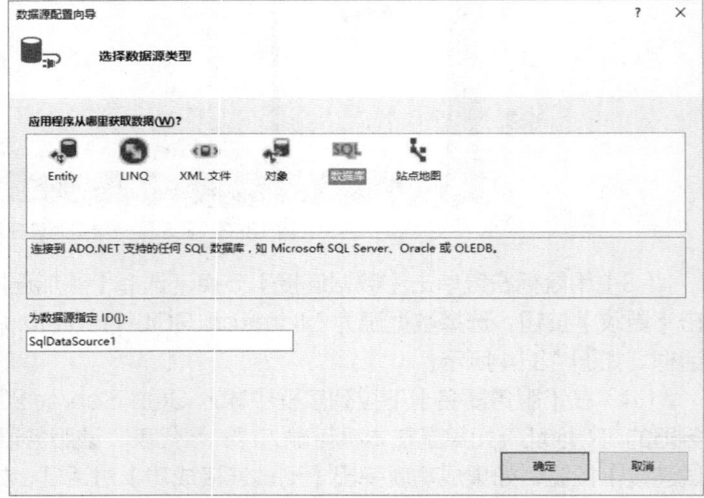

图 13-7 选择数据来源类型并指定 ID

（4）在【配置数据源】对话框的【应用程序连接数据库使用哪个数据连接】选项组下拉列表中，选择数据连接 sd-201901201038.xs.dbo，并单击【下一步】按钮。

（5）在【将连接保存到应用程序配置文件中】对话框中，选中【是，将此连接另存为】复选框，在文本框中设置连接字符串名称为 xsConnectionString。

（6）在【配置 SELECT 语句】对话框的【希望如何从数据库中检索数据】选项组中，选中【指定来自表或视图的列】单选按钮，并在下拉列表中选择 XSDA 选项，列选择如图 13-8 所示。然后单击【高级】按钮。

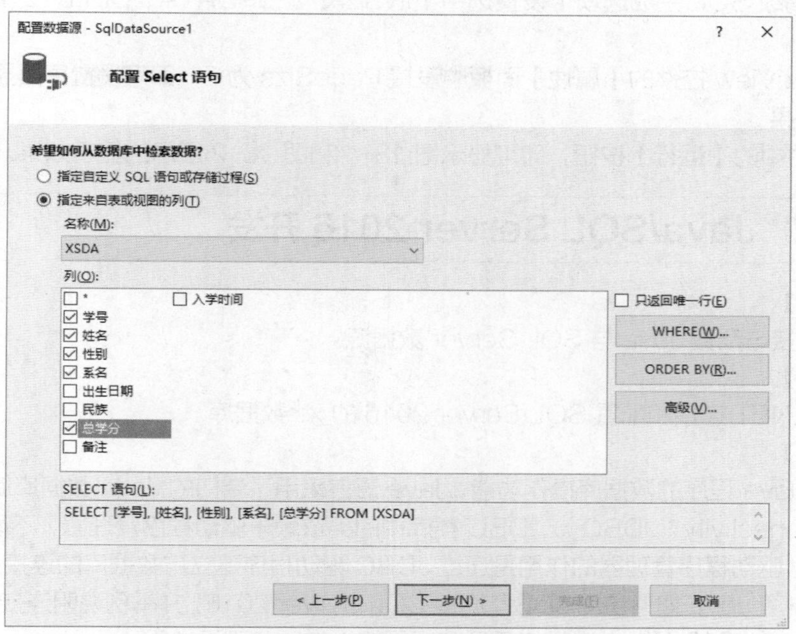

图 13-8 【配置数据源】对话框

（7）在【高级 SQL 生成选项】对话框中，选中【生成 INSERT、UPDATE 和 DELETE 语句】（如果需要在 GridView 控件中实现“编辑”“删除”功能，就必须选择此项）与【使用开放式并发】（为保证数据一致性和防止并发冲突）复选框，单击【确定】按钮，如图 13-9 所示。注意：必须选定所有主键字段才能启用该选项。

（8）在【测试查询】对话框中，单击【完成】按钮。注意：可单击【测试查询】按钮，预览返回的数据。

（9）单击【完成】按钮结束数据源的配置。Default.aspx 网页自动新增了一个 SqlDataSource 数据源控件（已配置好），GridView 控件也自动更新了显示效果，如图 13-10 所示。

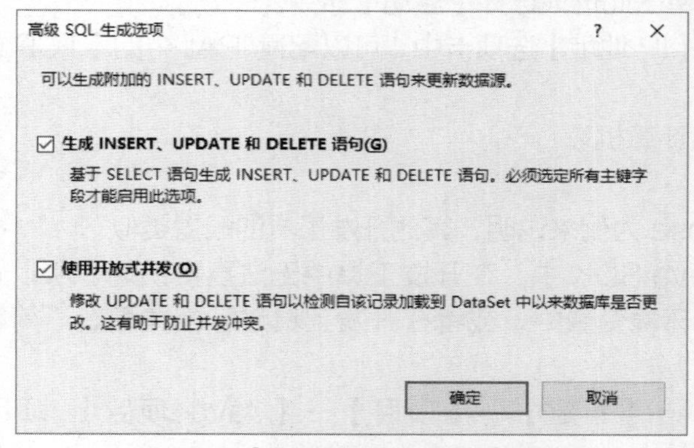

图 13-9 【高级 SQL 生成选项】对话框

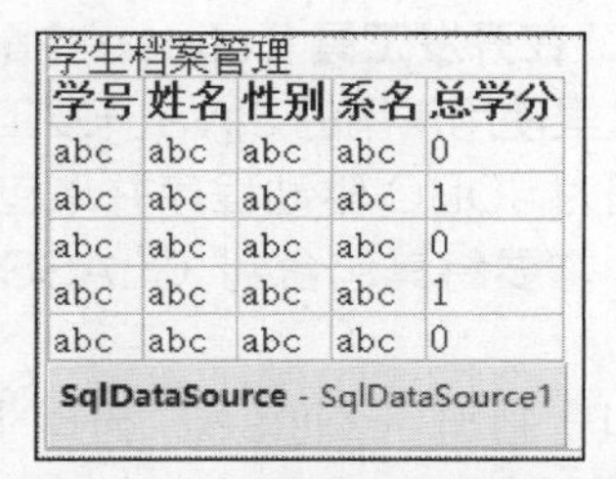

图 13-10 数据源绑定和配置后的效果

3. 启用排序、分页、编辑、删除、选择功能

（1）在 GridView 的快捷菜单中选择【启用排序】、【启用分页】、【启用编辑】、【启用删除】和【启用选定内容】选项。编辑、删除数据只需要在快捷菜单中选择相应选项即可，但只有在数

据源控件的【高级 SQL 生成选项】设置选中【INSERT、UPDATA、DELETE】选项，才可以使用该项功能。

（2）在 GridView 控件的【属性】面板中设置 PageSizs 为 5，即可设置每页显示 5 条记录。

4．浏览结果

单击工具栏中的【运行】按钮，即可显示图 13-1 和图 13-2 所示的显示效果。

任务 2 Java/SQL Server 2016 开发

【任务目标】

- 学会连接与配置 Java 与 SQL Server 数据源

【任务描述】

使用 ASP.NET 连接和配置 SQL Server 2016 的 xs 数据库。

【任务分析】

为了支持 Java 程序的数据库操作功能，Java 语言采用了专门的 Java 数据库编程接口（Java Database Connectivity，JDBC）。JDBC 类库中的类依赖于驱动程序管理器，不同数据库需要不同的驱动程序。驱动程序管理器的作用是通过 JDBC 驱动程序建立与数据库的连接。

本任务将学习 Java 如何使用 JDBC 连接 SQL Server 2016，并举例说明连接步骤。在任务 3 JSP/SQL Server 2016 开发中进行与任务 2 相同的操作时，不再说明。

任务 2-1 环境搭配

1．下载驱动程序

到微软网站下载 Microsoft SQL Server 2016 JDBC Driver 1.2 驱动并解压，解压后的文件夹中有 sqljdbc.jar 文件，记住它的路径。

2．配置 SQL Server 2016

（1）选择【开始】→【程序】→Microsoft SQL Server 2016→【配置工具】→SQL Server Configuration Manager→【SQL Server 2016 网络配置】→【MSSQLSERVER 的协议】。

（2）如果 TCP/IP 没有启用，就右键单击此选项选择【启动】命令。

（3）双击 TCP/IP 进入属性设置，在【IP 地址】选项卡中，可以配置 IPAll 中的【TCP 端口】，默认为 1433。

（4）重新启动 SQL Server 或者重启计算机。

3．在开发工具 Eclipse 中配置

这里使用常用的 Java 开发工具 Eclipse 为例来说明，其他开发工具的配置类似。

因为 JDBC 驱动程序并未包含在 Java SDK 中，在开发工具中无法直接使用。所以，在编译前，需要将其包含到 CLASSPATH 环境变量中，或者在开发工具进行相关配置。简略步骤如下。

（1）打开 Eclipse，选择【文件】→【新建】→【项目】→【Java 项目】，项目名为 JavaTestSqlserver。

（2）在 Eclipse 中，选择【窗口】→【首选项】→Java→【已安装的 JRE】，选择已安装的 JRE，单击【编辑】→【添加外部】，从解压后的 JDBC 文件夹中选择 sqljdbc.jar。

（3）在 JavaTestSqlserver 项目的【JRE 系统库】中可以看见 sqljdbc.jar，如果没有就可以

用鼠标右键单击项目 JavaTestSqlserver→【构建路径】→【配置构建路径】→【Java 构建路径】→【库】→【添加外部 JAR】，从解压后的 JDBC 文件夹中选择 sqljdbc.jar。

任务 2-2　连接测试

搭建完 Java 的数据库开发环境后，就可以进行数据库的相关操作了。下面举例说明。

（1）在 JavaTestSqlserver 项目中新建类 Test，其源代码如下。

```
import java.sql.*;
public class Test {
  public static void main(String[] srg) {
        String driverName = "com.microsoft.sqlserver.jdbc.SQLServerDriver";
// 要加载的 JDBC 驱动
        String dbURL = "jdbc:sqlserver://localhost:1433; DatabaseName=xs";
 // 连接服务器和数据库 xs
        String userName = "sa";
// 默认用户名
        String userPwd = "123456";
 // 安装 SQL Server 2016 时的密码
        Connection con;
// 声明一个 Connection 对象
        Statement stmt;
// 声明一个 Statement 对象
        ResultSet rs;
// 声明一个 ResultSet 对象
        String sqlStr = "select * from XSDA";
        try {
            Class.forName(driverName); // 加载驱动
            System.out.println("类实例化成功!");
            con = DriverManager.getConnection(dbURL, userName, userPwd);
            System.out.println("创建连接对象成功!");
// 如果连接成功，则控制台输出信息，以下类似
            stmt = con.createStatement();
            System.out.println("创建 Statement 成功!");
            rs = stmt.executeQuery(sqlStr);
            System.out.println("操作数据表成功!");
            System.out.println("------------------------!");
            System.out.println("学号                姓名          系名 ");
            while (rs.next()) {
                System.out.print(rs.getString("学号") + "    ");
                System.out.print(rs.getString("姓名") + "    ");
                System.out.println(rs.getString("系名"));
            }
            rs.close();
            stmt.close();
            con.close();
        } catch (Exception e) {
            e.printStackTrace();
        }
    }
}
```

（2）完成 Test 类的编写后，执行结果如图 13-11 所示。

```
类实例化成功！
创建连接对象成功！
创建 Statement 成功！
操作数据表成功！
---------------------------------!
学号      姓名      系名
201601  王红      信息
201602  刘林      信息
201603  曹红雷    信息
201604  方平      信息
201605  李伟强    信息
201606  周新民    信息
201607  王丽丽    信息
201701  孙燕      管理
201702  罗德敏    管理
201703  孔祥林    管理
201704  王华      管理
201705  刘林      管理
201706  陈希      管理
201707  李刚      管理
```

图 13-11　执行结果

任务 3　JSP/SQL Server 2016 开发

【任务目标】

- 学会连接与配置 JSP 与 SQL Server 数据源

【任务描述】

使用 JSP 连接和配置 SQL Server 2016 的 xs 数据库。

【任务分析】

JSP 连接 SQL Server 的方法与 Java 连接的方式、步骤基本相同，只是开发和运行环境发生了变化。

任务 3-1　环境搭配

1. 下载驱动程序

具体步骤与任务 2 一样。

2. 配置 SQL Server 2016

具体步骤与任务 2 一样。

3. 在开发工具 MyEclipse 中配置

MyEclipse 为 JSP 开发的常用开发工具，在此以 MyEclipse 6.0 开发工具为例进行介绍，其他版本的 MyEclipse 操作类似。新建项目简略步骤如下。

（1）打开 MyEclipse，单击【文件】→【新建】→【项目】→【Web 项目】命令，项目名为 JSPTestSqlserver。

（2）在 MyEclipse 中，选择【窗口】→【首选项】→【Java】→【已安装的 JRE】命令，选择已安装的 JRE，单击【编辑】→【添加外部】命令，从解压后的 JDBC 文件夹中选择 sqljdbc.jar。

（3）在 JSPTestSqlserver 项目的【JRE 系统库】中可以看见 sqljdbc.jar，如果没有就可以用鼠标右键单击项目 JavaTestSqlserver，选择【构建路径】→【配置构建路径】→【Java 构建路径】→【库】→【添加外部 JAR】命令，从解压后的 JDBC 文件夹中选择 sqljdbc.jar。

（4）将 sqljdbc.jar 复制一份放置在 JSPTestSqlserver 部署文件的 lib 文件夹中，这里用的是 Tomcat 服务器，将其放置在 C:\tomcat-6.0.20\webapps\jsptestsqlserver\WEB-INF\lib 中。如果不进行此步操作，就将无法在浏览器中看到查询结果。

任务 3-2 连接测试

搭建完开发环境以后，接下来就可以连接数据库了。

（1）在 JSPTestSqlserver 项目中新建 Test.jsp，其源码如下。

```
<%@ page contentType="text/html; charset=gb2312" language="java" import=
"java.sql.*" errorPage="" %>
<html>
<head>
<meta http-equiv="Content-Type" content="text/html; charset=gb2312">
<title>使用 JDBC 直接连接 SQL Server</title>
</head>
<body>
<table border=0  align="center">
  <tr>
    <td>学号</td>
    <td>姓名</td>
    <td>性别</td>
    <td>系名</td>
    <td>出生日期</td>
    <td>民族</td>
    <td>总学分</td>
    <td>备注</td>
    </tr>
<%
Class.forName( "com.microsoft.sqlserver.jdbc.SQLServerDriver");
out.println("驱动加载成功！");
out.print("<br />");
String  url="jdbc:sqlserver://localhost:1433;DatabaseName=xs";
//xs 为你的数据库的
String  user="sa";
String  password="123456";
Connection  conn=  DriverManager.getConnection(url,user,password);
out.println("conn 对象初始化成功！");
out.print("<br />");
Statement
stmt=conn.createStatement(ResultSet.TYPE_SCROLL_SENSITIVE,ResultSet.CONCUR_UPDATA
BLE);
out.println("stmt 对象初始化成功！");
out.print("<br />");
String  sql="select  top 10 *  from  XSDA";
ResultSet  rs=stmt.executeQuery(sql);
out.println("rs 对象初始化成功！");
out.print("<br />");
while(rs.next())  {%>
  <tr>
  <td><%=rs.getString(1)%> </td>
  <td><%=rs.getString(2)%> </td>
  <td><%=rs.getString(3)%> </td>
  <td><%=rs.getString(4)%> </td>
  <td><%=rs.getString(5)%> </td>
  <td><%=rs.getString(6)%> </td>
  <td><%=rs.getString(8)%> </td>
  <td><%=rs.getString(8)%> </td>
  </tr>
<%}%>
```

```
<%out.print("数据库操作成功，恭喜你");
out.print("<br />");out.print("<br />");%>
<%rs.close();
stmt.close();
conn.close();
%>
</table>
</body>
</html>
```

（2）保存 Test.jsp 页面后，在浏览器中的浏览效果如图 13-12 所示。

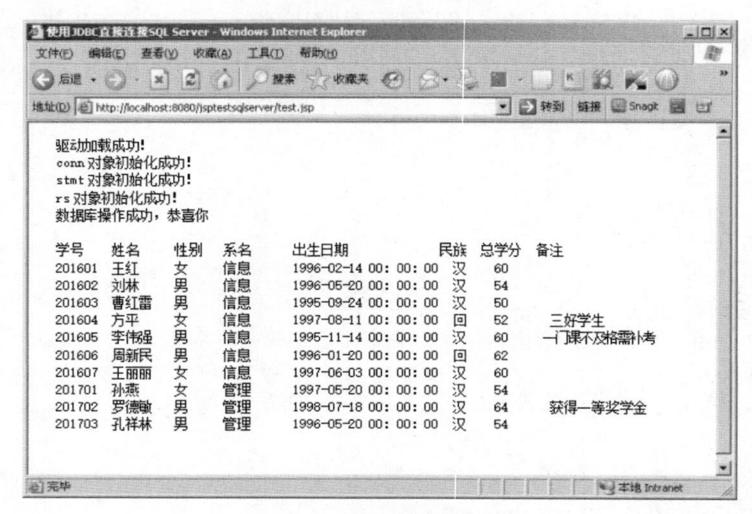

图 13-12　在浏览器中浏览

任务 4　学生信息管理系统开发

【任务目标】

- 能熟练连接与配置 ASP.NET 与 SQL Server 数据源
- 能熟练选择、修改、删除数据记录
- 能对数据记录进行分页及排序

【任务描述】

开发实现学生信息管理系统。

【任务分析】

在本任务中，利用 SQL Server 2016 和 Visual Studio 2012 设计一个学生信息管理系统。通过该系统的设计，读者将体会到 SQL Server 2016 与 ASP.NET 结合进行程序开发的强大功能。

任务 4-1　系统需求分析

系统需求分析是在系统开发的总体任务调研的基础上完成的。本任务中的学生信息管理系统需要完成的主要功能需求如下。

（1）有关学生成绩信息的查询，包括学号、课程编号、成绩。

（2）有关学生成绩信息的修改。

（3）有关学生成绩信息的添加。

（4）有关课程信息的查询，包括课程编号、课程名称、开课学期、学分、学时等信息。

（5）有关课程信息的修改。

（6）有关课程信息的添加。

（7）有关学生档案信息的查询，包括姓名、学号、性别、系名、民族、总学分等一系列信息。

（8）有关学生档案信息的修改。

（9）有关学生档案信息的添加。

（10）有关系统管理的功能，包括用户登录验证、用户修改密码等功能。

任务 4-2　系统设计

1. 系统设计

首先对上述各项功能需求进行汇总、分析，按照结构化程序设计的要求，得到图 13-13 所示的系统功能模块图。

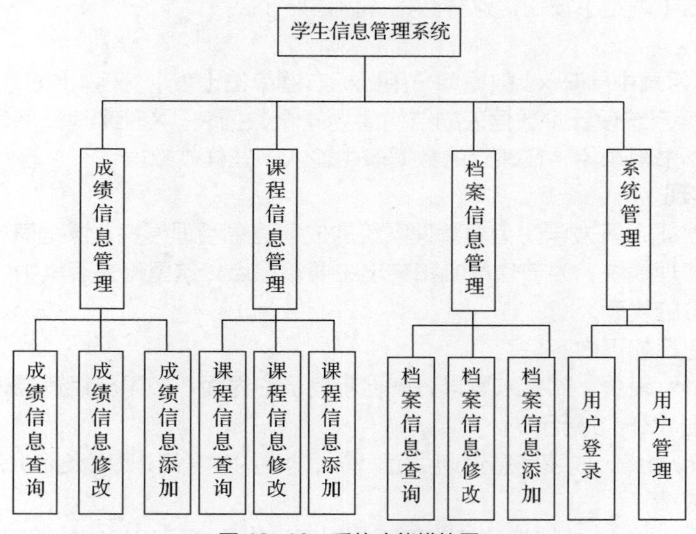

图 13-13　系统功能模块图

2. 数据库设计

数据库在信息管理系统中占有非常重要的地位，数据库结构设计的好坏将直接影响应用系统的效率以及实现的效果。合理的数据库结构设计可以提高数据存储的效率，保证数据的完整性和一致性。同时，合理的数据库结构也将有利于程序的实现。

设计数据库系统时应该首先了解用户各个方面的需求，包括现有的以及将来可能增加的需求。

用户的需求具体体现在各种信息的提供、保存、更新和查询，这就要求数据库结构能充分满足各种信息的输出和输入。收集基本数据、数据结构以及数据处理的流程，组成一份详尽的数据字典，为后面的具体设计打下基础。针对一般学生信息管理系统的需求，通过对学生常见管理内容和数据流程进行分析，设计如下数据结构。

（1）XSDA 表。包括的数据项有学号[char(6) not null 主键]、姓名[char(8) not null]、性别[char(2) not null]、系名[char(10) not null]、出生日期（smalldatetime not null）、民族[char(4) not null]、总学分（tinyint not null）、备注[text(16)]等。

（2）KCXX 表。包括的数据项有课程编号[char(3) not null 主键]、课程名称[char(20) not null]、开

课学期（tinyint not null）、学时（tinyint not null）、学分（tinyint not null）等。

（3）XSCJ 表。包括的数据项有学号[char(6) not null 主键]、课程编号[char(3) not null 主键]、成绩（tinyint not null）等。

（4）USERS 表。包括的数据项有 username[varchar(10) not null 主键]、password[varchar(10) not null]等。

其中，前 3 个表详细的表结构和数据样本可参见本书附录 A 提供的 xs 数据库样本。

任务 4-3　系统实现

1. 数据库实现

（1）建立数据库

打开 SSMS，登录名和密码都为 sa（后面连接数据库时要用到）。在左边树形目录上用鼠标右键单击【数据库】，选择【新建数据库】，在弹出的对话框中的【数据库名称】文本框中输入 xs，其他采用默认值，单击【确定】按钮。这样数据库就建好了。

（2）建立表

在 SSMS 树形目录中展开 xs 数据库，用鼠标右键单击【表】，在弹出的菜单中选择【新建表】命令，按照任务 4-2 系统设计中数据表的结构建立 4 个数据表：XSDA 表、KCXX 表、XSCJ 表、USERS 表。参照本书附录 A，在建立的数据表中输入一些样本数据。

2. 系统功能实现

下面利用 ASP.NET 开发学生信息管理系统的成绩信息管理模块、课程信息管理模块、档案信息管理模块、系统管理模块。为节省篇幅和突出主要知识点，这里略去了其中的美观修饰部分，只给出主要和必要部分的代码。

主要页面设计包括如下内容。

① Default.aspx 首页。如果未登录，就显示登录的界面；如果已经登录，就显示各功能模块入口的超链接，如图 13-15 所示。

② ScoreQuery.aspx 成绩信息查询页面。输入学生的学号可以从 XSCJ 表中得到学生选修的课程编号及相应的成绩。

③ ScoreModify.aspx 成绩信息修改页面。根据学生的学号和相应的课程编号修改 XSCJ 表中对应的成绩。

④ ScoreAdd.aspx 成绩信息添加页面。输入学生的学号、课程编号和成绩，添加到 XSCJ 数据表中。

⑤ CourseQuery.aspx 课程信息查询页面。根据课程编号查询 KCXX 表，返回该课程的所有信息。

⑥ CourseModify.aspx 课程信息修改页面。根据课程编号，通过 KCXX 表修改课程名称、开课学期、学时、学分等信息。

⑦ CourseAdd.aspx 课程信息添加页面。根据课程编号，添加 KCXX 表中的课程名称、开课学期等信息。

⑧ ArchiveQuery.aspx 档案信息查询页面。根据学号，查询 XSDA 表，返回学生的档案信息。

⑨ ArchiveModify.aspx 档案信息修改页面。通过学号，对 XSDA 表进行修改。

⑩ ArchiveAdd.aspx 档案信息添加页面。向 XSDA 表添加新学生的档案信息。

⑪ PassModify.aspx 用户密码修改页面。修改 USERS 表，更改学生的密码信息。

(1)主窗体的创建

该模块作为用户权限的审核界面，主要指 Default.aspx 页面。

说明 该页面首先创建一个 Connection 对象，用来建立与数据库 xs 的连接，数据库服务器的名称为 SD-201901201038，数据库的用户名默认。创建一个 Command 对象之后，通过调用 Command.ExecuteReader 方法再创建 DataReader 对象，就能够使用 Read 方法从数据源检索记录了。将取得的密码与用户输入的密码进行比较，如果一致就说明登录成功，如果不一致，就将给出出错的具体原因。最后，需要着重指出的是，在使用完 DataReader 后，应该显式关闭 DataReader 对象和 Connection 对象。在程序一开始，不要忘记导入命名空间，这样才能引用 Framework 提供的丰富的数据库操作类库。Session 对象的作用是保证用户只有登录成功才能访问其他页面。该页面如图 13-14 和图 13-15 所示。

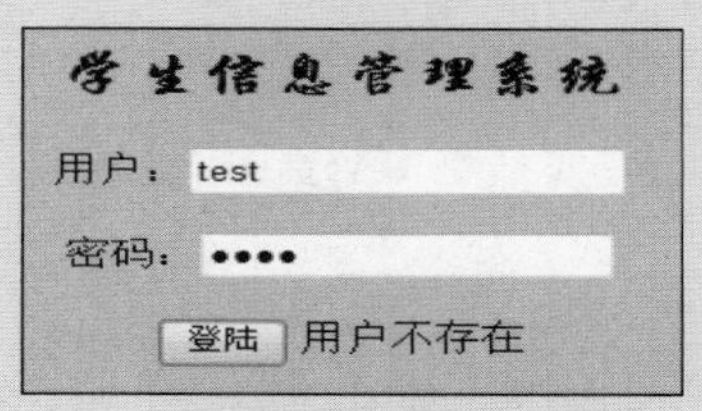

图 13-14　登录不成功给出提示

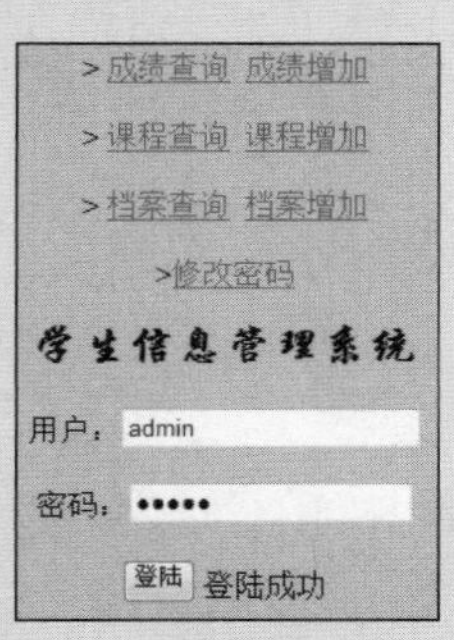

图 13-15　系统登录成功

该页面主要代码如下。

```
    <%@ Page Language="C#" %>
    <%@ Import Namespace="System.Data.SqlClient" %>
    <!DOCTYPE html PUBLIC "-//W3C//DTD XHTML 1.0 Transitional//EN" "http://www.w3.org/TR/
xhtml1/DTD/xhtml1-transitional.dtd">
    <script runat="server">
        protected void button1_Click(object sender, EventArgs e)
        {
    string connectionString = "Data Source=SD-201901201038;Initial Catalog=xs;User ID=
sa;password=sa";
            SqlConnection conn = new SqlConnection(connectionString);
            conn.Open();
            string sqlString = "select * from users where username='" + username.
Text +"'";
            SqlCommand cmd= new SqlCommand(sqlString,conn);
            SqlDataReader rdr;
            rdr = cmd.ExecuteReader();
            if (rdr.Read())
             {
                  if (rdr.GetString(1) == password.Text)
                  {
                  Session.Contents["login"] = username.Text;
                  Response.Write("<div>> <a href=ScoreQuery.aspx>成绩查询</a> <a
href=ScoreAdd.aspx>成绩增加</a><br><br>> <a href=CourseQuery.aspx>课程查询</a> <a
href=CourseAdd.aspx>课程增加</a><br><br>> <a href=ArchiveQuery.aspx>档案查询</a> <a
href=ArchiveAdd.aspx>档案增加</a><br><br>><a href=PassModify.aspx>修改密码</a></div>");
```

```
                    msg.Text = "登录成功";
            }
            else
            { msg.Text = "密码不正确"; }
        }
        else
        {
            msg.Text = "用户不存在";
        }
    }
</script>
<html xmlns="http://www.w3.org/1999/xhtml">
<head runat="server">
    <title></title>
</head>
<body>
    <form id="form1" runat="server">
用户：<asp:TextBox ID="username" runat="server"></asp:TextBox><br /><br />
密码：<asp:TextBox ID="password" runat="server" TextMode=Password></asp:TextBox>
<br /><br />
        <asp:Button ID="button1" runat="server" Text="登录" onclick=
"button1_Click"/>
        <asp:Label ID="msg" runat="server"></asp:Label>
        </form>
</body>
</html>
```

（2）学生成绩管理模块的创建

该模块实现对学生成绩的查询、修改、增加操作，主要包括以下 3 个页面。

① ScoreQuery.aspx 页面。

该网页的前半部分代码与 Default.aspx 基本相同。rdr.FieldCount 代表 DataReader 对象的列数，在此处也就是数据库中 XSCJ 表的字段数；rdr.GetName 代表 DataReader 对象的列名；rdr.GetValue 代表 DataReader 对象每一行的值，也就是具体字段的值，其返回值是字符串类型。在本任务中利用一个表格循环输出表中的所有记录。页面效果如图 13-16 所示。

该页面主要代码如下。

```
<%@ Page Language="C#" %>
<%@ Import Namespace="System.Data.SqlClient" %>
<%
    if (Session.Contents["login"] == null)
    {
        Response.Write("请先登录");
        Response.End();
    }
%>
<!DOCTYPE html PUBLIC "-//W3C//DTD XHTML 1.0 Transitional//EN" "http://www.w3.org/TR/
xhtml1/DTD/xhtml1-transitional.dtd">
<script runat="server">
    protected void Button1_Click(object sender, EventArgs e)
    {
        string connectionString = "Data Source=SD-201901201038;Initial Catalog=
xs;User ID=sa;password=sa";
        SqlConnection conn = new SqlConnection(connectionString);
        conn.Open();
```

```
        string sqlString = "select * from XSCJ where 学号='" + number.Text + "'";
        SqlCommand cmd = new SqlCommand(sqlString, conn);
        SqlDataReader rdr;
        rdr = cmd.ExecuteReader();
        Response.Write("<table>");
        Response.Write("<tr>");
        for (int i = 0; i < rdr.FieldCount; i++)
        {
           Response.Write("<td>" + rdr.GetName(i) + "</td>");
        }
        Response.Write("<td>操作</td></tr>");
        while (rdr.Read())
        {
            Response.Write("<tr>");
            for (int i = 0; i < rdr.FieldCount; i++)
            {
                Response.Write("<td>"+rdr.GetValue(i)+"</td>");
            }
            Response.Write("<td><a href=ScoreModify.aspx?sid=" + rdr.GetValue(0) +
"&cid="+rdr.GetValue(1)+">修改</td></tr>");
        }
        Response.Write("</table>");
      }
   </script>

   <html xmlns="http://www.w3.org/1999/xhtml">
   <head runat="server">
      <title></title>
   </head>
   <body>
      <form id="form1" runat="server">
      <div>
         请输入要查询的学号: <asp:TextBox ID="number" runat="server"></asp:TextBox>
         <asp:Button ID="Button1" runat="server" onclick="Button1_Click" Text="查询" />
      </div>
      </form>
   </body>
   </html>
```

② ScoreModify.aspx 页面。

该页面利用 cmd.ExecuteQuery 方法执行不返回记录的操作。注意，由于 XSCJ 表中的成绩字段是整数类型，而 score.Text 的返回值是字符串类型，因此利用 int.Parse 方法进行类型转换。注意 UPDATE 语句的写法。页面效果如图 13-17 所示。

图 13-16　成绩查询页面

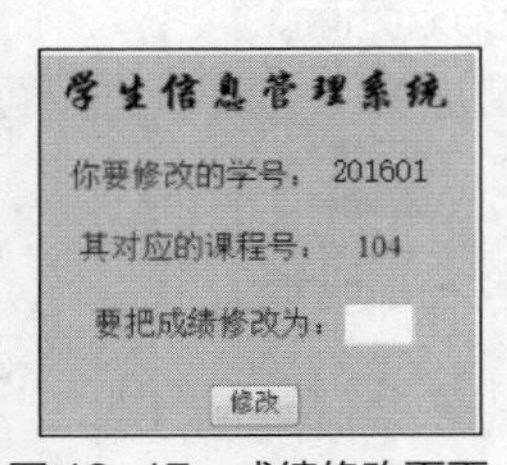

图 13-17　成绩修改页面

该页面主要代码如下。

```
<%@ Page Language="C#" %>
<%@ Import Namespace="System.Data.SqlClient" %>
<%
    if (Session.Contents["login"] == null)
    {
            Response.Write("请先登录");
            Response.End();
    }
%>

<!DOCTYPE html PUBLIC "-//W3C//DTD XHTML 1.0 Transitional//EN" "http://www.w3.org/TR/
xhtml1/DTD/xhtml1-transitional.dtd">
<script runat="server">
     protected void Page_Load(object sender, EventArgs e)
     {
          sid.Text = Request.QueryString["sid"];
          cid.Text = Request.QueryString["cid"];
     }

     protected void Button1_Click(object sender, EventArgs e)
     {
          string connectionString = "Data Source=SD-201901201038;Initial Catalog=
xs;User ID=sa;password=sa";
          SqlConnection conn = new SqlConnection(connectionString);
          conn.Open();
          string sqlString = "update XSCJ set 成绩= "+ int.Parse(score.Text) + "where
学号='" + sid.Text + "' and 课程编号='" + cid.Text + "'";
          SqlCommand cmd = new SqlCommand(sqlString, conn);
          cmd.ExecuteNonQuery();
          Response.Write("修改成功！");
     }
</script>
<html xmlns="http://www.w3.org/1999/xhtml">
<head runat="server">
    <title></title>
</head>
<body>
    <form id="form1" runat="server">
    <div>
   学号：<asp:Label ID="sid" runat="server" Text="" Width="60px"></asp:Label>
   课程：<asp:Label ID="cid" runat="server" Text="" Width="50px"></asp:Label>
   修改的成绩：<asp:TextBox ID="score" runat="server" Width="30px"></asp:TextBox>
        <asp:Button ID="Button1" runat="server" Text="修改" onclick="Button1_Click" />
    </div>
    </form>
</body>
</html>
```

③ ScoreAdd.aspx 页面。

该页面的功能是增加学生的成绩，页面效果如图 13-18 所示。

该页面主要代码如下。

```
<%@ Page Language="C#" %>
<%@ Import Namespace="System.Data.SqlClient" %>
<%
    if (Session.Contents["login"] == null)
    {
            Response.Write("请先登录");
```

```
            Response.End();
        }
    %>
    <!DOCTYPE html PUBLIC "-//W3C//DTD XHTML 1.0 Transitional//EN" "http://www.w3.org/
TR/xhtml1/DTD/xhtml1-transitional.dtd">
    <script runat="server">
        protected void Button1_Click(object sender, EventArgs e)
        {
            string connectionString = "Data Source=SD-201901201038;Initial Catalog=
xs;User ID=sa;password=sa";
            SqlConnection conn = new SqlConnection(connectionString);
            conn.Open();
            string sqlString = "insert into XSCJ (学号,课程编号,成绩)values('"+ sid.
Text +"','"+ cid.Text +"',"+ int.Parse(score.Text) +")";
            SqlCommand cmd = new SqlCommand(sqlString, conn);
            cmd.ExecuteNonQuery();
            Response.Write("学生成绩插入成功! ");
        }
    </script>

    <html xmlns="http://www.w3.org/1999/xhtml">
    <head runat="server">
       <title></title>
    </head>
    <body>
       <form id="form1" runat="server">
       <div>
           学号: <asp:TextBox ID="sid" runat="server"></asp:TextBox>
           课程: <asp:TextBox ID="cid" runat="server"></asp:TextBox><br><br>
           成绩: <asp:TextBox ID="score" runat="server"></asp:TextBox>
               <asp:Button ID="Button1" runat="server" Text="增加成绩" onclick="Button1_
Click" style="height: 21px" />
        </div>
        </form>
    </body>
    </html>
```

（3）系统用户管理模块的创建

该模块主要实现对管理用户密码的修改，包括 PassModify.aspx 页面。

该页面利用 cmd.ExecuteQuery 方法执行不返回记录的操作。注意 UPDATE 语句的写法。该页面利用了 Session 对象在各个页面间传递用户名。页面效果如图 13-19 所示。

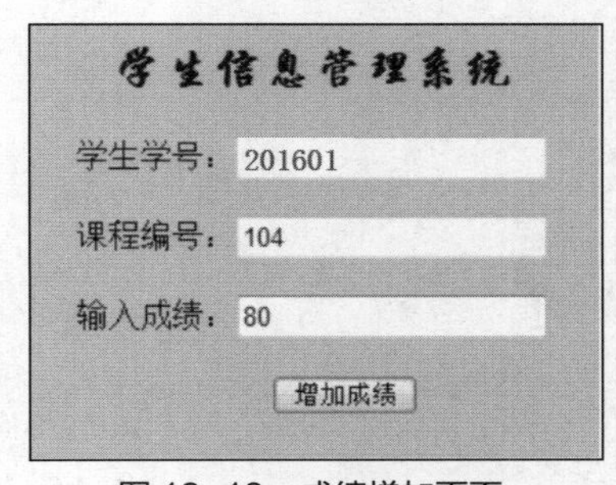

图 13-18　成绩增加页面

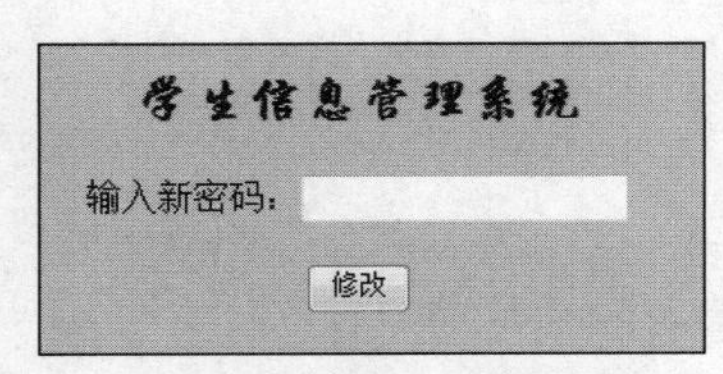

图 13-19　密码修改页面

该页面主要代码如下。

```
    <%@ Page Language="C#" %>
    <%@ Import Namespace="System.Data.SqlClient" %>
```

```
<%
    if (Session.Contents["login"] == null)
    {
            Response.Write("请先登录");
            Response.End();
    }
%>
<!DOCTYPE html PUBLIC "-//W3C//DTD XHTML 1.0 Transitional//EN" "http://www.w3.org/TR/
xhtml1/DTD/xhtml1-transitional.dtd">
<script runat="server">
     protected void Button1_Click(object sender, EventArgs e)
     {
            string connectionString = "Data Source=SD-201901201038;Initial Catalog=
xs;User ID=sa;password=sa";
            SqlConnection conn = new SqlConnection(connectionString);
            conn.Open();
            string sqlString = "update users set password= " + pass.Text + "where
username='" + Session.Contents["login"] + "'";
            SqlCommand cmd = new SqlCommand(sqlString, conn);
            cmd.ExecuteNonQuery();
            Response.Write("修改成功！ ");
     }
</script>
<html xmlns="http://www.w3.org/1999/xhtml">
<head runat="server">
    <title></title>
</head>
<body>
    <form id="form1" runat="server">
    <div>
输入新密码：<asp:TextBox ID="pass" TextMode=Password  runat="server" ></asp:TextBox>
<asp:Button ID="Button1" runat="server" Text="修改" onclick="Button1_Click" />
     </div>
     </form>
</body>
</html>
```

（4）学生档案管理模块的创建

该模块包括对学生档案进行查询、修改、增加操作的 3 个页面。该模块使用到的知识点和需要注意的问题与步骤（2）大部分相同，只是操作的表名和生成的 T-SQL 语句不同而已，这里不再赘述，只给出相应的代码。

① ArchiveQuery.aspx 页面。

页面效果如图 13-20 所示。

该页面主要代码如下。

```
<%@ Page Language="C#" %>
<%@ Import Namespace="System.Data.SqlClient" %>
<%
    if (Session.Contents["login"] == null)
    {
           Response.Write("请先登录");
           Response.End();
    }
%>
<!DOCTYPE html PUBLIC "-//W3C//DTD XHTML 1.0 Transitional//EN" "http://www.w3.org/TR/
xhtml1/DTD/xhtml1-transitional.dtd">
<script runat="server">
     protected void Button1_Click(object sender, EventArgs e)
     {
```

```
            string connectionString = "Data Source=SD-201901201038;Initial Catalog=
xs;User ID=sa;password=sa";
            SqlConnection conn = new SqlConnection(connectionString);
            conn.Open();
            string sqlString = "select * from XSDA where 学号='" + number.Text + "'";
            SqlCommand cmd = new SqlCommand(sqlString, conn);
            SqlDataReader rdr;
            rdr = cmd.ExecuteReader();
            Response.Write("<table border=1>");
            Response.Write("<tr>");
            for (int i = 0; i < rdr.FieldCount; i++)
            {
                Response.Write("<td>" + rdr.GetName(i) + "</td>");
            }
            Response.Write("<td>操作</td></tr>");
            while (rdr.Read())
            {
                Response.Write("<tr>");
                for (int i = 0; i < rdr.FieldCount; i++)
                {
                    Response.Write("<td>"+rdr.GetValue(i)+"</td>");
                }
                Response.Write("<td><a href=ArchiveModify.aspx?sid=" + rdr.
GetValue(0) + ">修改</td></tr>");
            }
            Response.Write("</table>");
        }
    </script>

    <html xmlns="http://www.w3.org/1999/xhtml">
    <head runat="server">
        <title></title>
    </head>
    <body>
        <form id="form1" runat="server">
        <div>
          请输入要查询的学号：<asp:TextBox ID="number" runat="server"></asp:TextBox>
           <asp:Button ID="Button1" runat="server" onclick="Button1_Click" Text="查询" />
        </div>
        </form>
    </body>
    </html>
```

② ArchiveModify.aspx 页面。

页面效果如图 13-21 所示。

学号	姓名	性别	系名	出生日期	民族	总学分	备注	操作
201604	方平	女	信息	1997/8/11 00:00:00	回	50	三好学生	修改

学生信息管理系统

请输入要查询的学号：201604

查询

图 13-20　档案查询页面

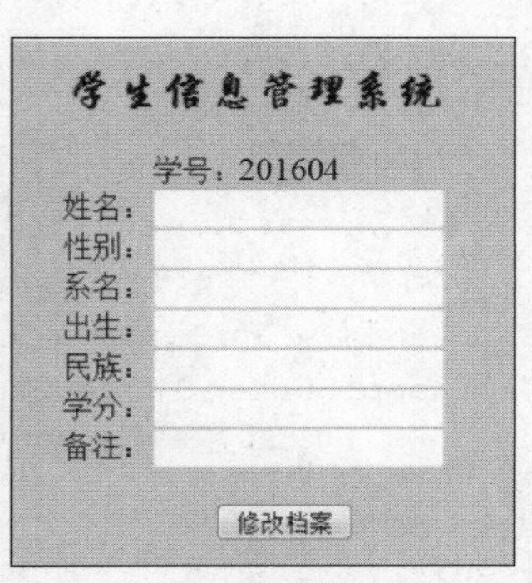

图 13-21　档案修改页面

该页面主要代码如下。

```
<%@ Page Language="C#" %>
<%@ Import Namespace="System.Data.SqlClient" %>
<%
    if (Session.Contents["login"] == null)
    {
         Response.Write("请先登录");
         Response.End();
    }
%>
<!DOCTYPE html PUBLIC "-//W3C//DTD XHTML 1.0 Transitional//EN" "http://www.w3.org/TR/
xhtml1/DTD/xhtml1-transitional.dtd">
<script runat="server">
     protected void Page_Load(object sender, EventArgs e)
     {
         sid.Text = Request.QueryString["sid"];
     }

     protected void Button1_Click(object sender, EventArgs e)
     {
          string connectionString = "Data Source=SD-201901201038;Initial Catalog=
xs;User ID=sa;password=sa";
          SqlConnection conn = new SqlConnection(connectionString);
          conn.Open();
          string sqlString = "update XSDA set 姓名= " + name.Text + ",性别=" + sex.
Text + ",系名=" + depart.Text + ",出生日期=" + DateTime.Parse(birth.Text) + ",民族="
+ nation.Text + ",总学分=" + int.Parse(score.Text) + ",备注=" + note.Text + "where
学号='" + sid.Text + "'";

           SqlCommand cmd = new SqlCommand(sqlString, conn);
           cmd.ExecuteNonQuery();
           Response.Write("修改成功! ");
     }
</script>
<html xmlns="http://www.w3.org/1999/xhtml">
<head runat="server">
    <title></title>
</head>
<body>
    <form id="form1" runat="server">
    <div>
      学号: <asp:Label ID="sid" runat="server" Text="" Width="60px"></asp:Label><br>
      姓名: <asp:TextBox ID="NAME" runat="server"></asp:TextBox><br>
      性别: <asp:TextBox ID="sex" runat="server"></asp:TextBox><br>
      系名: <asp:TextBox ID="depart" runat="server"></asp:TextBox><br>
      出生: <asp:TextBox ID="birth" runat="server"></asp:TextBox><br>
      民族: <asp:TextBox ID="nation" runat="server"></asp:TextBox><br>
      总学分: <asp:TextBox ID="score" runat="server"></asp:TextBox><br>
      备注: <asp:TextBox ID="note" runat="server"></asp:TextBox><br><br>
     <asp:Button ID="Button1" runat="server" Text="修改档案" onclick="Button1_Click"
          style="height: 21px" />
    </div>
    </form>
</body>
</html>
```

③ ArchiveAdd.aspx 页面。

页面效果如图 13-22 所示。

该页面主要代码如下。

```
<%@ Page Language="C#" %>
<%@ Import Namespace="System.Data.SqlClient" %>
<%
    if (Session.Contents["login"] == null)
    {
            Response.Write("请先登录");
            Response.End();
    }
%>
<!DOCTYPE html PUBLIC "-//W3C//DTD XHTML 1.0 Transitional//EN" "http://www.w3.org/TR/
xhtml1/DTD/xhtml1-transitional.dtd">
<script runat="server">
     protected void Button1_Click(object sender, EventArgs e)
     {
            string connectionString = "Data Source=SD-201901201038;Initial Catalog=
xs;User ID=sa;password=sa";
            SqlConnection conn = new SqlConnection(connectionString);
            conn.Open();
            string sqlString = "insert into XSDA values('" + sid.Text + "','" + name.Text
+ "','" + sex.Text + "','" + depart.Text + "','" + DateTime.Parse(birth.Text) + "','"
+ nation.Text + "','" + int.Parse(score.Text) + "','" + note.Text + "')";
            SqlCommand cmd = new SqlCommand(sqlString, conn);
            cmd.ExecuteNonQuery();
            Response.Write("学生档案插入成功！");
     }
</script>
<html xmlns="http://www.w3.org/1999/xhtml">
<head runat="server">
    <title></title>
</head>
<body>
    <form id="form1" runat="server">
    <div>
        学号：<asp:TextBox ID="sid" runat="server"></asp:TextBox><br>
        姓名：<asp:TextBox ID="NAME" runat="server"></asp:TextBox><br>
        性别：<asp:TextBox ID="sex" runat="server"></asp:TextBox><br>
        系名：<asp:TextBox ID="depart" runat="server"></asp:TextBox><br>
        出生：<asp:TextBox ID="birth" runat="server"></asp:TextBox><br>
        民族：<asp:TextBox ID="nation" runat="server"></asp:TextBox><br>
        总学分：<asp:TextBox ID="score" runat="server"></asp:TextBox><br>
        备注：<asp:TextBox ID="note" runat="server"></asp:TextBox><br><br>
    <asp:Button ID="Button1" runat="server" Text="增加档案" onclick="Button1_Click"
          style="height: 21px" />
   </div>
   </form>
</body>
</html>
```

(5) 课程管理模块的创建

该模块实现对课程信息的查询、修改、增加操作，主要包括以下 3 个页面。该页面使用的知识点和需要注意的问题与步骤（2）大部分相同，只是操作的表名和生成的 T-SQL 语句不同而已，这里不再赘述，只给出相应的代码。

① CourseQuery.aspx 页面。

页面效果如图 13-23 所示。

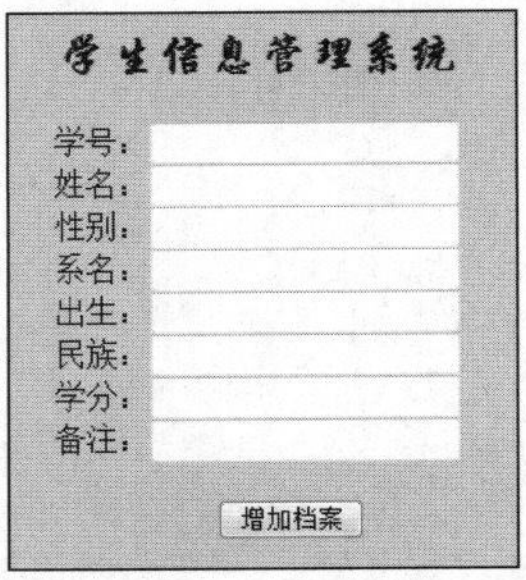

图 13-22　档案增加页面

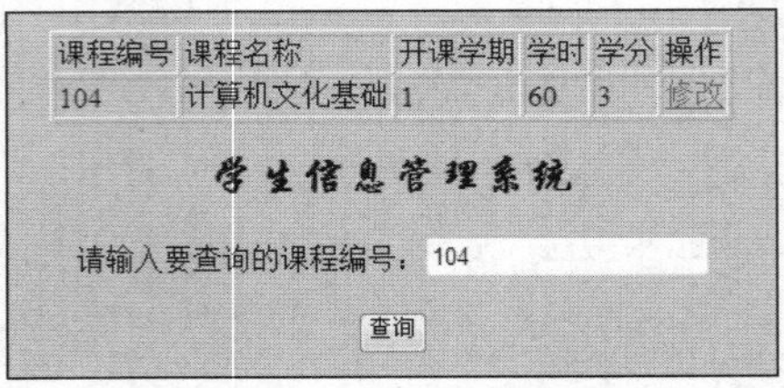

图 13-23　课程查询页面

该页面主要代码如下。

```
<%@ Page Language="C#" %>
<%@ Import Namespace="System.Data.SqlClient" %>
<%
    if (Session.Contents["login"] == null)
    {
        Response.Write("请先登录");
        Response.End();
    }
%>
<!DOCTYPE html PUBLIC "-//W3C//DTD XHTML 1.0 Transitional//EN" "http://www.w3.org/TR/
xhtml1/DTD/xhtml1-transitional.dtd">
<script runat="server">
     protected void Button1_Click(object sender, EventArgs e)
     {
        string connectionString = "Data Source=SD-201901201038;Initial Catalog=
xs;User ID=sa;password=sa";
        SqlConnection conn = new SqlConnection(connectionString);
        conn.Open();
        string sqlString = "select * from KCXX where 课程编号='" + number.Text + "'";
        SqlCommand cmd = new SqlCommand(sqlString, conn);
        SqlDataReader rdr;
        rdr = cmd.ExecuteReader();
        Response.Write("<table border=1>");
        Response.Write("<tr>");
        for (int i = 0; i < rdr.FieldCount; i++)
        {
            Response.Write("<td>" + rdr.GetName(i) + "</td>");
        }
        Response.Write("<td>操作</td></tr>");
        while (rdr.Read())
        {
            Response.Write("<tr>");
            for (int i = 0; i < rdr.FieldCount; i++)
            {
                Response.Write("<td>"+rdr.GetValue(i)+"</td>");
            }
            Response.Write("<td><a href=CourseModify.aspx?kcid=" + rdr.GetValue(0)
+">修改</td></tr>");
        }
        Response.Write("</table>");
     }
</script>
```

```
<html xmlns="http://www.w3.org/1999/xhtml">
<head runat="server">
    <title></title>
</head>
<body>
    <form id="form1" runat="server">
    <div>
   请输入要查询的课程编号: <asp:TextBox ID="number" runat="server"></asp:TextBox>
    <asp:Button ID="Button1" runat="server" onclick="Button1_Click" Text="查询" />
    </div>
    </form>
</body>
</html>
```

② CourseModify.aspx 页面。

页面效果如图 13-24 所示。

该页面主要代码如下。

```
<%@ Page Language="C#" %>
<%@ Import Namespace="System.Data.SqlClient" %>
<%
    if(Session.Contents["login"] == null)
    {
         Response.Write("请先登录");
         Response.End();
    }
%>
<!DOCTYPE html PUBLIC "-//W3C//DTD XHTML 1.0 Transitional//EN" "http://www.w3.org/TR/
xhtml1/DTD/xhtml1-transitional.dtd">

<script runat="server">
      protected void Page_Load(object sender, EventArgs e)
      {
           kcid.Text = Request.QueryString["kcid"];
      }

      protected void Button1_Click(object sender, EventArgs e)
      {
           string connectionString = "Data Source=SD-201901201038;Initial Catalog=
xs;User ID=sa;password=sa";
           SqlConnection conn = new SqlConnection(connectionString);
           conn.Open();
           string sqlString = "update KCXX set 课程名称= "+ kcname.Text + ",开课学期= "+
int.Parse(kcdate.Text) + ",学时= "+ int.Parse(kctime.Text) + ",学分= "+ int.Parse(kcscore.
Text) + "where 课程编号='" + kcid.Text + "'";
           SqlCommand cmd = new SqlCommand(sqlString, conn);
           cmd.ExecuteNonQuery();
           Response.Write("修改成功! ");
      }
</script>
<html xmlns="http://www.w3.org/1999/xhtml">
<head runat="server">
    <title></title>
</head>
<body>
    <form id="form1" runat="server">
    <div>
  课程编号: <asp:Label ID="kcid" runat="server" Text="" Width="60px"></asp:Label><br>
  课程名称: <asp:TextBox ID="kcname" runat="server"></asp:TextBox><br>
```

```
开课学期：<asp:TextBox ID="kcdate" runat="server"></asp:TextBox><br>
学    时：<asp:TextBox ID="kctime" runat="server"></asp:TextBox><br>
学    分：<asp:TextBox ID="kcscore" runat="server"></asp:TextBox><br><br>
<asp:Button ID="Button1" runat="server" Text="修改课程" onclick="Button1_Click" />
    </div>
    </form>
</body>
</html>
```

③ CourseAdd.aspx 页面。

页面效果如图 13-25 所示。

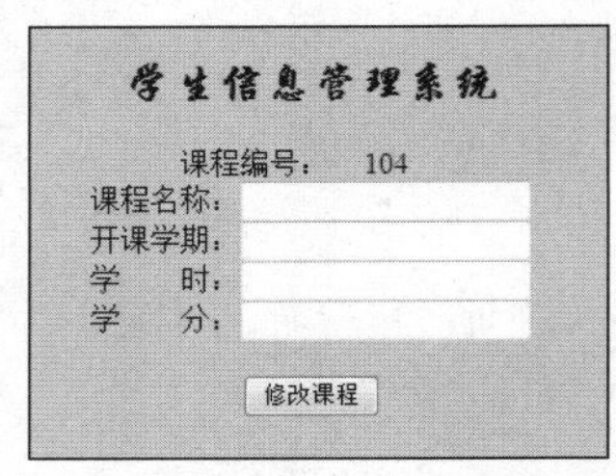

图 13-24　课程修改页面

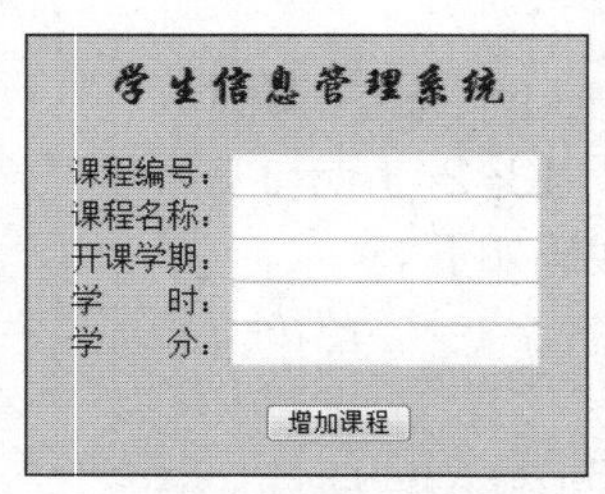

图 13-25　课程增加页面

该页面主要代码如下。

```
<%@ Page Language="C#" %>
<%@ Import Namespace="System.Data.SqlClient" %>
<%
    if(Session.Contents["login"] == null)
    {
          Response.Write("请先登录");
          Response.End();
    }
%>
<!DOCTYPE html PUBLIC "-//W3C//DTD XHTML 1.0 Transitional//EN" "http://www.w3.org/TR/xhtml1/DTD/xhtml1-transitional.dtd">
<script runat="server">
     protected void Button1_Click(object sender, EventArgs e)
     {
          string connectionString = "Data Source=SD-201901201038;Initial Catalog=xs;User ID=sa;password=sa";
          SqlConnection conn = new SqlConnection(connectionString);
          conn.Open();
          string sqlString = "insert into KCXX (课程编号,课程名称,开课学期,学时,学分)values('" + kcid.Text + "','" + kcname.Text + "'," + int.Parse(kcdate.Text) + int.Parse(kctime.Text) + int.Parse(kcscore.Text) + ")";
          SqlCommand cmd = new SqlCommand(sqlString, conn);
          cmd.ExecuteNonQuery();
          Response.Write("课程信息插入成功！");
    }
</script>
<html xmlns="http://www.w3.org/1999/xhtml">
<head runat="server">
   <title></title>
</head>
<body>
   <form id="form1" runat="server">
   <div>
       课程编号：<asp:TextBox ID="kcid" runat="server"></asp:TextBox><br>
```

```
            课程名称: <asp:TextBox ID="kcname" runat="server"></asp:TextBox><br>
            开课学期: <asp:TextBox ID="kcdate" runat="server"></asp:TextBox><br>
            学　　时: <asp:TextBox ID="kctime" runat="server"></asp:TextBox><br>
            学　　分: <asp:TextBox ID="kcscore" runat="server"></asp:TextBox><br><br>
          <asp:Button ID="Button1" runat="server" Text="增加课程" onclick="Button1_Click"
                style="height: 21px" />
        </div>
        </form>
    </body>
    </html>
```

（6）浏览结果

把 Default.aspx 设为起始页，单击工具栏中的【运行】按钮，即可显示所要的效果。如果没有输入正确的用户名和密码，浏览任何其他页面就都会提示“请先登录”。

实训 13　开发销售管理系统

1. 开发销售管理系统。
2. 使用 ASP.NET 与 SQL Server，连接 sale 数据库开发销售管理系统。

小结

本项目通过“学生信息管理系统”概括性地介绍了数据源控件的建立和数据绑定控件的使用，以使读者掌握 ASP.NET 与 SQL Server 数据库进行连接与配置，能够通过 GridView 控件实现数据排序、插入、删除、更新等常见操作。在本项目，还学习了怎样通过书写具体代码的形式进行数据库的常见操作。在 ASP.NET 中对数据库进行操作的前提是建立起与数据库的连接，数据库连接建立完后，剩下的最主要工作就是编写 SQL 语句，所以，掌握 SQL 语句的编写是至关重要的。

另外，本项目分别介绍了 Java、JSP 与 SQL Server 连接的环境搭配以及连接步骤，并举例进行了连接测试。

习题

一、判断题

1. GridView 控件可以在 ASP.NET 网页中删除数据记录。(　　)
2. GridView 控件中更新记录功能要求数据表必须有主键。(　　)
3. ASP.NET 访问 SQL Server 数据库利用 SqlDataSource 控件建立数据源。(　　)
4. JSP 可以直接访问 SQL Server 数据库，不需要任何驱动。(　　)

二、简答题

简述 Java 与 JSP 连接 SQL Server 2016 的步骤。

三、设计题

建立一个图书信息的数据表，利用 ASP.NET 在页面中显示图书信息，并实现对图书进行编辑、按照相关字段对图书进行排序和添加图书的功能。

附录 A 学生数据库（xs）表结构及数据样本

表 A-1　学生档案（XSDA）表结构

字段名	类型	长度	是否允许为空值	说明
学号	char	6	Not null	主键
姓名	char	8	Not null	
性别	char	2	Not null	
系名	char	10	Not null	
出生日期	smalldatetime	4	Not null	
民族	char	4	Not null	
总学分	tinyint	1	Not null	
备注	Text	16		

表 A-2　课程信息（KCXX）表结构

字段名	类型	长度	是否允许为空值	说明
课程编号	char	3	Not null	主键
课程名称	char	20	Not null	
开课学期	tinyint	1	Not null	只能为 1～6
学时	tinyint	1	Not null	
学分	tinyint	1	Not null	

表 A-3　学生成绩（XSCJ）表结构

字段名	类型	长度	是否允许为空值	说明
学号	char	6	Not null	主键
课程编号	char	3	Not null	主键
成绩	tinyint	1		

1. 学生档案（XSDA）表数据样本

学号	姓名	性别	系名	出生日期	民族	总学分	备注
201601	王红	女	信息	1996-02-14	汉	60	NULL
201602	刘林	男	信息	1996-05-20	汉	54	NULL
201603	曹红雷	男	信息	1995-09-24	汉	50	NULL
201604	方平	女	信息	1997-08-11	回	52	三好学生
201605	李伟强	男	信息	1995-11-14	汉	60	一门课不及格需补考
201606	周新民	男	信息	1996-01-20	回	62	NULL

201607	王丽丽	女	信息	1997-06-03	汉	60	NULL
201701	孙燕	女	管理	1997-05-20	汉	54	NULL
201702	罗德敏	男	管理	1998-07-18	汉	64	获得一等奖学金
201703	孔祥林	男	管理	1996-05-20	汉	54	NULL
201704	王华	女	管理	1997-04-16	汉	60	NULL
201705	刘林	男	管理	1996-05-30	回	54	NULL
201706	陈希	女	管理	1997-03-22	汉	60	转专业
201707	李刚	男	管理	1998-05-20	汉	54	NULL

2. 课程信息（KCXX）表数据样本

课程编号	课程名称	开课学期	学时	学分
104	计算机文化基础	1	60	3
108	C 语言程序设计	2	96	5
202	数据结构	3	72	4
207	数据库信息管理系统	4	72	4
212	计算机组成原理	4	72	4
305	数据库原理	5	72	4
308	软件工程	5	72	4
312	Java 应用与开发	5	96	5

3. 学生成绩（XSCJ）表数据样本

学号	课程编号	成绩
201601	104	81
201601	108	77
201601	202	89
201601	207	90
201602	104	92
201602	108	95
201602	202	93
201602	207	90
201603	104	65
201603	108	60
201603	202	69
201603	207	73
201604	104	88
201604	108	76
201604	202	80
201604	207	94
201605	104	68
201605	108	70
201605	202	89
201605	207	75

201606	104	94
201606	108	91
201606	202	93
201606	207	86
201607	104	83
201607	108	75
201607	202	80
201607	207	96
201701	104	75
201702	104	70
201703	104	90
201704	104	60
201705	104	60
201706	104	75
201707	104	90

附录 B
连接查询用例表结构及数据样本

表 B-1　考生名单（KSMD）表结构

字段名	类型	长度	是否允许为空值	说明
考号	char	2	Not null	主键
姓名	char	8		

表 B-2　录取学校（LQXX）表结构

字段名	类型	长度	是否允许为空值	说明
考号	char	2	Not null	主键
录取学校	char	20		

1. 考生名单（KSMD）表数据样本

考号　　姓名
1　　王杰
2　　赵悦
3　　崔茹婷
4　　耿晓雯

2. 录取学校（LQXX）表数据样本

考号　　录取学校
1　　山东大学
2　　济南大学
3　　同济大学
4　　青岛大学

参考文献

1. 杨云．SQL Server 2012 数据库管理与开发项目教程．北京：人民邮电出版社，2017．
2. 孙丽娜，杨云．SQL Server 2008 数据库应用项目教程．北京：清华大学出版社，2014．
3. 周慧等．数据库应用技术（SQL Server 2005）．北京：人民邮电出版社，2009．